普通高等教育"十二五"规划教材

轧钢厂设计原理

主　编　阳　辉
副主编　任蜀焱　刘饶川
主　审　张子强

北　京
冶 金 工 业 出 版 社
2024

内容提要

本书系统地介绍了轧钢厂(车间)建设程序中各设计环节的基本理论与设计规范。本书内容共分4篇15章。第1篇为轧钢厂设计总论,共3章,讲述钢铁生产概况、轧钢厂建设程序及轧钢厂投资概算与技术经济评价。第2篇为轧钢厂工艺设计,共7章,讲述产品方案编制、生产方案选择、轧钢生产工艺流程、轧机选择、轧钢厂年产量计算、辅助设备选择及车间平面布置与立面尺寸。第3篇为轧钢车间生产工艺计算,共3章,讲述板带钢轧制工艺制度的确定、棒线材轧制工艺计算及管材加工工艺计算。第4篇为轧钢厂公用辅助设施设计,共2章,讲述轧钢厂能源动力设施设计及轧钢厂废水处理与环境保护设计。

本书可作为高等院校材料成型及控制工程专业学生教学用书,也可供相关设计院所和生产企业的工程技术人员参考。

图书在版编目(CIP)数据

轧钢厂设计原理/阳辉主编. —北京:冶金工业出版社,2011.1(2024.8重印)

普通高等教育“十二五”规划教材

ISBN 978-7-5024-5357-2

Ⅰ.①轧… Ⅱ.①阳… Ⅲ.①轧钢厂—设计—高等学校—教材 Ⅳ.①TG338

中国版本图书馆CIP数据核字(2010)第219277号

轧钢厂设计原理

出版发行 冶金工业出版社　　**电　话** (010)64027926
地　址 北京市东城区嵩祝院北巷39号　　**邮　编** 100009
网　址 www.mip1953.com　　**电子信箱** service@mip1953.com

责任编辑 戈 兰　美术编辑 彭子赫　版式设计 孙跃红
责任校对 王永欣　责任印制 窦 唯
北京虎彩文化传播有限公司印刷
2011年1月第1版,2024年8月第6次印刷
787mm×1092mm 1/16;23印张;552千字;352页
定价46.00元

投稿电话 (010)64027932 投稿信箱 tougao@cnmip.com.cn
营销中心电话 (010)64044283
冶金工业出版社天猫旗舰店 yjgycbs.tmall.com
(本书如有印装质量问题,本社营销中心负责退换)

前　言

钢铁工业作为原材料制造工业，既是制造业的基础，又是国家重要支柱产业。钢铁工业的进步是衡量国民经济和社会发展的重要标志。近年来，我国钢铁工业发展迅猛，生产工艺及设备装备水平、新产品研发能力和产品质量显著提高，粗钢产量连续多年居世界首位。目前，粗钢产能占世界总产能的40%以上。我国钢铁工业的发展带动了基础设施、房地产、机械、汽车、造船、家电、集装箱等相关产业的进步，为国民经济和社会发展做出了巨大贡献；同时，钢铁生产所用原材料一半以上靠进口，这也为世界经济做出了贡献。

钢铁企业设计是实现新建设与改扩建钢铁企业（集团）的重要途径，是具有相应资质认证的专业机构如冶金设计研究院对所建设钢铁企业（集团）做出的详细规划与技术设计，最终形成可实施工程建设的工程图纸。轧钢厂（车间）设计作为钢铁企业设计的一部分，其内容通常由生产工艺、机械设备、厂房与基础、供水与排水、热力（供气）与电力、通风与照明、运输等设计所组成。轧钢厂设计原理即是针对这些内容讲解轧钢厂（车间）设计的基本原理、基本方法与基本知识。

为了提高普通高等教育教学质量与全面推进教学改革工程的实施，全面反映教学改革的成果，尽早实现教材建设和教学资源的统合，以满足不断深化的教学改革的需要，为冶金行业培养优质人才奠定基础，特编写本书。本书作为普通高等教育“十二五”规划教材，针对材料成型及控制工程专业学生的教学需求，在内容编写上力求设计基本理论正确，工艺与设备设计参数选择更新并符合当前的工程实际，使本书具有可借鉴性与实用性；在内容的组织安排上，立足于条理清晰，重点突出，面向生产实际，服务实践。

本书由阳辉任主编，任蜀焱、刘饶川任副主编，中冶南方工程技术有限公司教授级高工张子强对本书初稿主审。全书编写工作由重庆科技学院阳辉（第1、2、10、11、14章及附录）、任蜀焱（第4~9章）、刘饶川（第12章）、胡彬（第13章）、王青峡（第3章）及许文林（第15章）完成，中冶赛迪工程技术股份有限公司高工樊泽兴提供了有关技术资料。阳辉负责全书的统稿与整理。

在本书的编写过程中编者参考了大量的相关资料和国家标准，在此，对相关文献资料的作者一并表示衷心的感谢！

由于编者水平有限，书中不妥之处，恳请广大读者批评指正！

编　者

2010年7月

目　　录

第1篇　轧钢厂设计总论

第3篇 轧钢车间生产工艺计算

第4篇 轧钢厂公用辅助设施设计

第1篇 轧钢厂设计总论

1 钢铁生产概述

1.1 钢铁生产工艺概述

钢铁是广泛应用的一种材料，它在工业、农业、交通、建筑、国防等部门起着极为重要的作用。钢铁工业的生产水平是衡量一个国家现代化水平的重要标志。在世界范围内，钢铁的需求量很大。可以说，目前的世界还是钢铁的世界，国民经济各个部门都离不开钢铁。

钢铁行业是国民经济的支柱产业，是关系国计民生的基础性行业。作为原材料工业，它在国民经济中占有不可替代的地位。作为一个原材料的生产和加工部门，它处于产业链的中间位置。它的发展与国家的基础建设以及工业发展速度的关联性很强。和钢铁产业关联度较大的产业主要有：固定资产投资、房地产投资、基建投资、机械工业、汽车工业等，钢铁工业将随着这些行业的发展而发展，随着这些行业衰退而衰退。钢铁工业向上游与采矿业、能源工业、交通运输业等紧密联系，向下游又与机械工业、汽车制造业、建筑业、交通运输业等各种重要的行业存在着密切的联系。如：钢铁工业生产需要消耗大量的铁矿石、煤炭、电力、石油等原材料，使用大量的机电设备，它还是交通运输消耗的大户；同时，钢铁工业提供的产品又是其他许多产业的基本原材料。能源、交通、汽车、建筑业、制造业等相关产业的发展为钢铁行业的发展提供发展的契机；反过来，钢铁行业的发展也会促进这些相关行业的进步。以汽车行业为例，汽车用钢材通常占全部钢材消耗量的10%~25%（薄钢板占30%~40%），汽车工业的发展为钢铁工业的进一步发展提供了动力，而钢铁工业发展带来的技术革新又可为汽车工业提供一些特殊钢材（如高强低合金钢、不锈钢、功能材料、复合材料等），提高轿车的安全性、经济性和舒适性。

现代钢铁联合企业的主要生产流程分为两类：长流程和短流程。长流程目前应用最广，其工艺特点是：铁矿石原料经过烧结、球团处理后，采用高炉生产铁水，经铁水预处理后，由转炉炼钢、炉外精炼至成分合格的钢水，由连铸浇铸成不同形状的铸坯，轧制成各类成品。钢铁生产长流程如图1-1所示。全球大约70%的钢铁企业采取这种流程进行生产。

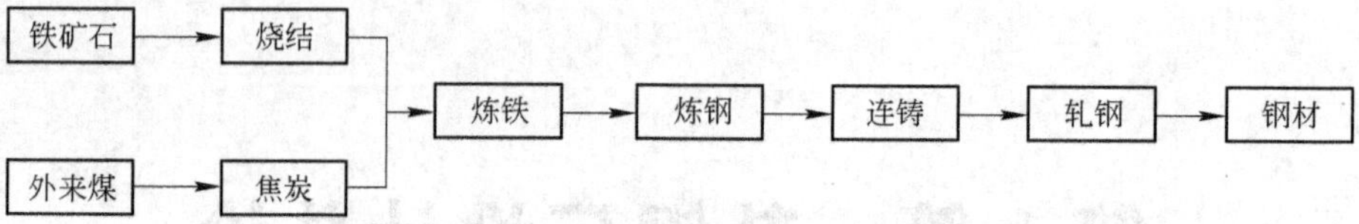

图 1-1 钢铁生产长流程

短流程根据原料分为两类:一类是铁矿石经直接熔融还原后,采用电炉或转炉炼钢,其主要特点在于铁矿石原料不经过烧结、球团处理,没有高炉炼铁生产环节,这种流程目前应用较少,大约占10%以下;另一类是以废钢作为原料,由电炉融化冶炼后,进入后部工序,也没有高炉炼铁生产环节,这种工艺流程约占20%。钢铁生产短流程如图1-2所示。为了提高生产效率,目前国内外许多钢铁厂在电炉冶炼中也采取兑加铁水的工艺。

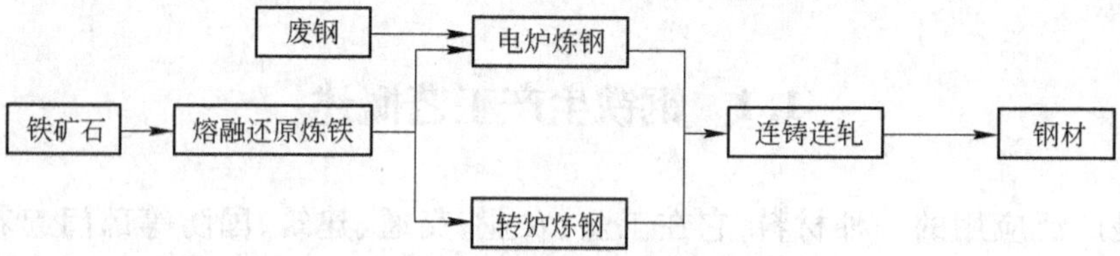

图 1-2 钢铁生产短流程

在钢铁联合企业,围绕轧制产品必须组成各种专门生产系统与配套设施。钢铁联合企业集团构成如图1-3所示。

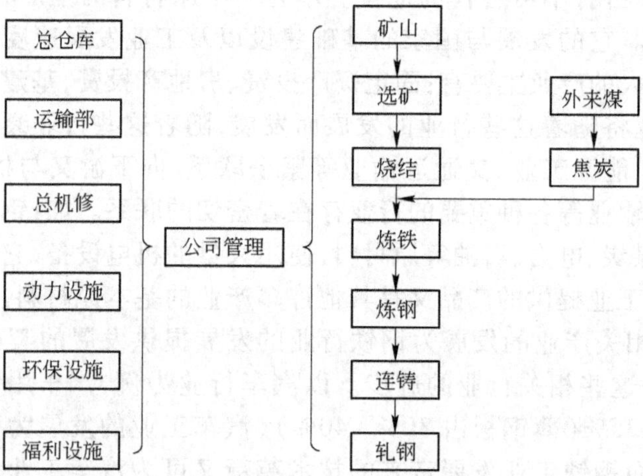

图 1-3 钢铁联合企业集团构成

钢铁行业主体生产工艺流程主要包括烧结、炼铁、炼钢、铸钢及轧钢五个部分。

A 烧结

原料是高炉冶炼的物质基础,精料是高炉操作稳定顺行,获得高产、优质、低耗及长寿的基本保证。

高炉冶炼用的原料主要有铁矿石(天然富矿和人造富矿)、燃料(焦炭与喷吹燃料)、熔剂(石灰石和白云石等)。冶炼1 t生铁大概需要品位为63%的铁矿石1.60~1.65 t,焦炭

0.3~0.6 t,熔剂 0.2~0.4 t。

我国的铁矿石大部分都是贫矿,贫矿直接入炉炼铁是很不合算的,因此必须将贫矿进行破碎,选出高品位的精矿后,再将精矿粉造铁成为人造富矿后才能入高炉冶炼。所以,粉矿造铁是充分合理利用贫矿的不可缺少的关键环节。

富矿的开采过程中要产生粉矿,粉矿直接入炉会引起高炉不顺,恶化高炉技术经济指标,因此粉矿也必须经过造铁才能入炉。粉矿造铁过程即烧结过程,烧结就是指粉状物料加热到熔点以下而粘结成固体的现象。

粉矿造铁过程中,还可以除去部分有害杂质,如硫、氟、砷、锌等,有利于提高生铁的质量。因为人造富矿比天然富矿更具有优越性,所以它成为了现代高炉原料的主要来源。

粉矿造铁还可综合利用含铁、含钙的粉状工业废料,如高炉炉尘、钢渣、轧钢氧化铁皮、均热炉渣、硫酸渣、染料铁红、电厂烟尘灰等适当配入可以成为廉价的高炉好原料,又可以减少环境污染,取得良好的经济效益和社会效益。

粉矿造铁是现代高炉冶炼并获得优质高产的基础,对于高炉冶炼有着十分重要的意义,是钢铁工业生产必不可少的重要工序,对钢铁生产的发展起着重要作用。

B 炼铁

高炉炼铁是以焦炭为能源基础的传统炼铁方法。它与转炉炼钢相配合,是目前生产钢铁的主要方法。高炉炼铁的这种主导地位预计在相当长时期之内不会改变。高炉炼铁的本质是铁的还原过程,即焦炭做燃料和还原剂,在高温下将铁矿石或含铁原料中的铁,从氧化物或矿物状态(如 Fe_2O_3、Fe_3O_4、Fe_2SiO_4、$Fe_3O_4 \cdot TiO_2$ 等)还原为液态生铁。

冶炼过程中,炉料(矿石、熔剂、焦炭)按照确定的比例通过装料设备分批地从炉顶装入炉内。从下部风口鼓入的高温热风与焦炭发生反应,产生的高温还原性煤气上升,并使炉料加热、还原、熔化、造渣,产生一系列的物理化学变化,最后生成液态渣铁聚集于炉缸,周期地从高炉排出。煤气流上升过程中,温度不断降低,成分逐渐变化,最后形成高炉煤气从炉顶排出。

C 炼钢

钢与生铁都是以铁元素为主,并含有少量碳、硅、锰、磷、硫等元素的铁碳合金,二者差别就是碳元素的含量。

炼钢的主要任务包括以下几项:

(1) 脱碳;

(2) 脱磷;

(3) 脱硫;

(4) 脱氧;

(5) 脱氮、氢等;

(6) 去除非金属夹杂物;

(7) 合金化;

(8) 升温;

(9) 凝固成型。

炼钢工艺主要包括铁水预处理、转炉或电弧炉炼钢、炉外精炼(二次精炼)与连铸。

炼钢过程是个氧化过程,其去除杂质的主要手段是向熔池吹入氧气并加入造渣剂形成熔渣。脱碳反应是炼钢过程的主要手段,硅、锰、磷、硫等元素也通过氧化反应去除。炼钢的原料有生铁、废钢、熔剂(石灰石等)、脱氧剂(硅铁、锰铁、铝等)、合金料等。

D 铸钢

连续铸钢是通过连铸机将钢液连续地铸成钢坯的工序。与模铸相比,连铸具有以下几个优越性:

(1) 简化工序、节能;

(2) 铸坯切头率降低、金属收得率比模铸高7%~12%;

(3) 高效凝固;

(4) 优化成型。

连铸工艺的流程为:钢液通过中间包注入结晶器内,迅速冷却成具有一定厚度的凝固壳而内部仍为液态的铸坯,铸坯下部与伸入结晶器底部的引锭杆衔接。浇注开始后,拉坯机通过引锭杆把结晶器内的铸坯以一定速度拉出。铸坯通过连铸二次冷却区时,进一步受到喷水冷却直到完全凝固。完全凝固后的铸坯通过拉矫机矫直后,切割成规定长度,由输送辊道运出。

E 轧钢

轧制过程是利用轧件与轧辊之间的摩擦力将轧件拉进不同旋转方向的轧辊之间使之产生塑性变形的过程。对钢铁材料进行轧制变形的加工方法称为轧钢。一般的轧钢生产可分为加热、粗轧、中轧、精轧与精整等。

1.2 轧钢生产工艺概述

在钢的生产总量中,除少部分用铸造和锻造法直接制成器件以外,其余90%以上的钢都需经轧制成材。

有些钢材虽然不经轧钢车间生产,但也需由轧钢车间提供坯料。因此,在现代化钢铁联合企业里,作为钢铁生产最后一个环节的轧钢生产,在国民经济中占有极其重要的地位。

钢铁应用如此广泛、需求量如此之大,是由钢铁本身的性能和来源决定的。对于钢铁材料,人们可以用铁这一元素为基体,得到从低强度到高强度,从韧性到脆性的各种钢铁材料,以及具有优良的耐磨性能、耐热性能和耐腐蚀性能等的合金。这是其他金属材料所没有的特征。钢容易加工,可以轧制、锻造、挤压和冲压成型,还可以车削、焊接和铸造,并能够与热处理结合以得到不同性能的产品。这些优点使钢铁产品具有难以被其他材料代替的重要位置。

钢铁材料制品的生产方式,最主要的是轧制。因为轧制法生产效率高,产品种类多,生产成本低,适合于大规模生产。所以在钢铁联合企业中形成了炼铁、炼钢和轧钢三个主要生产环节。随着生产的发展,科学技术的进步,轧制技术也在不断发展和进步。这从以下几个方面可以看出:

(1) 生产过程缩短、紧凑。炼钢与轧钢的衔接形成连铸连轧,与传统的铸锭、开坯、轧材相比,生产周期短、工序少、能耗及其他消耗小。生产过程的综合形成了紧凑式短流程生产车间。

(2) 新技术越来越多地应用于轧钢生产。计算机控制、液压技术、板形控制、控轧控冷等技术使轧制过程向最佳化、轧制产品向最优化发展。

(3) 塑性加工基础理论的发展使轧制过程模型化。建立各种生产条件下的轧制数学模型、综合力学模型,利用计算机控制生产过程,使工艺技术向工程科学迈进。

(4) 利用最优化技术确定最佳参数和工艺制度,优化生产过程,以便优质、高产、低消耗、低成本地生产各种钢材。

(5) 新技术和新工艺的应用,使轧制产品的质量、性能提高,满足了使用上越来越高的要求。

现代的轧制产品,对实物质量要求越来越高,市场竞争也十分激烈。因此高质量、高产量、低成本地生产各类钢材,以满足国民经济各个部门的需求,是我们追求的目标。

在旋转的轧辊间改变钢锭或钢坯形状的压力加工过程称为轧钢。轧钢的目的与其他压力加工一样,一方面是为了得到需要的形状,如钢板、带钢、线材以及各种型钢等;另一方面是为了改善钢的使用性能,常见的汽车板、桥梁钢、锅炉钢、管线钢、螺纹钢、钢筋、电工硅钢、镀锌板、镀锡板等,都是通过轧钢工艺加工出来的。

轧钢方法按轧制温度不同可分为热轧与冷轧;按轧制时轧件与轧辊的相对运动关系不同可分为纵轧、横轧和斜轧;按轧制产品的成型特点还可分为一般轧制和特殊轧制。周期轧制、旋压轧制、弯曲成型等都属于特殊轧制方法。

轧钢生产系统按生产规模可分为大型、中型和小型生产系统;按产品种类可分为钢管、型钢、板带钢及混合生产系统,如图 1-4 所示。

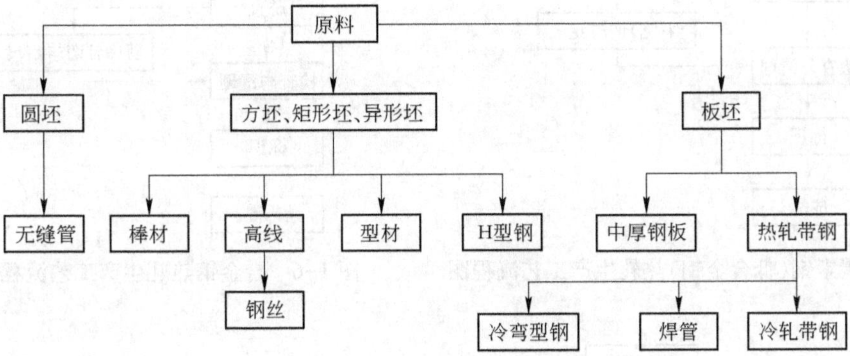

图 1-4 轧钢生产系统

(1) 板带钢生产系统:由板坯初轧机将大钢锭轧成板坯,然后再由钢板轧机轧成中厚板或热带钢。也可由连铸机铸成板坯后再轧制成中厚板或热带钢。该生产系统年产量较高。

(2) 型钢生产系统:生产规模较板带钢生产系统小。就其本身规模可分为大型、中型和小型生产系统。一般年产量在 100 万吨以上称大型生产系统,年产量在 30 万~100 万吨为中型生产系统,年产量在 30 万吨以下称小型生产系统。

(3) 棒线材生产系统:专门用来生产棒线材的连续化、自动化程度较高的中型轧钢生产系统。

(4) 管材生产系统:分别以无缝钢管及焊管加工为目标的轧钢生产系统。

(5) 混合生产系统:在一个钢铁企业中可同时生产板带钢、型钢或钢管的生产系统称为混合生产系统。混合生产系统可满足多品种的需要,而单一的生产系统有利于提高产品产量和质量。

(6) 合金钢生产系统:由于合金钢的用途、钢种特性及生产工艺都比较特殊,材料也比较稀贵,产量不大但产品种类繁多,故其生产系统常属中型或小型的型钢生产系统或混合生产系统。由于有些合金钢塑性较低,故开坯除轧制外,有时还采用锻造开坯。

轧钢生产工艺流程可归结为三种基本形式,即碳素钢(低合金钢)热轧生产工艺流程(见图1-5)、合金钢热轧生产工艺流程(见图1-6)与冷加工生产工艺流程(见图1-7)。

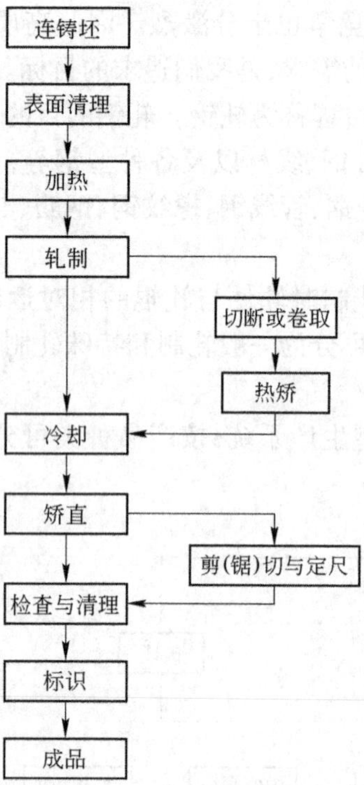

图1-5 碳素钢(低合金钢)热轧生产工艺流程图

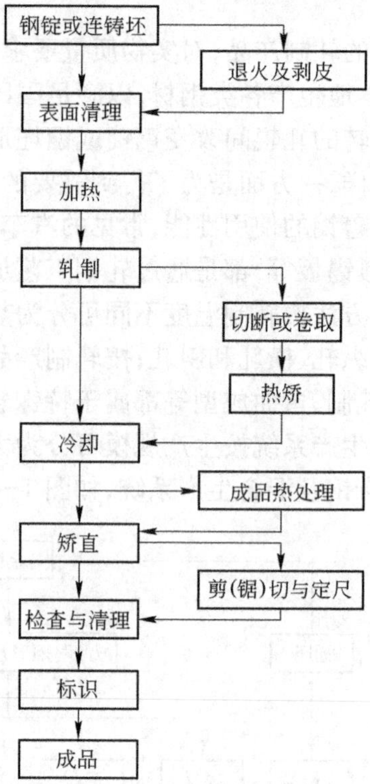

图1-6 合金钢热轧生产工艺流程图

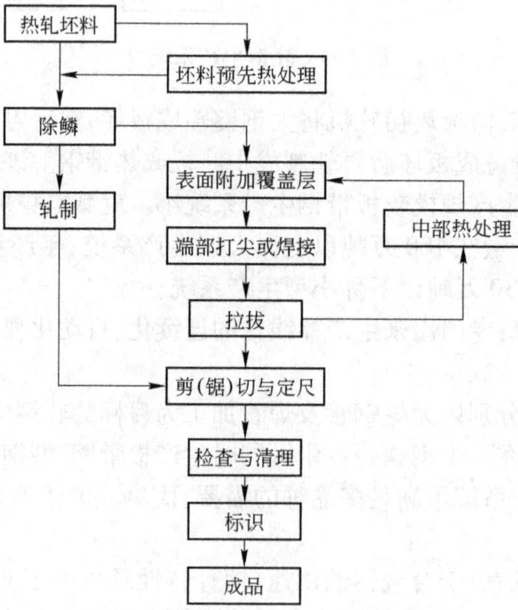

图1-7 冷加工生产工艺流程图

2 轧钢厂建设程序

2.1 轧钢厂项目建设工作流程

冶金工厂建设特指冶金工厂的建造。这不仅包括工厂所在地的施工和安装工作,还包括要建造一座冶金工厂得到产品全过程的工作组合。冶金工厂的建设是一个较为复杂的过程,它与国家或地方的许多部门、行业、单位有着紧密的联系,涉及国家自然资源和冶金原料的合理利用,以及冶金产品在工业、农业、国防建设、环境保护等领域的供需平衡和优化配置。因此必须经过一个特定的程序才能建设成一个冶金工厂。

轧钢车间项目建设归属冶金工厂建设,是钢铁企业集团建设的一部分,钢铁企业集团各车间布局应服从整个集团发展的总要求,既着眼当前,又服从未来发展的需要,满足生产与运输、资源与环境等协调发展。

2.1.1 建设程序

冶金工厂建设所包括的一系列工作按照规定的时间和空间排列成一定的过程,称为冶金工厂建设程序,或者称工作程序,如图 2-1 所示。

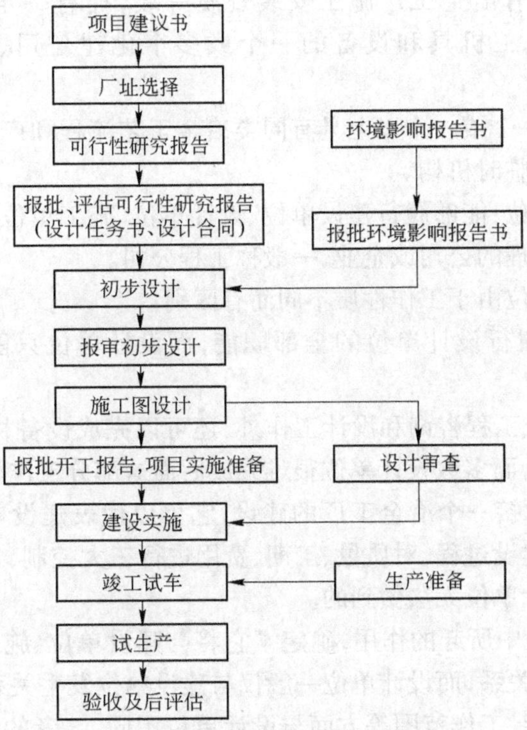

图 2-1 冶金工厂的建设程序框图

冶金工厂的原料、产品(以及它的规格)、规模、所在地不同、项目(冶金工厂未建成之前,往往称它为项目或工程)来源、背景、建设资金等因素的差异,都会使它的建设程序产生部分变动。

下面是适合于大中型冶金工厂、国家投资或贷款、符合现实、比较典型的建设程序:

项目建议书→批准立项→厂址选择→可行性研究→批准→总体设计→询价与报价→基础设计(初步设计)→批准→工程设计及设备材料采购→土建施工→设备管道安装→机械完工→单机试车→联运试车→原料试车(冶金投料)→试生产→工厂考核→工厂验收交付使用。

2.1.2 项目建设中的执行者

建设过程中各项工作的主要执行者有以下单位或部门。

(1) 政府及有关部门:国务院、计委、经贸委、建设部、金融、环保、消防、交通、国土、供电、供水等部门。

(2) 建设单位(业主):工厂(企业)法人及法人机构、建设指挥部以及下属的各种组织。

(3) 咨询单位:经政府有关部门批准或经认定具有相应咨询资格、资质等级的企业。工程设计建设的前期工作,一般由具有相应资质等级的咨询单位或设计单位或工程公司承担。咨询单位不能承担设计、施工、安装等工作。

(4) 设计单位:经政府有关部门批准或经认定具有相应资质等级的一个或多个设计院(所)、设计研究院(所)或其他设计机构。

(5) 施工单位:具有冶金工厂施工安装资质等级,拥有一定数量的专业技术人员和工人,备有必要的施工机具和设备的一个或多个化建公司、建安公司、安装队、施工队。

(6) 开车单位:从一个或一个以上具有同类冶金工艺流程和产品的生产厂聘请的专业技术人员和工人组成的临时机构。

(7) 工程总承包单位:能够履行建设单位、设计单位、施工单位、开车单位相应职责,对建设全过程实施全面管理的公司或企业,一般称工程公司。

工程公司与设计单位由于工作性质不同而有区别:

1) 工程公司可以履行设计单位的全部职能,而设计单位只能履行工程公司的部分职能。

2) 工程公司除完成工程咨询和设计工作外,还可以完成设备材料采购、施工安装管理和试车开车管理等工作,而多数设计单位很难完成后面这部分工作。

3) 工程公司一旦承接一个冶金工厂的建设,它可以代表建设单位全部(权)管理和执行建设程序,协调整个建设过程,对质量、工期、费用进行三大控制,最后将工厂的“钥匙”交给建设单位,而这是设计单位无法做到的。

4) 工程公司在建设中所起的作用,确定了它将与建设单位、施工单位、开车单位,甚至政府有关部门发生接口关系,而设计单位一般仅与建设单位发生关系;由于工程公司在建设过程中所起的作用、职能、工作范围等方面与设计单位不同,二者的管理体制、经营模式、专业设置等方面也有所不同。

2.2 轧钢厂设计基本概念

设计是一个古老的行业。自从人类最早的制造工具、修建遮蔽风雨的洞穴和泥土屋开始，就有了某种意义的设计。工程世界的发展，无非包括量变和质变两个方面。生产主要增加产品数量，而产品本身的更新换代、研制新产品等质变飞跃，则依靠工程设计来实现。因此从根本意义上来说，设计是一种创造性劳动，它是设计师（工程师）所从事的工作中最有新意、最能使人感到满足的工作之一。当一项设计任务提出来时，设计是并不存在的。设计师从接受之时开始，就要根据设计要求构思各种可能的方案，经过反复推敲、比较，选择其中的最佳者。

设计工作是工程建设的关键环节，是整个工程建设的灵魂，是把科学技术转化为生产力的纽带。没有现代化的设计，就没有现代化的建设。在建设项目确定之前，它为项目决策提供科学依据；在建设项目确定之后，它又为工程建设项目提供设计文件。做好设计工作，对加快工程项目的建设速度，节约建设投资，保证项目投产取得好的经济效益、社会效益和环境效益都起着决定性的作用。

冶金工厂设计，是将一个系统（例如一个冶金工厂、一个生产车间或一套装置等）按照其工艺技术要求，经工程技术人员的创造，将其全部描绘成图纸、表格及必要的文字说明的过程，也就是用文件化的语言（工程语言）将工艺技术转化为图纸的全过程。

冶金工厂设计必须同时满足下列要求：

(1) 产品的数量和质量指标。

(2) 经济性：除了在个别情况下建设生产装置是从产品的社会效益出发外，其他的装置不仅应该有利润，而且其技术经济指标应该有竞争性，即要求最经济地使用资金、原材料、公用工程和人力。要达到这个目标，必须进行流程优化和参数优化的工作。

(3) 健康和安全：工业生产中大量物质是易燃、易爆或有毒性的。因此，设计必须充分考虑各种明显的和潜在的危险，保证生产人员的健康和安全。

(4) 符合国家和各级地方政府制订的环境法规，对排放的废气、废水、废渣进行处理。

(5) 整个系统必须可操作和可控制：可操作是指设计不仅能满足常规操作的要求，而且还能满足开、停车等非常规操作的要求；可控制是指能抵制外部扰动的影响，系统能适应和稳定。

由此可见，设计是一个多目标的优化问题，不同于常规的数学问题，不是只有唯一正确的答案，设计师在做出选择和判断时要考虑各种经常是相互矛盾的因素，即技术、经济和环境保护等的要求。在允许的时间范围内选择一个能兼顾各方面要求的方案，这种选择或决策贯穿整个设计过程。

轧钢厂设计归属于冶金工厂设计。其目的可以是建设新的企业，也可以扩建或改建老企业。其任务是对需建设的企业做出技术与经济的详细规划，确定出企业的生产经济状况，技术经济指标及施工的组织方法等。设计文件是编制基本建设计划和拨付投资的依据。其内容包括生产工艺、设备、土建、供水和排水、供气、供电、运输、采暖与通风等设计。它们之间是一个完整的不可分割的整体，要求各个不同的设计部门互相协作，紧密配合。其中车间工艺设计是整个车间设计的主体。工艺设计师是一个组织者，他的主要任务是根据上级机关确定的任务书，进行工艺设计，确定生产方案、选择设备、画出车间工艺平面布置图、确定车间劳动组织与技术经济指标等，并对水、电、动力、热力、通风、照明、采暖、厂房建筑等设计提出要求及其所需的资料。

设计阶段是指按照建设程序的需要，将设计过程按时间顺序分为几个阶段，它们的划分及关系如表 2-1 所示。

表 2-1 按时序划分的工厂设计项目

- 工厂设计
  - 前期设计
    - 项目建议书
    - (预)可行性研究
    - 规划(总体设计)
  - 工程设计
    - 初步设计(基础工程设计)
    - 技术设计
    - 施工图设计(详细工程设计)

各个设计阶段完成工作的内容不同，所产生设计成品的内容及使用对象也不同，必然要通过不同的过程和手段才能完成，这就是所谓的设计程序和方法，设计工作程序框图见图 2-1。

冶金工厂的设计是一个系统工程，设计单位是由各个不同的专业组成的一个有机整体。专业设置是指工厂设计涉及许多专门的学科，如冶金工程、冶金机械、工程力学、自动化控制、动力工程、土木建筑、工程材料、总图规划、工程概预算、环境保护、安全卫生等，设计单位根据工厂的需要将这些学科重新划分，设立为各个不同的专业。

虽然各专业的分工不同，但相互都有非常密切的内在联系，而且这种联系在设计过程中至关重要。各专业必须协调、合作，才能保证冶金工厂的设计整体往前推进，才能保证工程设计质量。

专业设置可分为主导专业和辅助专业两大类。

主导专业有冶炼工艺(含炼铁、炼钢、稀土等)，烧结球团，贮运，压力加工，工业炉等专业。

辅助专业有设备、土建、电力、电讯、自动化仪表、给排水、总图运输、燃气、热力、环境保护、采暖通风、机修、检(化)验、安全和工业卫生等专业。

设计单位为向建设单位提供冶金工厂建设全过程的服务，除主导专业之外，另外还设有技术经济、工程经济等专业。

(1) 冶炼工艺。冶炼工艺是冶金工厂设计的龙头专业，负责冶金工厂工艺流程的选择和确定，完成冶金工厂的能量衡算、物料衡算和定型调和的造型及非标准调和的工艺制造图，设备订货表，工艺说明书等设计成品。

(2) 烧结球团。烧结球团专业根据粉矿或精矿(如铁矿或含铁炉尘、锰矿、铬矿、铅锌矿)，其他粉状冶金物料和还原剂，以及在冶炼各种合金时需要添加的各种有色金属和高纯稀有金属的性质，确定烧结、球团或压块工艺流程；负责物料衡算和定型设备的造型及非标设备的工艺计算；完成工艺流程图，工艺平、断面系统总图，设备连接图，设备安装图，设备订货表，各车间配置图，工艺说明书等设计成品。

(3) 贮运。贮运或机械化运输专业负责原料准备厂(一般简称原料厂或原料车间)的贮矿场或料场、贮矿槽、破碎筛分、混匀、带式输送机系统、各种仓库等设施的设计；完成工艺流程图，工艺平、断面系统总图，设备连接图，设备安装图，设备订货表，各车间配置图，工艺说明书等设计成品。

(4) 压力加工。压力加工就是把符合要求的铝合金锭、铜合金锭、钢锭或连铸坯按照规定的尺寸和形状加工成铝型材、铜材、钢材。压力加工专业负责确定工艺流程，定型设备的选型及非标设备的工艺计算；完成工艺平、断面配置图，设备安装图，设备订货表，工艺说明书等设计成品。

(5) 工业炉。工业炉专业负责对加热炉、燃烧炉的炉型、燃料、装出料方式及标准设备和非标准设备的选择确定；进行燃料燃烧计算和热平衡计算；完成车间平、断面配置图、炉体总图、设备订货表。

(6) 设备。设备专业根据主体专业的设计委托任务，进行非标准设备(主要是传动设备)的设计计算，尤其是设计单位拥有专利技术的设备设计。非标设备通常指冶金炉、机械传动类等设备。设备专业完成设备制造版图、地脚螺栓一览表等设计成品，提出非标设备防腐要求。

(7) 土建。土建专业在总图和设备布置的基础上，根据当地气象、地质等自然条件，负责冶金工厂厂房、框架结构、操作平台、特殊结构、各类设备基础、钢结构、壳体、大直径管道的设计，并根据工艺物料的性质，对建、构筑物的防腐进行设计，以及厂房的建筑设计；完成建筑施工图，建筑、结构设计说明，桩位布置图，基础布置图，建、构筑物施工图，钢结构施工图，外管架结构及基础图。

(8) 电力。根据冶金工厂各个装置和设备的用电条件，电力专业负责电气设备的选择、配置，电力传动和安装设计，以及全厂的照明、防雷电设计；同时亦要负责冶金工厂危险区域的划分；完成电气系统图、设备布置图、电缆敷设图、设备安装图、设备表、危险区划分图、防雷接地系统图、装置动力配线图、照明系统平面图、原理接线图。

(9) 电讯。电讯专业往往可以与自控专业合并，提高工厂综合控制水平。电讯专业负责冶金工厂电话、通讯网络、报警系统和工业电缆的工程设计；完成电讯系统图、电讯用户表、设备平面布置图、电讯配线图、安装图与接线图。

(10) 自动化仪表。随着冶金工业自控技术水平的发展，在冶金工厂中对自动控制的要求越来越高，自动控制可以达到的水平也越来越高。一个冶金工厂是否先进，是否现代化，一方面要看工艺的先进性、环保的水平，另一方面还要看自动控制的手段和方法。在工艺控制方案的前提下，自动化仪表专业负责冶金工厂的计量、仪表、自动控制设施的设计；完成仪表数据表、控制室布置图、仪表盘及操作台布置图、仪表汇总表、回路图、供电及接地系统工程图、仪表安装图、仪表位置图、供气系统图、仪表安装材料表与电气材料表。

(11) 给排水。根据厂区的自然环境和总图要求，给排水专业负责进行冶金工厂中的取水工程、净水工程、软水工程、输配水工程、排水工程、污水处理(煤气洗涤、冲渣水、酸碱废水、重金属废水、含油废水等)工程、循环冷却工程以及消防水的设计；完成厂内外给排水平面布置图及水量平衡图、给排水管道纵断面图或空视图、管道仪表流程图、外部管道平面布置图及空视图、室内给排水管道平面布置图及空视图、给排水设备及综合材料一览表。

(12) 总图运输。根据大区的地形地貌和全年主导风向等因素，总图运输专业对冶金工厂各个装置及建筑物进行布置、规划，在此基础上负责厂区总图管理，铁路、公路交通运输的设计，同时要综合研究全厂外管线走向的合理性和经济性；完成地理及区域位置图，总平面布置图，竖向布置图，土方工程图，厂区道路布置图，路面结构图，管道综合图，围墙及大门施工图，厂区绿化平面图，防、排洪工程图，挡土墙施工图。

(13) 燃气。燃气专业负责煤气洗涤、煤气供应、燃油供应、氮气供应等设施的设计；完成工艺系统流程图、燃气平衡图、设备布置用安装图、非标准设备制造图、设备及材料表。

(14) 热力。热力专业负责鼓风机站、蒸汽及压缩空气供应、余热锅炉及汽化冷却系统、煤粉制备等设施的设计，进行全厂蒸汽平衡，确定全厂的参数等级，并制定全厂热能综合利用的设计原则和节能措施评述；完成蒸汽、压缩空气平衡图，设备一览表，管道仪表流程图，设备布置及安装图，管道空视图，综合材料表。

(15) 环境保护。环境保护根据生产工艺过程的“三废”排放状况，综述各专业环保措施和工艺控制原理、工厂绿化、环境监测、环境保护管理机构及劳动定员、环保和综合利用投资；在可行性研究和初步设计中，完成环境保护篇章说明书的编写、主要环保设施的流程或系统图，施工图阶段一般不参与设计。

(16) 采暖通风。采暖通风专业负责采暖、通风(空调)、除尘、气力输送等设施的设计；完成采暖通风的设备布置一览图、管道空视图及综合材料表。

(17) 机修。机修专业负责备品、备件的供应和车间机修设施的设计；完成车间配置图、设备安装图、非标准设备制造图、设备材料表。

(18) 检验。检验专业负责试验室、化验室的设计；完成试验室、化验室配置图，非标准设备(化验台、架)制造图，化验设备、药品、试剂一览表。

(19) 安全和工业卫生。安全和工业卫生专业负责综述工艺设备及生产过程中可能发生的事故及应采取的安全技术措施，对生产过程中的尘、毒源、放射性、噪声、振动等危害的措施，安全与工业卫生的管理机构及防渗设施，安全与工业卫生的预期效果；在可行性研究和初步设计中，完成安全和工业卫生篇章说明书的编写，施工图阶段一般不参与设计。

(20) 技术经济。技术经济专业负责对工程项目的费用和效益估价；进行产品成本分析，经济效果计算及评价，影响经济效果的因素分析(盈亏分析及第三性分析)并得出评价结论。在可行性研究和初步设计中，完成技术经济篇章说明的编写，施工图阶段一般不参与设计。

(21) 工程经济。工程经济专业负责概(预)算，提供设备单价、指标及概(预)算；在可行性研究和初步设计中，完成概(预)算篇章说明书的编写，施工图阶段完成工程的总单项预算的汇总，编制预算书。

当工程中采用计算机控制时，由计算机专业负责硬件的选用和应用软件的编制。

由此可见，设计研究院内部的专业分工是相当细的，优点是能充分发挥利用各专业的特长，有利于提高设计质量；缺点是专业必须配套才能进行设计，而且专业之间的关系比较复杂，设计周期较长。

整个设计过程和步骤如下：

(1) 收集资料并进行分析，包括各种审批文件和原始资料等。

(2) 以可行性研究报告、评估意见、审批意见(设计任务书)和各种原始资料为依据，编制初步设计。

(3) 以初步设计及其审批意见为依据，编制技术设计(如果需要的话)。

(4) 以初步设计或技术设计为依据,进行施工图设计。

(5) 在施工现场进行设计交底和答疑,并结合施工进度的需要,派人进驻施工现场,解决施工过程中出现的各种设计问题,做好现场服务。

(6) 参加竣工验收及试生产。

(7) 进行设计回访,广泛征求各方意见。

(8) 设计工作总结,提出改进意见和建议。

工厂设计工作流程如图 2-2 所示。

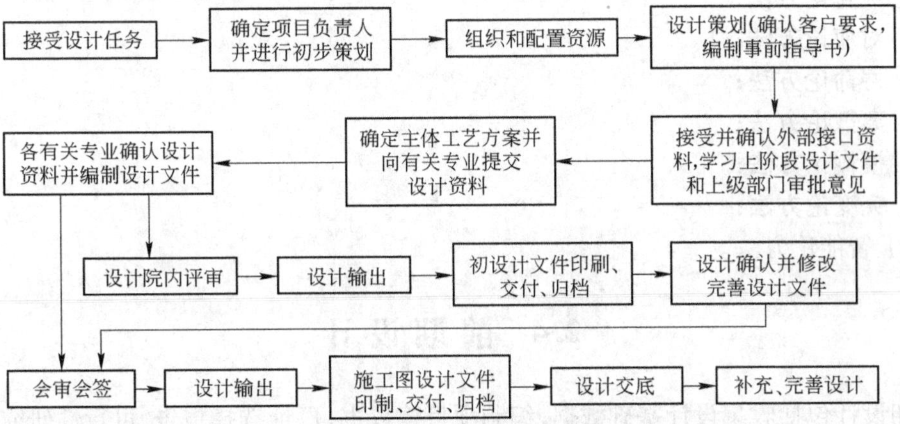

图 2-2 工厂设计工作流程图

2.3 现代设计方法简述

设计的最初含义是用符号、记号和图形将信息记录下来,随着生产的不断发展和科学技术的不断进步,设计也在不断地向深度和广度推进,乃至现在人类活动的一切领域几乎都离不开设计。

设计过程按时间顺序分为三个阶段。第一阶段为调研阶段,设计者在这一阶段的任务是尽可能全面了解所要研究的问题。第二阶段为构思转换阶段,设计者运用所有的经验、革新能力、洞察力和天资,思索可能达到预期结果的合理方案。第三阶段为方案确立收敛阶段,设计者要竭力排除那些在创造性探索设计思想的阶段里所提出的不切实际的和价值不大的解决方案,努力把问题收敛到给定条件下可以实现的最好的解决方案。

现代设计方法是现代广义设计和分析科学方法的简称,其实质是科学方法论在设计中的应用。采用"现代设计"的名称,只是为了强调其中的一些设计方法是国际上新发展起来的,且不少设计方法以计算机为工具。

现代设计方法的特征可归结为:

(1) 是20世纪80年代前后初步成熟并且在今后相当长的一个时期内继续发展和研究的设计与分析方法学(时域特征);

(2) 是在经验的、感性的、类比的基础上,上升到更科学的、逻辑的设计与分析方法学(哲理特性);

(3) 是能大幅度地提高设计的稳定性、准确性与快速性的设计与分析方法学(质量特性)；

(4) 是在稳定分析的基础上考虑多变量动态特性，以广义优化为目标且运用自动设计工具的设计与分析方法学(目标与手段特征)。

现代设计方法主要有：

(1) 信息论方法；

(2) 系统论方法；

(3) 控制论方法；

(4) 优化论方法；

(5) 对应论方法；

(6) 寿命论方法；

(7) 离散论方法；

(8) 模糊论方法；

(9) 突变论方法；

(10) 智能论方法。

2.4 前期设计

前期设计包括收集设计基础数据，编制项目建议书、厂址选择报告、可行性研究报告、环境影响报告、对外的技术询价书与设计任务书等，完成规划(总体)设计。

2.4.1 项目建议书

项目建议书是由法人单位根据国民经济和社会发展长远规划，国家的产业政策，行业、地区发展规划以及国家的有关投资建设法规、规定编制的。项目建议书是在对项目进行初步调查、预测、分析后，描述工程项目的建设条件、生产规模与产品方案、生产工艺技术、环境保护、投资与效益等大致设想，并用于向政府部门提出的技术报告书。

项目建议书作为基本建设程序最初阶段的工作，是对建设项目的轮廓设想和立项的先导，是为建设项目取得建设资格而提出的建议，并且作为开展可行性研究的依据。它用于上报政府部门，使之对工程项目建设做出初步决策。

项目建议书的基本内容包括：

(1) 从国家、地区、部门角度论述建设项目的目的和新高度，在资源利用、区域布点、经济发展、市场需求、人民生活改善和企事业履行等方面的必要性、迫切性。

(2) 从原燃料供应、生产技术、总图运输、公用工程、当地协作条件、资金筹措等方面，综合阐述建设的可能性与有利条件。

(3) 当需要引进国外技术和设备时，说明该项目技术的国内外概况和差距，以及引进的理由和方式。

(4) 主要的技术经济指标，包括生产规模，原料、燃料及动力消耗，“三废”排放量，运输量，定员，占地，总投资，总产值，产品工厂成本，投资回收期，贷款偿还年限，投资利税率，年利税总额，年销售收入。

(5) 叙述主要国家或地区近期对产品的需求量，国内同类产品近几年的生产能力和产品进口情况估计,综合说明本项目产品的销路预计情况和竞争能力。

(6) 对原材料的供应情况、厂址概况、主要技术方案、生产路线、供排水、供电、供热、环境保护、项目的进度安排、进度安排的碑帖(依据)、工程建设进度安排、经济和效益分析、投资估算、资金筹措、投资计划、财务效益、社会效益、项目建议综述和预评价。

项目建议章节格式和内容见附录1,根据工程项目大小,有的内容可适当简化。一般情况下,项目建议的重点应放在:

(1) 项目提出的背景。

(2) 市场调查,正确地确定工厂的产品方案、生产规模。

(3) 选择先进可靠、符合国家产业政策的生产工艺技术。

2.4.2 厂址选择

厂址选择就是选择工厂的建设地点。厂址选择是工业基本建设的一个重要环节,厂址选择工作的好坏对工厂的建设进度、投资数量、经济效益、环境保护及社会效益等方面都会带来重大的影响。从宏观上说,它是实现国家长远规划、决定生产力布局的一个基本环节。从微观上看,它又是进行项目可行性研究和工程设计的前提。因为只有建设地点选择确定后,才能比较准确地估算出项目在建设时的投资和投入生产后的产品成本,也才能对项目的各种经济效益进行分析计算,以及对项目的环境影响、社会效益等进行分析,最终得出建设项目是否可行的结论。

厂址选择时,设计单位要协同建设单位和地方部门进行工厂实地勘查,主要调查当地的水文地质、环境状况、交通运输、社会依托等自然状况。经过多个场地的技术与经济比较,形成报告,供政府部门决策参考。

厂址选择应遵循的基本原则

根据我国国情,厂址选择工作是在长远规划的指导下,在指定的一个或数个地区(开发区)内选择符合建厂要求的厂址。在选择厂址时,应遵循以下基本原则:

(1) 厂址位置必须符合国家工业布局、城市或地区的规划要求,尽可能靠近城市或城镇原有企业,以便于生产上的协作,生活上的方便。

(2) 厂址宜选在原料、燃料供应和产品销售便利的地区,并在贮运、机修、公用工程和生活设施等方面有良好基础和协作条件的地区。

(3) 厂址靠近水量充足、水质良好的水源地,当有城市供水、地下水和地面水三种供水条件时,应该进行经济技术比较后选用。

(4) 厂址应尽可能靠近原有交通线(水运、铁路、公路),即应有便利的交通运输条件,以避免为了新建企业而修建过长的专用交通线,增加新企业的建厂费用和运营成本。在有条件的地方,要优先采用水运。对于有超重、超大或超长设备的工厂中,还应注意沿途是否具备运输条件。

(5) 厂址应尽可能靠近热电供应地。一般来讲,厂址应该考虑电源的可靠性,并应尽可能利用热电站的蒸汽供应,以减少新建工厂的热力和供电方面的投资。

(6) 选厂应注意节约用地。不占或少占良田、好地、菜园、果园等。厂区的大小、形状和其他条件应满足于工艺流程合理布置的需要,并应有发展的可能性。

(7) 选厂应注意当地自然环境条件,并对工厂投产后对于环境可能造成的影响做出预评价。工厂的生产区、排渣场和居民区的建设地点应同时选定。

(8) 厂址应远离低于洪水水位或在采取措施后仍不能确保不受水淹的地段；厂址的自然地形应有利于厂房和管线的布置、内外交通联系和场地的排水。

(9) 厂址附近应有生产污水、生活污水排放的可靠排除地，并应保证不因新厂建设致使当地受到新的污染和危害。

(10) 厂址应不妨碍甚至破坏农业水利工程，应尽量避免拆除民房或建构筑物、砍伐果园和拆迁大批墓穴等。

(11) 厂址应避免布置在下列地区：地震断层带地区和基本烈度为9度以上的地震区；土层厚度较大的Ⅲ级自重湿陷性黄土地区；易受洪水、泥石流、滑坡、土崩等危害的山区；有喀斯特、流沙、淤泥、古河道、地下墓穴、古井等地质不良地区；有开采价值矿藏地区；对机场、电台等使用有影响的地区；有严重放射性物质影响的地区及爆破危险区；国家规定的历史文物，如古墓、古寺、古建筑等地区；园林风景区和森林自然保护区、风景游览地区；水土保护禁垦区和生活饮用水源第一卫生防护区；自然疫源区和地方病流行地区。

选厂指标的主要内容

(1) 拟建工厂的产品方案，产品的品种和规模，主要副产品的品种、规模等。

(2) 基本的工艺流程、生产特性。

(3) 工厂的项目构成，即主要项目表。

(4) 所需原燃料的品种、数量、质量要求。它们的供应来源或销售去向及其适用的运输方式。

(5) 全厂年运输量(输入输出量)、主要包装方式。

(6) 全厂职工人数估计、最大班人数估计。

(7) 水、电、汽等公用工程的耗量及其主要参数。

(8) “三废”排放数量、类别、性质和可能造成的污染程度。

(9) 工厂(含生产区、生活区)的理想总平面布置图和它的发展要求，匡算出拟建工厂的用地数量。工厂理想总平面布置占地应在主项表建立后，由选厂组一起协力，先匡算车间(装置)、公用工程及辅助生活设施等的占地，建筑总面积后匡算。

(10) 其他特殊要求。如工厂需要外协项目、洁净工厂的环境要求、需要一定防护距离的要求等。

现场勘查

(1) 踏勘地形图所表示的地形、地物的实际状况，看它们是否与所提地形图相符，以确定如果选用，该区是否要进行重新测量，并研究厂区自然地形的改造和利用方式以及场地原有设施加以保留或利用的可能。

(2) 研究工厂在现场基本区划的几种可能方案。

(3) 研究确定铁路专用线接轨点和进线方向，航道和建造码头的适宜地点，公路的连接和工厂主要出入口的位置。

(4) 实地调查厂区历史上洪水淹没的情况。

(5) 实地观察厂区的工程地质状况。

(6) 实地踏勘工厂水源地、排水口，研究确定可能的取水方案和污水排除措施。

(7) 实地调查热电厂及厂外各种管线的可能走向。

(8) 现场环境污染状况的调查。

(9) 周围地区工厂和居民点分担状况和协调要求。

(10) 各种外协条件的了解和实地观察。

在踏勘中,应注意核对所汇集的原始资料,那些无原始资料的项目,应在现场收集,并注意随时做出详细记录。一般应踏勘两个以上厂址,经比较择优建厂。

方案比较和选厂报告

在现场勘查工作结束后,可开始编制选厂报告。项目总负责人应在组织选厂工作小组人员现场工作的基础上,选择几个可供比较的厂址方案,进行综合、分析,对各方面的条件进行优劣比较得出结论性意见,推荐出较合理的厂址,并写出报告和绘制拟选厂址方案图。厂址选择报告应包括下列内容:

(1) 选厂的根据,新建厂的工艺生产路线,选择厂址的工作经过。

(2) 建厂地区的基本概况。

(3) 厂址方案比较。

(4) 对各个厂址方案的综合分析和结论。

(5) 当地政府和主管部门对厂址的意见。

(6) 附件:区域位置规划图(1∶10000~1∶50000),内容应包括厂区位置、工业备用地、生活区位置、水源和污水排出口位置、各类管线及厂外运输路线规划、码头位置、铁路专线走向方案及接轨站位置等;企业总平面布置方案示意图(1∶500~1∶2000);各项协议文件。

2.4.3　可行性研究

可行性研究就是根据工程项目的要求,在对影响拟建项目的各种因素进行认真的调查研究和分析的基础上,提出可能采取的几种建设方案,加以比较,说明其在建设条件上是否具备、技术上是否先进可靠、经济上是否真实合理有利、社会环境上是否符合标准的技术研究报告。

可行性报告有鉴别投资方向的机会可行性研究、初步选择项目的预可行性(初步可行性)研究和拟定项目是否成立的技术经济可行性研究(一般所称的可行性研究),这三种研究的精确度,反映在经济上的结论分别为±30%、±20%、±10%。对于工程项目,通常在项目建议书编制之前进行预可行性研究,设计单位通常是在得到项目建议书的批复之后(即项目立项),才进行可行性研究。

可行性研究的作用

可行性研究既充分研究建设条件,提出建设的可能性,同时又进行经济分析评价,提出建设的合理方案,是建设项目建设前期非常重要的工作。它既是项目的起点,又是以后各阶段工作的基础。它的作用在于:

(1) 可作为政府部门和业主对工程项目批准的最终决策和保证投入的资金能发挥最大效益所提供的科学依据。

(2) 是进行初步设计、向银行或金融部门申请贷款、业主与有关部门签订合作协议的依据。

(3) 是技术开发、设备引进、安排科学研究、国家或地区编制长远规划的重要参考资料。

可行性研究报告的基本要求

根据国民经济发展的长远规划和地区发展规划、行业发展的要求，结合自然、技术和经济等条件，对建设项目在技术、工程和经济上的先进性和合理性进行全面分析论证。通过多方案比较，提出评价意见。

（1）是否符合国家的建设方针和投资优先方向。

（2）是否与现有企业的生产技术协调配合。

（3）产品是否适应市场需求，有足够的销售市场。

（4）能否得到足够的投入。

（5）引进设备的水平，国内配套设备和操作技术水平能否与之相适应。

（6）设计方案和投资计划是否合理。

（7）贷款能否按期偿还。

（8）财务收益率是否高于规定折现率。

（9）项目有无较大的风险。

（10）多方案比较时是否属于最佳方案。

可行性研究报告的编制程序和基本内容

（1）可行性研究报告的编制程序见图2-3。

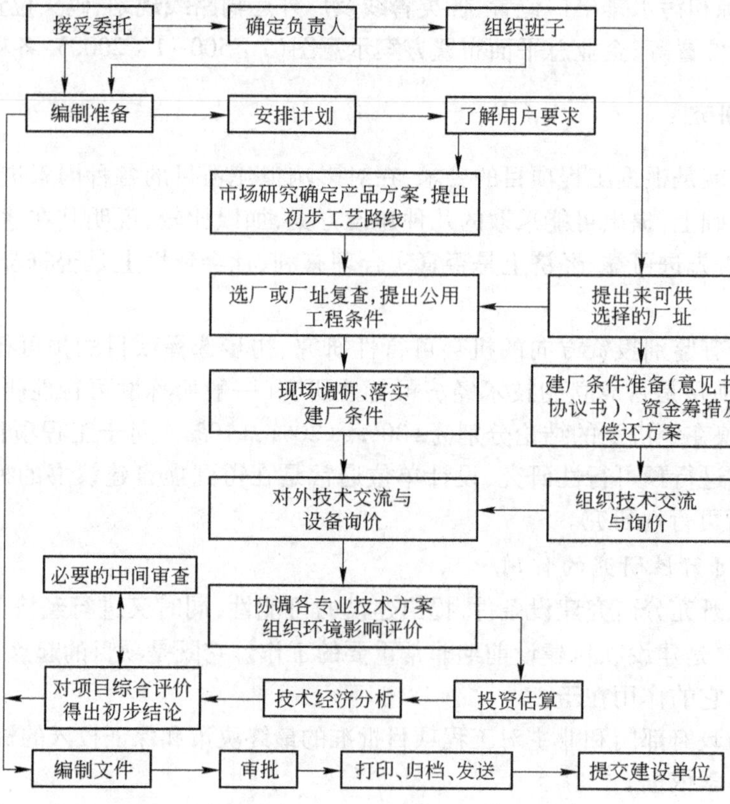

图2-3 可行性研究报告的编制程序框图

（2）可行性研究的章节格式和内容见附录1。由于建设的基础各种各样，建设的要求

和条件也不尽相同,因而可行性研究的具体内容也各不相同,但一般重点都应放在:

1) 市场调查,正确地确定工厂的产品方案、生产规模。

2) 选择先进可靠、符合国家产业政策的生产工艺方案。

3) 搞好综合利用和"三废"。

4) 搞好综合平衡,落实建厂条件,制订工程建设的实施计划,控制工程工期。

5) 进行经济核算,开展分析和比较,评价工程建设的最佳经济效果。

2.4.4 环境影响报告书(表)

为了预测建设项目在建设过程中特别是建成投产后可能对环境带来的影响,故编制环境影响报告书(表)。

国家根据建设项目对环境影响的程度,按照下列规定分类管理:

(1) 建设项目可能对环境造成重大影响的,应当编制环境影响报告书,对建设项目产生的污染和对环境的影响进行全面、详细的评价。

(2) 建设项目可能对环境造成轻度影响的,应当编制环境影响报告表,对建设项目产生的污染和对环境的影响进行分析或专项评价。

(3) 建设项目对环境影响很小,不需要进行环境影响评价的,应当填报环境影响报告表。

冶金工程项目都属于第(1)、(2)类,应当编制环境影响报告书(表)。根据《中华人民共和国水土保持法》的规定,凡从事有可能造成水土流失开发建设项目的建设与生产都必须防止水土流失,在环境影响评价中写出水土保持方案。建设项目的环境影响评价原则上应当与该项目的可行性研究同时进行,其成果为环境影响报告书(表)。

建设项目环境影响报告书应当包括以下内容:

(1) 建设项目概况。

(2) 建设项目周围环境现状。

(3) 建设项目对环境可能造成影响的分析和预测。

(4) 环境保护措施及其经济、技术论证。

(5) 环境影响经济损益分析。

(6) 对建设项目实施环境监测的建议。

(7) 水土保持方案。

(8) 环境影响评价结论。

环境影响评价工作由取得相应的环境影响评价资格的单位承担。环境影响报告书经批准后,审批建设项目的主管部门方可批准该项目的可行性研究报告或者设计任务书。

建设项目竣工后,建设单位应当向审批该项目环境影响报告书(表)的环境保护行政主管部门申请环境保护设施竣工验收。

2.4.5 设计任务书(设计合同)

设计任务书是确定基本建设项目及其轮廓和编制设计文件的主要依据。设计任务书的编制可分为以下两种情况:

(1) 拟建项目已完成可行性研究报告时,上级主管部门对可行性研究报告进行了审批,并对工程建设的主要原则进行了批复,其批复文件就是设计任务书。

（2）拟建设项目未进行可行性研究时，这时的设计任务书是在项目建议书或者建设规划的基础上编制的，企业建设规划以设计合同的形式委托设计部门开展设计工作。

一般新建轧钢厂项目的设计任务书应包括以下内容：

（1）车间生产规模、生产钢种、产品品种与规格、生产方法与其他有关的工艺规定。

（2）建厂地点、范围和建厂地区的矿产资源、水文地质、原材料、燃料、动力、水等供应情况以及交通运输情况。

（3）资源综合利用要求和“三废”治理的标准规定。

（4）拟建车间在全厂所处的位置和今后的发展。

（5）要求达到的经济效益、技术水平、车间总投资以及建设进度等。

对于改建和扩建项目，设计任务书中还应包括对原有固定资产、原有设备利用程度的规定以及建成后车间的发展情况。

2.5 工程设计

根据已批准的可行性研究报告，进一步结合建厂条件，在满足安全、质量、进度以及投资控制的前提下，开展该工程的设计工作，直到将设计成品交付现场施工，这期间设计工作称为工程设计。工程设计的基本任务是：

（1）提出该工程设备、材料、供订货用的图纸和资料，必要时绘制供制造厂订货用的或在施工现场加工用的非定型设备施工图纸。

（2）提出工程有关的设计规定、说明和完整的图纸资料，以满足现场施工安装的需要。

（3）提出供工程正常开停车和事故处理的操作要点。

（4）提出工程修正总概算。

按照国内的设计院目前通行的做法，工程设计可划分为初步设计、技术设计和施工图设计三个阶段。

2.5.1 设计基础资料

在正式开展工程设计之前，必须收集设计基础资料，设计基础资料是设计工作的基础。设计资料的质量直接影响设计的质量，资料不准确、不完整、不可靠，将导致不良后果，如引起设计修改，甚至返工重做，或造成施工和生产的困难，导致建设上的失误。设计工作所必需的设计基础资料，大都包括以下各项：

（1）建厂可行性研究有关资料。

（2）可行性研究的批准文件。

（3）原料资源地质报告或原料供应协议及有关技术资料。

（4）厂址选择报告或选厂的有关技术文件。

（5）厂区工程地质报告。

（6）土地重用文件。

（7）厂区及矿山地形图，区域地形图。

（8）水源水质资料。

（9）供电协议书及电源资料。

（10）厂外道路连接协议书及线路地形图。

（11）原煤供应协议及煤质资料。

（12）气象资料。

（13）环境分析报告。

（14）有关企业协作问题的协议。

（15）建厂地区地震烈度和最高洪水水位资料。

（16）地方材料的种类、规格和价格资料等。

建厂条件不同,设计基础资料的具体内容也有所不同。为了保质保量如期完成冶金工厂的设计任务,必须重视设计基础资料,使之正规化和完整化。对冶金工厂的设计基础资料的具体要求,应参照上列项目,结合实际情况,由建设单位与设计单位共同商定。

2.5.2　初步设计

初步设计是研究和解决工厂设计各项重大原则和方案的设计阶段。通过初步设计,确定工厂实际规模和产品品种,确定工艺流程和主要设备,确定各种设施的主要方案,确定概算投资额。简言之,就是要做到六定:定规模、定设备、定方案、定总体、定定员、定投资额这样的初步设计,才能满足主要设备订货、圈定征地范围、平整场地、安排培训工人、编制施工组织设计等施工和生产的准备工作。

初步设计的设计深度,应该达到上述"六定"要求。这样的设计尝试,不但是开展施工和生产准备工作所必需的,同时也是指导下阶段施工图设计工作所必需的。

初步设计必须遵循国家规定的基本建设程序,必须根据上级下达的设计任务书编制,必须贯彻执行国家和上级机关制订的有关方针政策、规程、规范和标准,必须具备设计条件和基础资料。初步设计文件的内容和编制要求如下。

设计说明书　按专业分别编写

（1）综述:要说明设计依据、建设条件、设计原则、设计范围、主要设计内容、存在的主要问题以及主要技术经济指标。

（2）总平面设计:要说明工厂的区域位置和自然条件、土地使用情况、总平面布置原则和方案、工厂的运输量和运输方式以及防洪、绿化等有关问题。

（3）矿山设计:当设有自采矿山时,开采运输方案的选择和制订。

（4）工艺设计:要说明原、燃料的来源和质量,冶金炉炉型,产品品种,生产流程和主要工艺设备的选择与计算,物料或金属平衡表,贮存方式和贮存天数,采取的环保设施,对周围环境的影响以及生产车间的工作制度等。

（5）土建设计:要说明建设场地的自然特征,土建设计的原则,结构选型,建筑处理,主要材料的规格、型号或标号,拟定的施工条件及汇总全厂定员,并据以计算有关生活设施的建筑面积等。

（6）电气设计:要说明供电电源、负荷计算电力及照明的线路,变配电站,车间电力设备和控制、照明以及防雷接地等措施。

（7）给排水设计:要说明水源、工厂用水量、取水方式、水质处理、供水系统和设备、排水及污水处理、管材及管线的敷设方法等。

（8）其他如采暖通风、动力、自动化、机修等也要简要说明设计所涉及的主要内容。

设计图纸

初步设计一般包括如下图纸：

(1) 区域位置图。

(2) 厂区总平面图(有自采矿山时还要有矿区总平面图)。

(3) 全厂生产车间平、剖面布置图。

(4) 建、构筑物特征一览表。

(5) 其他专业主要的系统、总体图等。

设备表 按专业分别填写

在设备表中写清楚主要设备的型号、规模、技术性能、台数、重量、来源或设备图号等。附属设备由于设计深度所限，可只填出型号、台数或重量以满足编制概算的要求。详细的在施工图设备表中填写。初步设计各专业的设备表要集中起来，装订成册，作为构成初步设计的文件之一。

概算书 包括编制说明和概算表格两部分

在"编制说明"中，概算表格分为总概算表、综合概算表和单项工程概算表。在作为初步设计文件的概算书中，只列入总概算表和综合概算表，而单项工程概算表只作为存查的草稿，不列入打印的概算书中。这样做既满足要求又便于使用，还减少了编制和打印的工作量。

此外，初步设计应遵循可行性研究报告所确定的主要设计原则和方案，如厂址、规模、产品方案、开采方法、主要工艺流程、主要设备选型、主要建筑标准等，一般不会有较大的变动。

当设计基础资料及其他重要情况发生很大变化，致使原确定的重大工艺方案、设计原则不能继续成立，或初步设计概算突破可行性研究投资估算较大时，必须在充分的技术经济综合分析论证的基础上申明原因，并经原审批可行性研究的主管部门批准，方可修改。初步设计编制程序见图2-4。

初步设计的章节内容及格式见附录1。

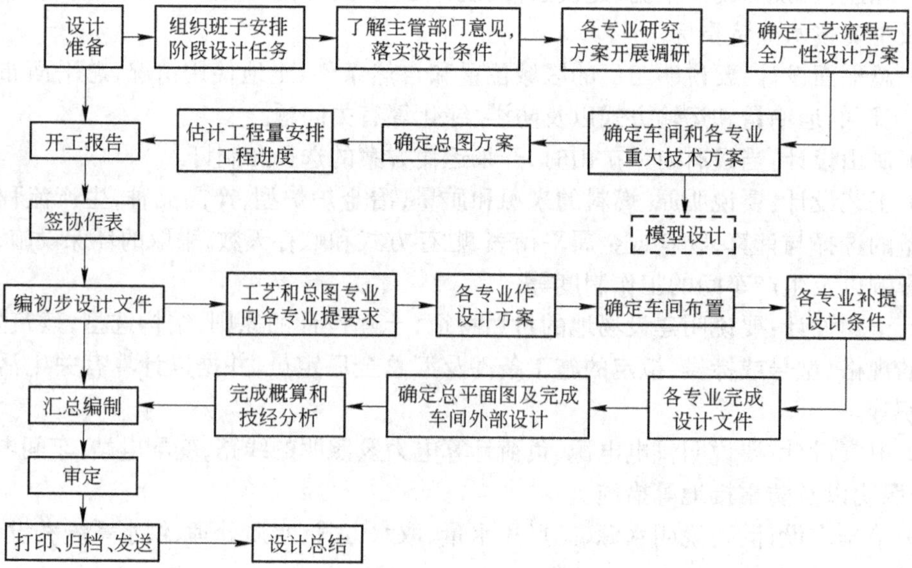

图2-4 编制初步设计的程序示意图

2.5.3 技术设计

根据国家基本建设程序的有关规定，对于大中型企业设计，一般采用两个阶段设计，即初步设计和施工图设计。在个别情况下，对于特大规模的工程项目，矿石性质或冶炼工艺极为复杂的工程项目，采用新工艺、新设备而且有待试验研究的新开发工程项目，某些援外的工程项目以及极为特殊的工程项目，可以根据工程项目的具体条件，上级机关或主管部门要求，在初步设计与施工图设计之间增加一段技术设计。一般情况下，为了缩短建设工期和设计周期，均将初步设计与技术设计合并为扩大初步设计阶段或初步设计。

技术设计的目的在于，根据批准的初步设计，对设计中比较复杂的项目、遗留问题或特殊需要，通过更为详细的设计和计算，进一步研究和阐明其可靠性和合理性，准确地决定各项主要的技术问题。技术设计的范围应与初步设计中有关范围的内容基本一致。设计的尝试原则上与对初步设计的要求没有区别，只是在某些技术问题上的设计深度将超过初步设计，如在设备表的基础上提出设备订货表，在投资概算的基础上编制投资预算等。

2.5.4 施工图设计

施工图设计是把初步设计的内容转化成图纸的过程，是工程设计程序的最后阶段，为工厂设备的加工制造与安装、厂房基础以及其他构筑物的施工提供技术依据。施工图设计一般在技术设计或初步设计批准后进行，但有时针对一些建设项目要求简化设计程序，缩短设计时间，也有在初步设计进行了大部分工作后即开始着手进行施工设计的。

设计原则

(1) 在开展施工图设计之前，必须研究和落实上级机关或主管部门对初步设计的审批意见，了解建设单位设备订货的具体情况，以及施工单位的技术和装备水平等情况，切实做好施工图设计的准备工作。

(2) 在一般情况下，施工图设计应根据批准的初步设计进行编制，不得违反初步设计的设计原则和方案。确因设备订货情况改变，或其他重要条件变化，需要修改初步设计时，必须履行手续，呈报原初步设计审批机关批准。

(3) 开展施工图设计的基本条件：

1) 初步设计已经上级机关或主管部门批准；

2) 初步设计审查提出的重大问题，初步设计中的遗留问题(包括补充勘探、勘察、试验等)已经解决；

3) 供水、供电、外部运输、征地等对外协作的协议已经签订或者基本落实；

4) 施工图设计所需要的工程地质详细勘探资料以及大比例尺地形测绘资料已经提供；

5) 主要设备订货基本落实，施工图设计所需要的设备总装图、基础图以及有关资料已经收集齐全并可以满足设计要求。

不具备或不完全具备上述条件时，不宜全面开展施工图设计，可以安排施工图设计准备工作，或者局部开展施工图设计。

(4) 施工图设计的尝试原则上应满足以下要求：

1) 设备材料的安排；

2）非标准设备及结构件的加工制作；

3）编制施工图预算和施工预算，并作为预算包干、工程结算的依据；

4）指导施工、安装。

（5）施工图的内容：

1）企业施工、安装所需的全部图纸；

2）重要施工、安装部位和生产环节的施工操作说明；

3）施工图设计说明；

4）设备、材料明细表、汇总表。

施工图会审会签

（1）施工图质量要求：

1）施工图设计应符合经过上级机关或主管部门审批的初步设计所确定的主要设计原则、方案和审批意见，主要设备的造型以及各项技术经济指标，不得擅自修改。

2）施工图的内容和尝试应能够满足施工安装、制造和生产要求，体现初步设计所确定的技术标准，贯彻执行有关规范、规定。施工图的绘制要求图面布置合理匀称，表示清楚，字体端正美观，说明及附注简明扼要，没有原则错误，符合制图规定。

3）所需设计的项目齐全，没有遗漏，整个工程各子项的图纸完整无缺，图纸之间互相衔接，表示清楚，技术条件统一。

4）在设计中贯彻执行因地制宜和节约的原则。

5）在采用新技术、新材料以及特殊工程的设计过程中，注意听取施工单位的合理化意见，切实解决施工中可能出现的技术问题，为保证施工质量创造条件。

6）满足编制施工图预算的要求。

（2）施工图会审会签：除上级机关或主管部门指定之外，一般不再单独组织对施工图设计进行审批。设计单位应对施工图设计质量负责。

根据施工图的性质和重要性，决定审签的界限和手续。一般生产工艺流程图、主要车间或厂房的设备配置图、总平面布置图以及与总平面布置有关的图纸（如外部管网、管线图等），设计室（组）审签后由总设计师审签。其他施工图一律由设计室（组）审签。

工程内部的单元工程或车间（厂房）的施工图完成后，由总设计师负责组织有关专业设计人员认真进行图纸的会审会签。

在施工图设计阶段，施工图纸的会审会签是总设计师的重要工作，必须切实注意抓好。

施工图修正概算与预算

在施工图设计阶段，有下列情况之一时，经过上级机关或主管部门同意，可以编制施工图修正概算：

（1）施工图设计与初步设计相比有较大的变化；

（2）原初步设计概算的基础资料发生变化；

（3）建设单位提出要求重新编制概算。

如果不存在上述问题，施工图修正概算可以不编制。

根据国家有关规定或应委托单位的要求，施工图设计完成后，应编制施工图预算。

施工图修正概算和施工图预算与初步设计阶段的概算一样，在总设计师的组织下，各专业负责提出本专业概算设计条件，由概预算专业人员完成。

此外，在初步设计工程设备明细表中未列出的辅助设备或其他设备，在施工图设计阶段尚需编制补充设备表，以供订货使用。如果施工图设计阶段有所变动，初步设计选定的设备亦应列入补充设备表中，并加以必要的说明。为了清楚、完整和方便订货，可以在施工图设计阶段重新编制工程设备明细表，列出工程所需的全部设备。

3 轧钢厂投资概算与技术经济评价

3.1 轧钢厂投资概算

建设项目投资概算是建设项目设计文件的重要组成部分。由于建设项目所处设计阶段不同,所以投资概算具有明显的阶段性。所形成的投资设计文件,由于所处阶段不同,具有不同的作用,因而也被赋予不同的名称。按照我国现行建设程序,在建设全过程中具有重要作用的阶段性投资设计文件,主要为投资估算、设计概算及施工图预算。

3.1.1 投资估算

投资估算是指在项目投资决策过程中,依据现有的资料和特定的方法,对建设项目的投资数额进行的估计。它是项目建设前期编制项目建议书和可行性研究报告的重要组成部分,是项目决策的重要依据之一。

投资估算的作用

(1) 项目建议书阶段的投资估算,是项目主管部门审批项目建议书的依据之一,对确定项目的规划及规模起决定作用。

(2) 项目可行性研究阶段的投资估算,是项目决策的重要依据,也是研究、分析和计算项目投资经济效果的重要条件。当可行性研究报告被批准之后,其投资估算额即作为建设项目的最高限额,不得随意突破。

(3) 项目投资估算对工程设计概算起控制作用,设计概算不得突破批准的投资估算额,应控制在投资估算额内。

(4) 项目投资估算可作为项目资金筹措及制订建设贷款计划的依据,建设单位可根据批准项目投资估算额,进行资金筹措和向银行申请贷款。

(5) 项目投资估算是核算建设项目固定资产投资需要额和编制固定资产投资计划的重要依据。

投资估算的内容

根据国家规定,为满足建设项目投资设计和投资规模的需要,建设项目投资的估算包括固定资产投资估算和流动资金估算两部分。

固定资产投资可分为静态部分和动态部分。涨价预备费、建设期利息和固定资产投资方向调节税构成动态投资部分;其余部分为静态投资部分。

流动资金是指生产经营性项目投产后,用于购买原材料和燃料、支付工资及其他经营费用等所需的周转资金。按规定,项目总投资中所计入的流动资金为全部流动资金的30%,称为铺底流动资金。

投资估算的编制依据

(1) 专门机构发布的建设工程造价费用构成、估算指标、计算方法以及其他有关计算工程造价的文件。

(2) 专门机构发布的工程建设其他费用计算办法和费用标准,以及政府部门发布的物价指数。

(3) 拟建项目各单项工程的建设内容及工程量。

投资估算要求

(1) 工程内容和费用构成齐全,计算合理,不重复计算,不提高或者降低估算标准,不漏项,不少算。

(2) 选用指标与具体工程之间存在标准或者条件差异时,应进行必要的换算或调整。

(3) 投资估算精度应能满足控制初步设计概算的要求。

投资估算步骤

(1) 分别估算各单项工程所需的建筑工程费、设备及工器具购置费和安装工程费。

(2) 在汇总各单项工程费用的基础上,估算工程建设其他费用和基本预备费。

(3) 估算涨价预备费和建设期利息。

(4) 估算流动资金。

3.1.2 设计概算

设计概算是初步设计文件的重要组成部分,是在投资估算的控制下由设计单位根据初步设计图纸、概算定额、各项费用定额和取费标准、建设地区自然和技术经济条件、设备和材料市场等资料,编制和确定的建设项目从筹建至竣工交付使用所需全部费用的文件。

设计概算的作用

(1) 设计概算是编制建设项目投资计划,确定和控制建设项目投资的依据。国家规定,编制年度固定资产计划,确定计划投资总额及其构成数额,要以批准的初步设计概算为依据,没有批准的初步设计及其概算的建设工程不能列入年度固定资产计划。经批准的建设项目设计总概算的投资额,是该工程建设投资的最高限额。在工程建设过程中,年度固定资产投资安排,银行拨款或贷款,施工图设计及其预算和竣工决算等,未经规定的程序批准,都不能突破这一限额,以确保国家固定资产投资计划的严格执行和有效控制。设计概算是签订建设工程合同和贷款合同的依据。《中华人民共和国合同法》明确规定,建设工程合同是承包人进行工程建设,发包人支付价款的合同。合同价款的多少是以设计概算为依据的,而且总承包合同不得超过设计总概算的投资额。设计概算是银行拨款或签订贷款合同的最高限额,建设项目的全部拨款或贷款以及各单项工程的拨款或贷款的累计总额,不能超过设计概算。如果项目的投资计划所列投资额或拨款与贷款突破设计概算时,必须查明原因后由建设单位报请上级主管部门调整或追加设计概算总投资额。凡未批准的,银行对其超支部分不予拨付。

(2) 设计概算是控制施工图设计和施工图预算的依据。经批准的设计概算是建设项目投资的最高限额,设计单位必须按照批准的初步设计及其总概算进行施工图设计,施工图预算不得突破设计概算。如确需突破总概算时,应按规定程序申报批准。

(3) 设计概算是衡量设计方案经济合理性和选择最佳设计方案的依据。设计概算是设计方案技术经济合理性的综合反映,据此可以用来对不同的设计方案进行技术与经济合理性的比较,以便选择最佳的设计方案。

(4) 设计概算是工程造价管理及编制招标标底和投标报价的依据。设计总概算一经批准,就作为工程造价管理的最高限额,并据此对工程造价进行严格的控制。以设计概算进行招标的工程,招标单位编制标底是以设计概算为依据的,并以此作为评标定标书的依据。承包单位为了在投标竞争中取胜,也必须以设计概算为依据,编制出合适的投标报价。

(5) 设计概算是考核建设项目投资效果的依据。通过设计概算与竣工决算对比,可以分析和考核投资效果的好坏,同时还可验证设计概算的准确性,有利于加强设计概算管理和建设项目的造价管理工作。

设计概算的内容

设计概算可分单位工程概算、单项工程综合概算和建设项目总概算三级。

(1) 单位工程概算。单位工程概算是确定各单位工程建设费用的文件,是编制单项工程综合概算的依据,是单项工程概算的组成部分。单位工程概算按其工程性质分为建筑工程概算和设备及安装工程概算两大类。

建筑工程概算包括土建工程概算、给排水和采暖工程概算、通风和空调工程概算、电气和照明工程概算、弱电工程概算和特殊构筑物工程概算等。

设备及安装工程概算包括机械设备及安装工程概算,电气设备及安装工程概算,热力设备及安装工程概算,工具、器具及生产家具购置费概算等。

(2) 单项工程综合概算。单项工程综合概算是确定一个单项工程所需建设费用的文件,是由单项工程中上述单位工程概算汇总编制而成的,是建设项目总概算的组成部分。

(3) 建设项目总概算。建设项目总概算是确定整个建设项目从筹建到竣工验收所需全部费用的文件,它是由各单项工程综合概算、工程建设其他费用概算、预备费、建设期贷款利息和固定资产投资方向调节税概算汇总编制而成的。

设计概算的编制原则

(1) 严格执行国家的建设方针和经济政策的原则。设计概算是一项重要的技术经济工作,要严格按照党和国家的方针、政策办事,坚决执行勤俭节约的方针,严格执行规定的设计标准。

(2) 完整、准确地反映设计内容的原则。编制设计概算时,要认真了解设计意图,根据设计文件和图纸准确地计算工程量,避免重算和漏算,设计修改后要及时修正概算。

(3) 坚持结合拟建工程的实际,反映工程所在地当时价格水平的原则。为提高设计概算的准确性,要实事求是地对工程所在地的建设条件、可能影响造价的各种因素进行认真的调查研究。在此基础上正确使用定额、指标、费率和价格等各项编制依据,按照现行工程造价的构成,根据有关部门发布的价格信息及价格调整指数,考虑建设期的价格变化因素,使概算尽可能地反映设计内容、施工条件和实际价格。

设计概算的编制依据

(1) 国家发布的有关法律、法规、规章和规程等。

(2) 批准的可行性研究报告及投资估算、设计图纸等有关资料。

(3) 有关部门发布的现行概算定额、概算指标、费用定额等和建设项目设计概算编制办法。

(4) 有关部门发布的人工、设备材料价格和造价指数等。

(5) 建设地区的自然、技术和经济条件等资料。

(6) 有关合同和协议等。

3.1.3　施工图预算

施工图预算是由设计单位在施工图设计阶段,根据已完成的施工图阶段设计图纸,按照现行的预算定额、费用定额以及工程所在地区的设备、材料、人工、施工机械台班等预算价格编制和确定的建筑安装工程造价的文件。施工图预算又称为设计预算。

施工图预算的作用

(1) 施工图预算是设计阶段控制工程造价的有效手段,是控制施工图设计不突破设计概算的重要措施。

(2) 施工图预算是编制或调整固定资产投资计划的依据。

(3) 对于实行施工招标的工程,施工图预算是编制标底的依据,也是承包企业投标报价的基础。

(4) 对于不宜实行招标而采用施工图预算加调整价结算的工程,施工图预算可作为确定合同价款的基础或作为审查施工企业提出的施工图预算的依据。

施工图预算的内容

施工图预算有单位工程预算、单项工程预算和建设项目总预算。根据施工图设计文件、现行预算定额、费用定额以及人工、材料、设备、机械台班等预算价格资料,以一定方法编制单位工程施工图预算。然后汇总所有各单位工程施工图预算,成为单项工程施工图预算。再汇总各所有单项工程施工图预算,便是一个建设项目建筑安装工程的总预算。

单位工程预算包括建筑工程预算和设备安装工程预算。建筑工程预算按其工程性质分为一般土建工程预算、卫生工程预算(包括室内外给排水工程、采暖通风工程和煤气工程等)、电气照明工程预算、弱电工程预算、特殊构筑物(如炉窑、烟囱、水塔等)工程预算和工业管道工程预算等。设备安装工程预算可分为机械设备安装工程预算、电气设备安装工程预算和热力设备安装工程预算等。

施工图预算的编制依据

(1) 施工图纸及说明书和标准图集。经审定的施工图纸、说明书和标准图集,完整地反映了工程的具体内容、各部的具体做法、结构尺寸、技术特征以及施工方法,是编制施工图预算的重要依据。

(2) 现行预算定额及单位估价表。

(3) 国家和地区颁发的现行建筑、安装工程预算定额、单位估价表和相应的工程量计算规则,是编制施工图预算确定分项工程子目、计算工程量、选用单位估价表和计算直接工程费的主要依据。

(4) 施工组织设计施工方案。因为施工组织设计和施工方案中包括了与编著施工图预算必不可少的有关资料,如建设地点的地址情况、土石方开挖的施工方法及余土外运方式与运距、施工机械使用情况、结构件预制加工方法及运距、重要的梁板柱的施工方案以及重要或特殊机械设备的安装方案等。

(5) 材料、人工、机械台班预算价格及调价规定。材料、人工和机械台班预算价格是预算定额的三要素,是构成直接工程费用的主要因素,尤其是材料费在工程成本中占的比重大。市场经济条件下，材料、人工和机械台班的价格是随市场而变化的。为使预算造价尽可能接近实际，各地区主管部门对此都有明确的调价规定。以此合理确定材料、人工、机械台班预算价格及其调价规定是编制施工图预算的重要依据。

(6) 建筑安装工程费用定额。建筑安装工程费用定额是各省、市、自治区和各专业部门规定的费用定额及计算程序。

(7) 预算员工作手册及有关工具书。预算员工作手册和工具书包括了各种结构件面积和体积的计算公式，钢材、木材等各种材料的规格型号及用量数据，各种单位换算比例，特殊断面、结构件的工程量的速算方法以及金属材料重量表等。

3.1.4 总投资构成及各项费用计算方法

建设项目总投资构成

建设项目总投资含固定资产投资和流动资产投资两部分。建设项目总投资中的固定资产投资与建设项目的工程造价在量上相等。工程造价的构成按工程项目建设过程中各类费用支出或花费的性质、途径等来确定，是通过费用划分和汇集所形成的工程造价的费用分解结构。工程造价基本构成中，包括用于购买工程项目所含各种设备的费用、用于建筑施工和安装施工所需支出的费用、用于委托工程勘察设计应支付的费用、用于购置土地所需的费用、用于建设单位自身进行项目筹建和项目管理所花费费用等。总之，工程造价是工程项目按照确定的建设内容、建设规模、建设标准、功能要求和使用要求等全部建成并验收合格交付使用所需的全部费用。

我国现行工程造价的构成主要划分为建筑安装工程费用，设备及工具、器具购置费用，工程建设其他费用，预备费，建设期贷款利息和固定资产投资方向调节税等几项。其构成如表3-1所示。

表3-1 建设项目投资构成表

<table>
<tr><td rowspan="15">建设项目总投资</td><td rowspan="14">固定资产投资</td><td rowspan="3">设备及工具、器具及生产家具购置费</td><td rowspan="2">设备购置费</td><td>设备原价</td></tr>
<tr><td>设备运杂费</td></tr>
<tr><td colspan="2">工具、器具及生产家具购置费</td></tr>
<tr><td rowspan="4">建筑安装工程费用</td><td colspan="2">直接工程费</td></tr>
<tr><td colspan="2">间接费</td></tr>
<tr><td colspan="2">计划利润</td></tr>
<tr><td colspan="2">税 金</td></tr>
<tr><td rowspan="3">工程建设其他费用</td><td colspan="2">土地使用费</td></tr>
<tr><td colspan="2">与建设项目有关的其他费用</td></tr>
<tr><td colspan="2">与未来企业经营有关的其他费用</td></tr>
<tr><td rowspan="2">预备费</td><td colspan="2">基本预备费</td></tr>
<tr><td colspan="2">涨价预备费</td></tr>
<tr><td colspan="3">建设期贷款利息</td></tr>
<tr><td colspan="3">固定资产投资方向调节税</td></tr>
<tr><td colspan="4">流动资产投资（铺地流动资金）</td></tr>
</table>

各项费用计算方法

A 设备及工具、器具购置费用

设备及工具、器具购置费用是由设备购置费和工具、器具及生产家具购置费用组成的，它是固定资产投资中的积极部分。在生产性工程建设中，设备及工具、器具购置费用占工程造价比重的增大，意味着生产技术的进步和资本有机构成的提高。

a 设备购置费

设备购置费是指为建设项目购置或自制的达到固定资产标准的各种国产或进口设备、工具和器具的购置费用。它由设备原价和设备运杂费构成。

设备购置费=设备原价+设备运杂费

式中，设备原价指国产设备或进口设备的原价；设备运杂费指除设备原价之外的用于设备采购、运输、途中包装及仓库保管等方面支出费用的总和。

(1) 国产设备原价。国产设备原价一般指的是设备制造厂的交货价或订货合同价。它一般根据生产厂或供应商的报价和合同价确定，或采用一定的方法计算确定。国产设备原价分为国产标准设备原价和国产非标准设备原价。

国产标准设备是指按照主管部门颁发的标准图纸和技术要求，由我国设备生产厂批量生产的、符合国家质量检测标准的设备。国产标准设备原价有两种，即带有备件的原价和不带有备件的原价。在计算时，一般采用带有备件的原价。国产非标准设备是指国家尚无定型产品，设备生产厂不可能在工艺过程中进行批量生产，只能按一次订货并根据具体的设计图纸制造的设备。设备购置时，计算非标准设备原价有多种不同的计算方法，如成本计算估价法、系列设备插入估价法、分部组合估价法和定额估价法等。但无论采用哪种方法都应该使非标准设备计价接近实际出厂价，并且计算方法要简便。按成本计算估价法，单台非标准设备原价可用下面的公式表达：

单台非标准设备原价标准≈{[(材料费+加工费+辅助材料费)×(1+专用工具费率)×(1+废品损失费率)+外购配套件费]×(1+包装费率)-外购配套件费}×(1+利润率)+销项税金+非标准设备设计费+外购配套件费

一般情况下，项目投资计算中对非标准设备的估价多采用询价或定货价，上述非标准设备原价一般由制造厂商计算并向客户报价。

(2) 进口设备原价。进口设备的原价是指进口设备的抵岸价，即抵达买方边境港口或边境车站，且交完关税等税费后形成的价格。进口设备抵岸价的构成与进口设备的交货类别有关。

进口设备的交货类别可分为内陆交货类、目的地交货类和装运港交货类。

1) 内陆交货类。即卖方在出口国内陆的某个地点交货。在交货地点，卖方及时提交合同规定的货物和有关凭证，并负担交货前的一切费用和风险；买方按时接受货物，交付货款，负担接货后一切费用和风险，并自行办理出口手续和装运出口。货物的所有权也在交货后由卖方转移给买方。

2) 目的地交货类。即卖方在进口国的港口或内地交货，它有目的港船上交货价、目的港船边交货价和目的港码头交货价及完税后交货价等几种交货价。它们的特点是：买卖双方承担的责任、费用和风险是以目的地约定交货点为分界线的，只有当卖方在交货点将货物置于买方控制下才算交货，才能向买方收取货款。

3）装运港交货类。即卖方在出口国装运港交货，它主要有装运港船上交货价，习惯称离岸价格。它的特点是：卖方按照约定的时间在装运港交货，只要卖方把合同规定的货物装船后提供货运单据便完成交货任务，可凭单据收回货款。

进口设备采用最多的是装运港船上交货价，其抵岸价的构成可概括为：

进口设备抵岸价＝货价＋国际运费＋运输保险费＋银行财务费＋外贸手续费＋关税＋增值税＋消费税＋海关监管手续费＋车辆购置附加税

（3）设备运杂费。国内设备购置费中，设备运杂费通常由运费、装卸费、包装费、设备供销部门的手续费、采购与仓库保管费等费用构成。设备运杂费一般按设备原价乘以设备运杂费率计算，其公式为：

设备运杂费＝设备原价×设备运杂费率

式中，设备运杂费率按各部门及省、市等的规定计取。

引进设备的境外运输费已含在设备原价中，但其国内部分运杂费应参照国内设备运杂费并根据具体情况另行计算，并计入引进设备费内。

b　工具、器具及生产家具购置费

工具、器具及生产家具购置费是指新建或扩建项目初步设计规定的、保证初期正常生产必须购置的没有达到固定资产标准的设备、仪器、工卡模具、器具、生产家具和备品备件等的购置费用。该费用一般以设备购置费为计算基数，按照部门或行业规定的工具、器具及生产家具费率计算。计算公式为：

工具、器具及生产家具购置费＝设备购置费×定额费率

B　建筑安装工程费用

根据建设部和财政部“关于印发《建筑安装工程费用项目组成》的通知”，建筑安装工程费由直接费、间接费、利润和税金组成，见表3-2。

表3-2　建筑安装工程费用项目组成表

	费用项目		
建筑安装工程费用	直接费	直接工程费	（1）人工费
			（2）材料费
			（3）施工机械使用费
		措施费	（1）环境保护
			（2）文明施工
			（3）安全施工
			（4）临时设施
			（5）夜间施工
			（6）二次搬运
			（7）大型机械设备进出场及安拆
			（8）混凝土、钢筋混凝土模板及支架
			（9）脚手架
			（10）已完工程及设备保护
			（11）施工排水、降水

续表 3-2

	费用项目		
建筑安装工程费用	间接费	规费	(1) 工程污染费
			(2) 工程定额测定费
			(3) 社会保障费(三险)
			(4) 住房公积金
			(5) 危险作业意外伤害保险
		企业管理费	(1) 管理人员工资
			(2) 办公费
			(3) 差旅交通费
			(4) 固定资产使用费用
			(5) 工具用具使用费用
			(6) 劳动保险费
			(7) 工会经费
			(8) 职工教育经费
			(9) 财产保险费
			(10) 财务费
			(11) 税金
			(12) 其他
	利润		
	税金(营业税、城市维护建设税及教育费附加)		

直接费由直接工程费和措施费组成。直接工程费是指施工过程中耗费的构成工程实体的各项费用,包括人工费、材料费和施工机械使用费。措施费是指为完成工程项目施工,发生于该工程施工前和施工过程中非工程实体项目的费用。

间接费由规费和企业管理费组成。规费指政府和有关权利部门规定必须缴纳的费用。企业管理费指建筑安装企业组织施工生产和经营管理所需费用。

利润是指施工企业完成所承包工程获得的盈利。

税金是指国家税法规定的应计入建筑安装工程造价内的营业税、城市维护建设税及教育费附加等。

C 工程建设其他费用

工程建设其他费用,是指从工程筹建起到工程竣工验收交付使用止的整个建设期间,除建筑安装工程费用和设备及工具、器具购置费用以外的,为保证工程建设顺利完成和交付使用后能够发挥效用而发生的各项费用。

工程建设其他费用,按其内容大体可分为三类:第一类为土地使用费;第二类为与工程建设有关的其他费用;第三类为与企业未来生产经营有关的其他费用。

a 第一类土地使用费

任何一个建设项目都固定于一定地点,必须占用一定量的土地,因此也就必然要发生为获得建设用地而支付的费用,这就是土地使用费。它是指通过划拨方式取得土地使用权而支付的土地征用及迁移补偿费,或者通过土地使用权出让方式取得土地使用权而支付的土地使用权出让金。土地征用及迁移补偿费,指建设项目通过划拨方式取得无限期的土地使用权,依照《中华人民共和国土地管理法》等规定所支付的费用。其总和一般不得超过被征土地年产值的20倍,土地年产值则按该地被征用前三年的平均产量和国家规定的价格计算。土地使用权出让金,指建设项目通过土地使用权出让方式,取得有限期的土地使用权,依照《中华人民共和国城镇国有土地使用权出让和转让暂行条例》规定,支付土地使用权出让金。

b　第二类与工程建设有关的其他费用

根据工程项目的不同,与工程建设有关的其他费用的构成也不尽相同,一般包括以下各项,在进行工程估算及概算中可根据实际情况计算。

(1) 建设单位管理费。建设单位管理费是指建设项目从立项、筹建、建设、联合试运转、竣工验收、交付使用及后评价等全过程管理所需的费用。

(2) 勘察设计费。勘察设计费是指建设项目提供项目建议书、可行性研究报告及设计文件等所需的费用。

(3) 研究试验费。研究试验费是指为工程建设项目提供和验证设计参数、数据和资料等所进行的必要的试验的费用以及设计规定在施工中必须进行试验、验证所需的费用,包括自行或委托其他部门研究试验所需的人工费、材料费、试验设备及仪器使用费等。这项费用按照设计单位根据本工程项目的需要提出的研究试验内容和要求计算。

(4) 建设单位临时设施费。建设单位临时设施费是指建设期间建设单位所需临时设施的搭设、维修、摊销费用或租赁费用。临时设施包括临时宿舍、文化福利及公共事业房屋与构筑物、仓库、办公室、加工厂以及规定范围内的道路、水、电、管线等临时设施和小型临时设施。

(5) 工程监理费。工程监理费是指建设单位委托工程监理单位对工程实施监理工作所需的费用。

(6) 工程保险费。工程保险费是指建设项目在建设期间根据需要实施工程保险所需的费用,包括以各种建筑工程及其在施工过程中的物料和机器设备为保险标的一切建筑工程险。以安装工程中的各种机器、机械设备为保险标的一切安装工程险以及机器损坏保险等,根据不同的工程类别,分别以其建筑、安装工程费乘以建筑、安装工程保险费率计算。民用建筑(住宅楼、综合性大楼、商场、旅馆、医院和学校)占建筑工程费的2‰~4‰;其他建筑(工业厂房、仓库、道路、码头、水坝、隧道、桥梁和管道等)占建筑工程费的3‰~6‰;安装工程(农业、工业、机械、电子、电器、纺织、矿山、石油、化学及钢铁工业、钢结构桥梁)占建筑工程费的3‰~6‰。

(7) 引进技术和进口设备其他费用。引进技术及进口设备的其他费用包括出国人员费用、国外工程技术人员来华费用、技术引进费、分期或延期付款利息、担保费以及进口设备检验鉴定费。

(8) 工程承包费。工程承包费是指具有总承包条件的工程公司,对工程建设项目从开始建设至竣工投产全过程的总承包所需的管理费用。具体内容包括组织勘察设计、设备材料采购、非标设备设计制造与销售、施工招标、发包、工程预决算、项目管理、施工质量监督、隐蔽工程检查、验收和试车至竣工投产的各种管理费用。该费用按国家主管部门或省、自治区和直辖市协调规定的工程总承包费取费标准计算。如无规定时，一般工业建设项目为投资估算的6%～8%，民用建筑(包括住宅建设)和市政项目为投资估算的4%～6%。不实行工程承包的项目不计算本项费用。

c 第三类与企业未来生产经营有关的其他费用

(1) 联合试运转费。联合试运转费是指新建企业或新增加生产工艺过程的扩建企业在竣工验收前，按照设计规定的工程质量标准，进行整个车间的负荷或无负荷联合试运转发生的费用支出大于试运转收入的亏损部分。费用内容包括：试运转所需的原料、燃料、油料和动力的费用，机械使用费用，低值易耗品及其他物品的购置费用和施工单位参加联合试运转人员的工资等。试运转收入包括试运转产品销售和其他收入。联合试运转费用不包括应由设备安装工程费项目下开支的单台设备调试费及试车费用。联合试运转费一般根据不同性质的项目按需要试运转车间的工艺设备购置费的百分比计算。

(2) 生产准备费。生产准备费是指新建企业或新增生产能力的企业，为保证竣工交付使用进行必要的生产准备所发生的费用。

(3) 办公和生活家具购置费。办公和生活家具购置费是指为保证新建、改建、扩建项目初期正常生产、使用和管理所必须购置的办公和生活家具、用具的费用。改、扩建项目所需的办公和生活用具购置费，应低于新建项目。

D 预备费、建设期贷款利息和固定资产投资方向调节税

a 预备费

按我国现行规定，预备费包括基本预备费和涨价预备费。

(1) 基本预备费。基本预备费是指在初步设计及概算内难以预料的工程费用，费用内容包括：

1) 在批准的初步设计范围内，技术设计、施工图设计及施工过程中所增加的工程费用，设计变更、局部地基处理等增加的费用。

2) 一般自然灾害造成的损失和预防自然灾害采取措施的费用。

3) 竣工验收时为鉴定工程质量对隐蔽工程进行必要的挖掘和修复的费用。

基本预备费按设备及工、器具购置费，建筑安装工程费用和工程建设其他费用三者之和为计取基础，乘以基本预备费率进行计算。

(2) 涨价预备费。涨价预备费是指建设项目在建设期间内由于价格等变化引起工程造价变化的预测预留费用。费用内容包括：人工、设备、材料、施工机械的价差费，安装工程费及工程建设其他费用调整，利率、汇率调整等增加的费用。涨价预备费的测算，一般根据国家规定的投资综合价格指数，以估算年份价格水平的投资额为基数，采用复利方法计算。计算公式为：

$$PF=\sum_{t=1}^{n} I_t[(1+f)^t-1] \tag{3-1}$$

式中 PF——涨价预备费，万元；

n——建设期年份数，年；

I_t——建设期中第 t 年的投资计划额，包括设备及工具、器具购置费，建筑安装工程费，工程建设其他费用及基本预备费，万元；

f——年均投资价格上涨率，%。

b 建设期贷款利息

建设期贷款利息包括向国内银行和其他非银行金融机构贷款、出口信贷、外国政府贷款、国际商业银行贷款以及在境内外发行的债券等建设期间内应偿还的借款利息。

当总贷款是分年均衡发放时,建设期利息的计算可按当年借款在年终支用考虑,即当年贷款按半年计息,上年贷款按全年计息。计算公式为:

$$q_j=\left(P_{j-1}+\frac{1}{2}A_j\right)i \tag{3-2}$$

式中 q_j——建设期第 j 年应计利息,万元;

P_{j-1}——建设期第$(j-1)$年末贷款累计金额与利息累计金额之和,万元;

A_j——建设期第 j 年贷款金额,万元;

i——年利率,%。

国外贷款利息的计算中,还应包括国外贷款银行根据贷款协议向贷款方以年利率的方式收取的手续费、管理费、承诺费以及国内代理机构经国家主管部门批准的以年利率的方式向贷款单位收取的转贷费、担保费和管理费等。

c 固定投资方向调节税

为了贯彻国家产业政策,控制投资规模,引导投资方向,调整投资结构,加强重点建设,促进国民经济持续、稳定和协调发展,在我国境内进行固定资产投资的单位和个人要征收固定资产投资方向调节税。固定资产投资方向调节税,其税率、计税基础、计税方法及缴税方法按中华人民共和国《固定资产投资方向调节税征收条例》执行。

3.2 轧钢厂技术经济评价

项目建设经济评价的内容有:

(1) 收集市场信息,熟悉项目情况,收集有关指标。

(2) 进行市场调查和预测,投资(企业)战略研究和竞争力分析。

(3) 确定产品方向,参与工艺设备选型和优化。

(4) 预测和确定产品价格,计算销售收入。

(5) 预测和确定原料、燃料和动力价格,计算成本和费用。

(6) 估算流动资金。

(7) 计算总投资,研究资金筹措。

(8) 编制现金流量表和损益表,计算全部投资收益率和净现值等,进行盈利性分析。

(9) 编制资金来源与运用表、资产负债表,进行清偿能力分析。

(10) 进行不确定性分析。

(11) 结论与建议。

3.2.1 货币的时间价值

货币如果作为社会生产资金或资本,参与再生产,就会带来利润,即得到增值。钱是可以"生"钱的,这需要有两个前提:第一要经历一定的时间;第二要经过生产劳动的周转。"钱能生钱"一般称为货币的时间价值或称资金的时间价值。

利率也称利息率,是一定时期利息与原金额的比率。一定时期,可以是一年、半年、季或月,常用的是一年。一年的利息额与原金额之比为年利率,其计算公式如下:

$$利率=\frac{利息额}{原金额}\times 100\%$$

计算利息有单利和复利之分。在采用单利计算的情况下只有本金生息,利息不再生息,其计算公式为:

$$I=pin \tag{3-3}$$

式中　I——利息总和,元;

p——本金,元;

i——利率,%;

n——计算期数,年。

假定借款人在每期结尾并不付利息,而将利息转作下一期的本金,下期将按本、利和的总额付息。这就是复利。

因为资金具有时间价值,所以某项资金经过一定时间后数值将会有所增加。在利率一定的情况下,该项资金增加的数额是一个确定的值。

3.2.2　费用

费用是企业在生产和销售商品、提供劳务等日常活动中所产生的各种耗费。企业要进行生产经营活动,必然会相应地发生一定的费用,如企业在生产过程中要耗费原材料、燃料和动力,要发生机器设备的折旧费用和修理费用,要支付职工的工资和其他各项生产费用等。费用中能予以对象化的部分就是成本,即制造成本。不能予以对象化的部分,则是期间费用。费用是经营成果的扣除要素,收入扣除相应费用后形成一定期间的利润。费用具有如下特点:

(1)费用最终会导致企业资源的减少。这种减少具体表现为企业的现金支出,或表现为其他资产的耗费。从这个意义上说,费用本质上是一种企业资源的流出,它与资源流入企业所形成的收入相反。具体地说,支付工资、发生费用、消耗材料和机器设备等,最终都将会使企业资源耗费。费用也可以理解为资产的耗费,其目的是为了取得收入,从而获得更多的资产。

(2)费用最终减少企业的所有者权益。一般而言,企业的所有者权益会随着收入的增加而增加;相反,费用的增加会减少企业的所有者权益。但是企业在生产经营过程中,有两类支出不应归入费用:一是企业偿债性支出,如以银行存款归还前期所欠债务,只是一项资产和一项负债等额减少,对所有者权益没有影响,因而不构成费用;二是向所有者分配利润,虽然减少了企业的所有者权益,但其属性是对利润的分配,不作为费用。

费用按照其经济用途,可以分为生产费用和期间费用两部分。生产费用应当记入产品成本,而期间费用直接记入当期损益。

费用按照其经济性质,可以分为外购材料费用、外购燃料费用、外购动力费用、工资及职工福利费用、折旧费、利息支出、税金以及其他支出等。

制造成本费用和期间费用构成了企业的总成本费用。

制造成本费用

费用中的生产费用应当记入产品成本,我国《企业会计准则》规定:计算产品成本一律采用制造成本法。制造成本进一步按照其经济用途可划分为若干项目,称为产品成本项目,这一般有以下几项:

(1) 直接材料:是指企业生产经营过程中直接消耗的原材料、辅助材料、备品备件、外购半成品或包装等。

(2) 直接人工:指企业直接从事生产的人员的工资、奖金和津贴等。

(3) 制造费用:指企业为生产产品或提供劳务而发生的各项间接费用,包括生产部门管理人员工资和福利费、折旧费、修理费、办公费、水电费、机务料消耗、劳动保护费、季节或修理期间的停工损失等。

(4) 其他直接支出:指与生产经营有直接联系的其他费用支出,如生产人员的职工福利费。

(5) 废品损失:指生产中生产废品所发生的损失。

为了使产品成本项目能够反映各企业生产的特点,企业可选择适合于本企业的成本项目。如可将"直接材料"项目分为"原材料及主要材料"、"外购半成品"、"辅助材料"、"燃料动力"等。不需要单独核算废品损失的,可不设"废品损失"项目,也可将"其他直接支出"并入"直接人工"项目。

制造成本除按经济用途划分外,还有其他分类方法,主要有:

(1) 按其与产品产量的关系,可分为变动成本与固定成本。变动成本是指与产品产量的增加或减少而成比例地增减的成本,如直接材料和直接人工等。固定成本是指与产品产量增加或减少没有直接联系的生产费用,如折旧费和管理人员工资等。

(2) 按记入产品成本的方法不同,可分为直接费用和间接费用。直接费用是指由于生产某种产品而发生的,能够直接记入产品成本的费用。例如生产某种产品所消耗的直接材料和直接人工工资等,根据原始凭证直接记入该种产品成本。间接费用是指由于生产几种产品而共同发生的,必须经过分配才记入产品成本的费用,如制造费用。

期间费用

期间费用是企业当期发生费用中的重要组成费用,是指本期发生的、不能直接或间接归入某种产品成本的、直接记入损益的各项费用,包括管理费用、营业费用(销售费用)和财务费用。

管理费用是指企业行政管理部门为组织和管理生产经营活动而发生的各种费用。它包括:工会经费、职工教育经费、业务招待费、印花税等相关税金、技术转让费、无形资产摊销、咨询费、诉讼费、开办费摊销、坏账损失、公司经费、聘请中介机构费、矿产资源补偿费、研究开发费、劳动保险费、待业保险费、董事会会费以及其他管理费用。

公司经费包括总部管理人员工资、职工福利费、差旅费、办公费、折旧费、修理费、物料消耗、低值易耗品摊销及其他公司经费。

劳动保险费指离退休职工的退休金、价格补贴、医疗费、易地安家费、职工退职金、职工死亡丧葬补助费、抚恤费、按规定支付给离休干部的各项经费以及实行社会统筹办法的企业按规定提取的统筹退休基金。

待业保险费是指企业按照国家规定交纳的待业保险基金。

董事会会费是指企业最高权力机构及其成员为执行其职能而发生的费用,如差旅费和会议费。

营业费用是指企业在销售产品、提供劳务等日常经营过程中发生的各项费用以及专设销售机构的各项经费。它包括运输费、装卸费、包装费、保险费、展览费、广告费、租赁费以及为销售本公司商品而专设的销售机构的职工工资、福利费和业务招待费等经常费用。

财务费用是指企业筹集生产经营所需资金而发生的费用。它包括利息净支出、汇出净损失、金融机构手续费以及筹集生产经营资金发生的其他费用等。

3.2.3 经营成本

上述成本概念经常运用于一般工业企业财务会计及成本核算中,在建设项目经济评价中,除计算上述成本费用外,还提出了经营成本的概念。

项目经济评价需要计算项目的现金流量,经营成本是现金流量中的主要流出部分。《建设项目经济评价方法与参数》规定,经营成本不包括折旧费、维简费、摊销费和借款利息,即从总成本费用中扣除上述四项费用就是经营成本。

将经营成本而不是总成本作为现金流量中的流出部分,这是因为:

(1) 现金流量表反映项目在计算期内逐年发生的现金流入和流出。与常规会计方法不同,现金收支在何时发生,就在何时记入,不作分摊。由于投资已在其发生的时间作为一次性支出被记入现金流出,所以不能再以折旧和摊销的方式记为现金流出,否则会发生重复计算。因此,作为经常性支出的经营成本中不包括折旧和摊销费,同理,也不包括矿山“维简费”。

(2) 因为全部投资现金流量表是以全部投资作为计算基础,利息支出不作为现金流出,而自有资金现金流量表中已将利息支出单列,所以经营成本中也不包括利息支出。

3.2.4 要素成本和步骤成本

要素成本是对企业全部产品成本按经济性质进行的总分类,包括外购各种原材料、辅助材料、燃料动力、人员工资和折旧费等。按经济要素对产品总成本进行分类,可以分析各种要素在总成本中的比重,以便按重要性原则对其进行控制。

在多步骤生产企业,为了考核各个生产步骤的生产耗费,往往还需要计算各步骤成本,以便分析各步骤成本计划执行情况。

步骤成本可还原要素成本。还原后,步骤成本和要素成本在金额上是一致的。

3.2.5 利润

利润的概念

企业作为独立的经济实体,应当以自己的经营收入抵补其支出,并且为投资人提供一定的投资收益。企业盈利的大小在很大程度上反映企业生产经营的经济效益,表明企业在每一会计期间的最终经营成果。

企业生产经营活动的主要目的,就是要不断提高企业的盈利水平,增强企业的获利能力。企业只有最大限度地获得利润,才能为国家积累资金,不断促进社会生产的发展,满足人们日益增长的物质文化生活水平的需要。因此,利润水平的高低不仅反映企业的盈利水平,而且反映企业向整个社会所做的贡献。

企业的利润,就其构成来看,既有通过生产经营活动而获得的,也有通过投资活动而获得的,还包括那些与生产经营活动无直接关系的事项所引起的盈亏。不过,不同类型的企业其利润构成会有一些差别。根据我国企业会计准则及会计制度规定,企业的利润一般包括营业利润、投资净收益、补贴收入和营业外收支等部分。

各种利润的构成及计算公式

(1) 利润总额。利润是企业生产经营成果的综合反映。企业在生产经营过程中,通过销售过程将商品卖给购买方,实现收入,收入扣除当初的投入成本以及其他一系列费用,再加减非经营性质的收支及投资收益(或损失),即为企业的利润总额或亏损总额。

(2) 营业利润。营业利润是企业利润的主要来源,营业利润主要由主营业务利润和其他业务利润构成。

主营业务利润是指企业经营活动中主营业务所产生的利润。企业的主营业务净额减去主营业务成本和主营业务应负担的流转税后的余额,通常称为毛利。

其他业务利润指企业经营主营业务以外的其他业务活动所产生的利润。企业的其他业务收入减去其他业务支出后的差额,即为其他业务利润。其他业务支出包括其他业务所发生的生产费用以及由其他业务负担的流转税。

主营业务利润与其他业务利润之和再减去期间费用和存货跌价损失为营业利润。营业利润这一指标能够比较恰当地代表企业管理者的经营业绩。

营业利润和主营业务利润的计算公式为:

营业利润=主营业务利润+其他业务利润-存货跌价损失-营业费用(销售费用)-管理费用-财务费用

主营业务利润=主营业务收入-销售折让-主营业务成本-主营业务税金及附加

(3) 净利润。企业的净利润(或净亏损)为利润总额减去所得税后的余额,其计算公式为:

净利润(或净亏损)=利润总额(或亏损总额)-所得税

3.3 财务评价

3.3.1 财务评价概述

建设项目财务评价是根据国家现行财税制度和价格体系,分析计算项目直接发生的财务效益和费用,编制财务报表,计算评价指标,考察项目的盈利能力、清偿能力以及外汇平衡等财务状况,据以判别建设项目的财务可行性。它是建设项目经济评价的重要组成部分,是项目投资和贷款决策的重要依据,是进一步开展国民经济评价的重要基础。

建设项目的财务评价和一般企业的财务分析都是基于企业的角度,对项目本身的经济效益进行分析和评价,所采用的分析方法和评价报表有不少是大致相同的。但是,它们之间存在着本质的区别。

企业财务分析的目的在于总结经验、发现问题、吸取教训并指导未来,为企业今后的经营方向、发展规模和发展速度提供决策,以保证企业能够及时调整经营策略,不断提高企业的经济效益。企业财务评价仅分析企业的现金流量、损益和资产负债情况,对企业的经营活动作短期评价,侧重于对现有企业的运营活动效果进行分析。

项目财务评价的目的在于为建设项目选择最优投资方案,判断建设项目在财务上是否可行,以保证项目投产后能够盈利。建设项目的财务评价是在项目建设前,一般是在项目的可行性研究阶段所进行的事前评价,其分析评价是根据掌握的项目预测资料以及参考同类项目的历史数据,并根据具体投资环境及技术进步等方面的情况,对未来的现金流量、盈利和清偿能力进行的估算和预测。建设项目财务评价不仅分析建设项目的现金流量、损益和资产负债情况,而且还需要对建设项目的资金筹措、偿还能力等进行全面的分析。它是把投资和生产联系在一起,对建设项目整个经济寿命周期内的投入产出活动进行分析,揭示项目的长期财务状况,重视资金的时间价值,侧重于对项目的盈利能力和清偿能力等进行分析,为长期决策提供依据。

3.3.2 财务评价原则

财务评价应遵守以下基本原则:

(1) 费用与效益计算的一致性原则。遵循费用与效益计算范围的一致性原则是正确评价项目获利能力的必要条件。在投资估算中包括了某项工程的建设投资,则在财务经济评价中就应该考虑因建设该工程而增加的效益,否则就会低估了项目的效益;反之若考虑了该工程对项目的效益贡献,但没有计算相应的建设投资,那么项目的效益就会高估。只有将项目的投入产出计算限定在同一范围之内,计算出的净收益才是投入的真实回报。

(2) 稳妥性原则。财务评价的准确性取决于基础数据的可靠性。财务评价中需要的大量基础数据都来自预测和估计,难免有不确定性。为了使财务评价结果能提供较为可靠的信息,避免人为的乐观估计所带来的风险,在基础数据的确定和选取中有必要遵循稳妥原则。

(3) 动态分析与静态分析相结合,以动态为主的原则。财务评价强调考虑时间因素,利用复利计算方法,将不同时间内效益费用的流入和流出折算成同一时间点的价值,为不同方案和不同项目的经济比较提供相同基础,并反映出未来时期的发展变化情况。静态分析一般比较简单、直观,使用起来比较方便,在财务评价中可以根据工作阶段和深度要求的不同,计算静态指标,进行辅助分析。

3.3.3 财务评价步骤

以业绩项目可行性研究为例,财务评价是在产品的市场需求研究和工程技术研究的基础上进行的。财务评价主要是利用有关数据,通过基本财务报表,计算财务评价指标和各项财务比率,进行财务分析,做出财务评价。其步骤通常为:

(1) 财务评价前的准备。这包括:熟悉建设项目的建设目的、规模、市场需求、原燃料、基础设施和厂址等建设条件与投资环境以及主要技术决定;收集整理基础数据资料,包括项目投入物和产出物的数量、质量、价格及项目实施进度的安排等;收集和计算基本财务报表所需的数据资料,例如投资费用、销售收入、生产成本和税金等;编制冶金项目财务分析基本报表。

(2) 通过基本财务报表计算各项评价指标及财务比率,进行各项财务分析,例如财务盈利能力分析、财务清偿能力分析和其他分析等。

(3) 进行不确定性分析。常用的财务评价指标与财务分析基本报表的关系如表3-3所示。

表3-3 财务评价指标与财务分析基本报表的关系

财务分析项目	基本报表	财务评价指标	
		静态指标	动态指标
盈利能力分析	全部投资现金流量表	全部投资回收期	财务内部收益率 财务净现值
	自有资金现金流量表		财务内部收益率 财务净现值
	损益表	静态投资盈利率 (1) 投资利润率 (2) 投资利税率 (3) 资本金利润率	
清偿能力分析	资金来源与运用表	国内借款偿还期	
	资产负债表	资产负债率 流动比率 速动比率	

3.3.4 财务评价类型

根据《建设项目经济评价方法与参数》中的规定，财务评价将投资项目划分为新建项目和改扩建项目两类。

新建项目，一般由新组建的项目法人负责融资，并承担融资责任和风险。这类项目范围比较明确，就是项目本身所涉及的范围。所有为项目的建设和生产运营所花费的费用都要计为费用，同时项目的产出显然就是项目的效益。

改扩建项目是指，依托现有企业进行改、扩建与技术改造的项目，项目建成后仍由现有企业管理，并不组建新建的项目法人。这类项目效益的界定宜采取最小化原则，以能正确计算项目的投入和产出，表明项目给企业带来的效益为限，其目的是易于采集数据，减少工作量。

3.3.5 财务评价的基本报表

冶金项目的财务分析，一般需要编制的基本报表有：现金流量表、损益表、资金来源与运用表和资产负债表。

现金流量表

现金流量表是根据项目在建设和生产经营期内各年的现金流入和现金流出情况，计算出各年度净现金流量的财务报表。现金流量是把项目作为一个独立系统，反映项目在建设和生产经营期内流入和流出系统的现金活动。通过现金流量表可以计算各项动态和静态评价指标，全面反映项目本身的财务盈利能力。项目所有的现金支出称为现金流出，所有的现金收入称为现金流入。净现金流量就是现金流入与现金流出的代数和。

现金流量的计算要点是只计算现金收支，不计算非现金收支，并要如实记录现金收支实际发生的时间。由于固定资产折旧只是项目系统内部的现金转移,而非现金支出,因此,在考虑项目动态评价时,投资应按其发生的时间作为一次性支出记入现金流量,而不再以折旧的方式进行逐年分摊。

按投资计算基础的不同,现金流量表分为全部投资现金流量表和自有资金流量表。

(1) 全部投资现金流量表。全部投资现金流量表(见表3-4)以全部投资作为计算基础,即假定投资项目所需要的全部投资(包括固定资产投资和流动资金投资)均为投资者的自有资金,因而表中不考虑全部投资本金和利息的偿还问题,可用以计算全部投资内部收益率、净现值和投资回收期等评价指标,评价项目全部投资的盈利能力,为各个投资方案(不论资金来源和利息)进行比较建立共同基础。

表3-4　全部投资现金流量　　万元

序号	项目	年序								合计
		建设期		投产期		达到设计能力生产期				
		1	2	3	4	5	6	…	n	
	生产负荷/%									
1	现金流入									
1.1	产品销售(营业)收入									
1.2	回收固定资产余值									
1.3	回收流动资金									
2	现金流出									
2.1	固定资产投资									
2.2	流动资金									
2.3	经营成本									
2.4	销售税金及附加									
2.5	所得税									
3	净现金流量									
4	累计净现金流量									
5	所得税前净现金流量									
6	累计所得税前净现金流量									

(2) 自有资金现金流量表。自有资金现金流量表从投资者角度出发,以投资者的出资额作为计算基础,把借款本金偿还和利息支付能力作为现金流出,用以计算自有资金内部收益率和净现值等指标,评价项目自有资金的财务盈利能力。

损益表

损益表反映冶金项目在评价周期内各年的利润总额、所得税、净利润及其分配情况。该表在财务评价中有以下几个主要用途:

(1) 计算各年的利润(或亏损),进行各年的收支状况分析,并为资金来源与运用表提供基础数据；

（2）计算各年的所得税，为现金流量表提供基础数据；

（3）计算累计未分配利润，为资产负债表提供基础数据；

（4）利用表中数据计算建设项目投资利润率、投资利税率和资本金利润率等静态评价指标，进行项目的盈利能力分析；

（5）利用表中数据进行建设项目正常生产年份的盈亏平衡分析。

资金来源与运用表

资金来源与运用表是根据项目的财务状况、资金来源与资金运用以及国家有关财税规定，预算出项目建设期和生产经营各年的资金盈余和短缺情况的一种表格。该表可供选择资金筹措方案、制定借款及偿还计划之用，此外，还可用以计算固定资产投资借款偿还期，进行清偿能力分析。

为了避免项目实施进度延误（由于不能及时取得资金或不能及时投入资金而拖延工期）所造成的收益损失，除寻求合适的资金来源外，还必须使资金来源（资金、利润、折旧和摊销等）与资金运用（投资支出和所得税等）在时间上配合一致。

制定建设期和投产初期资金规划的目的是为了落实资金供应（固定资产投资和流动资金），并保证投资流入和流出时间的协调。制定生产经营期的财务规划是为了保证各年的净现金流量（利润总额加折旧）能够承受一切财物负担（如偿还借款和缴纳所得税等），并能获得盈余资金。特别是项目投产初期，此时尚未到达设计产量，而往往又要开始偿还借款，债务负担较重。

当项目只有两种借款，还本付息计算又较为简单时，可在资金来源与运用表上直接填列。当贷款种类较多，还款条件及还本付息计算复杂时，可使用借款还本付息计算表先行计算后，再将计算结果逐年列入资金来源与运用表的相应栏目。

资产负债表

资产负债表是反映项目建设期和生产经营期内逐年的财务状况的一种财务报表。该表系根据“资产-负债+资本”这一基本公式，按照项目在建设期、生产经营期内分年度的资产、负债和所有者权益编制而成的。资产负债表提供的财务状况，主要是：

（1）项目拥有的资源；

（2）项目的偿还能力；

（3）项目所负担的债务；

（4）企业所有者（如为股份制公司，即股东）在项目中所持有的权益；

（5）企业未来的财务趋势。

资产负债表所提供的资料可以从投资决策部门和投资者及债权人（如银行）等各种不同的角度加以应用。通常，通过资产负债表可以直接计算资产负债率、流动比率与速动比率等主要指标，以反映项目的各种财务状况。

3.3.6 财务评价指标体系

投资项目的财务效益评价，按照是否考虑资金的时间价值，分为静态分析和动态分析两类，见表3-5。

表 3-5　财务评价指标体系分类表

- 财务评价指标体系
  - 静态评价指标
    - 全部投资回收期、投资利润率、投资利税率、资本金利润率 —— 盈利能力分析
    - 借款偿还期、资产负债率、流动比率、速动比率 —— 清偿能力分析
  - 动态评价指标
    - 财务净现值、财务内部收益率 —— 盈利能力分析

静态评价指标是不考虑资金的时间价值的，通常反映项目在生产期内某个代表年份或平均年份的盈利能力和清偿能力。反映盈利能力的指标有投资回收期、投资利润率和资本金利润率等；反映清偿能力的指标有借款偿还期、资产负债率、流动比率和速动比率等。

动态评价指标是一种考虑资金时间价值的，反映项目在整个寿命期内的盈利能力的指标。反映盈利能力的动态指标有财务净现值和财务内部收益率等。

财务盈利能力分析指标

（1）财务内部收益率。财务内部收益率是根据现金流量表计算出来的，它是指项目在整个计算期内各年净现金流量现值累计等于零时的折现率，它反映项目所占用资金的盈利率，是考虑项目盈利能力的主要动态指标。其计算公式为：

$$\sum_{t=1}^{n}(C_I-C_O)_t/(1+FIRR)^t=0 \qquad (3\text{-}4)$$

式中　$FIRR$——财务内部收益率，%；

C_I——现金流入量，元；

C_O——现金流出量，元；

$(C_I-C_O)_t$——第 t 年的净现金流量，元；

t——计算期，年。

在财务评价中，将求得的财务内部收益率（$FIRR$）与行业的基准收益率或设定的折现率（i_C）比较，当 $FIRR \geqslant i_C$ 时，即可认为其盈利能力已满足最低要求，在财务上是可以考虑接受的。

（2）财务净现值。财务净现值是依据现金流量表计算出来的，是指按行业的基准收益率或设定的折现率，将项目计算期内各年净现金量折现到建设期初的现值之和。其计算公式为：

$$FNPV=\sum_{t=1}^{n}(C_I-C_O)_t/(1+i_C)^t \qquad (3\text{-}5)$$

式中　$FNPV$——财务净现值，元；

i_C——折现率，%；

C_I，C_O，$(C_I-C_O)_t$ 和 t 的符号含义同前。

财务净现值可通过财务现金流量表中净现金流量的现值求得，它反映项目在满足按设定折现率要求的盈利之外所获得的超额盈利的现值。项目财务净现值等于或大于零，说明

项目的盈利能力达到或超过了设定的折现率所要求的获利水平。

财务评价中,一般内部收益率的判别基准和计算净现值的折现率采用统一数值,这样 $FIRR \geqslant i_C$ 对项目效益的判断和采用 i_C 计算的 $FNPV$ 对项目的判断结果一致。

(3)投资利润率。投资利润率是指项目达到设计生产能力后的一个正常生产年份的年利润总额与项目总投资的比率,它是考察项目单位投资盈利的静态指标。对生产期内各年的利润总额变化幅度不大的项目,应计算生产期年平均利润总额与项目总投资的比率。其计算公式为:

投资利润率=(年利润总额或年平均利润总额/项目总投资)×100%

式中,项目总投资包括固定资产投资,建设期利息和流动资金。

投资利润率可根据损益表中的有关数据计算得出。在财务评价中,将投资利润率与行业平均投资利润率对比,用以判别项目单位投资盈利能力是否达到本行业的平均水平。

(4) 投资利税率。投资利税率是指项目达到设计生产能力后的一个正常生产年份的年利税总额,或项目在生产期内年平均利税总额与项目总投资的比率。投资利税率和年利税总额的计算公式为:

投资利税率=(年利税总额或年平均利税总额/项目总投资)×100%

年利税总额=年销售收入+年销售税金及附加

投资利税率可根据损益表中的有关数据计算得出。在财务评价中,将投资利税率与行业平均投资利税对比,用以判断单位投资对国家积累的贡献水平是否达到本行业的平均水平。

投资利润率和投资利税率统称为简单投资收益率,都是项目获利能力的静态指标。

(5) 资本金利润率。资本金利润率是指项目达到设计生产能力后的一个正常生产年份的年利润总额,或项目生产期内的年平均利润总额与项目资本金的比率,它是反映投资项目的资本金的盈利能力的静态指标。其计算公式为:

资本金利润率=(年利润总额或年平均利润总额/资本金)×100%

式中,资本金是指新建项目设立企业时,在工商行政部门登记的注册资本金。

该指标可根据损益表和资产负债表中的有关数据计算得出,并可与投资者预期的最低利润率相对比,如果大于预期的利润率,则该项目或方案就是可被接受的。

财务清偿能力分析指标

(1) 投资回收期。投资回收期是指以项目的净收益回收项目全部投资(固定资产投资和流动资金)所需要的时间。它是考察项目在财务上的投资回收能力的主要静态指标。投资回收期一般以年为单位,从项目建设开始年算起。若从项目投产年开始算起,应予注明。其计算公式为:

$$\sum_{t=1}^{P_t}(C_I-C_O)_t=0 \tag{3-6}$$

式中 P_t——投资回收期,年;

其他符号含义同前。

投资回收期可借助现金流量表(全部投资)计算,项目现金流量表中累积净现值流量由负值变为零时的时间,即为项目的投资回收期。它实际上是一项静态指标。其计算公式为:

投资回收期=累计净现金流量开始出现正值的年份数-1+

(上年累积净现金流量的绝对值/当年净现金流量)

投资回收期越短,说明项目的盈利能力和抗风险能力越强。投资回收期的判别标准是基准投资回收期,其取值可根据行业或投资者的要求确定。

(2)资产负债率。资产负债率是项目负债总额与全部资产总额之间的比值,是用来反映项目各年所面临的财务风险程度及偿还能力的指标。其计算公式为:

资产负债率=(负债总额/全部资产总额)×100%

项目计算期内各年的资产负债率可通过资产负债表逐年计算求得。对于债权人来说,企业的负债比率低一些较好,以确保债务安全。但对投资人而言,企业要生产与发展,要开拓市场,因此负债比率高一些较好,但过高又会影响项目资金筹措能力。因此,分析资产负债率因银行而异,要根据具体情况具体分析。

(3) 流动比率。流动比率是项目流动资产总额与流动负债总额的比值,是反映项目各年偿付流动负债能力的指标。其计算公式为:

流动比率=(流动资产总额/流动负债总额)×100%

项目生产经营期内各年的流动比率可以通过资产负债表逐年计算求得。一般认为,生产项目合理的最低流动比率为200%。这是因为处在流动资产中变现能力最差的存贷资产约占流动资产总额的一半,剩下的流动性较大的流动资产至少要等于流动负债,项目的短期偿债能力才会有保证。

(4) 速动比率。速动比率是从流动资产总额中扣除存贷部分,再除以流动负债总额,是反映项目快速偿付流动负债能力的指标。其计算公式为:

速动比率=[(流动资产总额-存贷)/流动负债总额]×100%

项目生产经营期内各年的速动比率可以通过资产负债表逐年计算求得。一般认为正常的速动比率为100%。

3.3.7 不确定性分析

项目评价所使用的数据,大部分是在一定的假设前提下通过预测和估计的方法确定的,假设条件的主管随意性和各种预测方法的局限性,使预测的数据带有很大的风险性和不确定性。在这种带有某种程度的不确定性分析的基础上进行的财务评价,显然会有一定的不确定性。不确定性分析就是分析可能出现的不确定性因素对财务评价指标的影响,以估算项目可能出现的风险,从而确认投资项目在财务和经济上的可靠性。

投资项目及其经济分析的不确定性取决于多种因素,主要表现在以下几个方面:

(1) 价格变动。产出和投入物价格是影响经济效益的最基本的因素,它通过投资费用、生产成本和产品售价等反映到经济效益指标上。项目寿命期一般都在一二十年以上,投入产出价格不可能固定不变。

(2) 生产能力的变动。项目投产后受市场变化的影响,可能出现市场对相关产品需求量增加和减少的情况,从而使项目的实际生产能力不能达到和超过原设计水平,使产品的成本升高,利润降低,影响到项目的经济效益。

(3) 政府政策和规定的变化。这是项目评估人员不能控制的外生变量,政治因素变化会对项目建设带来巨大风险。

项目评估中的不确定性分析包括盈亏平衡分析、敏感性分析和概率分析。其中盈亏平衡分析用于财务评价，敏感性分析和概率分析可同时用于财务评价和国民经济评价。

盈亏平衡分析

盈亏平衡分析也称为量本利分析(即成本、业务量和利润分析的简称)，是通过盈亏平衡点(BEP)分析项目成本与收益关系的一种方法，也就是通过分析项目成本、项目产品产量与项目盈利能力的关系，找出投资方案盈利与亏损在产品价格、销售量、原料及燃料价格、工资等经营条件发生变化时方案的承受能力。盈亏平衡点通常根据正常年份的产品量或销售量、可变成本、固定成本、产品价格和产品销售税金及附加等数据计算。

通过盈亏平衡分析可以找出各主要经济因素的因果关系，确定建设项目最佳的生产和运营方案，有助于确定建设项目的最佳设计规模；同时可根据产品、成本、价格和利润之间的因果关系找出敏感对象，减少风险。

盈亏平衡分析可分为线性盈亏平衡分析和非线性盈亏平衡分析。在投资决策分析中，一般仅进行线性平衡分析。线性盈亏平衡分析的假设条件是：产量等于销售量，即当年生产的商品产品全部销售出去；产量变化，单位可变成本不变，即总成本费用是产量的线性函数；产量变化，产品销售价格不变，即销售收入是销售量的线性函数；只生产单一产品，或者生产多种产品，但可以换算为单一产品计算，即不同产品负荷率的变化是一致的。

盈亏平衡点可以采用公式计算：

BEP(生产能力利用率)=[年总固定成本/(年销售收入-年总可变成本-年销售税金附加)]×100%

BEP(产量)=年总固定成本/(单位产品价格-单位产品可变成本-单位产品销售税金附加)

=BEP(生产能力利用率)×设计生产能力

盈亏平衡点也可以采用图解法求得，见图3-1。

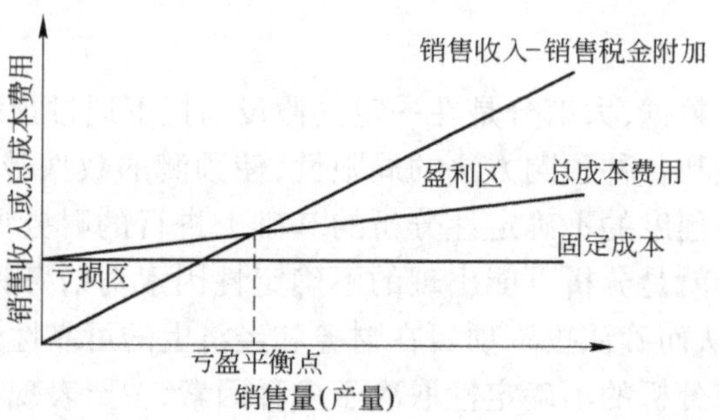

图3-1 盈亏平衡点图解

图中销售收入线(如果销售收入和成本费用都是按照含税价格计算的，销售收入中还应减去增值税)与成本费用线的交点即为盈亏平衡点，这一点所对应的产量即为BEP(产量)，也可换算为BEP(生产能力利用率)。

在盈亏平衡点上，销售收入等于总成本费用，刚好盈亏平衡。盈亏平衡点越低，项目盈利机会越大，承受风险能力越强；反之，盈亏平衡点越高，盈利机会越少，项目承受风险的能力越差，或没有抗风险能力。

敏感性分析

敏感性分析是项目投资经济评价中的常用技术,用以考察项目设计的各种不确定因素对项目效益的影响,找出敏感因素,估计项目效益对他们的敏感程度,粗略预测项目可能承担的风险,为进一步的风险分析打下基础。

在项目计算期内可能发生变化的因素有产品产量、产品价格、产品成本或主要原材料与动力价格、固定资产投资以及建设工期及汇率等。敏感性分析的方法是改变一种或多种不确定因素的数值,计算其对项目效益指标的影响。通常将敏感性分析的结果汇总于敏感性分析表,也可通过绘制敏感性分析图显示各种因素的敏感程度。

敏感性分析包括单因素敏感性分析和多因素敏感性分析。单因素敏感性分析是指每次只改变一个因素的数值进行分析,估算单个因素的变化对项目效益产生的影响;多因素敏感性分析是同时改变两个或两个以上因素进行分析,估算多因素同时发生变化的影响。

进行敏感性分析首先要选定待分析的不确定性因素,并确定其偏离基本情况的程度,在此情况下选定一种或多种项目效益指标并重新进行计算,然后汇总敏感性分析结果,最后对敏感性分析的结果进行分析并提出降低不确定性因素影响的措施。

第 2 篇 轧钢厂工艺设计

4 产品方案编制

4.1 产品方案的含义

产品方案是指所设计的车间拟生产产品的名称、品种(钢种)、规格、交货状态、执行标准、年计划产量及在总产量中的比例。

轧钢厂工艺设计首先是拟定车间产品方案,然后再进一步选择轧机,确定工艺流程,选择辅助设备。产品方案是进行车间工艺设计的主要依据。在市场经济条件下,产品方案既要满足近期客户的要求,也要考虑长期市场的需求,为产品留有发展的空间。同时,还要考虑国内外各大钢厂的现状和发展趋势,以及自己的实际条件,产品方案还应不造成恶性竞争、盲目发展、投资浪费。产品方案应由设计者深入市场进行实际调查统计,提出方案,然后经公司决策部门批准确定。有少数国家紧缺产品或特殊要求的产品由国家上级部门或公司决策部门根据国家近期和长期发展的需要直接在设计任务书中加以规定。

产品方案是车间今后组织生产的依据,因为产品方案不但规定了车间的类型,同时也规定了车间生产品种的方向。根据产品方案可以选择设备和确定生产工艺。产品方案一旦决定,不宜轻易变更,否则就无法组织生产。

4.2 编制产品方案的原则

在适应市场需要的前提下,应根据原料、公辅设施、总图、能源、环保、投资等来确定轧钢车间的设计规模。轧钢车间的产品方案应按市场调查、供坯条件及主要工艺设备的组成及性能进行编制。产品方案的编制一般应遵循下列原则:

(1) 满足市场和国民经济发展对产品的要求。产品方案的编制根据国内外市场短期和长期对产品数量、质量和品种等方面的需要,同时,兼顾国民经济各部门情况,既考虑当前的需要,又考虑将来发展的需要。为此,设计者必须进行产品的市场调查。

(2) 产品的平衡。产品方案的编制应考虑国内外钢厂生产的布局和配套以及出口的问题。

(3) 建厂地区的条件、生产资源、自然条件、运输条件、投资等的可能性。

在进行产品方案编制时,要以以上三点为依据,全面考虑,三者不可偏废。如果一个企业有两个以上同类轧钢车间,那么各车间生产的产品品种、规格应有合理的分工,尽量实现专业化生产;即使只有一个轧钢车间也应确定最佳的产品范围,以便经济合理地进行生产。

4.3 计算产品的选择

在设计中不可能对车间拟生产的数十种、数百种产品品种及规格都进行详细的工艺计算。为了提高设计进度,在不影响整个设计质量前提下,减少工作量,可以将各类产品进行分类编组,从中选择典型产品作为计算产品。

选择的计算产品应具备如下条件:

(1) 有代表性。将所有的各类产品进行分类编组,从每组中找出一至几种产量较大、产品品种、规格状态、工艺特点等有代表性的产品。因此,可以从拟生产的所有合金品种中选出十几种或几十种有代表性的产品。这些计算产品从全车间总体来说,在品种、规格、交货状态、产量和工艺特点等方面有代表性。

(2) 通过所有的工序。指所选的所有计算产品要通过各工序,但不是说每一种计算产品都通过各工序,而是对所有计算产品综合来看的。若拟生产的所有产品中应有某工序,而计算产品不通过该工序,那么在此情况下,就要重新选计算产品。还应指出所选典型产品的产量之和为总产量。

(3) 所选的计算产品要与实际相接近。根据计算产品进行工艺计算、选择设备、确定工艺、确定车间人力与物力的消耗及技术经济指标等所获得的结果,应该与按所有品种进行设计和投产后的实际结果相一致或相接近。因此,编制产品方案、确定计算产品及其产量分配乃是工艺设计中的主导。

(4) 计算产品要留一定的调整余量。

4.4 产品方案实例

产品方案确定之后,产品应按名称、钢种、状态、执行标准、规格范围、年产量、比例等列成表,也称产品大纲,如表4-1~表4-8所示。

表4-1 某ϕ460mm热轧无缝钢管ASSEL轧管机组车间产品大纲

序号	产品名称	产品规格 $\phi D\times S$/mm	代表钢种	执行标准	年产量/t	所占比例/%
1	结构管	ϕ(203~460)×(20~65)	45、45Mn2、42CrMo	GB/T 8162	173000	57.7
2	工程用管	ϕ(203~460)×(20~100)	S355J2H、STKM13A	BS EN 10297-1	55000	18.3
3	液压支柱支架管	ϕ(203~402)×(20~40)	27SiMn	GB/T 17396	35000	11.7
4	石油用管	ϕ(215.9~460)×(20~80)	J55、N80、P110、4145H	API Spec 5CT、API Spec 7、API Spec 5D	22000	7.3
5	高压类管	ϕ(219~460)×(20~70)	20G、12Cr1MoVG、T/P91	GB 5310、GB 6479	12000	4.0
6	军工用管	ϕ(203~457)×(20~70)	PCrNi1Mo、30CrMnSiA	GJB 2608	3000	1.0
合计					300000	100

表 4-2 某棒材车间产品大纲

序号	产品名称	产品规格/mm	代表钢种	执行标准	年产量/t	比例/%
1	圆 钢	$\phi 12 \sim 40$	Q235	GB/T 702、GB/T 6478、GB/T 1499.1	50000	10
2		$\phi 12 \sim 40$	45		50000	10
3		$\phi 12 \sim 40$	HPB300		20000	4
4		$\phi 12 \sim 40$	BL3 ML45		10000	2
5		$\phi 12 \sim 40$	20CrMo		20000	4
6	热轧带肋螺纹钢筋	$\phi 12 \sim 40$	HRB400 HRB500	GB/T 1499.2	250000	50
7	方 钢	14×14 16×16 18×18 50×50	Q235	GB/T 702	50000	10
8	扁 钢	35×6 100×25	45	GB/T 702	50000	10
合 计					500000	100

表 4-3 某冷轧硅钢片车间产品大纲

序号	品 种		产品规格/mm		执行标准	年产量/t	比例/%
			厚度	宽度			
1	取向硅钢	27QG95~30QG120	0.27	950	GB/T 2521	20000	5.0
2			0.30	950		30000	7.5
3		27QG120~30QG140	0.27	950		40000	10
4			0.30	950		40000	10
5	无取向硅钢	35W120~50W400	0.35	1000		20000	5
6			0.50	1000		40000	10
7		50W470~50W600	0.50	1000		50000	12.5
8		50W800~50W1300	0.50	1000		60000	15
9		50WG540~50WG600	0.50	1000		100000	25
合 计						400000	100

表 4-4 某 2030mm 冷轧板带钢车间产品大纲

序号	产品名称	产品规格			品 种	执行标准	年产量/t	比例/%	备 注
		厚度/mm	宽度/mm	长度/mm					
1	冷轧产品	0.3~3.5	900~1850	卷	CQ、DQ、DDQ	GB/T 708、GB/T 11253、GB/T 13237	1500000	71.43	
2	热镀锌产品	0.3~3.0	900~1850	卷	FH、CQ、DQ、DDQ	GB/T 2518	250000	11.90	GI:100% 镀层质量:60 ~ 700g/m²,双面 表面:规则锌花、小锌花、表面钝化处理、涂油

续表 4-4

序号	产品名称	产品规格			品 种	执行标准	年产量/t	比例/%	备 注
		厚度/mm	宽度/mm	长度/mm					
3	电镀锌产品	0.5~2.5	900~1550	卷	CQ、DQ、DDQ	GB/T 15675	90000	4.29	镀层厚度： 双面 3/3~50/50 g/m² 单面 0/10~0/40 g/m² 差厚 3/20~20/30 g/m²
4	彩涂产品	0.3~2.0	900~1550	卷	有机溶胶、PVC 膜等	GB/T 12754	160000	7.62	涂层厚度： 双面 2.5~200 μm
5	压型板	0.3~3.0		1500~12000		GB/T 12755	100000	4.76	
合 计							2100000	100	

表 4-5 某薄板坯连铸连轧线生产车间产品大纲

序号	产品名称及用途		代表钢种	产品规格/mm		执行标准	年产量/t	比例/%
				厚度	宽度			
1	碳素结构钢	一般结构用钢板	SS330~SS540	0.8~12.7	850~1750	JIS G3101	2.0×10^5	35
2		汽车结构用钢板	SAPH32~SAPH45	0.8~12.7	850~1750	JIS G3113	2.0×10^5	
3		焊接结构用钢	SM400~SM520	0.8~12.7	850~1750	JIS G3106	1.0×10^5	
4		焊管用钢卷	SPHT1~SPHT4	0.8~12.7	850~1750	JIS G3132	1.0×10^5	
5		石油管线钢	X52~X80	5.0~12.7	850~1750	API 5L	1.0×10^5	
6	优质碳素结构钢	供冷轧用热轧卷	SPCC、SPCD、SPCE、IF	1.8~6.0	850~1750	JIS G3141	3.0×10^5	45
7		热轧钢卷（轻工家电、汽车用板、油桶板、农机用板、机械结构用钢）	SPHC、SPHD	0.8~12.7	850~1750	JIS G3131	3.0×10^5	
8			SPHES09CK、S15CK	0.8~12.7	850~1750	JIS G4051	3.0×10^5	
9	低合金钢	高级耐大气腐蚀钢（集装箱板）、耐大气腐蚀焊接结构钢（车厢板）	SPA-H、SPA-C	1.5~6.0	850~1750	JIS G3125	1.5×10^5	15
10			SMA400A~SMA570W	1.5~6.0	850~1750	JIS G3114	1.5×10^5	
11	硅钢	无取向性热轧钢板（电工钢板）	50A470~50A130	2.0~2.5	1050、1300	JIS C2552	1.0×10^5	5
合 计							2.0×10^6	100

表 4-6 某 H 型钢生产车间产品大纲

序号	产品名称	产 品 规 格	执行标准	年产量/t	比例/%	备 注
1	标准梁、桩系列	IPE140~500	GB/T 11263	12×10^4	20	年总产量 60 万吨，其中，标准梁系列占 80%
2		IPN140~500		12×10^4	20	
3		HEA100~260		24×10^4	40	
4	槽钢系列	UPN140~400	GB/T 706	4.8×10^4	8	
5	等边角钢	L100~L200	GB/T 9787	4.8×10^4	8	
6	扁 钢	厚度：12~35 mm；宽度：150~300(400) mm	GB/T 702	2.4×10^4	4	
合 计				60×10^4	100	

表 4-7 某大盘卷车间的产品大纲

序号	产品名称	代表钢种	执行标准	各规格产品年产量/t												
				高速线材生产线						大盘卷生产线					总计	比例/%
										圆钢			六角钢	合计		
				5~5.5	6~6.5	7~9	9.5~16	16.5~25	合计	16~25	26~35	36~52	16~50			
1	优质碳素结构钢	45~80、42A~82B	GB/T 4354	3750	3750	7500	7500	3750	26250	—	—	—	—	0	26250	5.83
2	合金结构钢	40Cr、20CrMnTi、20CrMnMo	YB/T 5301	—	—	750	1500	1500	3750	—	—	—	—	0	3750	0.84
3	冷镦钢	ML35、ML40Cr、ML45Mn、ML15MnVB、ML20CrMnTiB、ML30CrMoA、ML38CrA、ML40CrNiMoA、SWRCH6A~8A	GB/T 14981、GB/T 5953、GB/T 6478	22500	22500	37500	22500	18750	123750	33750	30000	18750	18750	101250	225000	50
4	焊接用钢	H08E、H18CrMo、H08Mn2	GB/T 3429、GB/T 14957	7500	7500	3750	—	—	18750	—	—	—	—	0	18750	4.17
5	轴承钢	GCr15	GB/T 18579	5000	5000	4000	3000	3000	20000	—	—	—	—	0	20000	4.44
6	弹簧钢	60Si2MnA、60SiCrVA、55CrVA	YB/T 5318	3750	3750	7500	11250	3750	30000	5625	5625	—	—	11250	41250	9.17
7	易切削钢	Y15~Y45、Y45Ca、Y45S20	GB/T 8731	10000	17500	18500	12000	12000	70000	—	—	—	—	0	70000	15.55
8	PC 钢、帘线钢	72A、82A、82MnA、82B、SAE1080	YB/T 170.4	15000	15000	7500	3750	3750	45000	—	—	—	—	0	45000	10
	合计			67500	75000	87000	61500	46500	337500	39375	35625	18750	18750	112500	450000	100
	比例/%			15	16.67	19.33	13.67	10.33	75	8.75	7.91	4.17	4.17	25	100	

表 4-8 某 5000mm 热轧宽厚板车间的产品大纲

序号	产品名称		执行标准	代表钢号	产品规格（厚×宽×长）/mm×mm×mm	产量 /t·a^{-1}	比例/%
1	管线钢板		API 5L	X52~X80、X100	(5~40)×(1500~4800)×(2000~18000)	360000	20
2	造船钢板		GB 712、其他	A、B、D、E、AH32~AH40、DH32~DH62、DH69、EH32~EH62、EH69、FH32~FH62、FDH69	(5~100)×(900~4500)×(2000~25000)	540000	30
3	结构钢板	普通结构板	ASTM	A36、A283、A529	(5~400)×(900~4800)×(2000~25000)	504000	28
			DIN EN 10025	S185、S235JR、S275JR、S355JR			
			JIS G3106	SS400、SS490、SS540			
		桥梁板	ASTM	A572，A709，Grade 36、50、50W、100、100W			
			JIS G3106	SM490、SM520、SM570			
		建筑结构板	ASTM	A572、A573、A633			
			JIS G3136	SN400A、B、C，SN490B、C			
4	锅炉钢板		ASTM	A202、A299、A302、A387、A515、A516、A537	(5~400)×(900~4800)×(2000~18000)	72000	4
			DIN EN10028-2	P235GH、P265GH、P355GH、DIN 454			
5	容器钢板		ASTM	A662、A517、A533、A387	(5~400)×(900~4800)×(2000~18000)	144000	8
6	其他	耐大气腐蚀板	ASTM	A242、A588、A871、A709	(5~150)×(900~4800)×(2000~18000)	180000	10
		工程机械用板	SSAB	HARDOX 400、HARDOX 500	(5~400)×(900~4800)×(2000~18000)		
		模具钢板	ASTM	A681-P20	(5~150)×(900~4800)×(2000~18000)		
合计						1800000	100

5 生产方案选择

生产方案是指为完成产品方案中所规定的产品生产任务而采取的生产方法。应根据设计规模、产品质量及技术经济指标的要求,结合具体条件,制订合理的生产方案。

5.1 生产方案选择的依据

生产方案的选择与设备的选择是紧密相关的,两者应同时加以考虑。确定生产方案时主要考虑以下几点:

(1) 金属与合金的品种、规格、状态及质量要求。产品品种和规格不同,生产方案的选择也不同,所设计的车间差别就很大,例如热轧中厚板生产车间和管棒型材生产车间就存在根本性的差别。即使是同一种合金品种与规格的产品,如果产品质量要求不同,也可能采用不同的生产方案。

(2) 年产量的大小。年产量不仅决定工艺过程的特点,同时也对设备选择、连铸坯尺寸和产品规格有直接的影响。例如,对于冷轧板带钢生产来说,产量不大时,可采用单机架生产;而产量大时,可采用连轧生产。

(3) 投资、建设速度、机械化与自动化程度、劳动条件、生产人员与管理人员的数量以及将来的发展。

生产方案的选择主要考虑经济效果,在设计时可参考生产工艺比较成熟的类似车间,在满足建厂的原则下制订合理的生产方案。

5.2 钢材生产方案

5.2.1 板带钢生产方案

板带钢按规格一般可分为中厚板、薄板和箔材三大类,如表5-1所示。

表5-1 板带钢的分类

- 板带钢
  - 中厚板
    - 特厚板:>60 mm
    - 厚板:20~60 mm
    - 中板:3~20 mm
  - 薄板:0.2~3.0 mm
  - 箔材(极薄带材):<0.2 mm

热轧板带生产方案

热轧板带车间是以板坯为原料,以热轧方式生产各种厚钢板、薄钢板和热轧钢带的车间。热轧板带轧机以工作辊的辊身长度表示轧机的尺寸。热轧板带广泛用于船舶、锅炉、容器、桥梁、机械制造、建筑材料、铁路车辆以及汽车等。热轧钢带大量用作冷轧钢带、焊接钢管和冷弯型钢的原料。

A 中厚板生产

中厚板的生产方式一般可分为单机架轧制、双机架轧制和连轧三大类。其布置形式可分为单机架布置、双机架布置和连续式多机架布置。我国常规的中厚板轧机目前可分三类，第一类是4300 mm、5000 mm和5500 mm高水平轧机；第二类是以3500 mm和3800 mm为代表的中等水平轧机；第三类是2300 mm和2800 mm老旧轧机。其生产产品的规格见表5-2。

表5-2 中厚板轧机产品及设计规模示例

轧机名称	成品规格(厚度×宽度)/mm×mm	设计年产量/万吨	
		单机架轧机	双机架轧机
2450 mm中厚板轧机	(4~50)×(1000~2100)	15~25	30~60
2800 mm中厚板轧机	(5~60)×(1000~2500)	25~40	45~80
3300 mm中厚板轧机	(5~100)×(1200~3000)	30~50	60~100
3800 mm中厚板轧机	(5~120)×(1400~3500)	40~80	90~130
4200 mm中厚板轧机	(5~150)×(1500~3900)	50~100	120~160
4800 mm中厚板轧机	(5~200)×(1500~4500)	100~130	160~200
5000 mm中厚板轧机	(5~250(400))×(1500~4700)	120~150	180~250
5500 mm中厚板轧机	(5~300(400))×(1500~5350)	130~180	200~300

(1) 单机架轧制。单机架布置生产是指在一架轧机上完成中厚板的轧制。轧机可选用二辊可逆式、三辊劳特式、四辊式和万能式中厚板轧机。目前前两种轧机已被四辊式轧机所取代。这种方式由于是单机架轧制，粗轧与精轧都在一架轧机上完成，因此产品质量较差、规格受限、产量较低。但该方式投资小，适于对产品产量和质量要求都不高的钢板生产。

(2) 双机架轧制。双机架布置生产是指在两架轧机上完成中厚板的轧制，将粗轧与精轧分到两个机架上分别完成。这种方式由于是双机架轧制，产品质量较好，产量也较高。粗轧机可选用二辊可逆式或四辊可逆式轧机。精轧机一律选用四辊可逆式轧机。但目前在机架布置上，四辊双机架布置是主要形式。

(3) 连轧。连续式多机架布置生产是指在全连续式、半连续式、3/4连续式组成的粗、精轧机组上完成中厚板与带钢的生产。带卷厚度已达25 mm或以上，这几乎有2/3的中厚板可在连轧机上生产，但其宽度一般不大。用本来可以轧制更薄产品的连轧机生产较厚的中板，这在技术上和经济上都不太合理。而对于较厚的中板，轧制中用不着抢温保温，在一般单、双机架可逆式轧机轧制就可满足质量要求，因此也不必采用连轧机生产。

B 热轧薄板带钢生产

热轧薄板带钢生产方法主要有热连轧法、炉卷轧制法、连铸连轧法和双辊连铸法。其中前三种工艺已经大规模地应用于工业化生产中，工艺技术成熟可靠；双辊连铸法生产工艺国外已经通过工业化试验阶段。

a 热连轧法

热连轧法的优点是高产、优质和低成本，在当前热带钢生产方法中占据了主导地位。其缺点是投资大。我国现有及改造的热带轧机有CVC、PC两种板形控制轧机。

带钢热连轧机主要有全连续式、半连续式、3/4 连续式三种布置形式，各种热带钢连轧机的精轧机组一般都是由 6~7 架轧机组成，它们的区别集中在粗轧区。全连续式带钢热连轧机的主要特点是轧机均为不可逆轧机，带钢在粗轧区轧制时，每架轧机只按板坯的前进方向轧制一道，并且不形成连轧。半连续式带钢热连轧机的主要特点是至少有一架可逆式轧制，带钢在粗轧区内采用可逆式轧制，进行多道次压下，在粗轧机组不形成连轧。3/4 连续式带钢热连轧机的主要特点是带钢在粗轧区部分轧机采用可逆式轧制，而在最后的两架粗轧机内形成连轧。

全连续式带钢热连轧机自动化程度高、产量高，但设备多、投资大、轧制流程长，因此轧件热量损失过多，不利于保温、抢温轧制。特别是在生产过程中，由于每架轧机只轧一道次，使得粗轧机大部分时间处于闲置状态，因此设备利用率过低。为此，广泛采用半连续及 3/4 连续式带钢热连轧机，节约设备投资，提高粗轧机组的利用率，并缩短轧线长度，减少轧件的热量损失。近年来，由于粗轧机控制水平的提高和轧机结构的改进，轧机牌坊刚度增大，轧制速度也相对提高，粗轧机单机架生产能力增大，轧机产量已不受粗轧机产量的制约，因此，半连续式轧机布置发展较快并成为主流投资建设模式。表 5-3 为热轧带钢轧机的产品范围及设计规模。

表 5-3 热轧带钢轧机的设计规模

轧机辊身长度/mm	设计年产量/万吨	产品规格/mm	
	半连续式和 3/4 连续式	厚 度	宽 度
1200(含 1220)	100~150	1.5~8.0	约 1050
1400(含 1220)	130~300	1.2~12.7	约 1300
1780(含 1220)	150~350(450)	1.2~18.0	100~150(约 1660)
2050(含 1220)	150~400	1.2~25.4	约 1900
2300(含 1220)	180~600	1.2~25.4	约 2150

b 炉卷轧制法

为了解决成卷轧制过程中温降的问题，将板卷置于加热炉内一边加热保温一边轧制的方法称为炉卷轧制法。炉卷轧机是带有炉内卷取机的可逆式热轧带钢轧机，是由斯特克尔(Steckel)于 1926 年发明的，因此也称斯特克尔轧机。

炉卷轧机装备了一系列热连轧机的新技术、新装备而成为现代化的轧机，产品质量大大提高，生产成本降低，广泛用于专业化生产不锈钢和特种合金钢等难变形钢种，也用于轧制碳素钢，主要是管线用钢、建筑用钢和家电用钢等。但与热连轧机相比，炉卷轧机在生产规模、产品质量、规格范围、品种档次、成材率等方面有明显的不足，还不能生产深冲板和薄规格产品。

c 连铸连轧法

连铸连轧生产方式包括薄板坯连铸连轧法和薄带坯连铸连轧法两种方法。

(1) 薄板坯连铸连轧法。常规热连轧机生产市场紧缺的 2.0 mm 以下的薄规格热轧带钢难度大、事故多、产量低、成本高，导致这部分市场不得不采用相同规格的冷轧薄板。如何更经济有效地生产薄规格热轧带钢，成为人们追求的目标。

薄板坯连铸连轧生产工艺的问世，给连铸、热轧带钢轧制带来突破性技术进步。薄板坯连铸连轧生产从工艺上实现了从炼钢—连铸—热轧的连续化生产，工序减少，生产线缩短，从钢水浇铸到轧出热轧带卷只需20多分钟，实现了板坯直接热装，加热板坯无炉底水印，温度均匀，生产稳定，产品尺寸精度和板型质量容易控制，对生产薄规格带钢更加有利。

薄板坯连铸连轧生产线工序少，轧线布置紧凑，设备重量较轻，厂房面积较小，工程投资比常规热连轧低很多；燃料、电力、水等能源动力消耗低，劳动定员少，生产运行成本较低；建设周期短，达产快，见效快，产品竞争力强。所以该生产工艺虽然出现最晚，但发展最快，是近十几年得到应用最广的生产工艺。目前比较成熟的薄板坯连铸连轧生产工艺主要有CSP、ISP、FTSR、CONROLL、TSP、QSP、ASP等技术。

1）CSP（Compact Strip Production）工艺，亦称紧凑式热带生产工艺，是由德国施罗曼西马克公司开发的。该生产工艺的主要设备配置为：薄板坯连铸机—辊底式均热炉—热连轧机—层流冷却—地下卷取机。该生产工艺流程短，生产简便稳定，产品质量好，成本低，有很强的市场竞争力。

CSP技术自诞生以来，技术不断发展，连铸坯厚度由最初的50 mm增加到70 mm（带动态软压下装置的为90 mm），开发出带粗轧机的CSP生产线。为达到较小的终轧厚度，CSP技术又发展出一种半无头轧制技术，成品最薄可达到0.8 mm，可实现奥氏体轧制和铁素体轧制。这种半无头轧制的布置在后部还可以加上常规的卷取机，使整条生产线具有轧各种不同钢种的功能，使生产组织更加灵活。我国的珠钢、邯钢、包钢、马钢、涟钢等都采用了CSP工艺。

2）ISP（In-line Strip Production）工艺，亦称线内带钢生产工艺，采用平板式直结晶器，连轧坯厚度40~90 mm，宽度680~1560 mm，板坯出结晶器后经液芯压下，进入2~3架大压下轧机轧制成厚度为15~20 mm的中间坯，进入电感应加热的无芯卷取箱内均热，再经4~5架精轧机轧制成成品，最小成品厚度1.0~2.0 mm。该工艺的主要特点是产品质量好、连铸与轧机间缓冲时间长、运行稳定、可靠，作业线的长度短（有的仅长180 m），但除鳞效果较差。

3）FTSR（Flexible Thin Slab Rolling for Quality）工艺，称之为生产高质量产品的灵活性薄板坯轧制，是由意大利达涅利联合公司开发出的一种薄板坯连铸连轧工艺。该工艺开发稍晚，但吸收了CSP、ISP技术的长处。它的主要设备配置为：薄板坯连铸机—隧道式加热炉—立辊轧机—粗轧机—保温辊道—飞剪— 热连轧机—层流冷却—地下卷取机。该工艺的最大特点是在整个工艺生产线上布置了3套除鳞装置，对轧件进行3次除鳞，以确保板带表面有较好的质量。该工艺也能够实现半无头轧制。我国唐钢采用了这项工艺。

4）CONROLL工艺，是由奥钢联工程技术公司开发的一种用以生产不同钢种的新工艺。其主要设备配置为：薄板坯连铸机—步进梁式加热炉—粗轧机—精轧机组—层流冷却—地下卷取机。它的特点是采用步进梁式加热炉，且板坯厚度在100~150 mm之间，较其他短流程技术的板坯偏厚，这与奥钢联认为较厚的板坯对板卷质量有益的设计理论有关。生产实践也证明，该工艺生产的带卷质量较好，可达欧洲“O5”标准。

5）TSP（Tippins-Strip Process）工艺，即板坯连铸机加炉卷轧机工艺，由美国蒂平斯公司研究开发。其主要设备配置为：板坯连铸机—步进梁式加热炉—单机架炉卷轧机—层流冷却—地下卷取机。它的特点是在投资很低的情况下，可进行带材生产，比较适合于中小钢厂。

6）QSP（Quality Strip Production）工艺，是日本住友金属公司开发出的技术，在设备布置上与 FTSR 工艺类似,不同之处是此工艺采用热卷箱,且其铸坯厚度为 90~100 mm。它的主要设备配置为:薄板坯连铸机—隧道式加热炉—粗轧机—双工位热卷箱—飞剪—热连轧机—层流冷却—地下卷取机。

7) ASP(Angang Strip Production)工艺,由鞍钢、北科大和一重等单位联合开发,是第一条由国内自行完成工艺设计、设备设计、制造以及自动化系统设计、集成、软件开发的连铸连轧生产线,具有自主知识产权。其主要设备配置为:(中) 薄板坯连铸机—步进梁式加热炉—可逆式粗轧机—热卷箱—精轧机组—层流冷却—地下卷取机。它采用了超宽步进式加热炉,连铸坯厚度达到 135 mm,已接近于生产中厚板的坯料厚度,产品压缩比大、质量好,可以生产包晶钢、高级管线钢和 IF 钢等薄板坯连铸连轧生产线难以生产的钢种。我国鞍钢、济钢有 3 套轧机采用 ASP 工艺。

薄板坯连铸连轧工艺与常规热连轧机工艺相比,不仅具有能耗低、投资省、生产周期短、运行成本低等诸多优点,而且在产品的品种规格和质量方面也有很大的潜在优势,尤其在生产 2.0 mm 以下薄规格时优势明显,具有极强的市场竞争力和潜在优势。同时也应该看到,薄板坯连铸连轧生产工艺的缺点也很突出,还处在不断发展进步之中,尤其在一些品种上,如汽车用面板、镀锡原板、高钢级管线钢等品种,还不能完全代替传统工艺方式。但该工艺毕竟仅有不到 20 年的历史,相信随着科学技术的不断进步,这种低成本、低消耗的工艺将得到更大的发展。

(2) 薄带坯连铸连轧法。薄带坯连铸连轧生产工艺是冶金及材料研究领域内的一项前沿技术,它的出现正带来钢铁工业的一场革命。它改变了传统冶金工业的热轧薄板生产过程,将连铸、冷轧,甚至热处理等整合为一体,使连铸的薄带坯直接经冷轧就一次性形成成品带钢,简化了生产工序,缩短了生产周期。

薄带坯连铸连轧生产工艺是根据 1857 年英国人 Henry Bessemer 发明的专利而提出的。因为开发研究的公司采用的结晶器不同,薄带坯连铸连轧生产可分为带式、辊式、辊带组合式等,其中研究得最多、进展最快、最具发展前途的是双辊薄带坯连铸连轧工艺。

双辊薄带坯连铸连轧的工艺原理是将钢水注入一对反向旋转且内部通水冷却的铸辊之间,使钢水在两辊间凝固形成薄带坯,再经过一架四辊不可逆轧机轧成钢带,其工艺线长度仅 60 m。该工艺在生产薄钢带方面具有独特的优越性,产品极限规格薄,产品宽厚比大,目前厚度为 0.7~2.0 mm,宽度为 1000~1500 mm,预计宽度最大将达到 2000 mm。该工艺其他优点有:产品氧化铁皮很少,表面质量好,适合于生产“以热代冷”的品种;能耗低,据称可比长流程工艺减少 80%~90%,产生的温室气体少,因此,该工艺属于理想的节能环保技术;投资低,虽然该工艺目前的开发研究费用高(超过 4 亿美元),技术转让的专利费用高,但由于具有设备重量小、占地面积少、能耗低、劳动定员少等优点,一旦投入大规模工业化生产,投资必然下降到合理水平,其未来投资回报率是非常有吸引力的。

薄板坯连铸连轧工艺适合于生产 3.0 mm 以下的热轧薄板,但生产 2.0 mm 以下特别是 1.2 mm 以下超薄带钢和极薄带钢仍然困难,即使采用半无头轧制技术生产超薄带钢和极薄带钢也存在成材率、质量和产量比例的问题。而与薄板坯连铸连轧工艺相比,薄带坯连铸连轧生产工艺是真正意义上的连铸连轧,带坯厚度只有 1.6~5.0 mm,可以全部生产 2.0 mm 以下超薄带钢,并且生产 1.2 mm 以下极薄带钢占相当大的比例。薄带坯连铸连轧生产工艺将在未来的热轧薄板市场占有相当的份额。

热轧宽带钢轧机发展的总趋势是其生产的板带质量水平不断提高，并且能部分取代冷轧板。哪一种生产工艺的产品更能适应市场的需求，哪一种工艺的发展前景就会更加广阔。从技术发展趋势的角度上看，终形（薄带坯）连铸连轧或近终形（薄板坯）连铸连轧工艺无疑是合理的。各种热轧薄板带钢生产工艺比较见表5-4。

表5-4 不同热轧薄板带钢生产工艺比较

序号	比较内容	常规热连轧机生产工艺	炉卷轧机生产工艺	薄板坯连铸连轧生产工艺
1	成品厚度/mm	(0.8)1.2~25.4	(1.2)1.5~10.0	(0.8)1.2~20.0
2	最大出口速度/$m \cdot s^{-1}$	20~27	8.5~12.5	15~22.7
3	单位卷重/$kg \cdot mm^{-1}$	19~30	19.6	16.4~20
4	板坯厚度/mm	200~300	150~250	50~150
5	板坯长度/m	10~13.27	10	15.6~37.6(240半无头)
6	板坯重量/t	25~45	29	21~30
7	粗轧机架数/个	2(1)半连续	1	0(2)
8	精轧机架数/个	7(6)	1(2)	7(5)
9	精轧机工作辊直径/mm	700~850	660~810	620~680
10	精轧机支撑辊直径/mm	1500~1700	1700	1450~1550
11	成品厚度公差/μm	40	50	40
12	成品宽度公差/mm	0~(5)10	0~15	0~10
13	轧机主电机功率/kW	64000~92000	11767	49000~69500
14	工艺设备重量/t	25000~27840	6100	10300~18000
15	轧制线长度/m	~446	~94	(88)210~324
16	占地面积/m^2	$(20\sim24)\times10^4$	$(3\sim4)\times10^4$	$(8\sim12)\times10^4$
17	生产能力/万吨·a^{-1}	300~600	15~60	150~300(2台连铸机)
18	工程投资/亿元	45~65	5~7	24~30(包括2台连铸机)
19	能否实现无头轧制	可实现	不可能	可实现半无头
20	轧制2.0 mm以下薄带钢	较难	极难	较易
21	能耗(电耗、燃料消耗)	高(110 kW·h、1.5GJ)	较高(80 kW·h、1.3GJ)	较低(72kW·h、0.445GJ)
22	成材率	高	较高	高
23	产品品种规格范围	全	较窄	较宽
24	工程建设进度	长	短	较长

注：由于薄带坯连铸连轧生产工艺尚未投入大规模工业化生产，将来技术参数可能变化较大，故不列入。

目前，各种热轧宽带钢生产工艺均有其生存的特定条件，尚处在并存发展、不能完全替代的阶段。由于我国地域广阔，地区间经济发展程度不同，资源拥有量不等，交通运输不平衡，所需要钢材的品种档次以及数量参差不齐，这为各种热轧宽带钢生产工艺提供了不同的发展环境。有意向生产热轧宽带钢的企业应该对目标市场进行详细的调查研究，全面分析论证产品方案，选择适合自身条件的生产工艺，做出正确决策。

d 双辊连铸法

双辊薄带连铸工艺是以两个相对旋转的冷却辊为结晶器，由液态钢液直接生产薄带钢的一种新工艺。其特点是冷却速度快、凝固组织致密、污染小、能耗低、投资少，可以有效利用废钢，减少合金的消耗。因而双辊薄带连铸技术生产薄带钢具有广阔的前景。但是由于一些关键技术的限制，该工艺在钢铁行业至今未获得大规模的商业化推广，铸带质量控制就是其中的一个关键环节。

美国纽柯钢公司的 CASTR IP 是世界首条实现工业化生产的双辊浇铸超薄带钢（UCS）的生产线。2002 年投产后生产了 0.9~1.5 mm 厚的普碳和低碳薄带钢。CASTR IP 生产线利用两个反向旋转铸轧辊转动的方式从辊隙中获得连续凝固的钢板。纽柯 CASTR IP 生产线的主要设备如图 5-1 所示，钢包容量为 110 t，典型的铸轧速度为 60~100 m/min，产品厚度小于 1.7 mm。在铸轧带进入热轧机前安装了含有还原气氛的保温罩，可抑制表面氧化铁皮过度生长。热轧机组的最大容许压下率为 50%，压下量一般小于 30%。轧机后的水冷装置可以控制带钢所需的卷取温度，进而控制其奥氏体向铁素体的转变进程，整个生产线末端安装有两台地下卷取机。

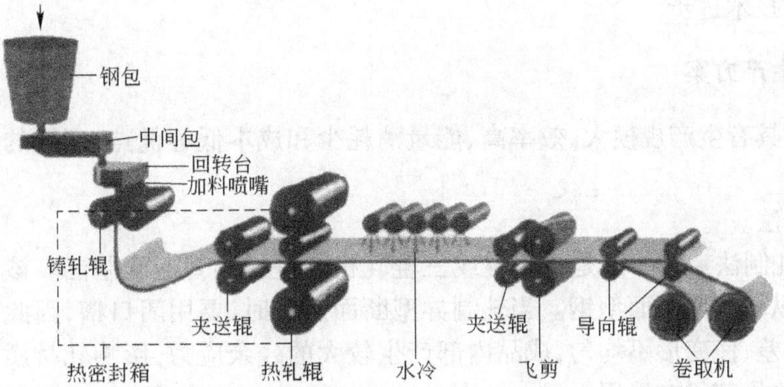

图 5-1 纽柯公司的 CASTR IP 生产线主要生产设备

冷轧板带钢生产方案

金属镀层薄板、深冲钢板、电工用硅钢板与不锈钢板等是具有代表性的冷轧板带钢产品。冷轧板带钢生产方式有单机架轧制与多机架连轧两种。各类冷轧机的产品规格与设计规模见表 5-5。

表 5-5 冷轧宽带钢轧机产品规格和设计规模

轧机类型	轧机规格	产品规格/mm		生产能力/万吨·a^{-1}
		厚 度	宽 度	
单机可逆式	1220 mm	0.2~2.0	600~1050	6~10
	1450 mm	0.25~2.5	600~1300	10~40
	1700 mm	0.35~3.0	700~1500	15~60
	2030 mm	0.5~3.5	900~1850	20~70
双机架	1725~1950 mm	0.3~2.5	750~1750	80~100

续表 5-5

轧机类型	轧机规格	产品规格/mm		生产能力/万吨·a^{-1}
		厚 度	宽 度	
连续式(串列式)	1200×5 架	0.15~2.0	600~1050	40~60
	1450×5 架	0.18~2.5	600~1300	50~80
	1700×5 架	0.25~3.0	700~1500	100~120
	2030×5 架	0.35~3.5	900~1850	120~160
	2500×4 架	0.5~3.5	900~2300	150~200

(1) 单机冷轧。此生产方法灵活性大,设备投资少,建厂快,但生产能力较低,适用于产品品种规格多而批量小,或者合金钢产品比例较大的生产情况,适宜于中小型企业。

厚度较小的特殊钢及合金钢产品经常在多辊轧机上生产。目前单机轧制较多,不过有些多辊轧机已开始实现连轧。

(2) 连轧。连轧的生产效率高,它承担着薄板带钢的主要生产任务,最适合产品较为单一而批量又大的生产。冷连轧机组多采用五机架六辊轧机的布置形式,主要机型有 HC、UC、CVC、PC 等冷轧机。目前,酸洗轧机联合生产方式更进一步提高了生产效率,大大促进了生产发展与技术进步。

5.2.2 型钢生产方案

热轧型钢具有生产规模大、效率高、能量消耗少和成本低等优点,型钢的生产有以下几种方式。

(1) 轧制法。

1) 普通轧制法。它一般是在二辊或三辊轧机上进行的普通轧制法。该法可生产一般简单、异型和纵轧周期断面型钢。当轧制异型断面产品时,要用闭口槽,因此轧槽各部分存在明显的辊径差,使变形不均匀,成品内部产生较大的残余应力,影响轧材质量。但这种方法比较简单,故目前仍在采用。

2) 多辊轧制法(H 型钢生产)。孔型由三个以上轧辊轧槽所组成,从而减少了闭口槽的不利影响,辊径差亦减小,可轧出凸缘内外侧平行的经济断面型钢,轧件凸缘高度可以增加,还可以轧异型断面产品。此法轧制精度高,轧辊磨损、能量消耗、轧件残余应力均减小。

3) 热弯轧法。该方法首先将坯料轧成扁带或接近成品断面的形状,然后在后继孔型中趁热弯曲成型。该方法可在一般轧机或顺列水平-立式轧机上生产,并可轧制一般方法得不到的弯折断面型钢。

4) 热轧-纵轧法。该方法是将较难轧的非对称断面产品先设计成对称断面,或将小断面产品设计成并联形式的大断面产品,以提高轧机生产能力,然后在轧机上或冷却后用盘剪进行纵剖,可得到两个型材。

5) 热轧-冷拔(轧)法。这种方法可生产高精度型材,其产品机械性能和表面质量均高于一般热轧型材。其方法为:先热轧成型,并留有冷加工余量,然后经酸洗、碱洗、水洗、涂润滑剂、冷拔(轧)成材。

(2) 挤压法。采用挤压法可生产轧制法不能生产的异型钢材,但挤压法的生产率比轧制法低,适合小批量、多品种的型材生产。

(3) 冷弯法。冷弯法是利用带坯冷弯成各种复杂断面型材,生产效率高,性能及表面质量好,特别适合生产薄壁型材。

冷弯型钢是一种经济断面型材,由于其本身具有断面均匀、产品质量高、能源消耗低和经济效益高等特点,故被广泛应用于汽车、航空、建筑等行业。它是用经过纵剪的热轧或冷轧带钢为原料,在常温下,用连续辊弯成型、拉拔弯曲成型、冲压折弯成型等方法,加工热轧方法难以生产的各种断面型材。其中辊弯成型工艺又是冷弯型钢的主要加工方法,它是通过一组纵向排列的轧辊,将平整的原板逐渐变形,使之达到适合使用要求的形状。

冷弯型钢轧制工艺按产品的不同分为开口型钢生产工艺和闭口型钢生产工艺两种,其中开口型钢生产工艺的相应的设备有:纵剪机组、对焊装置、辊式成型冷弯机组、剪切装置或飞锯。闭口型钢生产工艺包括管和异型管。管工艺的相应设备有:纵剪机组、对焊装置、冷弯成型和定径机组、高频焊接设备、剪切装置(飞锯或飞剪等)。

5.2.3 棒材生产方案

小型棒材一直是我国消费量最大的钢材品种,并以较高速度增长。其生产方法主要是多机架半连轧法和多机架连轧法。

(1) 半连轧。小型半连轧生产工艺流程一般为:加热炉→翻钢机→开坯机组→双摆动剪→粗轧机组→1 号飞剪→中轧机组→2 号飞剪→精轧机组→3 号飞剪→冷床→冷剪→打捆→包装→称重→入库。坯料经开坯后在粗轧、中轧、精轧机组进行连续轧制,开坯机组与粗轧机组间不连轧为脱尾轧制。该方式主要适合合金棒材的生产。

(2) 连轧。全线由 18~26 架轧机,呈平-立交替布置。该生产线采用了低温轧制技术、切分轧制技术和无头轧制技术。孔型配置方面,粗、中轧机组上可实现无槽轧制技术。

5.2.4 线材生产方案

线材是热轧材中断面最小的一种。线材按钢种可分为软线、硬线和合金线材;按用途可分为热轧状态直接使用和需经二次冷加工两种;按线的断面形状可分为线、方线、六角线、扇形线及异型线。

线材的生产方式有横列式、半连续式以及连续式轧制法,目前主要采用全连续式轧制法生产线材。

近年来,随着机械、电子设备不断地向小型化、微型化方向发展,具有优良性能的微细金属线材(毫、微米级尺寸)及其加工方法,越来越引起人们的关注。微细扁线材线型规格一般在 0.1 mm×0.03 mm(线宽×线厚)~1 mm×0.2 mm 之间。线宽与线厚之比一般介于 3∶1~8∶1。微细扁线材生产主要采用拉丝法、挤压法、辊压法三种方法。

5.2.5 钢管生产方案

钢管主要生产方法有热轧、热挤压、焊接和冷加工四大类。

(1) 热轧。热轧无缝管生产过程是将实心管坯(或钢锭)穿孔并轧成具有要求的形状、尺寸和性能的钢管。热轧无缝管的生产方法是以机组中轧管机类型来分类的,目前常用的热轧无缝管生产方法见表 5-6。

表 5-6　常用热轧无缝钢管生产方式

生产方法	原料（管坯）	主要变形工序用设备：穿孔	主要变形工序用设备：轧管	产品范围：外径 D/mm	产品范围：壁厚 S/mm	产品范围：D/S	产品范围：荒管最大长度/m	特点
自动轧管机组	圆轧坯	二辊式斜轧穿孔机	自动轧管机（plug mill）	ϕ12.7~426	2~60	6~48	10~16	（1）生产率较高，较适于大批量生产；（2）适于多品种生产；（3）较易操作
	连铸圆坯	桶形辊或锥形辊						
	连铸方坯	推轧穿孔机（PPM）和延伸机		ϕ165~406	5.5~40			
连轧管机组	圆轧坯	二辊式斜轧穿孔机	浮动、半浮动和限动（MPM、PQF）	ϕ16~194	1.75~25.4	6~30	20~33	（1）生产效率高，适于大批量生产；（2）内外表面质量好；（3）易于实现自动化
	连铸圆坯	桶形辊或锥形辊						
	连铸方坯	推轧穿孔机（PPM）和延伸机	限动（MPM）	ϕ48~426	3~40	6~40		
三辊轧管机组	圆轧坯连铸坯	二辊斜轧或三辊斜轧	三辊轧管机（ASSEL）	ϕ21~250	2~50	4~40	8~13.5	（1）适于生产厚壁管；（2）产品内外表面质量好；（3）壁厚偏差小
皮尔格轧机组	圆锭	二辊斜轧穿孔	皮尔格轧机	ϕ50~720	3~170	4~40	16~28	（1）适于大口径厚壁管生产；（2）适用钢种范围较大；（3）可用钢锭为原料
	方锭或多棱锭	压力穿孔和斜轧延伸						
	连铸管坯							
顶管机组	方坯	压力穿孔和斜轧延伸	顶管机	ϕ17~1200	3~220	4~30	14~16	（1）适于薄壁管生产；（2）产品内外表面质量好；（3）工序多，但易于操作
	圆坯	斜轧穿孔						
狄舍尔轧管机	轧坯	二辊式斜轧穿孔机	狄舍尔轧管机	ϕ39~203	2~8	4~35	6~18	（1）适于中厚壁管生产；（2）产品壁厚偏差小；（3）内外表面质量好
热挤压机组	圆锭、方锭或多棱锭	压力穿孔或钻孔后压力穿孔	挤压机	25~1425	2~10	4~25	6~25	适于生产异型管材

注：1. 各机组 ϕ50 mm 以下的管是通过减径机或张力减径机生产的。
2. 自动式轧管机组正常最大外径 ϕ426 mm，ϕ660.4 mm 的管是扩径机生产的。

（2）挤压法。挤压法是采用锭坯，在压力穿孔机上穿孔或钻孔后压力穿孔机扩孔，然后进行热挤压。该方法可以得到比轧制法制管更薄，质量更好的管材，也可以生产异型管材。

（3）焊管。焊管的生产过程是将管坯（即板带材）用各种成型方法弯卷成要求的横断面形状，然后用不同的焊接方法将焊缝焊合而获得钢管的过程。成型与焊接是焊管生产的基本工序，焊管生产方法是按这两个工序的特点来分类的，见表 5-7。

表 5-7　常用的焊管方法

生产方法		坯料	基本工序：成型	基本工序：焊接	产品范围：外径 D/mm	产品范围：壁厚 S/mm	产品范围：D/S
炉焊	链式炉焊机组	短钢带	坯料加热后，在链式炉焊机上用碗模成型和焊接		ϕ10~89	2~10	5~28
	连续炉焊机组	钢带卷	坯料加热后，在连续成型-焊接机上成型并焊接		ϕ10~114	1.9~8.6	5~28

续表 5-7

生产方法		坯料	基本工序		产品范围		
			成　型	焊　接	外径 D/mm	壁厚 S/mm	D/S
电焊	直缝连续电焊机组	钢带卷	连续辊式成型机成型或排辊成型	高频电阻焊、感应焊、氩弧焊	ϕ5~660① (ϕ400~1219)	0.5~1.5① (6.4~22.2)	~100
	UOE 直缝电焊机组	钢　板	压力机(直缝)成型	电弧焊、闪光焊或高频电阻焊	ϕ406~1625	6.0~40.0	~80
	螺旋电焊机组	钢带卷	螺旋成型器成型	电弧焊、高频电阻焊	ϕ89~3660	0.1~25.4	~100

① 排辊成型的产品。

(4) 冷加工。钢管冷加工方法有冷轧、冷拔和冷旋压三种。冷加工是钢管的二次加工，产品机械性能好，表面质量高。钢管冷加工的产品范围见表 5-8。

表 5-8　目前钢管冷加工的产品规格范围

冷加工方法	产品范围				
	外径 D/mm		壁厚 S/mm		D/S
	最大	最小	最大	最小	
冷　轧	ϕ500.0	ϕ4.0	60.0	0.04	60~250
冷　拔	ϕ762.0	ϕ0.1	20.0	0.01	2~2000
冷旋压	ϕ4500.0	ϕ10	38.1	0.04	可达 12000 以上

6 轧钢厂生产工艺流程

轧钢生产工艺流程就是将不同的原料(不同成分、形状、尺寸的钢坯或连铸坯)轧制成具有一定形状、尺寸和性能的钢材所必须进行的一系列生产工序按次序排列起来。显然,不同的轧制产品具有不同的工艺过程。

6.1 制订轧钢厂生产工艺流程的依据

制订轧钢厂生产工艺流程是轧钢厂设计的核心问题,也是工艺设计中的一项重要工作,它直接关系到整个设计能否满足设计任务书的要求。

合理的生产工艺流程应该是在保证完成设计任务书中规定的质量和产量的前提下,具有最低的消耗、最少的设备、最小的厂面积、最低的产品成本,并且有利于产品质量的不断提高和将来的发展,具有较好的劳动条件和最好的经济效果。制订生产工艺流程的主要依据有以下几点:

(1) 根据生产方案的要求。由于产品的产量、品种、规格及质量的要求不同,所采用的生产方案也就不同,那么主要工序就有很大的差别。因此,生产方案是编制生产工艺流程的依据。

(2) 根据产品的质量要求。为了满足产品技术条件要求,就要有相应的工序给以保证。因此,满足产品标准的要求是设计生产工艺流程的基础。

(3) 根据厂生产率的要求。由于厂的生产规模不同,所要求的工艺过程复杂程度也不同。在生产同一产品情况下,生产规模越大的厂,其工艺过程也越复杂。因此,设计时生产率的要求是设计工艺过程的出发点。

6.2 碳素钢和合金钢的一般生产工艺过程

根据钢种不同,钢材一般生产工艺过程可分为碳素钢、低合金钢与合金钢的生产工艺;根据钢材加工过程中材料所处的温度范围可分为热加工与冷加工工艺。

6.2.1 碳素钢和低合金钢的生产工艺过程

碳素钢和低合金钢的一般生产工艺过程如图6-1所示。连铸坯作为现代轧钢生产的

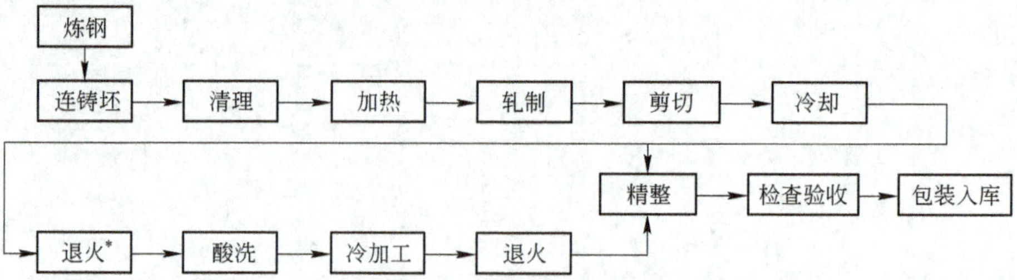

图6-1 碳素钢和低合金钢的一般生产工艺过程

(带*号的工序有时可略去)

主要原料，采用连铸坯生产系统的工艺过程不需要大的开坯机，钢板或型钢多为一火成材。

6.2.2 合金钢生产工艺过程

合金钢的一般生产工艺过程如图 6-2 所示。由于对合金钢成品钢材的表面质量和物理、力学性能等技术要求都比普碳钢高，故其生产工艺流程较复杂，在工序上比碳钢多铸坯的退火、轧制后的退火、酸洗等工序，以及在开坯中有时采用锻造代替轧制。

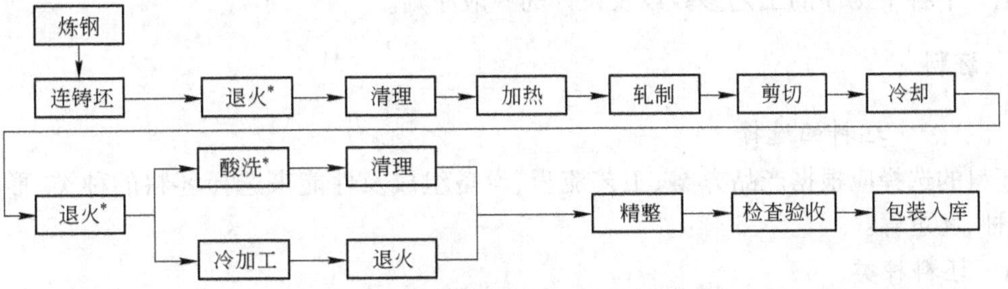

图 6-2 合金钢的一般生产工艺过程
（带*号的工序视需要而定，可以没有）

6.2.3 钢材的冷加工生产工艺过程

钢材的冷加工一般生产工艺过程如图 6-3 所示。冷加工工序包括冷轧和（或）冷拔。

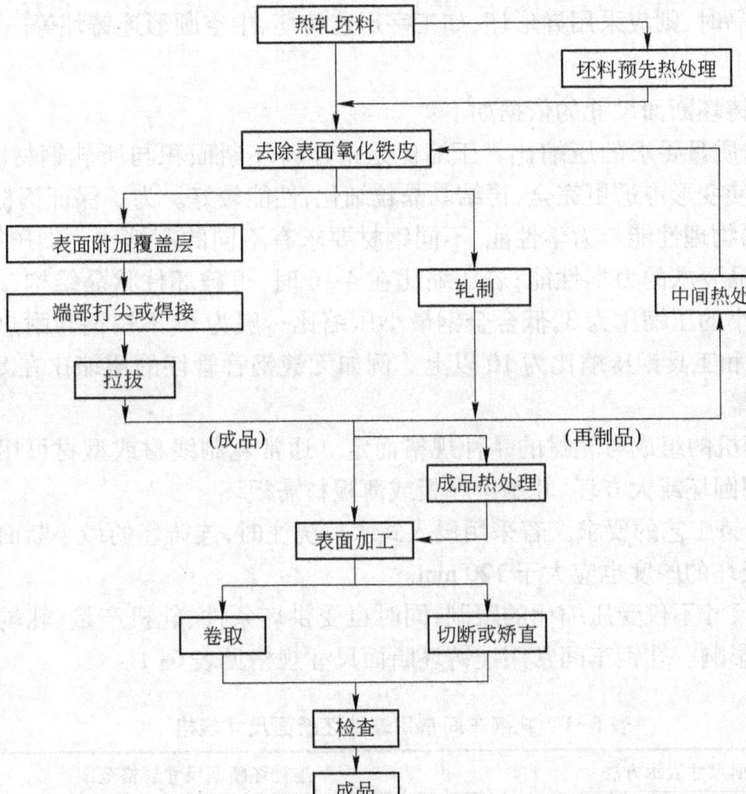

图 6-3 钢材的冷加工一般生产工艺过程

其特点是必须与加工前的酸洗和加工后的退火工序相配合，以组成冷加工生产线。

6.3 轧钢工艺流程各基本工序及其工艺参数确定

轧钢生产工艺流程有共同性，大致可归纳为坯料的准备、加热、轧制、轧制后冷却、热处理和精整等几个主要工序。各个工序及其工艺参数的确定在轧钢工艺学中已学过，下面着重讨论一下各个工序的工艺参数以及设计的一般原则。

6.3.1 坯料

坯料的选择

坯料的选择应根据产品方案、工艺流程、设备组成及性能来选择坯料的种类、形状、尺寸、钢种、坯重等。

A 坯料种类

轧钢车间的坯料主要分两种，一种是由炼钢车间供应的连铸坯，另一种是由轧钢车间供应的半成品如轧制坯、热轧钢带、冷轧钢带、镀层钢带等。

B 坯料形状

轧制型钢常用方形或矩形断面的连铸坯。轧制板带钢常用矩形断面的连铸坯。热轧无缝钢管常用圆形断面的连铸坯。当轧制异形断面产品时，若规格不大可用方形或矩形坯；但若轧制大规格产品时，则应采用异形坯，如工字形连铸坯、中空圆形连铸坯等。

C 坯料尺寸

(1) 确定连铸坯断面尺寸的依据如下：

1) 满足轧材质量要求的压缩比。压缩比是指连铸坯断面积与所轧钢材断面积之比。高的压缩比可以使变形渗透更完全，再结晶晶粒细化，性能较好。为了保证钢材内部组织致密，并具有良好的物理性能与力学性能，不同钢材要求有不同的压缩比。如压缩比为3时，可以达到一般产品要求的力学性能；若压缩比在4~6时，可破坏柱状晶结构，组织均匀化。所以一般钢材最小的压缩比为3，低合金钢最小压缩比一般为6，不锈钢与耐热钢的最小压缩比为8，高速钢和工具钢压缩比为10以上。例如无缝钢管管坯的压缩比在8~12范围时才能保证钢管质量。

2) 根据轧钢机的组成与轧材的品种规格而定。通常轧制线材或型材可用小方坯或大方坯，轧制管材用圆坯或大方坯，轧制中厚板或薄板材需板坯。

3) 适合于连铸工艺的要求。若采用浸入式水口浇注时，连铸坯的最小断面应在130mm ×130 mm以上，板坯的厚度也应大于120 mm。

坯料的断面尺寸不仅受压缩比的限制，同时也受供坯条件、轧机产量、轧辊强度与咬入能力等多种因素影响。轧钢车间常用连铸坯断面尺寸规格见表6-1。

表6-1 轧钢车间常用连铸坯断面尺寸规格

连铸坯名称	断面尺寸表示方法	连铸坯断面尺寸规格范围
小方坯	用边长数值相乘来表示	最小断面：50 mm×50 mm；最大断面：150 mm×150 mm

续表 6-1

连铸坯名称	断面尺寸表示方法	连铸坯断面尺寸规格范围
大方坯	用边长数值相乘来表示	最小断面：151 mm×151 mm；最大断面：450 mm×450 mm
矩形坯	用厚度值与宽度值相乘来表示	最小断面：50 mm×108 mm；最大断面：(250～400) mm×(2500～3000) mm
板　坯	用厚度值与宽度值相乘来表示	最小断面：50 mm×108 mm；最大断面：(250～400) mm×(2500～3000) mm
圆　坯	用直径尺寸来表示	最小断面：ϕ50 mm；最大断面：ϕ450 mm

(2) 板坯厚度 H 和宽度 B、长度 L 可按下述方法确定：

板坯厚度 H 可用式(6-1)确定。

$$H=(100\sim150)h \tag{6-1}$$

式中　h——成品带钢厚度。

板坯厚度为 150～250 mm，多数为 200～250 mm，最厚达 300～350 mm。如果粗轧机架数多，速度高，可选取较厚板坯，反之，则选取较薄板坯。

板坯宽度 B 取决于产品规格，可用式(6-2)确定。

$$B=b+(50\sim100) \tag{6-2}$$

式中　b——成品带钢宽度，mm。

连铸板坯厚度和宽度规格应尽量减少，连铸坯厚度为 180～350 mm，连铸坯宽度可达 2320 mm。通常在厚度上采用 50 mm 进位，宽度上采用 100 mm 进位。常用连铸坯厚度规格为 160、180、210、250mm。

板坯的长度 L 根据轧后成品的总长度及断面尺寸等可计算出。坯料的长度和重量在一定条件下主要受轧机最后一道允许的轧制时间长短和定尺倍数的限制，而且还要受到设备具体条件的限制。板坯长度还受加热炉炉膛宽度及轧件温度降的限制，一般为 9～12m，最长达 15m，板坯重量为 20～45t。

(3) 热轧无缝钢管所用剪断后管坯长度 L 的一般采用式(6-3)计算。

$$L=\frac{4(l+l_1)(d-s)s}{D^2K} \tag{6-3}$$

式中　L——管坯长度，mm；

l——成品管长度，mm；

l_1——管切头长度，mm；

d——成品管直径，mm；

s——管壁厚，mm；

D——管坯直径，mm；

K——烧损系数，一般可取 0.97～0.995。

D　坯料重量

坯料重量 G 可按式(6-4)计算。

$$G=glnK \tag{6-4}$$

式中　G——坯料重量，kg；

g——成品每米重量，kg；

l——每根成品的定尺长度，m；

n——每根原料所轧定尺长度的根数；

K——从原料到成品的金属消耗系数。

E　各轧钢车间的坯料选择

中厚板轧机的坯料一般为连铸坯，如果连铸坯的压缩比或单重不能满足要求时，也可用锻坯或铸坯为原料。坯料尺寸主要取决于轧机辊身长度及成品要求，铸坯的厚度一般为150~400 mm，宽度为1200~2600 mm，长度为1000~5000 mm。连铸坯的厚度取决于产品对压缩比的要求，如需展宽轧制，连铸坯的长度比辊身长度约短150~200 mm。

热轧宽带钢轧机一般采用连铸坯为原料。板坯厚度150~250 mm，根据产品宽度及辊身长度确定板坯宽度，板坯长度为4~15 m（一般小于12 m），坯重达45t。如采用薄（中厚）连铸坯为原料，坯料厚度为40~150 mm（与连铸机的形式和设备组成有关）。

热轧炉卷轧机采用的连铸坯厚度一般为100~280 mm，连铸坯的宽度范围视产品宽度确定。

冷轧宽带钢轧机以热轧宽带钢为原料，厚度为1.8~6.35 mm，宽度为620~1900（2350）mm，单位宽度卷重为10~36 kg/mm，钢种主要有普通碳素钢、优质碳素钢、低合金高强度钢等。

不锈钢冷轧宽钢带的原料为热轧不锈钢卷。不锈钢热轧钢带厚度为2.0~6.0 mm，宽度为650~2100 mm，主要有奥氏体型不锈钢、铁素体型不锈钢、马氏体型不锈钢及双相不锈钢系列等。

冷轧电工钢带以热轧钢带为原料，其厚度一般为1.8~2.5 mm，宽度为650~1300 mm，最大卷重约20 t。

热轧无缝钢管主要以连铸圆坯为原料。连铸管坯的直径一般为ϕ50~450 mm。

冷轧冷拔钢管以热轧无缝钢管或焊接钢管为原料。用冷拔方法主要生产碳素钢、低合金钢和合金钢管；用冷轧方法主要生产高合金钢不锈钢、耐热钢等钢管，还有精密合金、高温合金管等。

焊管以碳素钢、低合金钢、合金钢热轧或冷轧带卷为坯料，其规格由焊接钢管的规格需求决定。

大型型钢生产采用连铸方形、矩形、异形坯或板坯。坯料规格取决于型钢的品种规格。坯料的断面应包容整个成品断面，并能给断面各部分以足够的压下量。对于钢梁用坯，一般当成品高和翼宽之和小于等于450 mm时，可选用方坯或矩形坯；大于450 mm时，可选用异形坯或板坯。生产大型型钢的钢种通常为非合金钢和低合金钢。

轨梁车间生产重轨采用连铸方坯和矩形坯。重轨定尺严格，坯重要满足成品定尺的整数倍，由连铸坯至成品的总延伸率一般不小于10，按此确定连铸坯断面。重轨钢一般为高碳钢、高碳系低合金钢或合金钢，目前牌号有U74、U71Mn、PD3、800N、900A等。重轨对钢质要求严格，应进行炉外精炼，以提高钢的纯净度，控制化学成分的精确度，降低钢中的氢含量。

热轧H型钢生产主要有碳素钢和低合金钢，包括少量低镍、低铬的低温用钢和海洋用钢。大型H型钢生产用连铸板坯和异形坯为原料，中型H型钢用连铸矩形坯和异形坯为原料。坯料的断面尺寸，应根据产品尺寸、轧制程序和压缩比进行选择。为保证H型钢的尺寸精度和良好的冶金性能，坯料到成品的压缩比应为6~18。

中型型钢生产以连铸坯或轧制坯为原料，钢种主要有碳素钢和合金钢。坯料规格一般为 250 mm×250 mm~400 mm×400 mm。

小型型钢生产用的坯料有轧制坯和连铸坯两种，优先选用连铸坯。坯料断面尺寸为 80 mm×80 mm~200 mm×200 mm，长度 $L \leqslant 12$ m。坯料尺寸主要根据产品方案、轧机的性能、类型、布置形式、轧机架数、最高轧制速度及延伸系数等来确定。

线材生产用轧制坯和连铸坯两种，应优先选用连铸坯。坯料断面尺寸一般为 120 mm×120 mm~160 mm×160 mm，长度 $L \leqslant 22$ m，单重最大可达 3000 kg。坯料尺寸主要根据轧机的形式、最高轧制速度、轧机架数、产品规格和采用的平均延伸系数来确定。

坯料的预处理

坯料预处理的内容包括表面缺陷的清理、表面氧化铁皮的清理和坯料的预先热处理等。

（1）表面缺陷清理。连铸坯或钢坯表面存在的各种缺陷（如结疤、折叠、裂纹、凹坑、皮下气泡等），需在轧制前加以清理，否则要影响产品的质量。清理表面缺陷的常用方法有火焰清理、风铲清理、砂轮清理和机床清理等四种。根据钢种、缺陷的性质与状态、产品质量的要求不同，采取的清理方法也不同。不同的清理方法具有不同的经济效果及适用条件，具体见表 6-2。组织工艺过程时应根据车间具体情况考虑不同影响因素正确选用。一般碳素钢常用风铲清理和火焰清理的方法，对于合金钢，由于表面容易淬硬、开裂，常选用砂轮清理或机床清理。

表 6-2 各种清理方法费用及适用条件比较

清理方法名称		清理费用/%	适用条件	备注
火焰清理	人工火焰清理	53	碳素钢及部分合金钢的局部处理	含碳量低于 0.1%的碳素钢和奥氏体、铁素体类不锈钢不适用于火焰清理
	机械火焰清理		碳素钢和部分合金钢的大面积剥皮	
机床清理		60	高级合金钢的全面剥皮	
风铲清理		100	碳素钢及部分不能用火焰清理的钢的局部清理	
砂轮清理		307	合金钢及高硬度的高级合金钢	

（2）表面氧化铁皮清理。清理氧化铁皮的目的在于暴露表面缺陷，便于检查清理；或使表面光洁，减少下道工序工具的磨损。清理表面氧化铁皮的方法有机械法和化学法。机械清理法的金属损失少，不污染环境，但表面清理不够彻底，如喷砂、弯折；化学清理法表面清理得彻底，质量好，但劳动条件差，污染环境。化学清理主要采用酸洗和碱洗，一般用于合金钢材或质量要求很高的情况。

（3）坯料预先热处理。坯料预先热处理主要用于轧制高级合金钢生产，而普碳钢没有预先热处理的必要。坯料预先热处理的目的是：

1）降低表面硬度，以便进行表面缺陷的机械清理；

2）消除内应力，防止开裂；

3）使成分均匀化，或除去钢中含氢量，防止白点产生；

4）消除某些合金钢粗大树枝状结晶组织，改善加工工艺性能。

总之，不同的目的，不同的钢种采用不同的热处理工艺。

6.3.2 坯料加热

热轧钢材时，轧制前必须将原料加热到一定的温度，其目的是提高钢的塑性，降低其变形抗力，改善金属内部组织与性能，以保证轧制工艺的顺利进行。因此坯料加热是热轧钢材生产中重要的工序。

正确选用加热设备，制订合理的加热制度，对提高车间的生产能力和改善产品质量有极大的影响，在设计过程中必须给予充分的重视。

坯料加热设计主要是确定加热温度、加热速度、加热时间、燃料、炉型结构及辅助设备，这里主要介绍加热制度与燃料选择。

加热温度

钢的加热温度是指钢加热终了时出炉的表面温度。从加热目的来看，一般是把钢坯加热到奥氏体单相组织的温度范围内，并使钢有较高的温度和足够的时间来均匀组织和溶解碳化物，从而确保在轧制时金属有足够的塑性、较低的变形抗力和加工性能好的组织。一般情况下，加热温度高，金属变形抗力低，塑性好，但过高的加热温度，可能引起钢表面的强烈氧化、脱碳、皮下气泡暴露、过热、过烧等缺陷，反而影响钢的质量，导致废品产生。因此，加热温度必须正确确定。

根据"三图"（即铁碳合金相图、塑性图及再结晶图）定温的原则及轧件开轧温度来确定加热温度。图6-4为铁碳合金相图；图6-5为某种钢的塑性图；图6-6为某种钢的再结晶图。

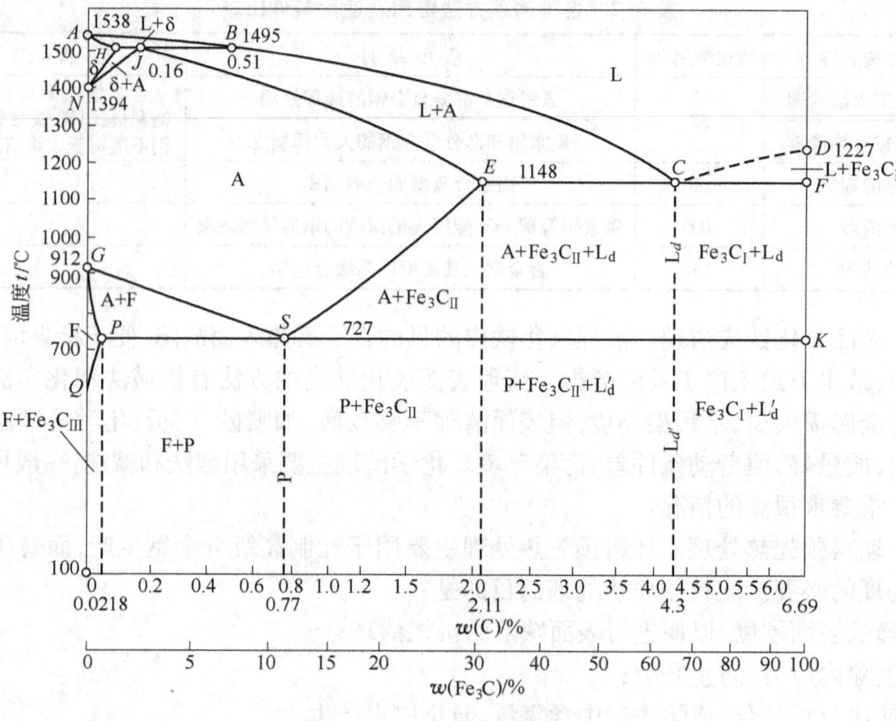

图6-4 铁碳合金相图

钢的加热温度有一个"上限"和一个"下限"。加热温度的"上限"是防止过高的加热温度产生过热、过烧、氧化铁皮增多甚至发生熔化等加热缺陷。加热温度的"下限"是希望钢在加工完了时能保持在一定的温度上，以期得到理想的内部组织和性能，并保证轧制的顺利进行。所以各种钢各有其不同的加热温度的上、下限。

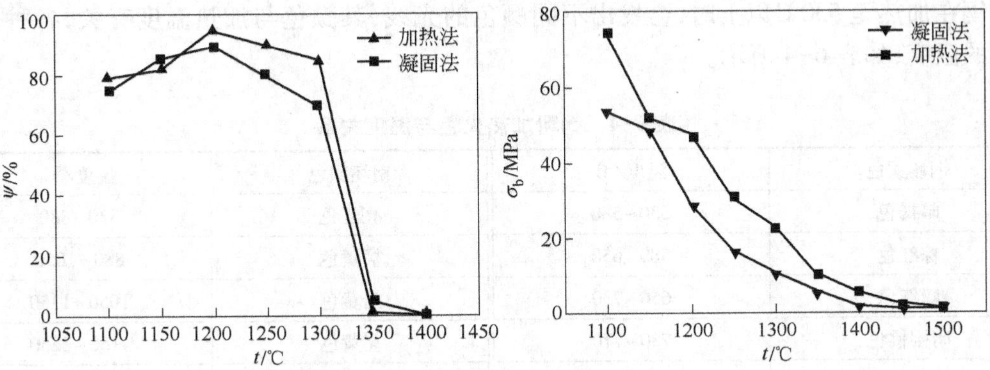

图 6-5 某种钢的塑性图

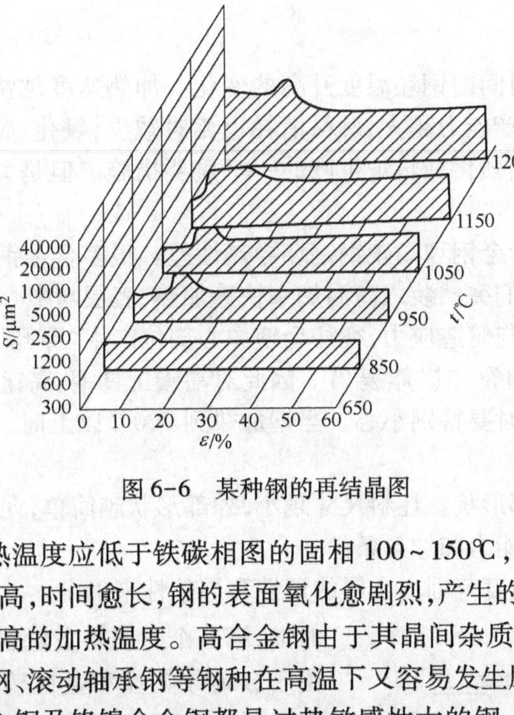

图 6-6 某种钢的再结晶图

碳素钢，最高的加热温度应低于铁碳相图的固相 100～150℃，此时一般不会产生过热、过烧缺陷。加热温度愈高，时间愈长，钢的表面氧化愈剧烈，产生的氧化铁皮也多。因此，即使是普碳钢也不应有过高的加热温度。高合金钢由于其晶间杂质和低熔共晶存在，特别容易过烧。高碳钢、工具钢、滚动轴承钢等钢种在高温下又容易发生脱碳而引起钢材表面硬度降低。铬合金钢、镍合金钢及铬镍合金钢都是过热敏感性大的钢。加热温度选择也可根据现场实际数据。表 6-3 所示为部分钢的加热温度和过烧温度。

表 6-3 部分钢的加热温度和过烧温度

钢 种	加热温度/℃	过烧温度/℃	钢 种	加热温度/℃	过烧温度/℃
碳素钢 1.5% C	1050	1140	硅锰弹簧钢	1250	1350
碳素钢 1.1% C	1080	1180	镍钢 3% Ni	1250	1370
碳素钢 0.9% C	1120	1220	8%镍铬钢	1250	1370
碳素钢 0.7% C	1180	1280	5%渗碳镍钢	1270	1450
碳素钢 0.5% C	1250	1350	铬锰钢	1250	1350
碳素钢 0.2% C	1320	1470	高速钢	1280	1380
碳素钢 0.1% C	1350	1490	奥氏体镍铬钢	1300	1420

钢在加热至530℃以上时，会发出不同颜色的光线，其颜色与加热温度有关，各种颜色表示的温度，如表6-4所示。

表6-4　钢料加热火色与温度关系

钢坯颜色	温度/℃	钢坯颜色	温度/℃
暗褐色	530～580	亮红色	830～880
棕红色	580～650	橘黄色	880～1050
暗红色	650～730	暗黄色	1050～1150
暗樱桃色	730～770	亮黄色	1150～1250
樱桃色	770～800	黄白色	1250～1300
亮樱桃色	800～830	浅黄白色	1300～1360

加热速度

加热速度指在单位时间内钢坯温度升高的变化。加热速度越快，坯料加热到一定温度所需的时间越短，炉子生产能力越大，燃料消耗也相对减少，氧化、脱碳、晶粒长大等缺陷也可减少。所以快速加热是强化加热炉生产的一个重要措施。但是，加热速度的提高受到一些条件的限制，它们是：

(1) 钢的导热性。合金钢和高碳钢钢坯导热性差。很多合金钢在500℃左右的导热性和塑性都很差，如果把它们突然装入高温炉中快速加热，表层与中心的温差很大会引起强大的热应力，加上组织应力与铸造应力，往往会使中心部位产生“穿孔”开裂的缺陷(常伴有巨大的响声，故有时也称“响裂”或“炸裂”)。因此对高碳工具钢、高锰钢、高速钢等，应放慢加热速度，尤其在低温加热时要特别小心。当钢加热到700℃以上时，钢的导热性和塑性有所改善，可提高加热速度。

(2) 坯料尺寸与外部形状。坯料尺寸越小，外部形状越简单，允许的加热速度越快。

(3) 炉子结构、供热能力和加热条件。

加热速度应根据某温度范围内金属的塑性和导热性来确定。一般坯料加热可分为两个时期，第一个时期是在低温带加热时期，这个时期由于金属导热性和塑性较差，容易造成金属内外层温差过大而导致热应力过大，很容易造成裂纹缺陷，特别是合金钢塑性和导热性更差，此时要慢速加热。但一般的碳钢和低合金钢在低温导热性和塑性较好，没有必要采取过低的速度。另外有些钢种加热到相变温度时将产生很大的组织应力，因此在该温度中要进行一段保温。第二个时期是指高温带加热时期，即当金属加热到700～800℃以后，这时金属的导热性和塑性显著提高，可快速加热。如图6-7所示，坯料由装炉到出炉所采取的加热速度基本可分为两类，即变速加热和不变速加热。

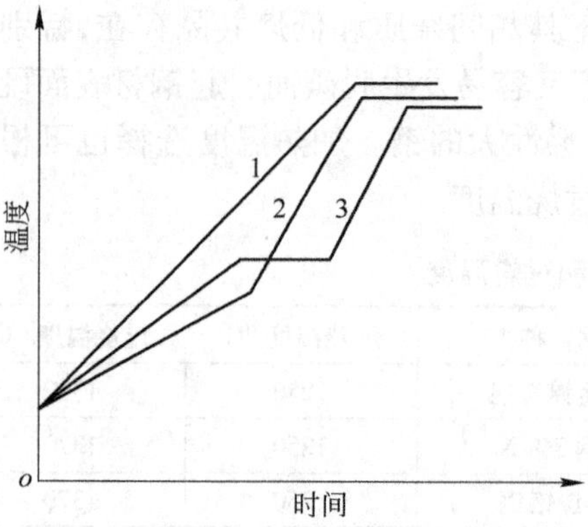

图6-7　加热速度示意图
1—加热速度不变；
2—低温带和高温带不同的加热速度；
3—考虑有相变时的不同加热速度

加热时间

加热时间指金属装炉后加热到加工要求温度所需要的时间。加热时间的长短,不仅影响加热设备的生产能力,同时也影响钢材质量。即使加热温度不高,也会因加热时间的延长而产生加热缺陷。

加热时间同钢种、坯料尺寸与形状、坯料在炉中的放置方法、炉型结构及装炉温度等因素有关。确定加热时间主要根据经验公式或者现场的实践经验,常用的经验公式有:

(1) 连续式加热炉。

$$T=(7+0.05D)D \tag{6-5}$$

式中 T——加热时间,min;

D——钢坯厚度或钢坯直径,cm。

对于不同钢种的加热时间,也可以按单位厚度金属所需加热时间来计算。这时公式为

$$T=K_1D \tag{6-6}$$

式中 T——加热时间,h;

D——钢坯厚度或钢坯直径,cm;

K_1——考虑钢的化学成分和其他影响因素的修正系数,见表6-5。

表6-5 各钢种的影响修正系数K_1值

钢 种	K_1值	钢 种	K_1值
低碳钢	0.10~0.15	高碳钢及高合金结构钢	0.20~0.30
中碳钢及低合金钢	0.15~0.20	高合金工具钢	0.30~0.40

(2) 均热炉。

$$T=K_jD \tag{6-7}$$

式中 T——加热时间,h;

D——钢坯厚度或钢坯直径,cm;

K_j——系数,一般取0.5~0.7。

(3) 室状炉。

$$T=\Phi K_cD\sqrt{D} \tag{6-8}$$

式中 T——钢由室温加热到1200℃时所需时间,h;

D——钢坯厚度或钢坯直径,m;

K_c——随钢种变化的系数,见表6-6;

Φ——与炉内钢坯布置有关的影响系数,见表6-7。

表6-6 钢种系数K_c值

钢 种	加热温度范围/℃	K_c值	钢 种	加热温度范围/℃	K_c值
纯铁和软钢	0~850	5	合金钢	0~850	13.3
	850~1200	5		850~1200	6.7
	0~1200	10		0~1200	20

表 6-7 各种钢坯布置的 Φ 值

钢坯布置	Φ 值	钢坯布置	Φ 值
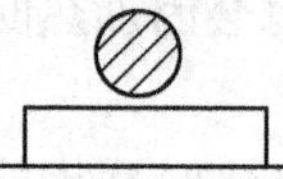	1	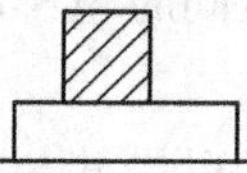	1
	1	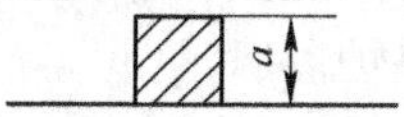	1.4
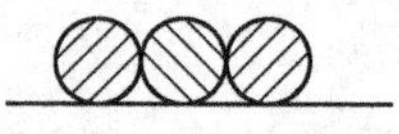	2	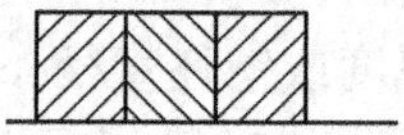	4
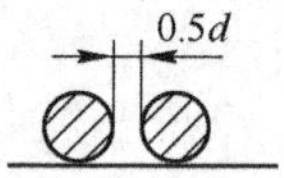	1.4	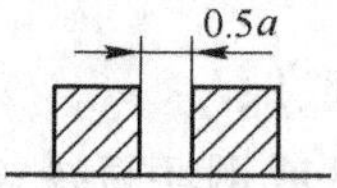	2.2
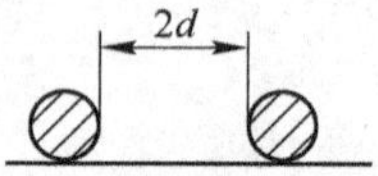	1.3	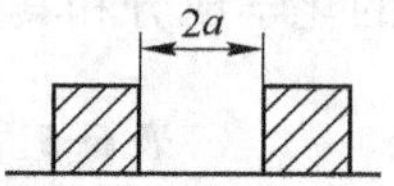	1.6

表6-8为不同钢种、不同厚度钢坯的加热时间。设计时加热时间可通过经验公式计算,也可参考此表确定。由表中可以看出,同一钢种,坯料越薄,加热时间越短;而同一坯料厚度,钢种不同加热时间也是不同的。

表 6-8 不同钢坯厚度的加热时间

序号	各段炉温/℃			钢的加热温度/℃	不同钢坯厚度/mm							代表钢种
	炉尾	加热段	均热段		100	130~140	150	180	200	250	300	
					加热时间/h							
1	800	1220	1200	1150	1.5	2.5	2.5~3	2.8~3	3~3.5	4	5	10~50、40Cr
2	800	1185	1165	1120	1.5~1.8	2.5~2.6	2.5~3	2.7~3	3~3.5	4~4.5	5~6	50~70、55Cr
3	600~700	1220	1200	1160	1.5~1.7	2.5~2.6	2.5~3	2.7~3	3~3.5	4~4.5	6~6.5	75~88、T7A、T8A
4	800	1220	1200	1170	1.5~1.8	2.5~3	2.7~3	3~3.5	3.5~3.7	4.3~4.5	5.5~6	T9A、T10、T12
5	800	1230	1210	1170	1.3~1.4	2.5~3	2.7~3	3.2~3.5	3.5~4	4.3~4.5	5.5~6	18CrNiWA、GCr6、GCr15
6	600	1200	1240	1150	1.3~1.4	2~2.2	3	3	3~3.5	3.7~4	5	1Cr18Ni9、1Cr18Ni9Ti
7	800	1255	1220	1190	1.4~1.5	2.3~2.5	2.8~3	3~3.5	3.3~3.5	4~4.3	5.2~5.5	CrSi、CrSi5
8	800	1270	1225	1190	2~2.5	2.5~3	3~3.5	3.5~3.7	4~4.5	5~5.5	7~7.5	
9		1340	1300	1260	1.2~1.4	1.7~2	2~2.2	2~2.5	2.3~2.7	3~3.5	4~4.5	

热工制度

所谓热工制度是指在保证实现加热温度的要求下所采取的加热方法。具体地说,热工制度包括温度制度和供热制度两个方面。图6-8为某中型型钢车间加热炉热工制度关系图。

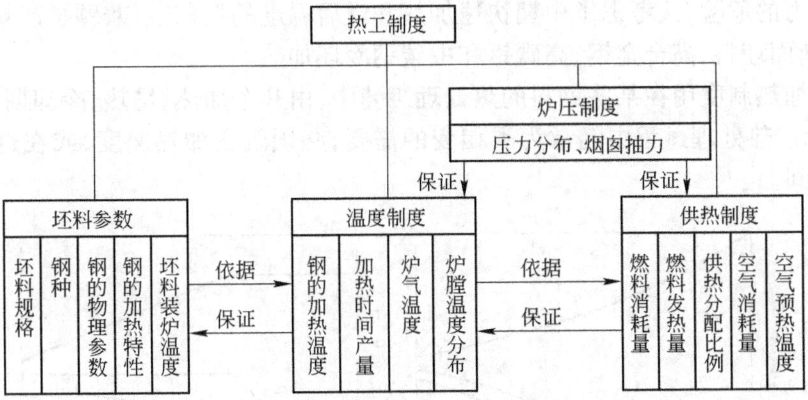

图 6-8 某中型型钢车间加热炉热工制度关系图

对连续式加热炉来说，温度制度是指炉内各段的温度分布。所谓供热制度，对连续加热炉是指炉内各段的供热分配。从加热工艺的角度来看，温度制度是基本的，供热制度是保证实现温度制度的条件，一般加热炉操作规程上规定的都是温度制度。表 6-9 为某大型型钢车间钢坯加热制度。

表 6-9 某大型型钢车间加热钢坯温度制度

钢种	规格/mm×mm	状　态	预热段温度/℃	加热段温度/℃	均热段温度/℃	出炉温度/℃
普碳钢及低合金钢	250×250 250×280 240×345 150×210	额定能力，正常轧制节奏（三段式加热）	200~900	800~1350	1080~1300	1020~1180
		低于额定能力，慢于正常轧制节奏（二段式加热）	200~900	800~1150	1150~1300	1020~1180
		高于额定能力，快于正常轧制节奏（二段式加热）	200~900	800~1350	1150~1350	1020~1180

具体的温度制度不仅取决于钢种、钢坯的形状尺寸、装炉条件，而且还依炉型而异。加热炉的温度制度大体分为一段式加热制度、两段式加热制度、三段式及多段式加热制度，如图 6-9 所示。

一段式加热制度是把钢料放在炉温基本上不变的炉内加热，在整个加热过程中，炉温基本保持一定，而钢的表面和中心温度逐渐上升，达到所要求的温度。这种加热制度的温度与热流的变化如图 6-9(a)所示。一段式加热制度适用于一些断面尺寸不大、导热性好、塑性好的钢料，如钢板、薄板坯、薄壁钢管的加热，或是热装的钢料，不致产生危险的温度应力。

两段式加热制度是使钢料在两个不同的温度区域内加热。这两个温度区域有时是由加热期和均热期组成，如图 6-9(b)所示，有时是由预热期和加热期组成。这种加热制度适用于冷装或低温热装的低碳钢及热装的合金钢的加热。

三段式加热制度是把钢坯放在三个温度条件不同的区域内加热，依次是预热段、加热段、均热段，如图 6-9(c)所示。三段式加热制度是比较完善的加热制度，钢料首先在低温区域进行预热，这时加热速度比较慢，温度应力小，不会造成危险。当钢温度超过 500~600℃以后，进入塑性范围，这时就可以快速加热，直到表面温度迅速升高到出炉所要求的温度。加热期结束时，钢坯断面上还有较大的温度差，需要进入均热期进行均热，此时钢的表面温度不再升高，而中心温度逐渐上升，断面上的温度差逐渐缩小。该种加热制度既考虑了加热初期温度应力的危险，又考虑了中期快速加热和最后温度的均匀性，兼顾了产量和质量两方面，用于大断面坯料、高合金钢、高碳钢和中碳钢冷坯加热。

多段式加热制度用在某些钢料的热处理工艺中，由几个加热、均热、冷却期所组成，如图6-9(d)所示。热处理过程中经常为了相变的需要，必须改变加热速度，或在过程中增加均热保温的时间。

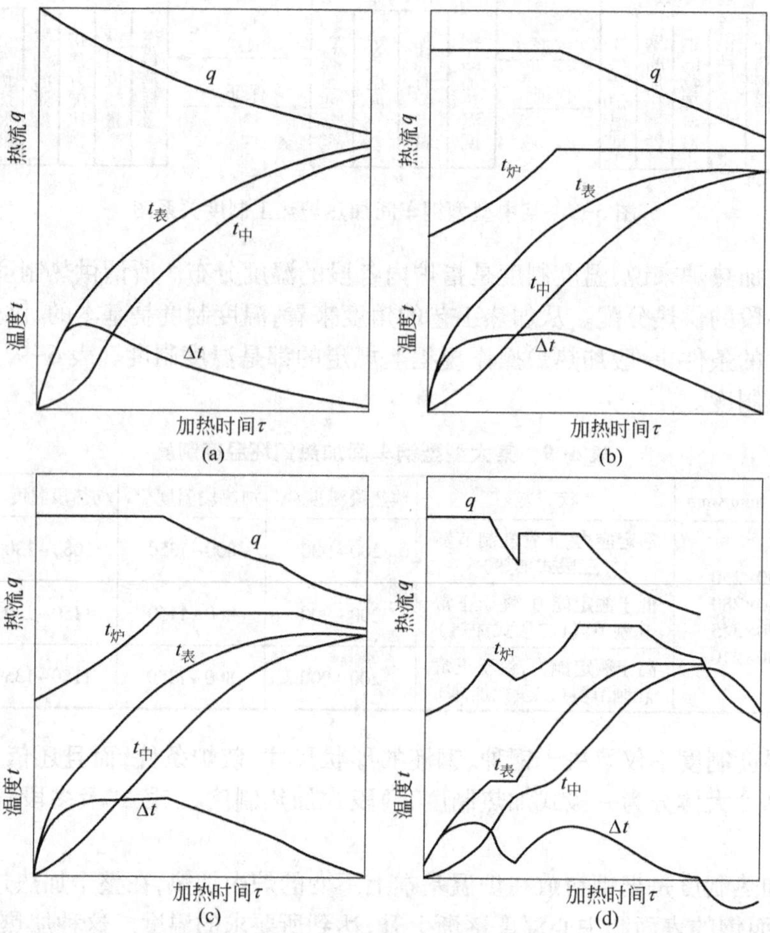

图6-9 钢坯加热制度图

(a) 一段式加热制度；(b) 两段式加热制度；(c) 三段式加热制度；(d) 多段式加热制度

保温时间

当坯料快速加热且表面达到出炉温度时，若马上出炉，原料表层与中心层的温度并不一样，尚存在较大的温度差，坯料内外组织也不均匀。若这种组织不均匀程度较大，不但会影响产品质量，而且往往会在生产中引起事故，损坏设备，破坏生产。这种现象在坯料断面越大、钢的导热性越差时尤为严重。为了避免上述情况，一般加热后应有一个保温时间，以减小坯料内外温度差。

总之，当钢坯断面较大且以冷料装炉方式加热时，加热过程往往分为如下三个阶段：

(1) 预热阶段。当钢的温度在700~800℃以下时，由于钢的导热性与塑性较差，进行慢速加热；

（2）加热阶段。当钢的温度达到700~800℃后，快速加热，力求缩短加热时间；

（3）均热阶段。当钢表面温度已达到要求，为减小内外温差，需在高温停留一段时间，时间多少取决于原料断面尺寸与钢种特性。

应该指出，当原料断面尺寸较小且塑性良好时，可以省去均热阶段，有时也可省去预热阶段，例如薄板坯的加热。

热装炉问题

目前，轧钢车间大多采用连铸坯热送热装的方式。热装炉是提高炉子产量、缩短加热时间、节省燃料消耗最有效的措施。据实测，钢坯入炉温度每提高50℃，可提高均热炉生产能力约7%。因此，如有条件应尽量提高钢坯入炉温度，增加热钢坯装炉比例。但是，热装炉存在着坯料表面不能及时检查与清理的缺点，制订工艺时应予以足够注意。表6-10所示为不同钢种、不同装料温度下的加热时间。由表中可以明显看出：钢坯入炉温度愈高，则加热时间愈短。

表6-10 部分钢种不同装炉温度的加热时间

代表钢种	坯重/t	不同温度下的加热时间/h			
		650℃	500℃	300℃	冷钢坯
10~50，18CrMnTi	2.0	4.5	5.0	5.5	6.5
20CrMo，20CrV，40Cr	2.5	5.0	5.5	6.0	7.5
55~75，18CrMnSiA，55Cr，37CrSi	2.0	5.0	5.5	6.0	8.0
40Mn2，35CrMo，65Mn，70Mn	2.5	6.0	6.5	7.0	8.5
75~85，30CrNi3，20Cr2Ni4A	2.0	7.0	8.0	9.0	10.3
60Si2，T7A，T8A	2.5	7.5	8.5	9.5	11.0
60Si2WA，T9A，T10，18CrNiWA	2.0	7.0	8.0	9.0	10.0
2Cr13 ，4Cr13	2.5	7.5	8.5	9.5	11.0
GCr6，GCr15，GCr15Si2，9Cr	2.0	7.0	8.5	10.0	13.0
CrMnSi，9CrSi	2.5	7.5	9.0	11.0	14.0
1Cr18Ni9	2.0	7.5	9.0	11.0	13.0
1Cr18Ni9Ti	2.5	8.0	9.5	11.5	14.0
CrSi	2.0	7.5	9.0	11.0	13.0
CrSi5	2.5	8.0	9.5	11.5	14.0

燃料选择

加热炉燃料有固体、液体和气体燃料。燃料的选择主要根据燃料的供应。一般在冶金联合企业中用高炉煤气或焦炉煤气。有天然煤气供应的地区也可采用天然煤气。中小型企业多采用固体燃料或发生炉煤气。

加热炉采用液体燃料如重油、柴油等比较理想，但价格比较高。设计者根据具体情况，综合分析后加以选择。

6.3.3 轧制

轧制是整个轧钢工艺过程的核心。轧制工序是获得高质量的产品和良好的技术经济指标的保证。其任务及影响因素见表6-11。

表6-11 轧制工序的任务及影响因素

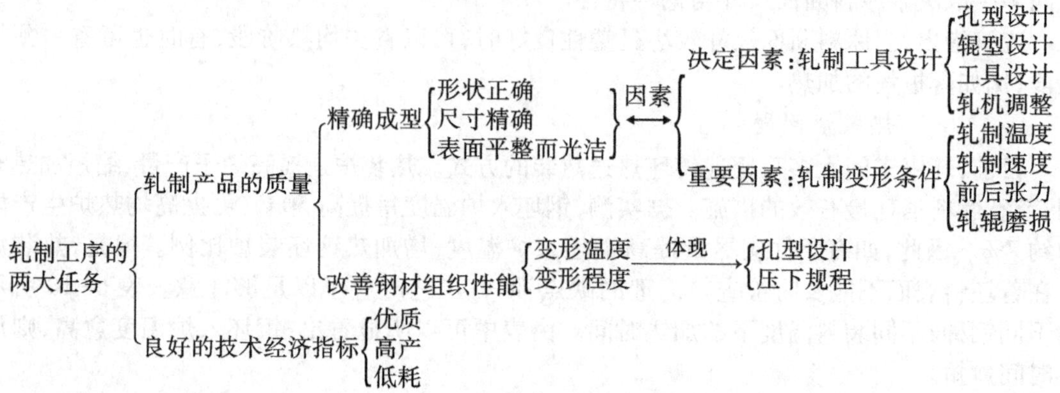

轧制工艺设计在于确定合理的工艺参数,主要是正确地制定变形制度、速度制度和温度制度。

变形制度

变形制度是在既定的轧制条件(工艺、设备条件)下,完成由坯料到成品的变形过程的规程。设计时确定变形制度主要是制定总的变形量和道次变形量,进行工具设计(孔型、辊型)。

总变形量是指铸造组织的原料断面积与最终成品断面积之比。总变形量对金属的组织和性能影响很大。总变形量越大,越利于铸造组织的改善。对一般钢种都要求有一个最小的总变形程度,即保证一定的压缩比。但总变形量的增大也会带来铸坯质量下降、轧制道次增多等不利于生产的问题。因此,在实际生产中,总变形量的确定,应在保证产品质量的前提下,根据所轧金属的特点及技术条件要求,结合当时当地生产实际的可能性与合理性统筹考虑。

道次变形量是指该轧制道次钢料轧前断面积与轧后断面积之比。它也是轧制工艺中的一个重要参数。因为:

(1) 道次变形量的分配,是选择轧制设备、进行工具设计的主要依据;

(2) 当坯料和产品一定时,道次变形量越大,则轧制道次越少,缩短轧制延续时间,为提高轧机产量创造良好条件;

(3) 道次变形量增大,增强了三向压应力状态,有利于破坏树枝状结晶和合金碳化物的状态和分布,改善铸造组织,从而改善钢的力学性能;

(4)成品道次变形量的分配,一般来讲,必须避开该钢种的临界变形程度。有时为了达到某些特定目的,变形程度必须控制在一定范围之内,如控制轧制。

道次变形量的确定主要考虑金属的塑性、电动机能力、设备强度、咬入条件以及工具形状等。一般情况都是在保证产品质量和生产设备安全的前提下,尽可能选用较大的变形量,以提高轧机产量。道次变形量的分配主要考虑金属的组织及咬入条件。开始道次变形量可取小些,中间道次为了充分利用金属的塑性可加大道次变形量,最后的道次变形量考虑到要获得细晶和精确的尺寸可取小些。

必须指出，变形过程中道次变形量越大，金属变形越剧烈，变形区内金属流动越严重。这对产品质量、设备使用、轧辊磨损、导卫板要求等都产生不良的影响。因此确定道次变形量时必须进行综合的分析和比较。

总之，变形制度的确定要考虑多种因素，同时要根据实践经验，正确地确定变形程度。变形程度主要体现在孔型设计和压下规程中。

速度制度

速度制度即按轧制工艺需要所确定的轧制速度或速度的变化，如连轧机各道轧制速度，中厚板轧机的粗轧、中轧与精轧的速度制度等。

轧制速度根据轧机生产率、轧机结构、轧制品种、轧机机械化和自动化程度以及轧制工艺过程本身性质确定。在设备条件与工艺条件允许的情况下，尽量提高轧制速度，从而提高生产率。

沿道次实现轧制速度的变化是一些轧机（如连轧机）速度制度的主要内容，这些轧机每道次速度的变化是通过传动轧机的主电动机的速度变化而实现的，目前国内从技术上实现轧机主传动调速的方法有直流驱动、串级调速和差动调速三种。

温度制度

温度制度是确定热轧生产中轧件的开轧温度和终轧温度，以及控制轧件头尾的温度差值。其确定原则是：保证产品全面符合质量要求，且有利于轧制顺利进行。一般钢加工时的温度制度要根据钢种特性及其相图来确定。要求加工的温度区间应尽量选择在单相区内，但对有些钢种又要注意避开它的高温脆性区。

通常在设计和生产过程中，开轧温度根据钢料的出炉温度以保证必须的终轧温度为依据；而终轧温度主要考虑保证产品的组织与性能，保证产品的质量，这主要与钢种有关。

A 开轧温度

为了改善塑性、降低变形抗力，开轧温度原则上应在不影响产品质量的前提下（不发生过热、过烧、脱碳等加热缺陷）尽量提高。对于碳钢最高加热温度常低于固相线100～150℃。其他钢种，应参考相应的状态图。应该特别注意：为了保证产品质量，有的产品对终轧温度的要求非常严格。在这种情况下，开轧温度的确定，必须以确实保证获得所需的终轧温度为依据。

B 终轧温度

轧制终了温度因钢种不同而异。它主要取决于产品技术要求中规定的组织性能。如果该产品能在热轧以后不经过热处理就具有这种组织性能，那么终轧温度的选择便应以获得所需的组织性能为依据。

在轧制亚共析钢时，一般终轧温度应高于A_{r3}线（奥氏体向铁素体转变开始线）约50～100℃，以便在终轧以后，迅速冷却到相变温度，以获得细的晶粒组织。若终轧温度过高，则易得到粗晶组织和低的力学性能。反之，若终轧温度低于A_{r3}线，则有加工硬化产生，使钢的强度提高而延伸率下降。究竟终轧温度应比A_{r3}高多少，在其他条件相同的情况下，这主要取决于钢种特性和钢材品种。对于含Nb、Ti、V等合金元素的低合金钢，由于再结晶困难，一般终轧温度可以提高（例如大于950℃）；如果采用控制轧制或进行形变热处理，其终轧温度可从大于A_{r3}到小于A_{r3}，甚至低于A_{r1}（奥氏体向铁素体转变终了线）。这主要取决于钢种特性。如果亚共析钢在热轧以后还要进行热处理，终轧温度可以低于 A_{r3}。但是一般情况总是避免在 A_{r3} 以下的温度进行轧制。

轧制过共析钢时，由于奥氏体区较窄，热轧的温度范围也较窄，终轧温度不应高于相图上 *ES* 线，否则就不能破碎在晶界析出的网状碳化物，使钢的机械性能恶化。若终轧温度过低，低于 *PSK* 线，则在钢中极易析出石墨，呈现黑色断口。这是因为渗碳体分解形成石墨需要两个条件：

(1) 缓慢冷却以满足渗碳体分解所需的时间；

(2) 钢内有显微间隙或周围介质阻力小，以满足石墨形成和发展时钢的密度减小和体积变化的要求。终轧温度过低，有加工硬化现象，且随变形程度增加，显微间隙也增加，这就为随后缓冷及退火时石墨的优先析出和发展创造了条件。因此过共析钢和共析钢的终轧温度应比 *PSK* 线高 100～150℃。

应该指出，随着控制轧制与控制冷却工艺的广泛应用，使得轧制过程中的终轧温度的要求有所变化。

C 轧件全长温差的限制

若轧件全长温度差别很大，势必造成产品全长上尺寸不一、组织不均，严重的会造成废品。因此，轧件全长温差必须限制在使产品尺寸在头尾各部均不超过的范围内。该值的确定是比较复杂的，因为它与成品尺寸、长度及其公差大小、轧机刚性等密切相关。尽管如此，设计时也可根据现场生产实际，确定一个温度范围。

为了达到上述目的，要进行轧制过程中各道头尾温度的计算，而这种计算在热轧生产中也是极为重要的。因为各道温度变化的计算，为计算力能参数提供必要的条件，而这又是校核或选择有关设备的重要前提。

为此，现将有关计算公式介绍于后。

轧制时温降值 ΔT 按式(6-9)计算：

$$\Delta T=\Delta T_{\mathrm{f}}+\Delta T_{\mathrm{z}}+\Delta T_{\mathrm{d}}-\Delta T_{\mathrm{b}} \tag{6-9}$$

式中 ΔT_{f}——由辐射引起的温降；

ΔT_{z}——由传导引起的温降；

ΔT_{d}——由对流引起的温降；

ΔT_{b}——由变形热产生的温升。

以上四项中起主要作用的是辐射损失，而对流损失相对来说是很小的，因此实际计算中可略去不计。辐射热损失 ΔT_{f} 由式(6-10)计算：

$$\Delta T_{\mathrm{f}}=26.2\frac{F_{\mathrm{s}}}{G}\left(\frac{T_1}{100}\right)^4\tau \tag{6-10}$$

式中 F_{s}——辐射物体的表面积，m^2；

G——轧件重量，kg；

T_1——轧件的绝对温度，K；

τ——辐射时间，h。

注意：τ 值对于轧件头尾是不同的，必须分别计算。由于轧制方法不同，τ 值的计算方法有较大差异，必须特别注意。

传导热损失 ΔT_{z} 由式(6-11)计算：

$$\Delta T_z = 15.67\,\frac{2l_H b_c}{G}(t_P - t_R)\tau_1 \tag{6-11}$$

式中 l_H——变形区长度,m;

b_c——变形区平均宽度,m;

t_P——轧件温度,℃;

t_R——轧辊温度,℃;

τ_1——轧件与轧辊接触时间,s。

由变形热产生的温升 ΔT_b 由式(6-12)计算:

$$\Delta T_b = \frac{A}{GC} = \frac{MQ}{GC} = \frac{Pl_H l}{GCR_K} \tag{6-12}$$

式中 A——变形功;

C——轧件比热容,钢为 695J/(kg·K);

P——轧制压力,N;

l——轧件轧后长度,m;

R_K——轧辊工作半径,m。

综上所述,在确定温度制度时,应考虑下面几点:

(1) 根据钢的成分和特性,选择金属具有最好的塑性条件的温度范围,有利于变形;

(2) 使变形抗力最小,以降低能耗;

(3) 使轧件能顺利咬入,且能减少轧辊磨损,增大轧制的稳定性;

(4) 成品有符合要求的组织和性能;

(5) 轧件头尾温差在允许范围之内。

20 世纪 60 年代以来,国内外大力发展"控制轧制"工艺。在轧制过程中严格控制变形程度、变形温度与变形速度的同时,利用钢中铌、钒、钛等微量元素的作用,使形变过程与相变过程有机配合,从而使钢的组织与结构充分细化,或者使珠光体量降低,或者通过形变强化诱导有利夹杂沉淀析出。这样做的结果是极大地提高钢的强度和冲击韧性,降低脆性转变温度,以获得具有很好综合力学性能的优质热轧钢材。在控制轧制中,对每道轧制的变形量分配、变形温度的控制均比一般轧制严格得多,而且由于工艺目的的不同,有时超越前面介绍的界限,这一点必须给予足够的注意。

6.3.4 钢材轧后冷却

热轧后的钢材温度为 800~900℃,冷却到常温,钢材有相变和再结晶的过程,同时有时发生弯曲。因此,热轧后的钢材需要控制冷却速度和冷却温度。轧后冷却制度实质上就是利用轧后余热的热处理过程。轧钢工作者经常利用控制冷却速度、过冷度等来控制奥氏体转变温度及转变后的组织,从而获得钢材所需要的组织性能。

对于断面不对称的钢材,在冷却过程还会因断面各部温度不同而产生不同的相变与冷缩量,使钢材断面形状发生变化而影响质量。

对于某些塑性和导热性较差的钢种,若冷却速度不当极易产生白点或裂纹,导致钢材报废。

由此可见,钢材轧后冷却也是与质量密切相关的工序。必须根据产品技术要求和钢种特性,在热轧后采用不同的冷却制度。一般热轧后常用的冷却方式有水冷、空冷、堆冷、缓冷、控制冷却等。

水冷

水冷有在辊道上或冷床上喷水冷却,有将钢材放入水池中,或将行进中的钢材(如线材)通过冷却水管强制冷却等多种方式。水冷通常在下列情况采用:

(1) 轧制亚共析钢要求获得细致而均匀的晶粒组织时采用。例如,轧制Q235钢板一般要求在略高于A_{r3}时终轧,然后进行喷水急冷,以获得细晶粒组织,提高力学性能。

(2) 对表面氧化铁皮的清除要求很高时采用。例如,薄板坯在热轧以后即可浸入水中,借急剧的冷却使氧化皮从表面脱落。

(3) 为了提高冷床的生产能力如热轧钢坯时常采用。

显然,这后二者只有在采用水冷而不会产生任何缺陷时才能采用。

空冷

空冷是最常用的一种钢材冷却方法。凡是空冷不致产生热应力裂纹、最终组织不是马氏体或半马氏体的钢均可采用空冷方法。例如:普碳钢、低合金高强度钢、大部分碳素结构钢、合金结构钢、奥氏体不锈钢等都可在冷床上空冷。钢材的冷却速度一般可以通过不同的气流(如鼓风机吹风)及钢材排列的疏密程度来进行调节。为了防止钢材各部冷却不均,各类型钢在冷床上放置方法也不一样。

堆冷及缓冷

为了减少钢材的内应力,防止产生裂纹,并提高塑性和降低表面硬度,有利于表面缺陷的清理,对某些要求较高强度、韧性和塑性的钢材,在冷床上冷却到一定温度后采用堆垛冷却,以减慢其冷却速度。

某些合金钢在堆冷中仍会产生裂纹时,必须采用极缓慢的冷却速度,例如在缓冷坑或保温炉中冷却,有的甚至要在带加热烧嘴的缓冷坑或保温炉中进行等温处理或缓冷。

对白点敏感性强的钢材,如轴承钢、重轨等,必须采用缓冷或等温处理来防止白点产生。

控制冷却

控制冷却的主要目的是改善钢材的组织状态,提高钢材的性能,同时达到下列要求:

(1) 防止轧件扭曲变形。钢材(特别是非对称异形断面型钢)由于各部冷却不均匀,极易产生扭曲变形。为此,对异形型钢断面较厚或温度较高或冷却较慢的部位进行强制冷却,使断面各部分能协调一致地冷缩。

(2) 提高轧机和冷床的生产能力。在轧制道次中间进行控制冷却,可缩短控轧过程中钢材待温时间;轧后控冷可降低进入冷床前的钢材温度,从而提高轧机和冷床的生产能力。

(3) 改善热轧钢材的组织性能。例如高碳工具钢热轧后为防止形成网状碳化物,必须快速冷却;但为了防止产生冷裂,又必须在快冷到相变温度以下接着进行缓冷。其实质就是利用该钢种的热处理特性,选用一个理想的冷却曲线,使钢材的组织性能达到要求。

控制冷却已在钢板、钢管和型钢线材生产中得到广泛应用,其工艺方法很多,主要的有以下几种:

(1) 轧后余热淬火,如厚钢板、钢筋和钢轨的轧后余热淬火等,就是使钢材的表层或整个断面淬火,得到马氏体组织,然后利用回火处理或余热自回火得到良好的金相组织,达到改善性能的目的。

(2) 轧后快速冷却,如轴承钢的轧后快冷、板带的层流冷却或水幕冷却、线材的二次冷却等。其作用是将轧材从终轧温度快速冷却到一定的中间温度,如稍低于铁素体转变温度或珠光体转变温度区间,阻止在高温形成铁素体、珠光体和晶粒变粗大,最后获得细小的室温金相组织,改善钢材的力学性能。

(3) 中间控制冷却,如板带轧机的机架间冷却、线棒材生产的终轧前的加速冷却等,是为了获得准确的终轧温度,结合控制轧制改善钢材的组织和性能。

(4) 轧后余热正火,如锅炉管的余热正火,是控制冷却的应用,旨在改善锅炉管的持久性能。

控制冷却的种类较多,而且同一种控制冷却,其开冷温度、终冷温度和冷却速度等也会因生产工艺和钢种的不同而有较大的差异。

综上所述,对普通钢材可以采取较大的冷却速度,用空冷和水冷。对高碳钢、高铬钢和高速钢等很容易产生冷却裂纹,可以采用缓冷。对轴承钢为使金属组织细化,可以采用喷水、喷雾和吹风强冷。对有些钢如钢轨,为防止产生白点也要采用缓冷的办法。在设计时应根据钢种的不同特点,采用不同的控制冷却的方法。

表 6-12 所示为一些钢材的冷却方法。

表 6-12 一些钢材的冷却方法

品 种	冷却目的	冷却方式
硅钢板坯,普碳薄板坯,低碳方、扁坯,中、高碳方扁坯,管坯	减少冷床面积	空冷,喷水冷却,堆冷或缓冷
简单断面型钢和棒材	(1)控制组织性能; (2)形变热处理工艺	高速水冷装置,冷床
线 材	(1)改善线材性能; (2)控制卷取温度和线卷冷却速度	高速水冷和二次冷却,直接铅浴,风冷,水雾冷却
异形断面型钢	(1)控制组织和性能; (2)防止扭曲	轧后水冷,喷雾,冷床空冷,局部快冷
中厚板	(1)控制组织与力学性能; (2)热轧与调质处理结合	高压喷嘴,层流冷却,喷雾冷却,压力淬火和辊式淬火,冷床(风冷,水冷)
热轧带钢	控制带材组织状态和卷取温度,控制性能和均匀性	管层流,板层流,高压喷嘴
热轧钢管	(1)改善钢管组织性能; (2)形变热处理工艺	水内冷,水外冷,内外混合冷却,浸水冷却,雾化冷却

6.3.5 钢材精整

精整是工艺过程最后一个工序。根据产品的不同,所采取的精整方式就有所区别,主要包括矫直、剪切、酸洗、热处理、表面镀层以及机加工等。

切断

为了满足用户要求,许多钢材要按定尺长度切断。切断可在热状态下进行后再冷却,也可在冷状态下进行,也可先在热状态下切成倍尺再在冷状态下切成定尺。这视车间设备布置及工艺安排而定。如某连续小型车间,轧件轧后长度近300 m,有100 m长的冷床,钢材轧后用飞剪切断成100 m以下的倍尺长度进入冷床冷却,待钢材矫直后再进行冷状态切断,这对提高矫直质量和产量有明显的好处。

切断设备因钢材断面形状而异,一般简单断面用热剪、冷剪或飞剪,而复杂断面则用热锯、冷锯、飞锯或异形剪。

卷取

卷取是利用卷取机将成品钢材卷成卷或盘以供应用户使用。这种方法与切断相比有较多优点,如减小切头损失而增大金属收得率;轧件长度不受设备间距限制,这就为增大坯料重量提高轧机生产能力提供了条件;而且成品运输也比较方便。所以近代轧钢车间对适合于卷取的钢材都尽量采用成卷的方式供应。目前已可卷取边长为22 mm的方形断面,直径为38 mm的圆轧件,而板带厚度则可达12 mm或更大些。

热处理

热轧后常用的热处理方法有退火、高温回火、正火和淬火等。钢铁的热处理工艺主要看铁碳相图,制定热处理工艺可以总结为“一图、二线、四火、五转变”。“一图”是指铁碳合金平衡状态的组织转变规律和临界参数;“二线”是指等温转变曲线(TTT)或者连续转变曲线(CCT),根据这些曲线确定采用的冷却速度、冷却介质、冷却方式;“四火”即正火、退火、淬火、回火;“五转变”是指两个加热转变(即室温组织在加热时向奥氏体的转变和马氏体在加热时的回火转变)和三个冷却转变(即奥氏体向珠光体的转变、奥氏体向贝氏体的转变和奥氏体向马氏体的转变)。

矫直

轧制后的成品钢材,特别是型钢,往往不够平直,其断面形状也不够正确。钢材在输送过程中还会因顶撞挡板或其他障碍物而造成弯曲或端部扭偏。轧件在台架上冷却时,由于冷却不均钢材会发生弯曲或瓢曲。弯曲或瓢曲程度超过技术标准规定的钢材必须进行矫直。钢材矫直的目的,一是使钢材在长度方向上平直,二是给钢材断面整形。钢材的矫直按其方式不同可分为压力矫直、张力矫直和辊压矫直。

其他精整工序

根据用户或产品质量要求,有的钢材要进行成品热处理,某些钢材要进行酸洗、镀层,有的要求平整或表面精加工等。

6.3.6 钢材质量检查

现代轧钢生产的检查工作可分为进厂坯料的质量检验(熔炼检查)、生产过程中的质量检查和最终成品质量的检查三个方面。检查主要应以生产技术规程为依据,特别应以技术规程中与质量有密切相关的项目作为检查工作的重点。在检查过程中,对技术操作规程的执行情况应作详细记录,用以作为分析产品质量和不断改进技术操作规程的重要依据。

进厂坯料的质量检验(熔炼检查)主要应检查配料、冶炼、脱氧、出钢及铸坯的情况,以便按熔炼情况及实际化学成分确定钢的用途。

轧制过程检查内容为加热制度、压下规程或孔型设计、调整制度等。

加热工序是一个重要的检查环节。大量实践证明,在轧钢中出现废次品大多数与加热质量有关。原料在装炉前要检查钢号,以保证按炉送钢制度的认真执行。此外,还应检查加热规程,以确保加热质量。

热轧工序中要检查开轧温度、终轧温度和压下规程等。轧制过程中通过对轧件尺寸和表面的不断检查来了解轧辊及导卫装置的情况。轧制终了应检查钢材的冷却制度,以确保其组织性能。

对钢材表面质量要给予很大的注意,为此要按轧制过程的每个工序进行取样检查。为了便于及时发现缺陷,采用超声波探伤仪、γ 射线探伤器等对轧件进行在线连续检测。

最终成品质量检查的任务是确定成品质量是否符合产品标准和技术要求。检查的内容取决于钢的成分、用途和要求,一般包括化学分析、力学性能检验、工艺试验、低倍组织及显微组织检验等。表 6-13 所示为中厚板产品检验的主要内容及方法。

表 6-13 中厚板产品检验的主要内容及方法

检验内容	检验分类	检验方法
材质	强 度	抗拉试验(JIS Z 2241)
	延伸性能	抗拉试验——延伸和收缩(GB 6397)
	韧 性	落锤冲击试验、落锤试验和 NRL 落锤试验(TZS Z 2242/API 5LX SR5/ASTM E208)
	耐层状撕裂性	Z 向抗拉试验、十字拉伸试验、裂纹试验(WZS 3008)
	耐磨性	表面硬度试验(GB 231)
	耐 HIC、SCC 性能	BP 式 HIC 试验、NACZ 式 HIC 试验(HACET-1F-20)、SCC 试验(NACETM-01-77)
	高强度、蠕变性能	高温拉伸试验(JIS G 0567)、蠕变试验(JIS Z 2271)
	破坏韧性	COD 试验(BS 5762)、深切口试验、KIC 试验(ASTM E399)、JIC 试验、ESSO 试验、双重拉伸试验、CCA 试验、SCA 试验、CDT 试验
内部质量	内部缺陷	超声波探伤(自动、手动)
	夹杂物	纯净度试验、表面缺陷检查(JIS G 0555、JIS G 0556)、侧弯试验(JIS Z 31323)
	偏 析	硫印、宏观腐蚀试验(JIS G 0560、JIS G 0553)
尺寸	板厚精度	γ 射线测厚仪、X 射线测厚仪、成品测量装置(GB 709)
	板宽精度	定尺机、卷尺、测宽仪、成品测量装置(GB 709)
	板长精度	定尺机、卷尺、激光测长仪、成品测量装置(GB 709)
	直角度	直角尺
	镰刀弯	水平线绳
焊接性	焊接韧性	对焊接部位进行的硬度试验(JIS Z 3101)、斜度韧性试验(JIS Z 3115)
	焊裂性	斜 Y 形焊裂性(JIS Z 3158)、CTS 试验(JIS Z 3154)、插销冷裂试验(WZS 1104)、十字焊裂纹试验
	强度、韧性	基本与钢板试验相同
	破坏韧性	基本与钢板试验相同
加工性		弯曲试验(JIS Z 2204/GB 232)、宽向弯曲试验
环境性	耐腐蚀性	大气暴露试验
	耐镀裂性	热镀锌浸裂试验

续表 6-13

检验内容	检验分类	检验方法
平直度	浪 高	平直度仪、横木、水平线绳、拉伸
外观	表面缺陷、修磨痕迹	目视检查(JIS G 0556)、涡流探伤
	剪切面	目视检查
其他	电磁特性、防振性、切削性、疲劳性能等	

6.3.7 钢材的冷加工

钢材冷加工是指在低于再结晶温度下使金属产生塑性变形的加工工艺,如冷轧、冷拔、冷锻、冲压、冷挤压等。冷加工变形抗力大,在使金属成形的同时,可以利用加工硬化提高工件的硬度和强度。

钢材经冷加工产生塑性变形,从而提高其屈服强度,这一过程称为冷加工强化处理。将经过冷拉的钢筋在常温下存放 15~20 天,或加热到 100~200℃并保持 2 h 左右,这个过程称为时效处理。前者称为自然时效,后者称为人工时效。钢筋冷拉以后再经过时效处理,其屈服点、抗拉强度及硬度进一步提高,塑性及韧性继续降低。自然时效适合用于低强度钢筋;人工时效适合于高强钢筋。

6.4 拟订轧钢生产工艺过程举例

现在以轴承管为例,介绍制订轧钢生产工艺过程的方法与步骤。

轴承管用于轴承制造工业、用钢管代替圆坯来生产轴承套圈,不但节约了金属,而且为轴承厂提供了应用专门高效率的机床自动加工线的可能性,这样就可大大提高轴承厂的生产能力和减少机床数目以及工具消耗,从而降低了轴承的成本。

用于制造滚动轴承套圈的轴承管一般都在三辊轧管机组或自动轧管机组上生产。用三辊轧管机生产更为合理,因为这种机组可生产出高精度热轧钢管,同时一方面可进一步节约金属,另一方面也有利于轴承厂实现轴承套加工线自动化。

轴承管钢种主要有铬轴承钢(如 GCr15)和无铬轴承钢(如 GMnMoV、GSiMnV、GSiMnVRE)两类。

6.4.1 轴承钢的塑性加工性能

(1) 穿孔性能。轴承钢在高温下具有良好的塑性和穿孔性能。只要加热温度和时间正确,轴承钢管坯穿孔没有什么困难,变形参数可按 45 号钢选取。

(2) 导热性。轴承钢中由于含铬和含碳较高,导热性比碳钢低。因此加热时应控制入炉温度与加热速度,以防产生裂纹。

(3) 变形抗力。轴承钢相对于低碳钢低温下变形抗力较高,而且温度愈低变形抗力增加得愈厉害,这是在轧轴承管时必须要注意的特点。有时生产轴承管往往受到定径机和矫直机的限制。这是因为轴承管一般都是厚壁管,加上低温下变形抗力高,轧机负荷太大。

(4) 展宽。轴承钢的展宽比碳钢稍大(约10%~20%),但轴承钢的展宽在885~1195℃温度范围内变化很小,这给控制金属横变形带来了方便。

6.4.2 对轴承钢管坯的要求

轴承钢可用各种冶炼方法进行熔炼(如平炉、电炉及吹氧转炉)。对于航空用的品种,为了去除有害杂质,有的要进行电渣重熔。轴承钢管坯一般都是轧坯,也可以是锻坯。对管坯尺寸公差、表面质量的要求和普通管坯没有什么区别,对内部组织的要求应按标准进行低倍与高倍检验。

轴承钢管坯加热是个十分重要的问题。轴承钢导热性差,在低温段加热速度应稍慢些。轴承钢对晶粒长大、过热过烧很敏感,因此管坯在高温段加热时间不能过长。当停车时应立即降低炉温。加热温度要严格控制,轴承钢管坯最合适的穿孔温度为1080~1150℃。当加热温度过高和加热时间过长时,轴承钢管坯往往会产生穿孔缺陷如内折、离层和环形疏松等。加热温度高、加热时间长还会增加脱碳。烧钢操作时要尽量保证管坯加热均匀,使其顺利穿孔。

经退火后的轴承钢管坯可以用冷剪机剪切。若管坯未经退火处理,剪切时易出现端部裂纹,此时应采用锯切和火焰切割。

定心对于生产轴承钢钢管是必要的,因为轴承钢钢管多为厚壁管,管坯通过定心可以显著减少毛管前端壁厚不均。定心可以是热定心或冷定心。

6.4.3 轴承钢钢管轧制

(1) 变形参数。轴承钢钢管的轧制表可与中碳钢、低合金钢钢管的相同。

1) 管坯穿孔直径压缩率可取14%~16%,顶头前压缩率稍小些。

2) 轧管机道次一般为两道,为了提高钢管几何尺寸精度也有轧三道的,第二、三道主要起均壁和减小外径不圆度(指半成品管)的作用。为了保证设备安全,减小顶杆弯曲,轧管机减壁量取小些。

3) 均整机扩径量取小些,一般取0~1 mm,薄壁管可取大一些。当轧很厚壁管时均整不加顶头,起回转定径作用。

4) 定径机减径量一般取得也较小,具体数值根据定径机能力和孔型系统所决定。

(2) 轧制的主要特点。轴承钢变形抗力大、穿孔温度低、轧管温度低,因此轧机负荷大、轴向力大,轧辊、顶头消耗也大。又因轴承钢钢管是厚壁管,同时尺寸精度要求严格,因此必须精心操作,及时调整、及时更换磨损的工具。

(3) GCr15轴承钢钢管轧后消除网状碳化物措施。轴承钢钢管热轧后希望具有良好的显微组织,即细片状珠光体,并要防止网状碳化物析出,以便在轴承钢钢管球化退火时能获得细粒珠光体。无铬轴承钢在通常热轧条件下可获得合格的网状碳化物级别。含铬轴承钢必须通过控制终轧温度及控制轧后冷却速度来减轻网状碳化物的危害。由于GCr15轴承钢钢管热轧后温度在850~900℃时过共析碳化物开始析出,并在700~750℃形成网状,所以轧后钢管的开始冷却温度必须大于850℃(通常应控制在850~900℃)。如果这样的终轧温度难以达到,可以采取均整后钢管通过减径前在加热炉加热来控制终轧温度,防止网状碳化物析出。轧后冷却速度控制在50~70℃/min,一般在冷床上或冷床输入辊道上安置喷雾冷却装置或风冷吹冷。空冷时网状碳化物级别都在3级以上。网状碳化物不合格的钢管要采取正火来处理。

6.4.4 轴承钢钢管轧后的控制冷却

对于球化退火状态交货的轴承管，在轧后和退火前需要降低网状碳化物的级别，得到晶粒细小的奥氏体组织。为了达到这一要求，除了上述控制终轧温度的方法外，另一个最有效的方法是对轧后的钢材进行控制冷却，而且它也是破除网状碳化物和细化晶粒的一个关键环节。

控制轧制和控制冷却是近十几年来发展起来的新技术，在国内外已得到普遍使用。轴承钢钢管控制冷却的工艺主要是：轧后的管材要穿水快速冷却至500℃左右，此时钢材内外的表面温差较大，可依靠钢材芯部的热量使钢材表面逐渐返红至660℃，然后缓慢冷却。这时钢材可以在返红过程中完成组织转变。快速冷却的目的是抑制钢中网状碳化物的析出，降低网状碳化物的级别，同时可以使珠光体的转变在较低的温度下进行，得到晶粒细小的奥氏体组织，为随后的球化退火提供良好的预备组织，以提高球化质量、缩短球化时间。目前国内外轴承钢钢管的控制冷却主要采用双套管冷却器、环形喷嘴冷却器及湍流管冷却器等。

6.4.5 轴承钢钢管轧后的球化退火

轴承钢钢管球化退火的目的是：降低硬度、消除内应力和改善组织与性能，以便于切削加工、冷矫直等，并为轴承套圈进一步调质处理创造良好的组织条件。轴承钢钢管球化退火后，要求显微组织为均匀的球状珠光体，其级别为2~5级。对于GCr15轴承钢钢管，其硬度要求在179~207HB，而无铬轴承钢钢管的硬度应小于217HB。

6.4.6 轴承钢钢管精整与检查

经退火并检验合格的轴承钢钢管送去进行矫直和切管。

由于轴承钢屈服极限较高、管壁较厚，再加上退火管子弯曲，所以轴承钢钢管是难矫直的。弯曲度大的钢管要先在压力矫直机上粗矫，然后才能进入辊式矫直机精矫。矫直轴承管要选用大型矫直机。

退火后的轴承管可在切管机上切头切尾，未经退火的轴承管只能用砂轮锯切断。由于轴承管管壁较厚钢质又硬，切管机生产率较低，因此有的车间采用砂轮片锯切。

轴承钢钢管检查分三步进行：

（1）在定减径机后进行中间取样检查，测定钢管外径和壁厚，超公差时应及时通知热轧机组调整轧机。对于GCr15轴承管还须取样检查网状碳化物级别。

（2）轴承管球化退火后取样检查，检查项目包括退火后硬度（HB）、端口、低倍组织、金相组织（球化组织、网状碳化物、带状碳化物）、非金属夹杂物（氧化物、硫化物、碳化物液析、点状不变形夹杂物）以及脱碳层。合格者才能进入精整工序。

（3）成品轴承管应逐根检查尺寸公差、内外表面质量，并根据质量情况评级或判废。

综上所述，轴承钢管生产工艺过程归纳如图6-10所示。

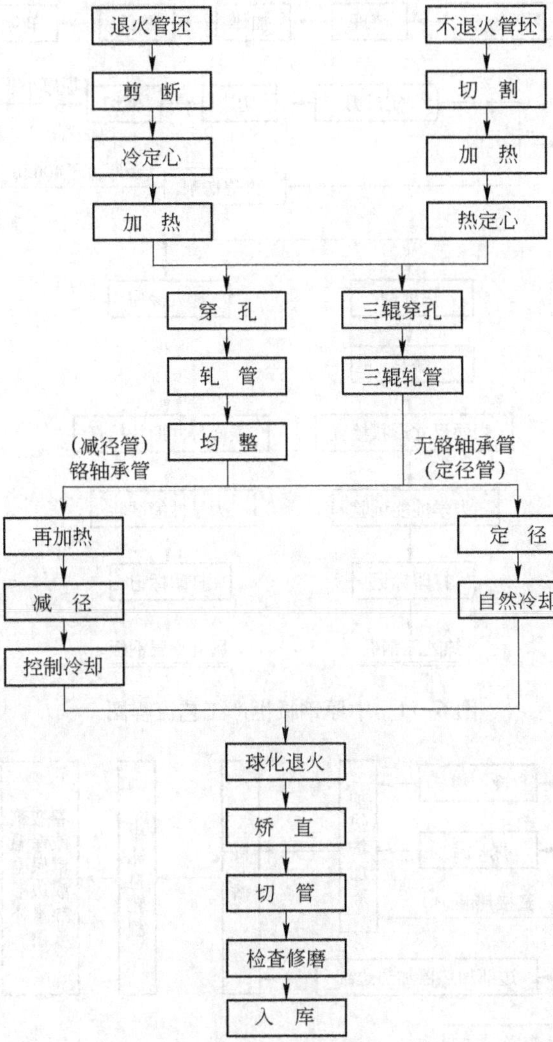

图 6-10 轴承钢钢管生产工艺流程图

6.5 典型钢材产品生产工艺流程

6.5.1 板带钢生产工艺流程

中厚板生产工艺流程

图 6-11 为中厚钢板生产工艺流程图。

热轧板带钢生产工艺流程

图 6-12 为热轧板带钢生产工艺流程图。

冷轧板带钢生产工艺流程

冷轧板带钢产品主要有金属镀层薄板、深冲钢板、电工用硅钢与不锈钢板等。冷轧板带钢生产工艺流程如图 6-13 所示。

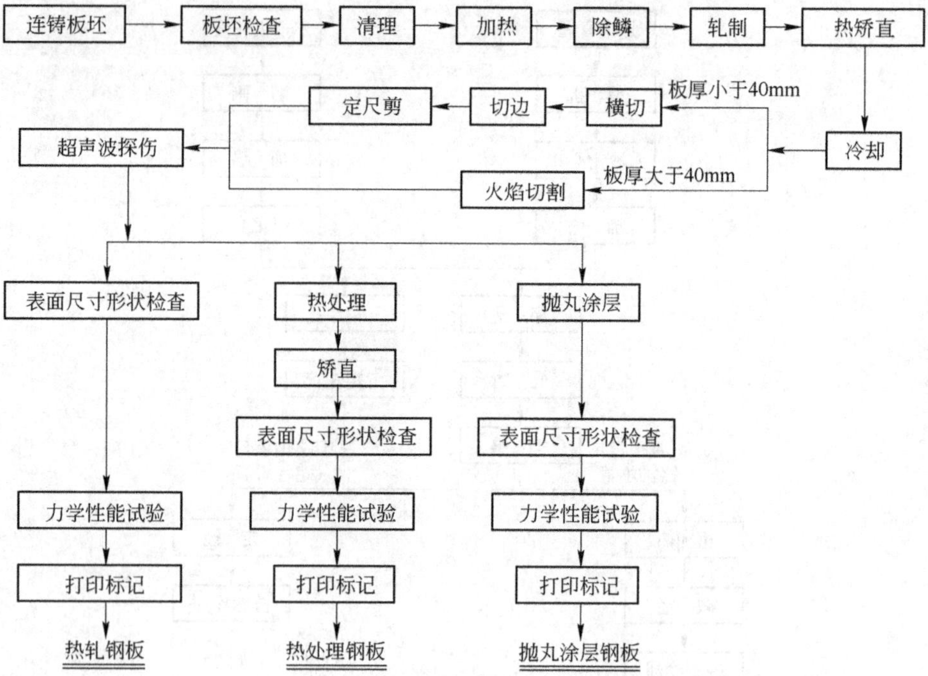

图 6-11 中厚钢板生产工艺流程图

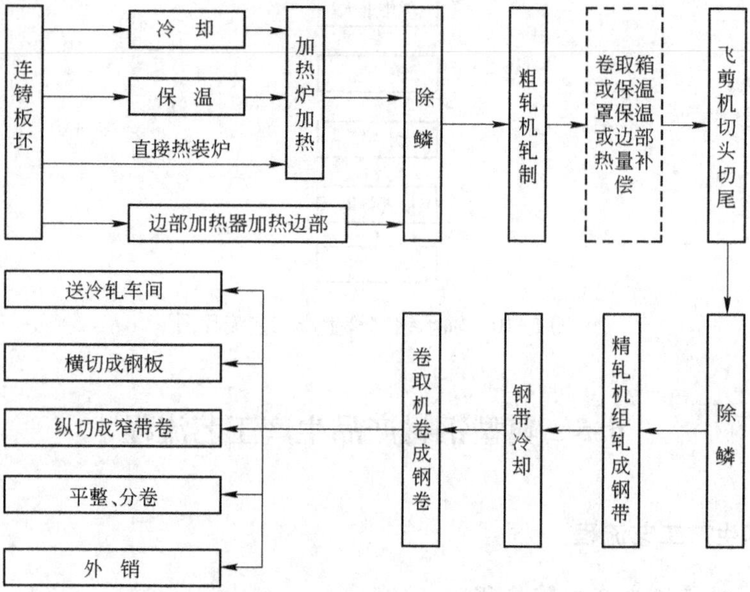

图 6-12 热轧板带钢生产工艺流程图
（虚框工艺根据具体生产线而定）

6.5.2 型钢生产工艺流程

某大型型钢车间生产工艺流程

某大型型钢车间生产的主要型钢品种有工字钢、槽钢、角钢、槽帮钢、球扁钢、轮辋钢、电

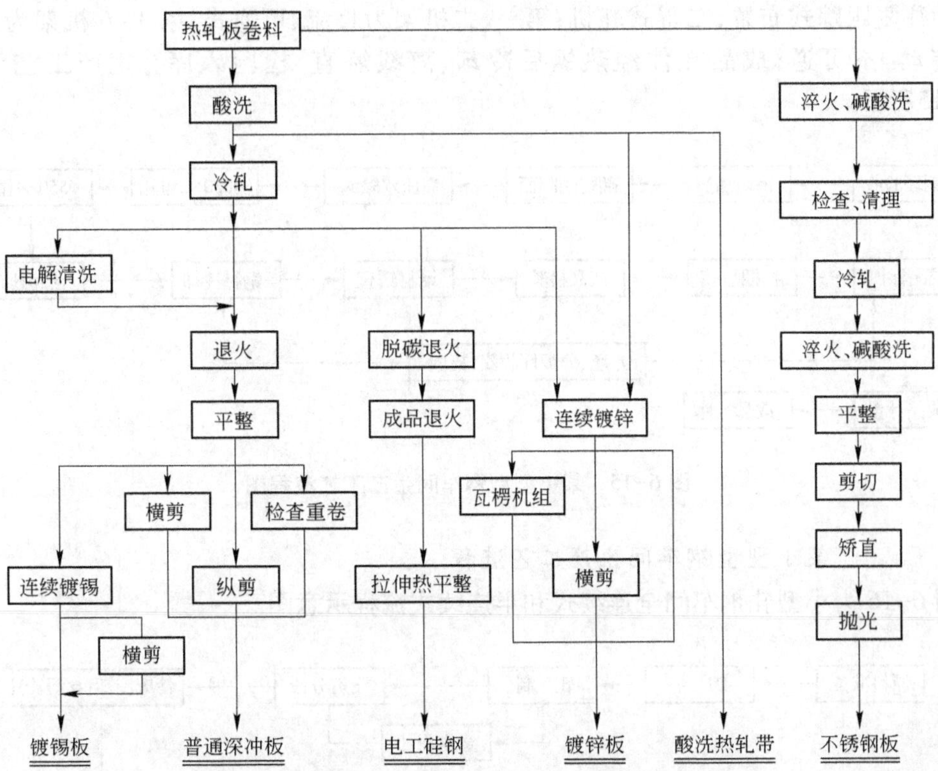

图 6-13 冷轧板带钢生产工艺流程

极扁钢、深冲扁钢、锚链圆钢、圆管坯、优碳圆钢等，并生产部分商品坯。年产量达 35 万吨左右。其 ϕ800 型钢轧机为：ϕ790×1/ϕ800×3 二辊可逆式二列布置。ϕ790×1 机列由 2800 kW 交流同步电动机带动、ϕ800×3 机列前两架由 2800 kW 直流电动机带动，成品机架由 1200 kW 直流电动机带动。连铸坯料经加热、轧制、锯切、冷却、矫直、检验、包装、入库。生产工艺流程如图 6-14 所示。

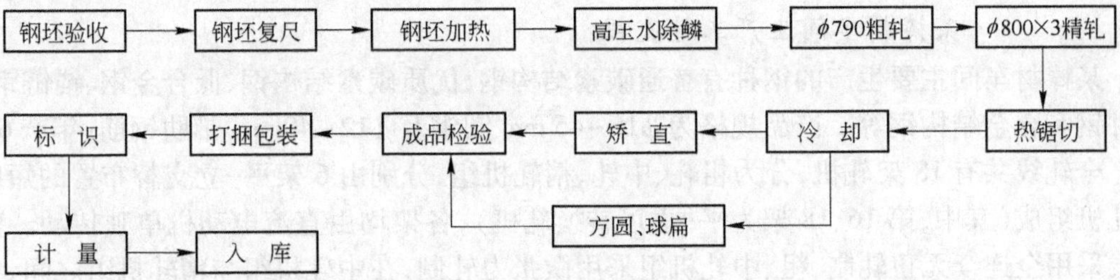

图 6-14 某大型型钢车间生产工艺流程图

某中型型钢车间生产工艺流程

某中型型钢车间生产的主要型钢品种有槽钢 12 号～16 号工字钢；14 号～16 号；角钢 8 号～12.5 号；球扁钢 14 号～20 号；轮辋钢 7.00T、7.50V；矿用槽帮钢和刮板钢；圆钢 ϕ50～66 mm、ϕ75 mm；薄板坯(9.5～15.3)mm×240 mm。年产量达 30 万吨左右，其 ϕ650/550 轧机型钢为往复跟踪式布置,二辊式轧机;第一、二机架为直流、可逆式,第3~6机架为交流电动机传动、不可逆;成品轧件经热锯后冷却、离线矫直、检验入库。生产工艺流程如图6-15所示。

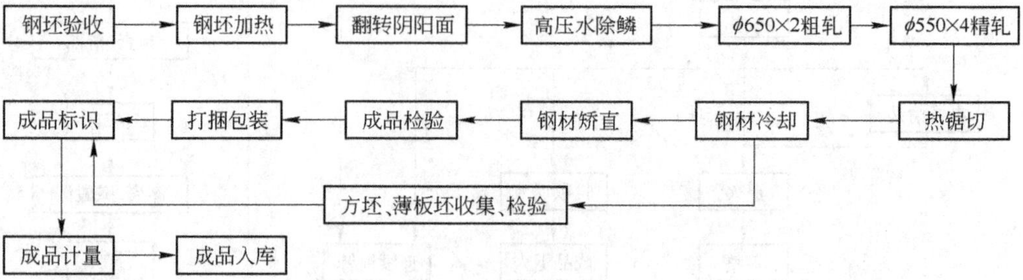

图6-15 某中型型钢车间生产工艺流程图

某小型型钢车间生产工艺流程

图6-16为小型轧钢车间全连续式和半连续式流程示意图。

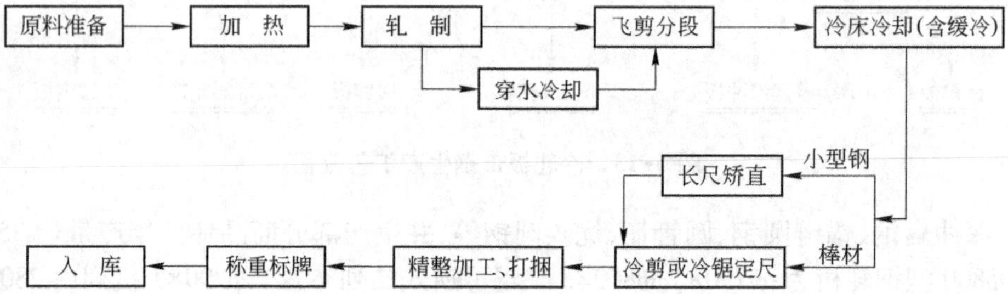

图6-16 全连续式和半连续式小型轧钢车间工艺流程示意图

6.5.3 棒线材生产工艺流程

某棒材车间生产工艺流程

某棒材车间主要生产的钢种有普通碳素结构钢、优质碳素结构钢、低合金钢、锚链钢、标准件钢和合金结构钢等。产品规格为ϕ16~45 mm圆钢及ϕ12~40 mm带肋钢筋;年产60万吨。全轧线共有18架轧机,分为粗轧、中轧、精轧机组,分别由6架平-立交替布置的短应力线轧机组成(其中,第16、18架为平-立可转换轧机),各架均由直流电动机单独传动。整个轧线采用全连续无扭轧制,粗、中轧机组采用微张力轧制,在中轧机组与精轧机组之间、精轧机组各架轧机之间均设置立活套,实行无张力控制轧制,从而生产出高精度的产品。终轧速度最快为16 m/s。在中轧机组及精轧机组前各设一台启停式飞剪对轧件进行切头、切尾及事故碎断。冷床形式为步进齿条式冷床,冷却后的钢材经冷剪剪成定尺,然后检验后打捆包装入库。生产工艺流程如图6-17所示。

某高速线材车间生产工艺流程

图6-18为某高速线材生产车间工艺流程图。

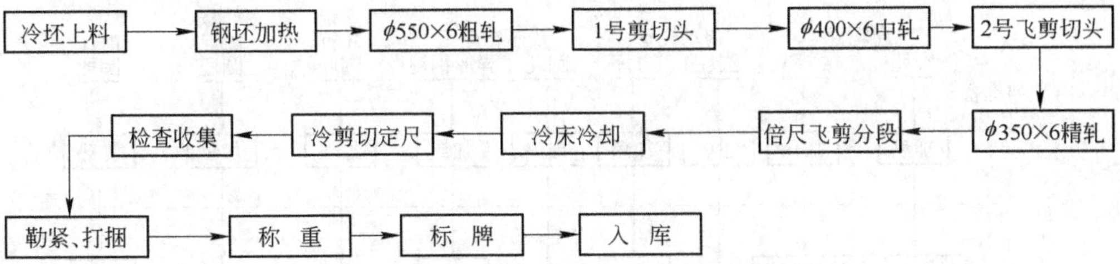

图 6-17 某棒材车间生产工艺流程图

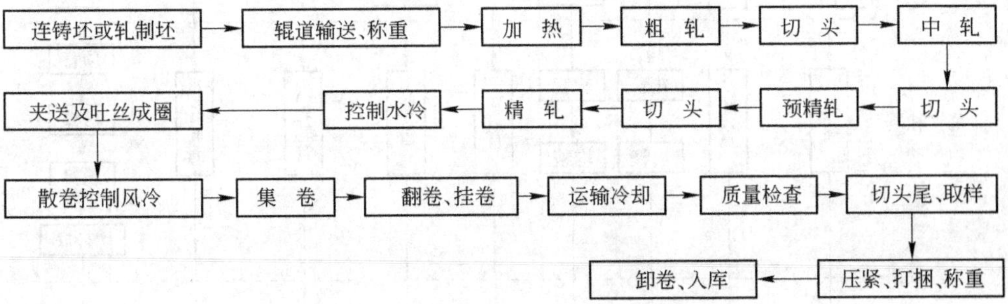

图 6-18 高速线材生产工艺流程图

某大盘卷车间生产工艺流程

某大盘卷车间是一条全连续式高速线材和大盘卷复合热轧生产线，主要生产钢种有优质碳素结构钢、合金结构钢、冷镦钢、弹簧钢、焊接用钢、轴承钢、易切削钢、PC 钢、帘线钢。产品规格为大盘卷产品（ϕ16~52 mm），年产量 11.25 万吨；高速线材产品（ϕ5.0~25 mm），年产量 33.75 万吨；合计年产 45 万吨。生产工艺流程如图 6-19 所示。

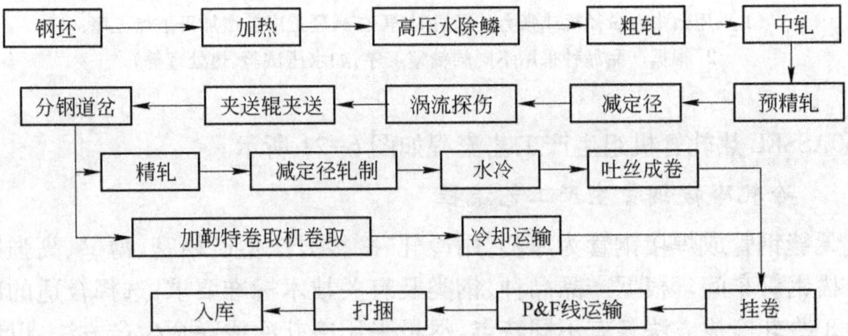

图 6-19 大盘卷（高线模式）生产工艺流程图

6.5.4 钢管生产工艺流程

热轧无缝钢管生产工艺流程

热轧无缝钢管生产工艺流程如图 6-20 所示。

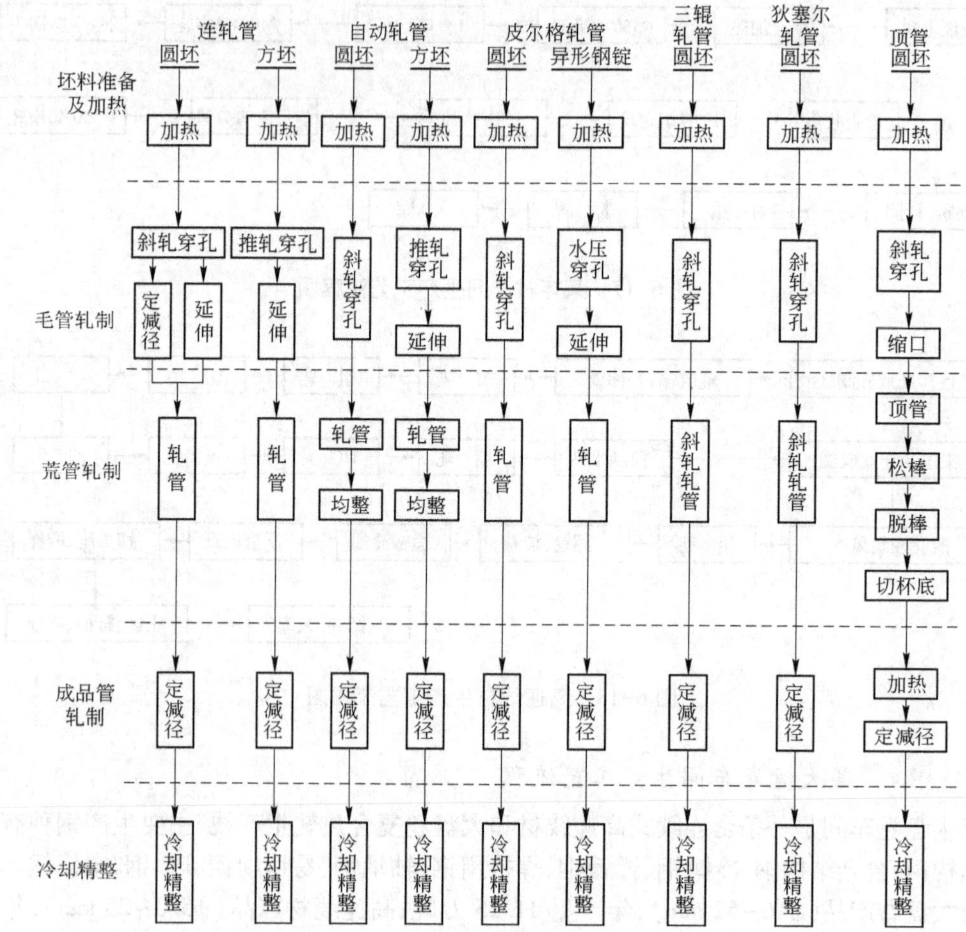

图6-20　热轧无缝钢管的生产工艺流程图
（1.采用微张力减径机或张力减径机时，需在减径工序前增加再加热工序；
2. 根据产品品种采用不同的精整工序，如水压试验、热处理等）

某 ϕ460ASSEL 热轧管机组生产工艺流程如图 6-21 所示。

冷轧冷拔钢管生产工艺流程

以热轧无缝钢管或焊接钢管为原料，用冷轧、冷拔方法生产精密、薄壁、高强度钢管的车间为冷轧冷拔钢管车间。根据产品品种、钢类及有关技术标准要求，选择合适的冷轧冷拔生产工艺。由于冷轧冷拔方法各有不同特点，尽量采用冷轧冷拔联合生产方法，以充分发挥两种方法的优点。一般利用冷轧减壁和成壁，再用冷拔定径。图 6-22 所示为碳素钢和合金钢钢管生产工艺流程；图 6-23 所示为不锈钢管生产工艺流程。

焊管生产工艺流程

以钢带或钢板为原料，在常温或加热状态下，经弯曲成形生产焊接钢管的车间为焊接车间。焊接钢管用于流体输送、机械制造、建筑结构等方面。图 6-24 所示为中小直径直缝电焊钢管常用的生产工艺流程；图 6-25 所示为螺旋焊管生产工艺流程。

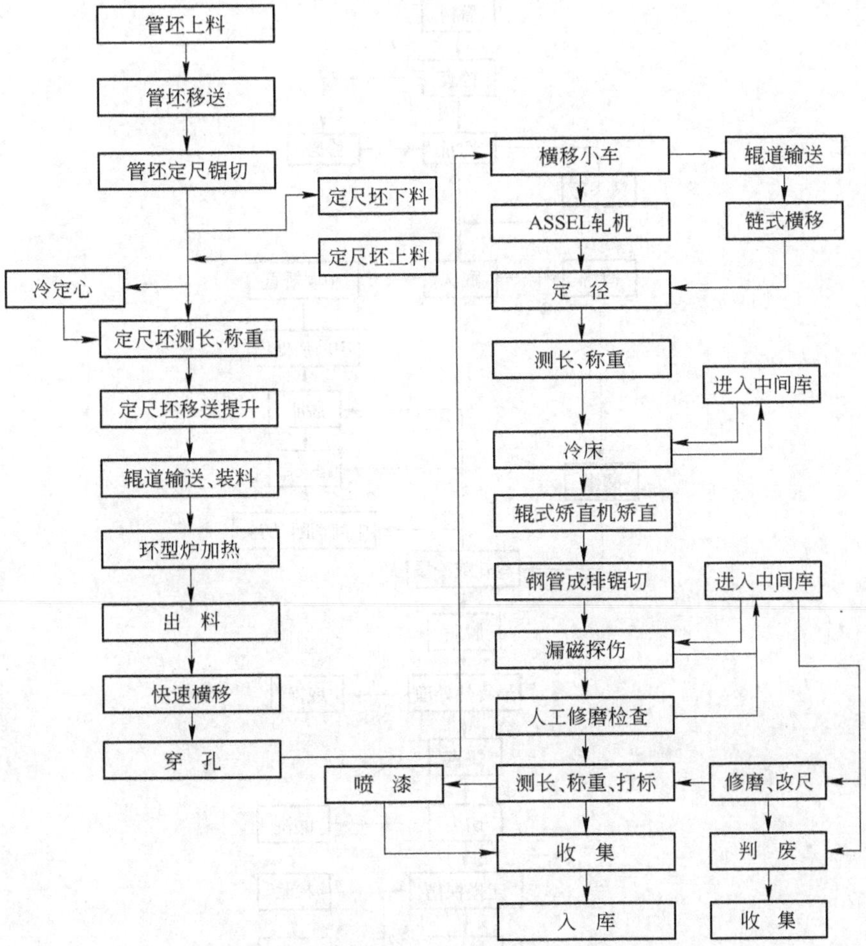

图 6-21 某 ϕ460ASSEL 热轧管机组生产工艺流程图

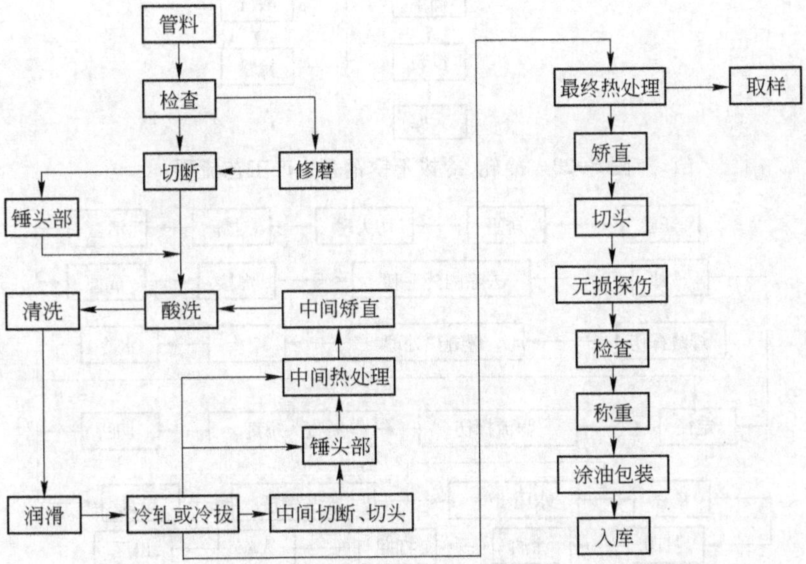

图 6-22 冷轧、冷拔碳素钢和合金钢钢管生产工艺流程

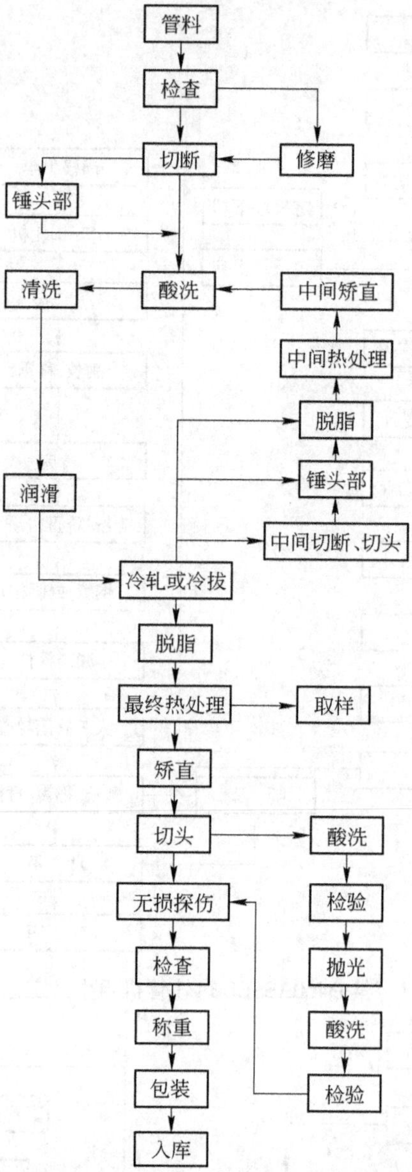

图 6-23　冷轧、冷拔不锈钢管生产工艺流程

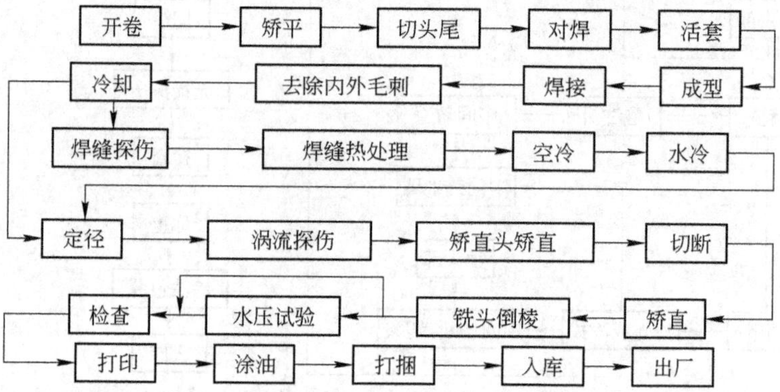

图 6-24　中小直径电焊管生产工艺流程图

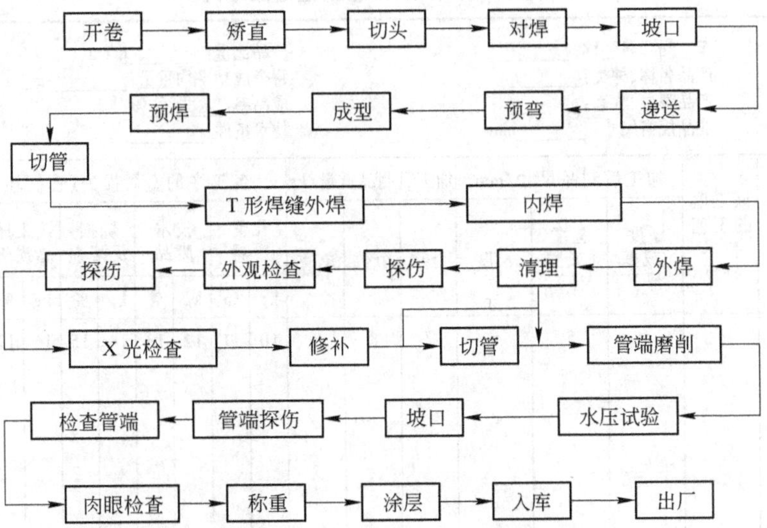

图 6-25 螺旋焊管生产工艺流程图

6.6 轧钢生产物流金属平衡

6.6.1 生产工艺流程定额卡

编制生产工艺流程定额卡的内容

生产工艺流程定额卡的主要内容是把生产工艺流程具体化并制订出各种消耗定额。在设计中总是希望采用最少的工序、最适合的设备、最先进的技术和熟练的操作,以便获得高质量的产品、高的成材率和低的成本。这就要求设计人员必须深入实际,调查研究,获得充分的实际资料和数据,加以科学的分析,进行合理的设计。

编制生产工艺流程定额卡是为设备负荷计算、平衡设备、编制金属平衡表及技术经济指标提供依据。

在制订工艺流程定额卡时,应特别注意几何损失废料和工艺损失废料(技术废品)的问题。几何废料是由于几何形状或边缘、头尾部的关系所造成的废料。它是加工过程中不可避免的,但如工序安排合理,生产组织得好,就可以减少几何废料。工艺废料主要是由于操作技术上或设备、工具上的缺陷或周围介质条件等原因而造成的,这种废料可以通过采取措施加以避免或减少到最低限度。不论哪种废料的产生都将导致成材率的下降。因此,在生产中要积极地采取有效措施减少废料和废品,提高成材率。

生产工艺流程定额卡的形式

生产工艺流程定额卡的形式如表 6-14 所示。

补偿系数 K 表示每吨成品所需各工序的投料量。K 值可用式(6-13)计算:

$$K=\frac{Q_t}{Q_{ch}}=\frac{1-S_t}{1-S_{ch}} \tag{6-13}$$

表 6-14 产品工艺流程定额卡片

车 间 名 称:________　　　　产品比重:________g/cm³
产品名称、种类:________　　　　每个成品平均重量:________kg
产品牌号、状态:________　　　　成品率:________%
成品规格尺寸:________mm　　　　技术条件:________

工序编号	工序名称	该工序的设备名称	该工序的工艺技术特点	加工后制品尺寸/mm			加工后制品重量/kg			各工序的金属损失(占锭坯重量的百分数)									
				厚度(或壁厚)	宽度(或直径)	长度	个重	个数	总重	几何废料		技术废品		烧损及溶损		该工序总损失		由开始至本工序前的累计总损失	
										kg	%	kg	%	kg	%	kg	%	kg	%
0	1	2	3	4	5	6	7	8	9	10	11	12	13	14	15	16	17	18	19
1																			
2																			
3																			
⋮																			
⋮																			
⋮																			

坯料来源,名称:________　　　　一吨成品的台时消耗:________台时
坯料尺寸:________mm　　　　一吨成品的工时消耗:________人时
每个锭坯平均重量:________kg　　　　一吨成品的工资消耗:________元
一吨成品的锭坯消耗定额:________t　　　　一吨成品的电能消耗:________kW·h

工序编号	金属补偿系数(投料量系数)K	处理一块料所需的时间				该工序每台设备的小时生产定额 H_B /t·h^{-1}	台时消耗		该工序工人总数 A	人时消耗		该工序工人的小时平均工资/元·h^{-1}	一吨料的工资消耗 $\frac{AC}{H_B}$/元	一吨成品的工资消耗 $\frac{ACK}{H_B}$/元	电能消耗/kW·h	
		机动时间 t/s	辅助时间 t'/s	总计时间			一吨料的台时消耗 I/H_B	一吨成品的台时消耗 K/H_B		一吨料的人时消耗 A/H_B	一吨成品的人时消耗 A/H_BK				该工序一台设备的有功功率 P_N/kW	一吨成品的电能消耗 $P_H\frac{K}{H_B}$
				$t+t'$ /s	T/h											
0	20	21	22	23	24	25	26	27	28	29	30	31	32	33	34	35
1																
2																
3																
⋮																
⋮																
⋮																

式中 Q_t——该工序的坯料重量;

Q_{ch}——最后一道工序终了成品重量;

S_t——累计到本工序前料的总损失量占坯的百分数;

S_{ch}——累计到最后一道工序料的总损失量占坯的百分数。

6.6.2 编制金属平衡表

编制金属平衡表的目的在于根据设计任务书的要求,参照国内外同类企业或车间所能

达到的先进指标，考虑本企业或车间的具体情况，估算生产工艺中各工序的损耗，确定出为完成年计划产量所需要的投料量，并最终编制金属平衡表。

确定计算产品的成材率

成材率是指合格成品质量与投料量之比的百分数。换句话说，也就是指一吨坯料能够生产出的合格成品重量的百分数。其计算公式为：

$$b=\frac{Q-W}{Q}\times 100\% \tag{6-14}$$

式中 b——成材率，%；

Q——投料量（原料重量），t；

W——金属的损失重量，t。

成材率乃是一项重要的技术经济指标，成材率的高低反映了生产组织管理及生产技术水平的高低。成材率应根据国内同类企业的实际成材率情况，结合本设计车间的技术特点以及各项产品工艺卡片的计算结果加以确定。

影响成材率的因素是各工序的各种损失。金属损失有以下几种：

（1）烧损。金属在高温状态下的氧化损失称为烧损，约 0.2%~6.0%。

（2）溶损。溶损指在酸、碱洗或化学处理等过程中的溶解损失，约 0.3%~2.0%。

（3）几何损失。

1）切损。切损指切头、切尾、切边等大块残料损失。型钢切损量一般不大于 5%，而钢板、钢管可达到 10%以上。

2）残屑。坯料表面缺陷以及加工后产品表面缺陷清理所造成的损失，一般为 1%~3%。

（4）工艺损失。工艺损失又称技术损失，是指各工序生产中由于设备和工具、技术操作以及表面介质问题所造成的不符合质量要求的产品。它与车间的技术装备、生产管理及操作水平有关。轧制合金钢材时所造成的工艺损失一般为 1%~3%；而轧制碳钢时所造成的工艺损失一般为 1%以下。

烧损和溶损是不可回收的损失。几何损失和工艺损失是可回收的损失。几何废料和工艺废料可返回熔铸车间重熔。

为了提高成材率，必须采取各种有效措施减少各种损失。在车间设计时，必须深入现场实际调查研究，分析同类车间的生产情况、成材率及各种损失情况，根据先进水平定出所设计车间的平均成材率及各种计算产品的成材率和各种损失率。同时还必须在设计中吸收现有生产中的先进技术和经验，改进和强化工艺，采取各种措施保证所制订的先进的成材率指标得到实现，以求达到先进的设计水平和技术经济指标。

编制金属平衡表

金属平衡是反映在某一定时期（通常是一年），产品金属材料的收支情况。它是编制车间生产预算与制订计划的重要数据，同时对于设计车间的内部运输与外部运输以及平面布置，也是极为重要的依据。因此，必须在确定成材率及金属损失率的基础上，编制出各种计算产品的金属平衡表。轧钢车间金属平衡表实例见表 6-15 和表 6-16。

表 6-15 某年产45万吨大盘卷(高线模式)车间金属平衡表

品种或钢种	连铸坯规格		坯料量		切头和轧废		烧 损		成品量	成材率
	mm	单重/kg	t/a	%	t/a	%	t/a	%	t/a	%
优质碳素结构钢、合金结构钢、冷镦钢、易切削钢	150×150×12000	2065	468750	100	14062.5	3	4687.5	1	450000	96

表 6-16 某年产30万吨中厚壁特种钢管车间金属平衡表

品种或钢种	连铸管坯规格				管坯量		消 耗						成品钢管	成材率
							切头、切屑、废品管		烧损		合计			
	直径	单重	长度	最大重量	t/a	%	t/a	%	t/a	%	t/a	%	t/a	%
	mm	kg/m	m	kg										
结构管、工程用管液压支柱支架管、石油用管、高压类管、军工用管	ϕ270	446.37	3.5~7.0	3124.6	326087	100	21196	6.5	4891	1.5	26087	8	300000	92
	ϕ330	671.07	3.5~7.0	4697.5										
	ϕ390	937.28	3.5~7.0	6561.0										
	ϕ460	1303.93	3.5~7.0	9127.3										

7 轧机选择

7.1 轧机选择的一般原则

轧机是轧制生产的主要设备,它既代表轧钢车间的技术水平,又是轧钢车间区别于其他车间类型的关键。因此,轧机选择是否合理,对轧钢生产具有重要的长远的影响。

轧机选择的主要依据是车间生产的钢材的钢种、产品品种和规格、轧制方法、生产规模大小以及由此而确定的生产工艺过程。对工艺设计者来讲,轧机选择的主要内容是:确定轧机的结构形式、确定其主要技术参数、选用轧机的架数以及布置方式。

在选择轧机时要考虑以下各项原则:

(1) 在满足产品方案的前提下,保证获得高质量的产品,并考虑到生产新产品的可能;

(2) 使轧机组成合理,布置紧凑,有较高的生产效率和设备利用系数;

(3) 有利于轧机机械化、自动化以及计算机控制的实现,有助于员工劳动条件的改善;

(4) 轧机结构形式先进合理,制造容易,操作简单,维修方便;

(5) 备品备件更换容易,并利于实现备品备件的标准化;

(6) 有良好的综合技术经济指标。

7.2 轧机机架布置及数目

7.2.1 轧机机架布置

轧钢机工作机架的布置方式取决于机架数目、生产规模、轧制品种、选用原料等。这几项条件在轧钢车间工艺设计中有极其重要的意义,它们在很大程度上决定了车间设计的合理性,并对建厂投资和车间今后发展有深远的影响。因此必须极为慎重地进行全面的分析比较后,才能确定其布置方案。

轧机按照机架布置的方式可以分为单机架、横列式(包括一列、二列和多列)、顺列式、棋盘式、半连续式和连续式等。这些轧机布置的简图如图 7-1 所示。

从这些轧机的轧制方式和它们的轧制图表的特征来看,轧机布置的基本形式只有三种,即横列式、顺列式和连续式。棋盘式可看作是为了缩短车间的长度采取的顺列式的一种变态;而半连续式则是连续式和其他形式的组合。

根据生产实践,对轧机三种布置形式,可作出下述的基本评价:

(1) 横列式轧机的轧制方式有穿梭轧制和活套轧制两种。每架轧机上可以轧制若干道次,变形灵活、适应性强、品种范围较广、控制操作容易,主要用于各种型材生产。此外,横列式轧机具有设备简单、投资少、建厂时间短的优点。但这类轧机在同一机列上各架轧辊的转速相同,不能随轧件长度增加而提高轧制速度,因而产量小,劳动生产率不高。为了克服这

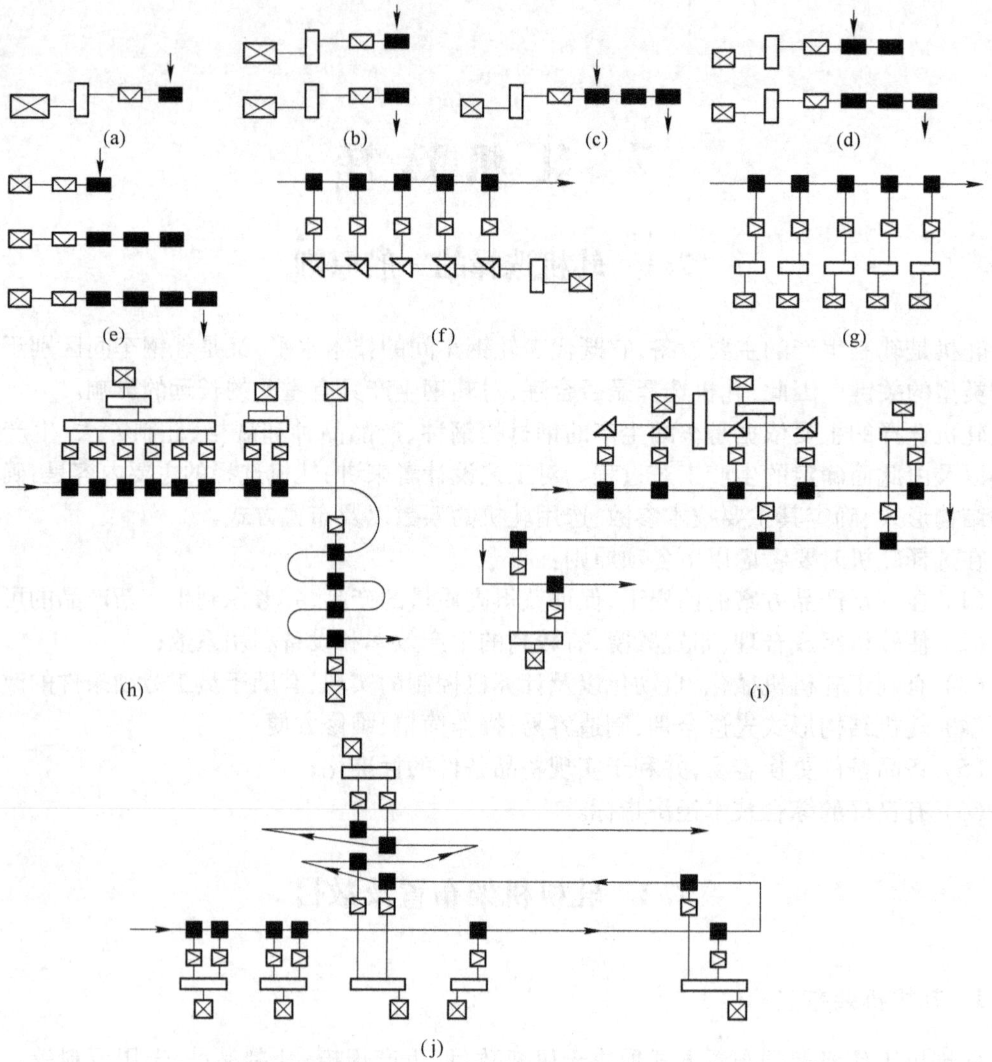

图 7-1 轧机工作机座布置形式

(a) 单机架式;(b) 双机架式;(c) 一列横列式;(d) 二列横列式;(e) 三列横列式;(f) 集体驱动连续式;(g) 单独驱动连续式;(h) 半连续式;(i) 串列往复式;(j) 布棋式

一缺点可采用多列布置,这样就可随轧件长度的增加,适当提高轧制速度。这对于生产断面较小、成品较长、温度降低较快的小型钢材是很有必要的。

(2) 顺列式轧机每架只轧一道或在某机架上可逆轧制。各架轧机具有不同的轧制速度,因此可以随轧件长度的增加而提高轧制速度,因而各架负荷均衡,生产率较高。但是轧件轧后长度随道次增加而加大,机架之间的距离也随轧件长度增加而增加。因此,顺列式布置的轧机一般占有较长的厂房,因而会增大车间面积与投资。顺列式布置轧机以生产断面规格较大的钢材为宜。

(3) 连续式布置的轧机除了每架顺次轧一道外,还必须保持各架轧机上金属流量相等的原则。连续式轧制,因易于实现轧制过程的自动化和采用较高的轧制速度而具有很高的生产能力。因而连续式布置的轧机是各类轧机发展的方向。目前钢坯、钢板及带钢、对称断面型钢及棒线材、钢管等生产已广泛应用连续式轧机。近年来，在很多车间已应用连续式轧机生产各种复杂断面的型材，如 H 型钢连轧生产线。

7.2.2 轧机机架数目

轧机机架数目的确定与机架的布置形式有关。对于每个机架只轧一道的轧机，例如顺列式和连续式布置的轧机，其机架数目的确定比较容易，因为机架数目一般不少于该车间生产产品中轧制道次最多的产品的轧制道次。轧制道次数为：

$$n=\frac{\ln\mu_{\Sigma}}{\ln\mu_{p}} \tag{7-1}$$

式中 n——轧制道次数；

μ_{Σ}——由坯料到成品的总延伸系数；

μ_{p}——平均延伸系数。

当每个机架上轧制多道次时，例如横列式轧机与可逆式轧机，机架数目的确定是比较复杂的。设计时可根据任务书的要求参照同类型车间的生产实际资料分析决定，计算只能作为分析问题时的参考。

7.3 轧机主要技术参数确定

轧机主要技术参数有轧辊直径 D、辊身长度 L、辊颈直径 d、辊颈长度 l 等。工艺设计者必须提出数据，供有关部门作为设计或制造的原始依据。

7.3.1 轧辊直径和辊身长度

在确定轧辊直径时要考虑到轧制时轧辊的抗弯强度和它允许的挠度，以保证轧辊的安全和轧制产品的尺寸精确。此外，必须注意不同轧制情况下咬入角的允许值及压下量和辊径之间的比值，以保证轧件顺利咬入。

型钢轧机轧辊名义直径　和辊身长度

型钢轧机的轧辊名义直径 D，既是轧机的主要参数，也是轧辊尺寸的主要参数。带孔型轧辊的轧辊直径有名义直径和工作直径之分。为了避免轧槽切入过深，轧辊名义直径与轧辊工作直径之比一般不大于 1.4，即：

$$\frac{D}{D_g}\leqslant 1.4 \tag{7-2}$$

式中 D——型钢轧机轧辊名义直径，mm；

D_g——型钢轧机轧辊工作直径，mm。

轧辊工作直径 D_g 主要根据轧辊强度和最大咬入角 α_{max} 来确定。在满足轧件的咬入条件下，保证轧辊强度与使用安全，用下列两个表达式计算出的 D_g 取较大值。

轧件咬入条件： $\alpha\leqslant\alpha_{max}$ 即 $D_g\geqslant\frac{\Delta h_{max}}{1-\cos\alpha_{max}}\approx\frac{2\Delta h_{max}}{f^2}$ (7-3)

轧辊强度条件： $\sigma\leqslant R_b$ (7-4)

式中　α——实际轧制的咬入角；

α_{max}——最大咬入角；

Δh_{max}——最大压下量；

f——轧件与轧辊接触之间的摩擦系数；

σ——合成应力，根据有关强度理论进行计算，与轧辊弯曲及抗扭转模量有关，也与轧辊工作直径 D_g 有关；

R_b——许用弯曲应力，MPa，$R_b=\dfrac{R_m}{n}$；

R_m——抗力强度，MPa；

n——安全系数，一般取5。

此外，必须注意不同轧制情况下咬入角的允许值及压下量和轧辊直径之间的比值，以保证轧件顺利咬入。它们之间的关系见表7-1。

表7-1　不同轧制情况下的咬入角和 $\Delta h/R$ 的关系

轧制情况	摩擦系数 f	最大咬入角 α_{max}/(°)	$\Delta h/R$ 最大比值
热轧型钢	0.36~0.47	20~25	$\frac{1}{8}$~$\frac{1}{7}$
热轧板带钢和扁钢	0.27~0.36	15~20	$\frac{1}{14}$~$\frac{1}{8}$
自动轧管机热轧钢管	—	12~14	$\frac{1}{60}$~$\frac{1}{40}$
冷轧带钢(润滑)	0.03~0.18	2~10	$\frac{1}{600}$~$\frac{1}{23}$

预选轧辊直径在设计时可以参考现有轧机情况选取，也可根据轧机轧辊名义直径与轧制的坯料高度的经验公式选取。

$$D=K_1H \tag{7-5}$$

式中　D——轧辊名义直径，mm；

H——坯料高度，mm；

K_1——系数，可按表7-2选取。

表7-2　不同轧机的 K_1 值范围

轧机名称	轨梁及大型轧机	中型轧机	小型轧机	线材轧机	中厚板轧机	薄板连轧机
$K_1=\dfrac{D}{H}$	2.5~4.5	2.9~5.0	4.5~6.0	5.0~8.0	4.0~6.0	8.0~11.0

由表7-2可以看出，随轧件断面高度的减小，K_1 值逐渐增大。对于多机架顺列式或连续式轧机，表中所列系数只适于粗轧机架的轧辊直径预选或校核，而对其他机架则应随着接近成品机架而采取愈来愈小的轧辊直径值。因为愈接近成品机架，由于断面尺寸和压下量的减少，金属对轧辊的压力大为减小，轧制的咬入条件大为改善。这样选取轧辊直径有利于减轻设备重量和减少能量消耗。在实际设计时，由于考虑到制造和备品备件管理的方便，往往采用将轧机分组的办法，使每组中轧辊直径相同。

型钢轧机轧辊辊身长度 L 与轧辊名义直径 D 的关系如下：

型钢粗轧机 $L/D=2.2\sim3.0$

型钢精轧机 $L/D=1.5\sim2.0$

不同轧机对 L/D 有不同要求，型钢轧机以考虑强度为主，而横列式型钢轧机还要考虑可能配置孔型的数目。

板带钢轧机轧辊直径　和辊身长度

板带钢轧机应先确定轧辊辊身长度 L，然后根据轧辊的强度、刚度和有关工艺条件确定其直径。辊身长度 L 应大于所轧钢板的最大宽度 b_{max}，即：

$$L=b_{max}+\Delta \tag{7-6}$$

式中　Δ——辊身长度余量，根据板带钢最大宽度及操作条件选取，热轧时取上限，冷轧时取下限。

当 $b_{max}<400$ mm 时，$\Delta=50\sim100$ mm，

当 $b_{max}=400\sim1200$ mm 时，$\Delta\approx100$ mm，

当 $b_{max}=1000\sim2500$ mm 时，$\Delta=150\sim200$ mm，

当 $b_{max}>2500$ mm 时，$\Delta=200\sim400$ mm。

辊身长度确定后，对二辊轧机可根据咬入条件及轧辊强度确定其工作直径。

对于四辊轧机，为了减小轧制力，需尽量使工作辊直径小些，但工作辊最小直径受轧辊辊颈和辊头的扭转强度及咬入条件的限制。支撑辊直径主要决定于刚度和强度的要求。

四辊轧机的辊身长度确定后，可根据表 7-3 确定工作辊直径 D_g 和支撑辊直径 D_z。

表 7-3　各种四辊轧机的 L/D_g、L/D_z 及 D_z/D_g

轧机名称		L/D_g		L/D_z		D_z/D_g		备注
		比值	常用比值	比值	常用比值	比值	常用比值	
厚板轧机		3.0~5.2	3.2~4.5	1.9~2.7	2.0~2.5	1.5~2.2	1.6~2.0	此表是根据辊身长度在 1120 ~ 5500 mm 范围内的 165 台四辊轧机统计而得
宽带钢轧机	粗轧机座	1.5~3.5	1.7~2.8	1.0~1.8	1.3~1.5	1.2~2.0	1.3~1.5	
	精轧机座	2.1~4.0	2.4~2.8	1.0~1.8	1.3~1.5	1.8~2.2	1.9~2.1	
冷轧板带轧机		2.3~3.0	2.5~2.9	0.8~1.8	0.9~1.4	2.3~3.5	2.5~2.9	

通常根据最小可轧厚度 h_{min} 与工作辊直径 D_g 关系的经验公式选择：

有张力轧制时　$D_g=(1500\sim2000)h_{min}$

无张力轧制时　$D_g=1000h_{min}$

也可根据轧机轧辊直径与轧制的坯料高度选择，见表 7-1。

钢管轧机轧辊直径　和辊身长度

小规格钢管轧机的轧辊直径 D 按式(7-7)确定。

$$D=nd+K \tag{7-7}$$

式中　d——坯料直径，mm；

K——附加值，不超过 450 mm，通常取 80~150 mm；

n——系数，穿孔机、轧管机、均整机可选为 2，定径机、减径机、连续式轧管机一般选为 1。

生产钢管的穿孔机及均整机的辊身长度 L 除了强度条件外，还须考虑荒管或管坯的咬

入条件和钢管的质量，其 L/D 值小于1。

穿孔机 $L/D=0.55\sim0.70$

均整机 $L/D=0.80\sim0.90$

自动轧管机 $L/D=1.45\sim1.55$

定径机、减径机和连续式轧管机的辊身长度 L 按式(7-8)选取。

$$L=D_{max}+(80\sim150) \tag{7-8}$$

式中 D_{max}——钢管最大直径，mm。

7.3.2 辊颈直径和辊颈长度

辊颈尺寸与所用的轴承形式有关。选取滚动轴承，由于其外围尺寸较大，辊颈直径就无法取得很大。轧辊轴颈直径和轴颈长度一般按式(7-9)和式(7-10)选取。

$$d=(0.5\sim0.55)D \tag{7-9}$$

$$l=(0.83\sim1.0)d \tag{7-10}$$

式中 d——轧辊辊颈直径，mm；

D——轧辊辊身直径，mm；

l——轧辊辊颈长度，mm。

如果选取滑动轴承，则允许轧辊辊颈直径大些。表7-4列出了各种轧机使用滑动轴承时的辊颈尺寸。

表7-4 使用滑动轴承时轧辊尺寸参数

轧机类型	d/D	l/d	r/D
三辊型钢轧机	0.55~0.63	0.92~1.20	0.065
二辊型钢轧机	0.60~0.70	1.20	0.065
小型及线材轧机	0.53~0.55	1.20~1.30	0.065
中厚板轧机	0.67~0.75	0.83~1.00	0.1~0.12
二辊薄板轧机	0.75~0.80	0.80~1.00	0.05~0.09

注：D 为新辊直径，r 为过渡圆角半径。

7.3.3 轧辊材质的选择

轧辊材质选用要综合考虑轧机特点、轧辊工作条件、各类轧辊材质特性、轧辊设计、原用轧辊的主要失效形式等诸多因素。

常用的轧辊材质有锻钢、铸钢和铸铁等。

(1) 锻钢。

在《锻钢冷轧工作辊通用技术条件》(GB/T 13314—2008)中列出了冷轧辊用钢牌号。

冷轧轧辊用钢牌号有9Cr2、8Cr2MoV、9Cr2Mo、9Cr2MoV、9Cr3Mo、8Cr3MoV及8Cr5MoV等。

(2) 铸钢。在《铸钢轧辊》(GB/T 1503—2008)中列出了用于轧辊的合金铸钢及适用轧机要求。

(3) 铸铁。在《铸铁轧辊》(GB/T 1504—2008)中列出了用于轧辊的铸铁及适用轧机等要求。

7.4 轧机结构形式

工艺设计者除从生产工艺出发提出轧机结构参数如轧辊直径和辊身长度外,也应初步提出或选定某些轧机结构,为制造或设计单位提供参考。

轧机结构形式主要以轧辊尺寸、轧辊数目、轧辊放置方法以及机架类型等进行区别。而这些与生产中许多问题密切相关。因此在选用或确定轧机结构形式时,必须从多方面考虑分析后才能较好地决定。应考虑的方面有:

(1) 轧制方法。轧制按大的分类有横轧、纵轧、斜轧及特殊轧制等,不同的轧制方法使轧辊的数目、放置、转向等均有所不同,这必然给轧机结构带来巨大差异。此外,热轧、冷轧也因有明显不同的工艺特点,也使轧机结构形式有所不同。所以决定轧机结构形式的首要问题是轧制方法。

(2) 轧机布置形式也会影响轧机结构。例如横列式型钢轧机一般为三辊式或二辊交替式轧机。由于在一架轧机上要轧较多道次,因此要求轧辊辊身长度较长,即使标志轧机结构的重要特征参数 L/D 值较大,而顺列式及连续式轧机多半为二辊或四辊式轧机,且辊身长度可大为减小。这为轧机扩大品种、保证精度提供了条件。

(3) 轧制品种。轧制品种的不同使轧制过程中变形特点差异较大,因此对轧机要求也不一样。例如,轧制条形钢材时多为水平放置的二、三辊轧机;轧制带材薄板时多为多辊水平轧机;无缝钢管穿孔多为斜辊轧机;而特殊钢材(如车轮、轮箍)则要求特殊轧机。又例如,大型型钢轧机、厚板轧机等除要求有较大的强度外,还要求有足够的刚度,因此在轧机结构上就会有相应的差别——机架多采用闭口式,甚至采用整体铸件以增大轧机的刚度。

(4) 车间类型也对轧机结构产生影响。例如多品种的型钢车间,由于换辊频繁多采用开口机架或半闭口机架。若车间产品品种比较单一或采用整体换轧机的车间,为了保证轧机刚度,则多采用闭口机架。

由于机械制造工业和轧钢生产的日益发展,现在一方面一般轧钢机已趋于系列化;另一方面,轧机结构仍在不断发展。例如预应力轧机、短应力线轧机、紧凑式轧机、45°轧机、15°/75°轧机、Y 型轧机、各种大压下轧机、HC 轧机、CVC 轧机、PC 轧机、VC 轧机等都为选择轧机结构提供广泛的可能。

7.5 典型轧机的主要技术参数

7.5.1 型钢轧机

型钢轧机包括轨梁轧机及型钢轧机。轨梁轧机用于热轧标准钢轨和高度为 240~600 mm 的钢梁;型钢轧机用于热轧各种方钢、圆钢、扁钢、角钢、槽钢、轻轨以及高度在 240 mm 以下的工字钢。部分型材轧机主要技术参数见表 7-5。

表7-5 型钢轧机主要技术参数

<table>
<tr><th rowspan="2">轧机类型</th><th colspan="6">主要技术参数</th><th rowspan="2">电动机功率/kW</th></tr>
<tr><th>轧辊直径/mm</th><th>辊身长度/mm</th><th>轧制速度/m·s⁻¹</th><th>最大轧制压力/kN</th><th>坯料尺寸/mm</th><th>成品尺寸/mm</th></tr>
<tr><td colspan="8">单 机</td></tr>
<tr><td>φ500 三辊轧机</td><td>485~520</td><td>1500</td><td></td><td></td><td></td><td></td><td>800</td></tr>
<tr><td>φ400 轧机</td><td>375~430</td><td>1100</td><td>2.7</td><td>1300</td><td></td><td></td><td>800</td></tr>
<tr><td>φ300×5 机列</td><td>300~330</td><td>600</td><td></td><td>1000</td><td></td><td></td><td>1000</td></tr>
<tr><td>φ250×5 机列</td><td>240~270</td><td>600</td><td>1.83~2.06</td><td>1000</td><td></td><td></td><td>370</td></tr>
<tr><td>φ300 轧机</td><td>300</td><td>600~900</td><td>4.75</td><td>1000</td><td></td><td></td><td>1000</td></tr>
<tr><td colspan="8">机 组</td></tr>
<tr><td>950/800 轨梁轧机</td><td>950
800
850
650</td><td>2300
1900
1200
1200</td><td>0~5.5</td><td></td><td></td><td></td><td>7889</td></tr>
<tr><td>800~650 型钢轧机</td><td></td><td></td><td></td><td></td><td>250×250~
300×300</td><td>Φ70~200
Ⅰ、[16~30#
∟12~26#
Ω24~33(kg/m)</td><td>11140</td></tr>
<tr><td>650×3 型钢轧机</td><td>650</td><td>1800</td><td></td><td></td><td></td><td>Φ50~120
□50~100
Ⅰ10~16#
[7.5~13#
Ω11~24(kg/m)</td><td>11000</td></tr>
<tr><td>750/550 轧钢机</td><td>750/550</td><td></td><td></td><td></td><td>395×395~
470×430</td><td>60×60×6400</td><td>10065</td></tr>
<tr><td>650/400 高温合金轧机</td><td>650/400</td><td></td><td></td><td></td><td>140×140
×1400</td><td></td><td></td></tr>
<tr><td>500/370 Y 型轧机</td><td>500/370</td><td></td><td>2~4</td><td></td><td>Φ85/95×
(370~100)</td><td>Φ36×100
Φ22.5×890</td><td></td></tr>
<tr><td>650 轨梁轧机</td><td>650</td><td>1200</td><td></td><td></td><td></td><td></td><td></td></tr>
<tr><td>650 中型型钢轧机</td><td></td><td></td><td></td><td></td><td>230×230~
390×390</td><td>120×120~
140×140
Φ70~170
Ⅰ12#</td><td></td></tr>
<tr><td>350×5 轧钢机列</td><td>350</td><td></td><td>2.93</td><td></td><td></td><td>Φ16~60
□16~60
∟3.6~8#
[5~10#
Ω8~18(kg/m)</td><td>1000</td></tr>
</table>

注:表中Φ、Ⅰ、[、∟、Ω分别代表圆钢、工字钢、槽钢、角钢及轻(重)轨。

7.5.2 棒材轧机

棒材轧机主要是成套高速棒材轧机设备。表7-6所列为某棒材生产车间的轧机主要技术参数。

表 7-6 某棒材生产车间轧机主要技术参数

名称	机架号	轧机规格	数量	轧辊尺寸/mm		速比 i	电动机参数		
				最大直径/最小直径	辊身长度		功率/kW	转数/r·min^{-1}	电压/V
粗轧机	1H	水平二辊 550 轧机	1	ϕ600/ϕ520	800	69.592	450	500/1200	660
	2V	立式二辊 550 轧机	1	ϕ600/ϕ520	800	55.391	450	500/1200	660
	3H	水平二辊 550 轧机	1	ϕ600/ϕ520	800	43.989	600	600/1400	660
	4V	立式二辊 450 轧机	1	ϕ490/ϕ420	700	27.011	600	600/1400	660
	5H	水平二辊 450 轧机	1	ϕ490/ϕ420	700	22.219	600	600/1400	660
	6V	立式二辊 450 轧机	1	ϕ490/ϕ420	700	17.139	600	600/1400	660
中轧机组	7H	水平二辊 380 轧机	1	ϕ420/ϕ350	650	10.93	800	600/1400	660
	8V	立式二辊 380 轧机	1	ϕ420/ϕ350	650	8.393	800	600/1400	660
	9H	水平二辊 380 轧机	1	ϕ420/ϕ350	650	7.040	800	600/1400	660
	10V	立式二辊 380 轧机	1	ϕ420/ϕ350	650	5.234	800	600/1400	660
	11H	水平二辊 380 轧机	1	ϕ420/ϕ350	650	4.29	800	600/1400	660
	12V	立式二辊 380 轧机	1	ϕ420/ϕ350	650	3.43	800	600/1400	660
精轧机组	13H	水平二辊 320 轧机	1	ϕ350/ϕ300	600	2.233	950	600/1400	660
	14H/V	立式二辊 320 轧机	1	ϕ350/ϕ300	600	1.75	1100	600/1400	660
	15H	水平二辊 320 轧机	1	ϕ350/ϕ300	600	1.62	950	600/1400	660
	16H/V	平立转换二辊 320 轧机	1	ϕ350/ϕ300	600	1.30	1100	600/1400	660
	17H	水平二辊 320 轧机	1	ϕ350/ϕ300	600	1.20	950	600/1400	660
	18H/V	平立二辊转换 320 轧机	1	ϕ350/ϕ300	600	1.00	1100	600/1400	660

7.5.3 线材轧机

线材轧机主要是成套高速线材轧机设备，精轧机的形式有三辊式、二辊式、Y 型轧机、45°无扭轧机等。表 7-7 所列为某大盘卷生产车间的轧机主要技术参数。

表 7-7 大盘卷生产(高线模式)轧机主要技术性能

机 组	机架号	轧机规格	轧辊尺寸/mm			电动机类型(DC/AC)	电动机功率/kW	电动机转速/r·min^{-1}
			最大辊径	最小辊径	辊身长度			
粗轧机组	1H	650H	700	630	750	AC	600	750/1500
	2V	650V	700	630	750	AC	600	750/1500
	3H	650H	700	630	750	AC	800	750/1500
	4V	650V	700	630	750	AC	800	750/1500
	5H	550H	600	520	750	AC	900	750/1500
	6V	550V	600	520	750	AC	800	750/1500
中轧机组	7H	550H	600	520	750	AC	900	750/1500
	8V	550V	600	520	750	AC	800	750/1500
	9H	550H	600	520	750	AC	800	750/1500

续表 7-7

机组	机架号	轧机规格	轧辊尺寸/mm			电动机类型（DC/AC）	电动机功率/kW	电动机转速/r·min^{-1}
			最大辊径	最小辊径	辊身长度			
中轧机组	10V	550V	600	520	750	AC	800	750/1500
	11H	400H	430	360	650	AC	900	750/1500
	12V	400V	430	360	650	AC	800	750/1500
预精轧机组	13H	400H	430	360	650	AC	900	750/1500
	14V	400V	430	360	650	AC	900	750/1500
	15H	400H	430	360	650	AC	900	750/1500
	16V	400V	430	360	650	AC	900	750/1500
KOCKS 减定径机组	17	380	380	370	70	AC	1200	1000/2000
	18	380	380	370	70	AC	1200	1000/2000
	19	380	380	370	70	AC	1200	1000/2000
	20	380	380	370	70	AC	1200	1000/2000
	21	380	380	370	70	AC	450	1000/2000
CL 预精轧机组	22	224	225	202	72	AC	1000	750/1500
	23	224	225	202	72	AC	1000	750/1500
6 机架精轧机组	24	224	225	202	72	AC	5000	900/1500
	25	224	225	202	72	AC		
	26	224	225	202	72	AC		
	27	160	159	143	62	AC		
	28	160	159	143	62	AC		
	29	160	159	143	62	AC		
FRS 减定径机组	30	224	225	202	72	AC	5000	900/1500
	31	224	225	202	72	AC		
	32	160	159	143	62	AC		
	33	160	159	143	62	AC		

SY 型高刚度轧机是为解决轧制特殊钢时轧制力大、轧辊有轴向窜动、接轴装拆不方便等问题而研制的一种新型无牌坊、短应力线轧机。该轧机主要用来轧制中小型棒材、型钢及线材。它取代老式横列式或复二重式刚度较低的开口式机架、胶木瓦轧机，可以提高产品精度、减轻劳动强度、提高产量。通常成品机架及成品前架采用短应力线轧机即可获得良好的轧制尺寸精度。表 7-8 所列为 SY 型高刚度轧机的主要技术性能参数。

表 7-8 SY 型高刚度轧机的主要技术性能参数（YB/T 027—2009）

性能		规格							
		SY-225	SY-228	SY-230	SY-232	SY-235	SY-240	SY-250	SY-255
轧辊直径/mm	公称	250	280	300	320	350	400	500	550
	最小	245	260	280	290	320	380	430	500
	最大	280	320	340	360	380	450	560	580

续表 7-8

性能		规格							
		SY-225	SY-228	SY-230	SY-232	SY-235	SY-240	SY-250	SY-255
辊头直径/mm		150	160	180	190	200	250	280	320
最大轧制力/kN		350	400	500	550	600	1000	1400	1900
最大轧制力矩(每根辊)/kN·m		16	20	30	45	55	75	100	200
轧机静刚度	刚度系数/kN·m	740	850	940	1200	1400	2000	2800	4000
	相应辊身长/mm	450	450	450	450	600	750	900	950
辊系重量①/t		2.7~3	3.1~3.5	4~4.5	4.3~4.8	5.5~6.5	7.2~8	11~12.5	15.5~17.5
底座重量①/t		1.5~2.5	1.8~3	2.3~3.5	2.5~3.7	3~4	3.5~4.5	3.7~5	4.6~6

① 辊系及底座重量均与辊身长度、最大轧辊辊径及轧制线标高有关,表中数字仅作参考。

7.5.4 板带钢轧机

板带轧机包括成套设备及单机两部分,用于热轧与冷轧金属厚板、中板、薄板、带材及极薄带材。板带钢轧机的主要技术参数列于表 7-9 ~表 7-15 中。

表 7-9 热轧中厚板轧机主要技术参数

名称		轧辊尺寸/mm		轧制力/kN	最大轧制速度/$m \cdot s^{-1}$	最大轧制力矩/$kN \cdot m^{-1}$	电动机功率/kW
		工作辊尺寸	支撑辊尺寸				
5500 mm 宽厚板生产线	5500 mm 四辊可逆粗轧机	φ1240×5500	φ2400×5400	10500	7.3	3820	1000
	5500 mm 四辊可逆精轧机	φ1210×5300	φ2300×4950	10000	7.3	3820	1000
5000 mm 宽厚板生产线	5000 mm 四辊可逆粗轧机	φ1240/1140×5100	φ2300/2100×4950	108000	5.2	4775	2×8000
	5000 mm 四辊可逆精轧机	φ1210/1110×5300	φ2300/2100×4950	108000	7.3	4298	2×10000
4300 mm 宽厚板生产线	4300 mm 四辊可逆粗轧机	φ(1110~1210)×4300	φ(2000~2200)×4200	90000	4.65	10250	7200
	4300 mm 四辊可逆精轧机	φ(1110~1210)×4600	φ(2000~2200)×4200	90000	7.0	10250	9000
4300 mm 四辊可逆式单机架宽厚板轧机		φ1120×4300	φ2150×4300	8000	5.76	6000	3939
3500 mm 宽厚板生产线	3500 mm 四辊可逆粗轧机	φ1150×3500	φ2100×3400	70000	4.5	2300	6000
	3500 mm 四辊可逆精轧机	φ1150×3500	φ2100×3400	70000	7	2100	8000
3000 mm 四辊可逆式单机架中厚板轧机		φ1000/940×3000	φ1800/1650×2800	55000	6.28	2×2000	2×5500
2800 mm 中厚板生产线	2800 mm 四辊可逆粗轧机	φ910/850×2800	φ1800/1700×2740	50000	5.65	2×1700	2×4200
	2800 mm 四辊可逆精轧机	φ910/850×2800	φ1800/1700×2740	50000	5.65	2×1700	2×4000
2800 mm 四辊可逆式单机架中厚板轧机		φ1000×3000	φ1800×2800	55000	6.0	2×1700	2×4200

表 7-10 热轧板带钢轧机主要技术参数

名称	轧机形式	机架数		立辊机架数	粗轧机		精轧机		坯料尺寸	
		粗轧	精轧		辊径直径/mm	辊身长度/mm	工作辊直径/mm	工作辊长度/mm	厚度/mm	宽度/mm
2050 mm 热带钢轧机	3/4 连轧	4	7	4	E1:1100/1400 R1:1350/1200 E2:1000/950 R2:1200/1630 E3:880 R3:1200/1630 E4:880 R4:1200/1630	650 2050 470 2050 450 2050 450 2050	F1~F3:850 F4~F7:760	2250	230,250	900~1930
1700 mm 热带钢轧机	3/4 连轧	3	7	3	E1:1050/1100 R1:1100/1150 E2:750/850 R2:1060/1100 E3:600/650 R3:910/960	630 1700 400 1700 300 1700	750~690	F1:1700 F2~F4: 2000 F5~F7: 1700	210,230, 250	800~1600
1580 mm 热带钢轧机	半连轧	2	7	2	E1:1000/900 R1:1350/1230 E2:1000/900 R2:1160/1060 (1480/1330)	430 1580 430 1580 (1560)	F1~F3:825 F4~F7:650	1580	230,250	900~ 1450
1780 mm 热带钢轧机	半连轧	2	7	2	E1:(预留) R1:(预留) E2:1200/1100 R2:1200/1100	430(230) 1780	F1~F3: 800/710 F4~F7: 700/625	1780	230	950~1650
1422 mm 热带钢轧机	全连轧	5	7	5	VSB:1143/1042 R1:1230/1098 R2:1230/1098 E4:864/775 R4:930/850 E5:610/521 R5:930/850 E6:610/521 R6:930/850	356 1462 1462 356 1462 203 1462 203 1462	F0:930/850 F1~F3: 730~645 F4~F7: 710~645	1422	210,230	650~1300

表 7-11 冷轧板带钢轧机主要技术参数

名称	机组形式	轧辊尺寸(辊径×辊身长度)/mm×mm		轧机电动机总功率/kW	最大轧制力/kN	成品尺寸/mm	
		工作辊	支撑辊			厚度	宽度
2030 mm 冷轧机组	全连续式五机架串列式四辊轧机	F1~F4:ϕ615/550×2030 F5:ϕ615/550×2230	ϕ1150/1425 ×2030	F1:4×1120 F2~F5: 4×1500	30000	0.3~ 3.5	900~ 1850
1420 mm 冷轧机组	酸洗—冷轧联合五机架串列式连轧机(F1~F3:四辊CVC;F4~F5:六辊 CVC)	F1~F3:ϕ445/500×1510 F4~F5:ϕ380/420×1350	中间辊: F4~F5: ϕ500/540×1510 支撑辊: F1~F5: ϕ1150/1250 ×1350	F1:2×1340 F2~F5:2 ×2000	18000	0.18~ 0.8	730~ 1230

续表 7-11

名称	机组形式	轧辊尺寸(辊径×辊身长度)/mm×mm		轧机电动机总功率/kW	最大轧制力/kN	成品尺寸/mm	
		工作辊	支撑辊			厚度	宽度
1550 mm 冷轧机组	酸洗-冷轧联合五机架串列式连轧机(UCMW 六辊轧机)	ϕ435×1580	中间辊：ϕ490×1560 支撑辊：ϕ1300×1550	F1:2×1500 F2~F5：2×2200	18000	0.3~1.6	800~1430
1800 mm 冷轧机组	酸洗—冷轧联合五机架串列式连轧机(UCM 六辊轧机)	ϕ445×1850	中间辊：ϕ530×1850 支撑辊：ϕ1370×1850	F1:1×4000 F2~F4：1×5750 F5:1×4000	24000	0.3~2.0	800~1730
1220 mm 冷轧机组	全连续式五机架串列式四辊轧机	F1:ϕ500~550×1280 F2~F5:ϕ470~533.4×1219.2	F1：ϕ1193.8~1324.4 ×1092.2 F2~F5：ϕ1193.8~1355×1092.2	F1~F5：3800AC	15000	0.17~1.0	550~1050

表 7-12　中小型精密四辊带材冷轧机(JB/T 5788—1991①)

轧机型号	工作辊辊身长度/mm	轧辊直径/mm		轧制压力/kN	最大坯料厚度/mm	最小成品厚度/mm	成品厚度偏差/mm
		工作辊	支撑辊				
PFM30	300	110	325	1000	1.5	0.1	±0.003
PFM35	350	120	350	1200	2	0.12	±0.003
PFM40	400	150	420	1500	3	0.15	±0.004
PFM45	450	180	500	2000~2500	4	0.18	±0.004
PFM50	500	200	550	3000~3500	4	0.2	±0.004
PFM60	600	250	650	3500~4500	5	0.25	±0.005
PFM70	700	250	700	4500~5500	5	0.25	±0.006

①请参考 JB/T 5788—2013。

表 7-13　十二辊轧机的主要技术参数

工作辊直径/mm	中间辊直径/mm	支撑辊直径/mm	辊身长度/mm	主传动电动机功率/kW	轧制速度/m·s^{-1}	轧制压力/kN	轧制张力/N	轧件尺寸范围/mm
ϕ12	24	75	260	7.5	1.5	—	—	1.5~0.01×216
ϕ20	41	120	260	45	2~2.5	—	—	1.5~0.025×216
ϕ32	93	185	260	50×2	2.5	—	1200~30000	2.0~0.05×200
ϕ38	50	120	350	150	1~5	350	1200~20000	0.4~0.05×300
ϕ37	93	185	260	50×2	2.5	600	1200~30000	2~0.05×200
ϕ40	72	125	700	300	1~2.5		1200~50000	1.65~0.125×635
ϕ42	93	185	160		2.5		1200~50000	2.5~0.53×100
ϕ32	40	110	300	136	1~5			0.5~0.05×250

表 7-14 二十辊轧机的主要技术参数

工作辊直径/mm	第一支撑辊直径/mm	第二支撑辊直径/mm	背衬轴承直径/mm	辊身长度/mm	主传动电动机功率/kW	轧制速度/m·s^{-1}	轧制压力/kN	轧制张力/N	轧件尺寸范围/mm
ϕ6.35	13.38	27.4	46.12	135	5.6	2.5	100	20~2000	0.15~0.005×100
ϕ6.35	12.7	25.4	47.8	135	15	0~1.25	50	75~3500	0.3~0.0025×110
ϕ6.35~10	17	35	58	135	11	0~1.25	50~65	50~3500	0.5~0.005×110
ϕ8~12	22	32	60	130	60	2.5		70~3500	0.5~0.004×100
ϕ10	24	44	80	250		1		120~8000	0.5~0.008×210
ϕ22	40	60	120	292		1		150~10000	1~0.02×216
ϕ29	52	92	160	380	260	3		600~35000	1~0.025×320
ϕ40	72	128	224	700	370	5		1000~70000	2~0.05×620
ϕ54	102	173	300	750	300	6		1500~60000	2.5~0.07×660

表 7-15 二十辊可逆冷轧机的基本参数(JB/T 5787—1991①)

型号	工作辊辊身直径/mm	支撑辊辊身直径/mm	工作辊辊身长度及带材宽度/mm				带材宽度/mm		最大工作辊辊缝/mm	张力/kN	最大轧制速度/m·s^{-1}
			最小		最大						
			带材宽度	工作辊辊身长度	带材宽度	工作辊辊身长度	坯料	成品			
BL20-45	6	45	110	150	220	240	0.2~0.5	0.0015~0.005	1.0	0.05~2.5	1.5
BL20-75	10	75	190	220	445	480	0.25~1.0	0.003~0.01	1.5	0.25~7.5	2.0
BL20-90	16	90	210	290	500	570	0.10~1.5	0.01~0.015	2.5	0.15~10	2.5
BL20-160	30	160	330	410	1200	1290	1.5~3.0	0.015~0.05	3.6	1~60	5.0
BL20-225	40	225	480	540	1500	1625	2~4.0	0.03~0.08	4.6	4~80	7.5
BL20-300	55	300	660	750	3000	3200	3~5.5	0.06~0.10	6.5	7.5~280	10

注:型号说明:

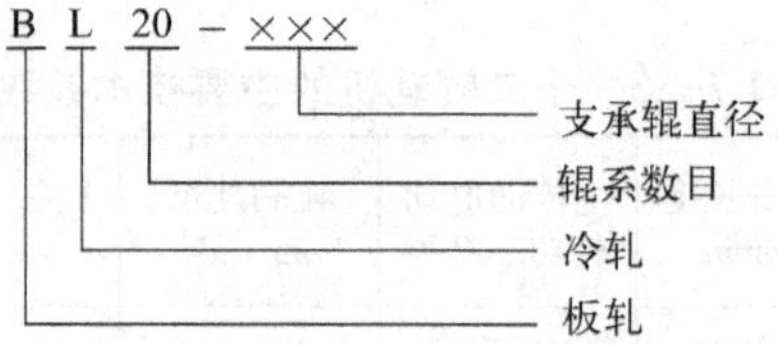

①请参考 JB/T 5787—2013。

7.5.5 钢管轧机

自动轧管机

(1) ϕ100 mm 自动轧管机主要以生产合金结构钢管、高压锅炉管及不锈钢管为主,此外还生产石油用管及轴承管等;其生产原料为热轧碳素钢、合金钢及不锈钢。

(2) ϕ76 mm 自动轧管机用于 ϕ30~76 mm、壁厚为 2.5~4 mm 的碳素钢冷拔钢管的生产。自动轧管机的主要技术性能见表 7-16。

表 7-16 自动轧管机的主要技术参数

产品名称	管坯尺寸/mm		成品尺寸/mm			轧辊尺寸/mm		电动机功率/kW
	直径	长度	直径	壁厚	长度	直径	长度	
ϕ100 mm 自动轧管机	90~110	800~2000	57~108	4~14	9000	400~450	1200	3600
ϕ76 mm 无缝管轧机	60~90	4000~6000	30~76	4~25	6000~8000	400~450	1200	

连续式轧管机和三辊式轧管机

连续式轧管机和三辊式轧管机采用八机架连轧钢管,芯棒可浮动、限动或半限动,主电动机和电控应满足连轧时的工艺要求,当芯棒限动时,半浮速控装置应满足轧制时芯棒速度保持恒定的要求。芯棒控制用伺服阀液压马达电网反馈。连续式轧管机和三辊式轧管机的主要技术性能见表 7-17。

表 7-17 连续式轧管机和三辊式轧管机的主要技术参数

产品名称	管坯尺寸/mm		成品尺寸/mm			轧辊尺寸/mm		电动机功率/kW	轧制力/kN
	直径	长度	直径	壁厚	长度	直径	长度		
76 mm 连续式轧管机	80~102	400	54~76	3	16000	290~320	160	2842	
108 mm 三辊轧管机组	80~130	250~4500	40~114	5~22	4000~9000			1500	600

冷轧管机

周期式轧管机(皮尔格冷轧管机)是冷轧管机的主要形式。它可用来生产圆管和异形管,坯料由挤压或其他方法提供,冷轧后的管材再经拉拔,可以生产较高质量的小型管材。

冷轧管机可分为二辊式冷轧管机(LG)、多辊式冷轧管机(LD)、多排辊式冷轧管机(LDP)和温轧管机(WD)等类型。多辊式冷轧管机主要用于生产硬脆性大的合金,也适用于薄壁管生产。另外还有多辊横向旋压机用于生产管材。我国机械行业标准《冷轧管机》(JB/T 5786—1991)规定了轧制成品管外径 3~200 mm、壁厚 0.1~22 mm 的碳钢,合金钢,不锈钢及有色金属管的二辊、多辊、多排辊冷轧管机和温轧管机等基本参数,见表 7-18。表 7-19 所列为适用于冷轧各种材质无缝管材的单线或多线二辊式冷轧管机主要参数及适用于冷轧各种材质精密、薄壁无缝管材的单线或多线多辊式冷轧管机主要参数。

表 7-18 冷轧管机基本参数(JB/T 5786—1991 冷轧管机)

产品型号	参数项目				
	管坯尺寸			成品管尺寸	
	外径/mm	壁厚/mm	长度/mm	外径/mm	壁厚/mm
LG-25×2	≤32	≤2.5	4600	15~25	0.5~1
LG-30Ⅱ	22~46	1.35~6	1500~5000	16~32	0.4~5
LG-30Ⅲ	22~46	1.35~6	1500~5000	16~32	0.4~5
LG-30×2	25~40	1.5~3.5	1500~6000	15~30	≥0.5
LG-30-GH	22~50	1.5~6	2000~6000	15~30	0.4~5
LG-55	38~73	1.75~12	1500~5000	22~55	0.6~10

续表 7-18

产品型号	参数项目				
	管坯尺寸			成品管尺寸	
	外径/mm	壁厚/mm	长度/mm	外径/mm	壁厚/mm
LG-80	57~102	2.5~20	1500~5000	40~80	0.75~18
LG-120	89~146	≤26	2500~6500	80~120	1.1~16
LG-150	108~171	≤28	2000~6500	100~150	3~18
LG-200	168~230	6~32	1500~6500	125~200	3.5~22
LD-8	3.5~9	0.3~1.3	1200~3000	3~8	0.1~1
LD-8×2	3.5~9	≤1.3	1200~3000	3~8	0.1~1
LD-12×2	6.5~13.5	≤1.3	1200~3000	6~12	0.1~1
LD-12×4	6.5~13.5	≤1.3	1200~3000	6~12	0.1~1
LD-15	9~17	0.3~1.8	800~4000	8~15	0.1~1
LD-15×2	9~17	0.3~1.8	800~3800	8~15	0.1~1
LD-30	17~34	≤2.5	1500~5000	15~30	0.1~2
LD-30-WS	17~34	1.5~3.5	2500~6000	15~30	0.1~2
LD-60	32~64	≤4	2000~5000	30~60	0.1~3
LD-120	63.5~127	≤3.5	2000~5000	60~120	0.25~2.5
LDP-30	22~46	2~6	2500~5000	15~30	0.4~5
LDP-80	50~100	2.5~15	2000~5000	30~80	0.5~10
WD-15	6~17	≤1.8	≥800	8~15	0.1~1.5
WD-80	17~33	≤2.5	≥2000	15~30	0.1~2

注：1. 型号组成：

□ - □ □ × □-□

- 改进型符号，以拉丁字母表示
- 同时轧管的根数（1、2、3…），1 可不表示
- 设计程序号（Ⅰ、Ⅱ、Ⅲ…），Ⅰ可不表示
- 最大成品管外径 (mm)
- 轧机品种代号，类、组、型 (LG、LD、LDP、WD)

2. 型号示例：

例1：第Ⅱ次设计，最大成品管外径 30 mm 的二辊式冷轧管机，表示为 LD-30Ⅱ

例2：第Ⅰ次设计，最大成品管外径 30 mm 的高速环孔型二辊式冷轧管机，表示为 LD-30-GH

例3：最大成品管外径 15 mm 的双线多辊式冷轧管机，表示为 LD-15×2

例4：最大成品管外径 30 mm 的无丝杠多辊式冷轧管机，表示为 LD-30-WS

例5：最大成品管外径 30 mm 的多排辊式冷轧管机，表示为 LDP-30

例6：最大成品管外径 15 mm 的温轧管机，表示为 WD-15

表 7-19 二辊式（JB/T 2477-1999）和多辊式（JB/T 2476-1999）冷轧管的主要参数

二辊式冷轧管		多辊式冷轧管	
轧机规格/mm	成品管外径/mm	轧机规格/mm	成品管外径/mm
30	15~30	15	3~15

续表 7-19

二辊式冷轧管		多辊式冷轧管	
轧机规格/mm	成品管外径/mm	轧机规格/mm	成品管外径/mm
60	25~60	30	13~30
90	50~90	60	28~60
120	80~120	90	55~90
180	110~180	120	80~120
250	170~250	180	110~180
450	240~450	250	170~250

7.5.6 冷拔机

冷拔机分为链式冷拔机、双绳冷拔机、液压冷拔机、圆盘冷拔机等形式。我国机械行业标准《JB/T 2298—2001 双链式冷拔机》规定了用于拔制黑色、有色金属管和棒材的双链式冷拔机,其冷拔道次压缩率一般应不大于 40%,管径与壁厚之比不大于 100。表 7-20 所列为 LBG 型双链冷拔管机基本参数和表 7-21 所列为 LBB 型双链冷拔棒机基本参数。

表 7-20 LBG 型双链冷拔管机基本参数(JB/T 2298-2001)

序号	型 号	额定拔制力 /kN	额定拔制速度 /m·min^{-1}	拔制速度范围 /m·min^{-1}	小车返回速度 /m·min^{-1}	最大拔制直径		拔制长度/m	拔制根数	主电机功率/kW
						黑色 /mm	有色 /mm			
1	LBG-0.5	5	40	3~80	80	5	8	8~15	1~3	4.5
2	LBG-1	10	40	3~80	80	10	15	8~15	1~3	9
3	LBG-3	30	40	3~80	80	15	20	8~15	1~3	30
4	LBG-5	50	40	3~80	80	20	30	8~15	1~3	45
5	LBG-10	100	60	3~100	100	40	55	9~28	1~3	126
6	LBG-20	200	60	3~100	100	60	80	9~28	1~3	250
7	LBG-30	300	60	3~100	100	89	130	9~28	1~3	360
8	LBG-50	500	60	3~100	100	127	150	9~28	1~3	630
9	LBG-75	750	40	3~60	60	146	175	12~18	1	630
10	LBG-100	1000	30	3~60	60	168	200	12~18	1	630
11	LBG-150	1500	30	3~60	50	180	300	12~18	1	2×470
12	LBG-200	2000	20	3~40	40	219	400	12~18	1	2×420
13	LBG-300	3000	20	3~40	40	273	500	12~18	1	2×630
14	LBG-450	4500	12	3~20	20	351	550	12~18	1	2×560
15	LBG-600	6000	12	3~20	20	450	600	12~18	1	2×750

注:1. 型号表示方法:

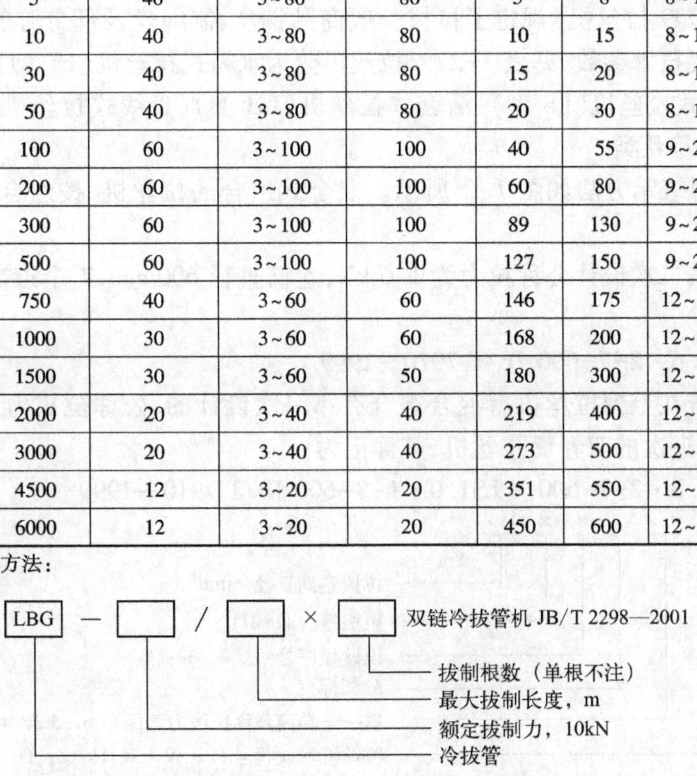

2. 标记示例:拔制力 200 kN,拔制成品长度 18 m,一次拔三根的双链式冷拔管机标记为 LBG-20/18×3 双链冷拔管机 JB/T 2298—2001

表7-21　LBB型双链冷拔棒机基本参数(JB/T 2298-2001)

序号	型 号	额定拔制力/kN	额定拔制速度/m·min^{-1}	拔制速度范围/m·min^{-1}	小车返回速度/m·min^{-1}	最大拔制直径		拔制长度/m	拔制根数	主电动机功率/kW
						黑色/mm	有色/mm			
1	LBB-5	50	30	3~60	60	16	25	13	1~3	31
2	LBB-10	100	30	3~60	60	25	35	13	1~3	63
3	LBB-20	200	30	3~60	60	50	65	13	1~3	126
4	LBB-30	300	25	3~50	50	65	80	13	1~3	160
5	LBB-50	500	25	3~50	50	90	110	13	1~3	260

注：1. 型号表示方法：

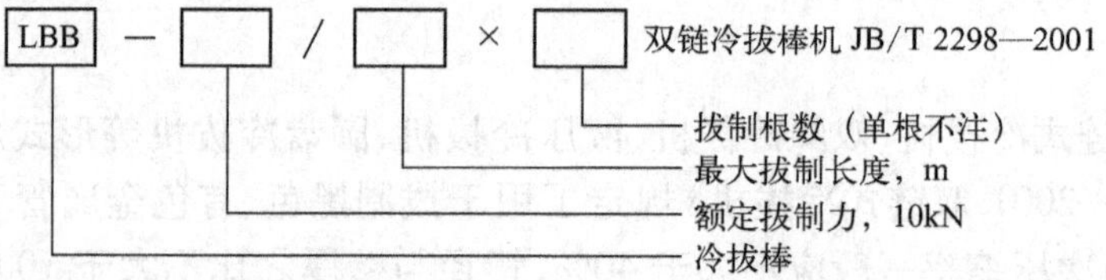

2. 标记示例：拔制力100 kN，拔制成品长度15 m，一次拔一根的双链式冷拔棒机标记为 LBB-10/15 双链冷拔棒机 JB/T 2298—2001

7.5.7　拉丝机

拉丝机是用来把经过轧制的盘条，冷拔成不同直径线材的专用设备。我国机械行业标准《JB/T 7910—1999 拉丝机》规定了拉拔一般商品钢丝、制绳丝及部分弹簧钢丝和预应力钢丝的拉丝机主要技术参数，见表7-22。拉丝机分为水箱式拉丝机（LT型）、滑轮式拉丝机（LW型）、双卷筒式拉丝机（LS型）、活套式拉丝机（LH型）、直线式拉丝机（LZ型）和单次式拉丝机（LD型）等几类。

拉丝机的型号表示方法如图7-2所示。混合式组合的拉丝机，按组合次序排列，中间用“+”号连接。

【例7-1】　第二次设计公称拉力为1.6 kN，卷筒直径600 mm，7个道次的滑轮式拉丝机，其标记为：

拉丝机 LW 1.6·2-7-600 JB/T 7910—1999

【例7-2】　若在上列拉丝机后混合组合有第一次设计的，公称拉拔力为1.0 kN，卷筒直径600 mm，3个道次的双卷筒拉丝机，其标记为：

拉丝机 LW 1.6·2-7-600 + LS1.0·1-3-600 JB/T 7910—1999

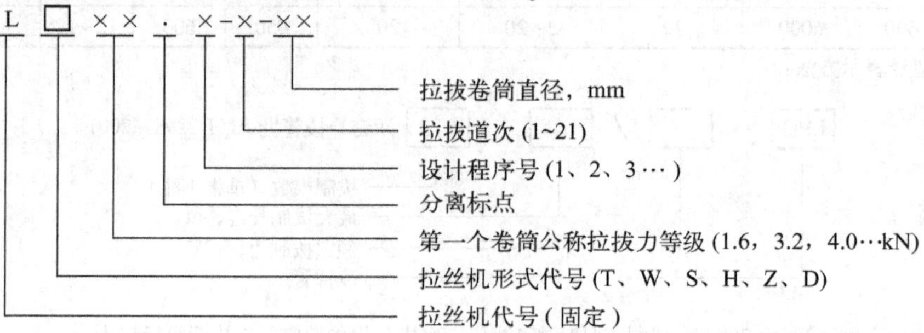

图7-2　拉丝机的型号表示方法

表 7-22 拉丝机的基本参数(JB/T 7910-1999)

拉丝机形式	LT	LW	LS	LH	LZ	LD	最多拉拔道次
拉丝机成品/mm	0.1~1.2	0.5~4.5	0.4~3.5	0.5~6.0	0.5~7.0	<22	
工作特性	滑动式拉丝，多道次拉拔	无滑动积线式拉丝，有扭转	无滑动积线式拉丝，无扭转	无滑动、无扭转	无滑动、无扭转	1~2 道次拉拔	
公称拉拔力/kN	拉拔卷筒直径/mm						
	LT	LW	LS	LH	LZ	LD	
1.6	160	—	—	—	—	—	21
	200	—	—	—	—	—	
	220	—	—	—	—	—	
3.2	280	—	220	220	220	—	15(21)
	300	—	280	280	280	—	
	350	—	300	300	300	—	
4.0	350	280	280	280	280	—	15(21)
	400	300	300	300	300	—	
	450	350	350	350	350	—	
6.3	—	350	350	350	350	—	12
	—	400	400	400	400	—	
	—	450	450	450	450	—	
10.0	—	450	450	450	450	—	12
	—	500	500	500	500	—	
	—	560	560	560	560	—	
16.0	—	560	560	560	560	560	11
	—	600	600	600	600	600	
	—	670	670	670	670	670	
25.0	—	670	670	670	670	670	11
	—	700	700	700	700	700	
	—	750	750	750	750	750	
40.0	—	750	750	750	750	750	10
	—	—	—	750	750	750	
63.0	—	—	—	900	900	900	10
80.0	—	—	—	—	900	900	10
100.0	—	—	—	—	900	900	10
125.0	—	—	—	—	1200	1200	10

注：1. 括号内数值为水箱拉丝机最大拉拔道次。
2. 线材的拉拔强度为 350~1400MPa。
3. 最大进线直径为 22mm。

8 轧钢厂年产量计算

8.1 轧制图表

轧制图表又称轧机工作图表。它是以轧钢机架布置及道次分配为纵坐标，时间为横坐标，能充分反映车间某种产品全面轧制情况的图表（如图 8-1 所示）。它是研究和分析轧制过程的工具。

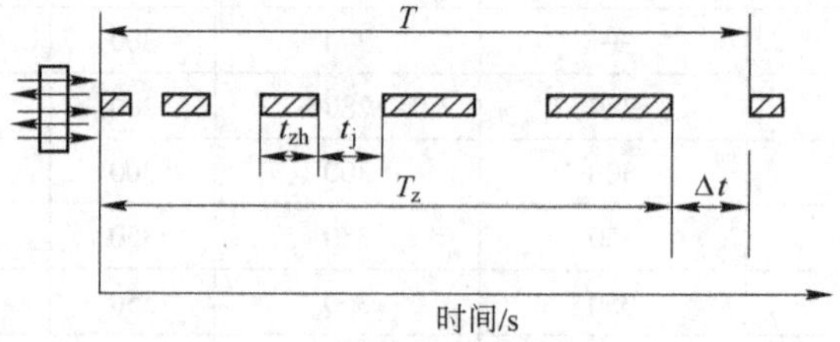

图 8-1　单机座轧机的工作图表

t_{zh}—各道纯轧时间（s）；t_j—各道间的间隙时间（s）；T_z—轧制总延续时间（s）；
Δt—上根轧完到下根开轧的间隙时间（s）；T—轧制周期（轧制节奏）时间（s）

8.1.1　研究轧制图表的意义

轧制是轧钢生产工艺过程的核心，原料通过轧制过程完成其成形过程。制订某种产品的轧制图表，对它进行分析研究，探讨轧制过程的合理性。一般来讲，轧制图表在轧钢生产中的作用如下：

（1）分析和研究生产该产品时轧机工作情况，找出工序间的薄弱环节，提出改进方法，不断使轧制过程趋于合理。

（2）可准确地计算轧制的各种时间，特别是同时轧制的轧件的交叉时间和轧制节奏时间，用以计算轧机产量。

（3）为计算各机架轧辊所承受的轧制压力和不同时间电动机负荷提供可靠的计算依据，从而为选择或校核设备能力提供有利条件。

8.1.2　轧制图表的含义

轧制图表表示和反映了轧制道次和时间之间的关系，图表主要反映轧制过程中的纯轧时间、间隙时间、轧制总延续时间和轧制节奏时间的变化规律。从图表（如图 8-1 所示）中可以清楚看出：

（1）轧制图表中充分反映四个特征时间，即各道纯轧时间、各道间的间隙时间、轧制总延续时间和轧制节奏时间。

（2）轧制过程中各道次轧制情况。

（3）轧件在任一时间内所处的位置，与哪几根钢同时轧制的情况。

8.1.3 轧制图表的基本形式

单机座轧机的轧制图表

单机架轧机轧制图表包括厚板轧机、中板轧机等轧机的轧制图表。这类轧机的轧制图表如图 8-1 所示，特点如下。

（1）各道纯轧时间 t_{zh}：由于各道次都在同一轧机上进行，虽然有的轧机的轧制速度可以调整，但随着道次增加，轧件长度也加长。因此，一般情况下，各道次的纯轧时间随道次递增。

（2）各道间的间隙时间 t_j：因各道间操作需要而异，它没有固定的变化规律。

（3）轧制总延续时间 T_z：为各道次纯轧时间和各道间间隙时间之和。

$$T_z = \sum t_{zh} + \sum t_j$$

（4）轧制节奏时间 T：

$$T = T_z + \Delta t$$

横列式穿梭轧制轧机的轧制图表

横列式轧机有一列、两列及多列之分。这类轧机在生产断面尺寸较大的钢材时，采用穿梭轧制方式轧制，即使轧件头尾相互交替喂钢。其轧制图表如图 8-2 所示，特点如下。

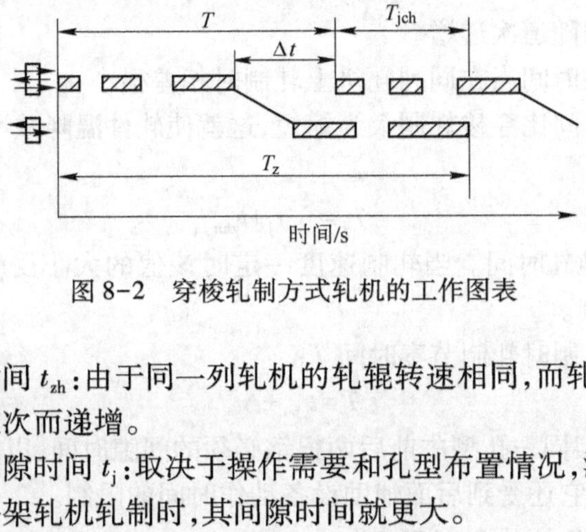

图 8-2 穿梭轧制方式轧机的工作图表

（1）每道的纯轧时间 t_{zh}：由于同一列轧机的轧辊转速相同，而轧件因延伸而越轧越长，所以纯轧时间随轧制道次而递增。

（2）各道之间的间隙时间 t_j：取决于操作需要和孔型布置情况，波动很大。如果轧件需由一架轧机横移到另一架轧机轧制时，其间隙时间就更大。

（3）存在交叉轧制时间 T_{jch}：即轧制过程中若干轧件同时在一架轧机上或同一列轧机上轧制的时间。从图 8-2 可以看出，交叉轧制时间实质上是前后两根钢材在轧制总延续时间中的重叠部分。

（4）轧制节奏时间 T：

$$T = T_z - T_{jch} \tag{8-1}$$

由式(8-1)可知，两根料交叉轧制的时间愈长，轧制节奏时间愈短，轧机产量愈高。这是轧钢工作者制订轧制工艺时应特别注意的地方。

（5）由于上述种种原因，这种轧制方式的轧制总延续时间往往较大，若轧件断面较小，往往会造成轧件头尾温差过大而造成产品质量不合要求。因此一般只适合生产规格较大的钢材。

对于双机架中厚板轧机布置，由于采用可逆轧制方法，轧机的工作图表可以参照图8-2确定。中厚板轧机轧制时，道次间的间隙时间取决于电动机压下、电动机正反转交替、轧件在辊道上抛出后返回时间、轧件是否在辊道上转钢、轧件对中及轧件控温等因素。

横列式活套轧制轧机的轧制图表

横列式轧机上生产断面规格较小的产品时，常采用活套轧制，其轧制图表如图8-3所示，特点如下。

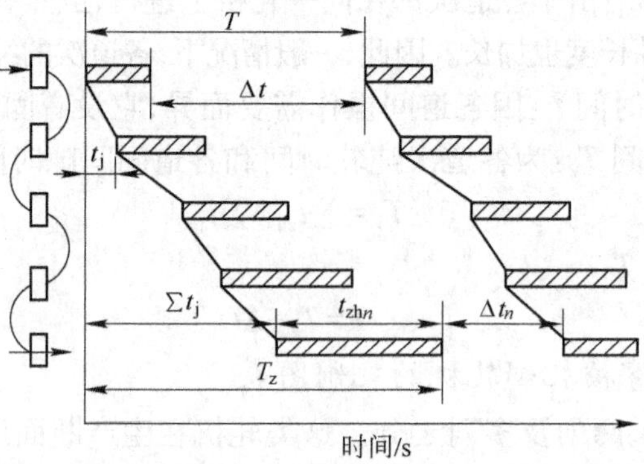

图8-3　带活套轧制的轧机工作图表

(1) 各道纯轧时间随道次递增。

(2) 各道间的间隙时间当在同列轧机上轧制时相差很小。

(3) 轧制总延续时间比穿梭轧制大为缩短，这就使轧件温降减小，有利于小断面钢材的轧制：

$$T_z = \sum t_j + t_{zhn}$$

式中　t_{zhn}——成品孔纯轧时间。当轧制速度一定时该值的大小受轧制温度及轧件头尾温差所限制。

(4) 当成品单根轧制时轧制节奏时间 T：

$$T = t_{zhn} + \Delta t_n$$

式中　Δt_n——成品机架同一孔型中前后两根钢必须的间隙时间，以防止前后钢料搭头而损伤轧槽；它还受到后面辅助设备动作时间的限制。

顺列式轧机的轧制图表

顺列式布置的轧机每架轧机上只轧一道，有较高的机械化水平，生产能力大，能生产断面形状复杂的大型钢材。这类轧机的轧制图表如图8-4所示，特点如下。

(1) 由于各架轧制速度可调，各架的纯轧时间近似相等。

$$t_{zh1} = t_{zh2} = t_{zh3} = \cdots = t_{zhn}$$

(2) 通过调整轧制速度，可使各道之间的间隙时间近似相等。

$$t_{j1} = t_{j2} = t_{j3} = \cdots = t_{jn}$$

(3) 由于上述原因，轧 n 道后的轧制总延续时间为：

$$T_z = \sum t_{zh} + \sum t_j = nt_{zh} + (n-1)t_j$$

（4）轧制节奏时间等于一道的纯轧时间加上前后两根钢材之间的间隙时间，即：

$$T=t_{zh}+\Delta t$$

连续式轧机的轧制图表

连续式轧机的工作图表如图 8-5 所示，特点如下。

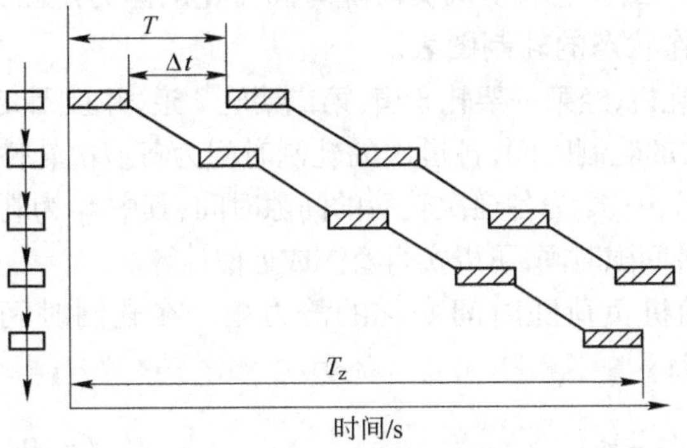

图 8-4　顺列式轧机的工作图表

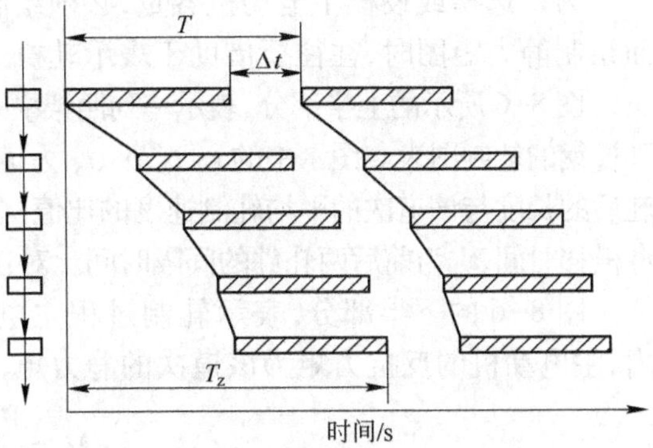

图 8-5　连续式轧机的工作图表

（1）因通过各机架的金属秒流量相等，故各道纯轧时间应该相等。

$$t_{zh1}=t_{zh2}=t_{zh3}=\cdots=t_{zhn}$$

（2）当轧机间距相同时，各道间的间隙时间随各机架轧制速度的增加而依次递减。

$$t_{j1}>t_{j2}>t_{j3}>\cdots>t_{jn}$$

（3）轧制总延续时间比顺列式小得多。

$$T_z=t_{zh}+\sum t_j$$

（4）轧制节奏时间与顺列式相同。

$$T=t_{zh}+\Delta t$$

由以上分析可以看出，连续式轧制有较短的轧制总延续时间和轧制节奏时间。这就是为什么连续式轧制有较高的小时产量和在一定加工温度范围内完成较大的金属轧制变形的重要原因。

综合上述几种典型的轧制图表形式，它们的时间特征可以归纳为表 8-1 所示的关系。

表 8-1　不同轧机布置的时间特征

特征时间	轧机布置形式				
	单机可逆式	横列穿梭式	横列活套式	顺列式	连续式
各道次纯轧时间 t_{zh}	递　增	递　增	递　增	相　等	相　等
道次间的间隙时间 t_j	不　定	不　定	相　等	相　等	递　减
轧制总延续时间 T_z	$\sum t_{zh}+\sum t_j$	$\sum t_{zh}+\sum t_j$	$\sum t_j+\sum t_{zhn}$	$nt_{zh}+(n-1)t_j$	$t_{zh}+\sum t_j$
轧制节奏时间 T	$T_z+\Delta t$	T_z-T_{jch}	$t_{zhn}+\Delta t_n$	$t_{zh}+\Delta t$	$t_{zh}+\Delta t$

8.2 主电动机负荷及容量校核

8.2.1 轧制图表与静力矩图

为了选择或校核主电动机容量，必须绘制出表示主电动机负荷随时间变化的静力矩图，而绘制静力矩图时，往往要借助于表示轧机工作状态的轧制图表。

图 8-6 所示的上半部分，表示一列两架横列轧机，经第一架轧 3 道，第二架轧 2 道，并且无交叉过钢的轧制图表。图示中的 t_1、t_2、…、t_5 为道次的轧制时间，各道次的轧制时间为各道次轧件轧后的长度与该道次的平均轧制速度的比值；t'_1、t'_2、…、t'_5 为各道次轧后的间隙时间，其中 t'_3 为轧件横移时间，t'_5 为前后两轧件的间隔时间。对各种间隙时间，可以实行实测或近似计算。

图 8-6 的下半部分，表示轧制过程主电动机负荷随时间变化的静力矩。在轧制时间内，主电动机的反抗力矩为该道次的静力矩，即：

$$M_j = \frac{M_z}{i} + M_f + M_k \tag{8-2}$$

式中 M_j——静力矩；

M_z——轧制力矩；

M_f——附加摩擦力矩；

M_k——空转力矩；

i——电动机和轧辊之间的传动比。

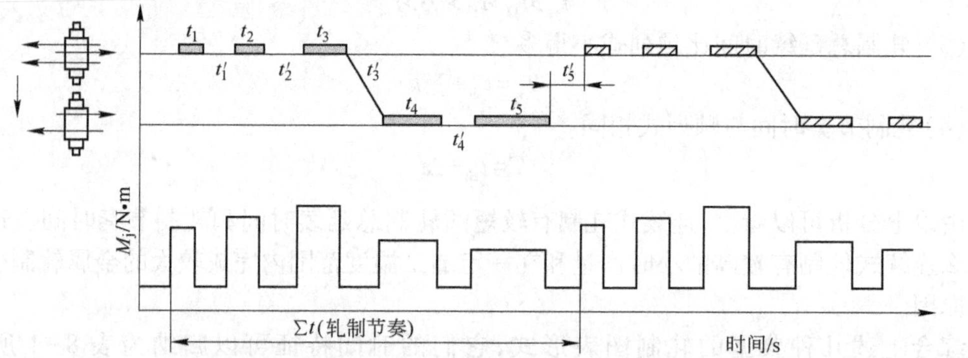

图 8-6 单根过钢时轧制图表与静力矩图(横列式轧机)

主电动机负荷变化的一个循环，即轧件从进入轧辊到最后离开轧辊并送入下一轧件为止的过程，称为轧制节奏(或轧制周期)。

8.2.2 可逆式轧机的负荷图

在可逆式轧机中，轧制过程是轧辊在低速咬入轧件，然后提高轧制速度进行轧制，之后又降低轧制速度，实现低速抛出。因此轧件通过轧辊的时间由三部分组成：加速期、稳定轧制期、减速期。

由于轧制速度在轧制过程中是变化的，所以负荷图必须考虑动力矩 M_d，此时负荷图是由静负荷与动负荷组成的，如图 8-7 所示。

如果主电动机在加速器期的加速度用 a 表示，在减速期用 b 表示，则在这期间内转动的总力矩为：

加速轧制期　$M_2=M_j+M_d=M_j+\frac{GD^2}{38.2}a$

等速轧制期　$M_3=M_j=\frac{M_z}{i}+M_f+M_k$

减速轧制期　$M_4=M_j-M_d=M_j-\frac{GD^2}{38.2}b$

式中　M_j——静力矩；
M_d——动力矩；
GD^2——传动轴上的转动惯量；
M_f——摩擦力矩；
M_k——空转力矩；
M_z——轧制力矩；
i——电动机到轧辊的传动比。

同样，可逆式轧机在空转时也分加速期、减速期和等速期。在空转时各期间的总力矩为

空转加速期　$M_1=M_k+M_d=M_k+\frac{GD^2}{38.2}a$

空转减速期　$M_5=M_k-M_d=M_k-\frac{GD^2}{38.2}b$

空转等速期　$M_6=M_k$

加速度 a 和 b 的数值取决于主电动机的特性及其控制线路。

图 8-7 给出了当 $n<n_H$（主电动机额定转速）时的力矩图的绘制，图 8-8 给出了当 $n>n_H$（主电机额定转速）时的力矩图的绘制。

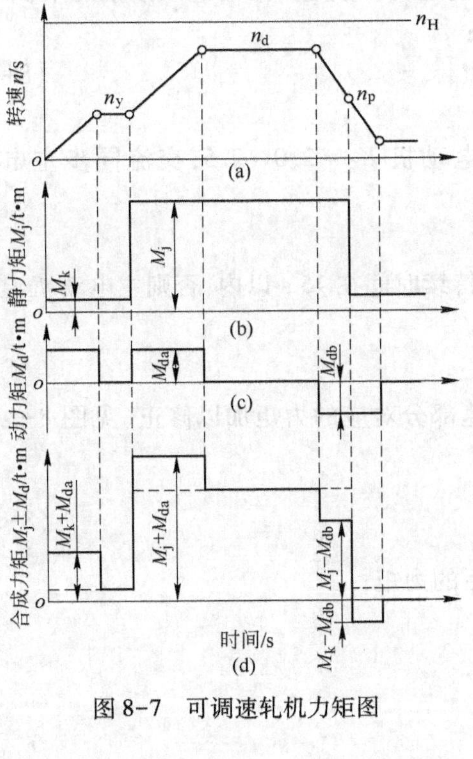

图 8-7　可调速轧机力矩图

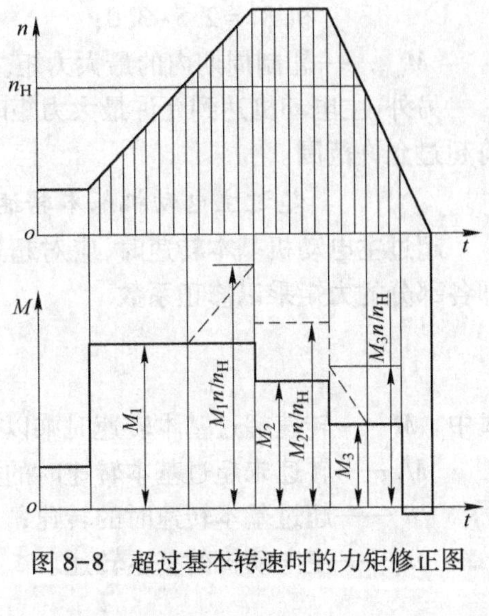

图 8-8　超过基本转速时的力矩修正图

8.2.3 主电动机容量选择与核算

为了保证主电动机的正常工作，在轧制时，主电动机必须同时满足不过载、不过热两个要求。当一个轧制周期内主电动机的传动负荷确定后，就可对主电动机的功率进行校核。

如果是新设计的轧机，则对主电动机就不是校核，而是要根据等效力矩和所要求的主电动机转速来选择主电动机。

主电动机容量校核

(1) 发热校核。保证主电动机正常运转的条件之一是稳定运转时不过热，即主电动机的温升不超过允许温升。这就要控制住电动机在一个轧制周期内，反应主电动机发热状态的等效力矩(或称均方根力矩)$M_{均}$不超过额定力矩。主电动机不过热的条件可表示为：

$$M_{均} \leqslant M_{H} \tag{8-3}$$

$$M_{均}=\sqrt{\frac{\sum M_i^2 t_i+\sum M_i'^2 t_i'}{\sum t_i+\sum t_i'}}$$

式中 $M_{均}$——等效力矩；

M_H——主电动机的额定力矩；

$\sum t_i$——一个轧制周期内各段纯轧时间的总和；

$\sum t_i'$——一个轧制周期内各段间歇时间的总和；

M_i——各段轧制时间所对应的力矩；

M_i'——各段间歇时间对应的力矩。

(2) 过载校核。主电动机允许在短暂时间内，在一定限度内超过额定负荷进行工作。即短时间内主电动机负荷力矩中的最大力矩不超过电动机额定力矩与过载系数的乘积，电动机就能正常工作。校核主电动机的过载条件为：

$$M_{max} \leqslant K_G M_H \tag{8-4}$$

式中 M_H——主电动机的额定力矩；

K_G——主电动机的允许过载系数，直流电动机 $K_G=2.0\sim2.5$；交流同步主电动机 $K_G=2.5\sim3.0$；

M_{max}——轧制周期内的最大力矩。

另外，主电动机达到允许最大力矩时，其允许持续时间在15 s以内，否则主电动机温升将超过允许范围。

超过主电动机基本转速时的力矩

超过主电动机基本转速时，应对超过基本转速部分对应的力矩加以修正(见图8-9)，即各部分的力矩乘以修正系数。

$$M=M_1\frac{n}{n_H} \tag{8-5}$$

式中 M——转速超过基本转速时乘以修正系数后的力矩；

M_1——转速未超过基本转速时的力矩；

n——超过基本转速时的转速；

n_H——主电动机的基本转速。

主电动机功率计算

对于新设计的轧机,需要根据等效应力矩计算主电动机的功率,即

$$N=\frac{1.03M_{均}\cdot n}{\eta} \tag{8-6}$$

式中 n——主电动机转速;

η——有主电动机道轧机的传动效率。

8.3 轧机小时产量计算

轧钢机单位时间的产量称为轧钢机的生产率,这里的时间单位可分别采用小时、班、日、月、年等。常用的轧机产量是轧机小时产量和轧机年产量两种。

轧钢机产量是衡量轧钢机技术经济效果的一个重要指标。为了正确选择轧机,合理使用轧机,充分发挥轧机潜力,做好轧机与辅助设备之间的平衡工作,工艺设计者必须进行设备负荷能力计算。轧钢机生产水平的高低和它实际能达到的能力是衡量设计质量的重要指标。

8.3.1 轧机理论小时产量与实际小时产量计算

轧机理论小时产量(A_L)即在理论上可能达到小时产量,其值为:

$$A_L=\frac{3600}{T}Q \tag{8-7}$$

式中 A_L——轧机理论小时产量,t/h;

Q——原料重量,t;

T——轧制节奏时间,s。

在实际生产中,因多种原因造成的尚不需要轧机停车的时间损失,需计算在轧机利用系数 K_1 中。例如:由于操作不当,造成一次没有送入,需要第二次再送;轧件打滑,翻钢不成功等; 前后工序不协调所造成的时间损失,如加热炉来不及加热或冷床来不及冷却等;生产过程中发生零星小事故,但尚不需要停车修理所造成的时间损失(如换轧槽、调整导卫等)。由于这些原因轧机的实际小时产量达不到上述理论小时产量数值,即

$$A_S=\frac{3600}{T}QK_1 \tag{8-8}$$

式中 A_S——轧机实际小时产量,t/h;

K_1——轧机利用系数,即轧机实际小时产量和理论小时产量的比值。

K_1值总小于1。因为在实际生产中轧制节奏时间总比理论轧制节奏时间大。由此可见,轧机利用系数也可认为是实际轧制节奏和理论上可能达到的轧制节奏的比值。

轧钢机利用系数 K_1 可用式(8-9)表示:

$$K_1=\frac{A_S}{A_L}=\frac{T_L}{T_S} \tag{8-9}$$

式中 T_L——理论轧制节奏时间,s;

T_S——实际轧制节奏时间,s。

轧钢机利用系数又称轧钢机生产率降低系数。它反映了轧机节奏失调的程度，反映了轧机理论小时产量和实际小时产量的差异。K_1值很难进行理论上的计算，且因具体情况不同，相差较大。在进行轧钢车间设计时，推荐使用$K_1=0.80\sim0.90$。

在计算轧机小时产量时，厚板轧机是按原料重量来计算的，而型钢、棒材、线材、钢管、钢板等成品轧机则按生产出合格产品的数量来计算的。因此，轧机实际小时产量用下式计算：

$$A_S=\frac{3600}{T}QK_1b \qquad (8-10)$$

$$b=\frac{Q-W}{Q}\times100\%$$

式中 b——成品率，%，即合格产品重量与所用原料重量之比；

W——各种原因造成的金属损失，t。

在设计时成品率可参考表8-2选取。

表8-2 各类轧机各种产品成品率

产品名称		成品率/%	产品名称		成品率/%
大型钢材	重轨	94	中厚板	造船用板	70~80
	18号~33号工字钢	93		锅炉钢板	75
	80 mm以上方钢	91		碳素钢及合金钢板	84
	ϕ70~ϕ150 mm圆管坯	91		汽车钢板	78
中型钢材	碳素钢及合金结构钢	95	热轧钢卷	普通碳素钢	90
	滚珠、弹簧、不锈钢	94		碳素钢及合金工具钢	85
	普通碳素钢	94		不锈、耐热、耐酸钢	85
小型钢材	普通碳素钢	94	冷轧钢卷	冷轧用钢坯	95
	合金工具钢	91		硅钢片	89
	滚珠钢	89		汽车钢板	89
	不锈、耐热、高速钢	87		热镀锡板	88
	线材	96		合金结构及工具钢	90
钢管	耐压钢管	86		不锈、耐热、耐酸钢	83
	钻头钢管	87	650 mm螺旋焊管	输送液体的螺旋焊管	87.5
	锅炉钢管	87	20~102 mm电焊管	热处理锅炉管	95.2
	一般用途钢管	90		热处理结构钢管	95.2

在一般情况下，轧钢车间各个生产工序的能力大于轧机的生产能力，故通常即以轧机的产量代表整个车间的产量。

8.3.2 轧机平均小时产量计算

以上所述仅是单品种小时产量的计算。一般轧钢车间多数生产若干个品种和规格，每个品种由于选用坯料断面不同、产品断面不同或轧制道次不同等，小时产量相差很大。为了考核一个车间的生产水平和计算年产量，就需要计算各种产品所占不同比例的小时产量。这个产量称为平均小时产量，也称综合小时产量。

轧机平均小时产量的含义为在一定时间内，轧制产品的总数量与生产这些产品所消耗的总时间的比值。

（1）按轧制品种的百分数计算。轧机平均小时产量 A_p 为：

$$A_p = \frac{\sum_{i=1}^{n} Q_i}{\sum_{i=1}^{n} T_i} = \frac{Q_1 + Q_2 + \cdots + Q_n}{T_1 + T_2 + \cdots + T_n} \tag{8-11}$$

式中 $Q_1, Q_2, \cdots, Q_n$——各种产品的年产量，t；

$T_1, T_2, \cdots, T_n$——各种产品所需的生产时间，h。

设 $A_1, A_2, A_3, \cdots, A_n$ 为各种产品的小时产量，则：

$$T_1 = \frac{Q_1}{A_1}, T_2 = \frac{Q_2}{A_2}, \cdots, T_n = \frac{Q_n}{A_n}$$

代入式(8-11)，则得：

$$A_p = \frac{\sum_{i=1}^{n} Q_i}{\frac{Q_1}{A_1} + \frac{Q_2}{A_2} + \frac{Q_3}{A_3} + \cdots + \frac{Q_n}{A_n}}$$

将该式分子分母同除以 $\sum_{i=1}^{n} Q_i$，则得：

$$A_p = \frac{1}{\frac{a_1}{A_1} + \frac{a_2}{A_2} + \frac{a_3}{A_3} + \cdots + \frac{a_n}{A_n}} \tag{8-12}$$

$$a_i = \frac{Q_i}{\sum_{i=1}^{n} Q_i}, i = 1 \sim n$$

式中 $a_1, a_2, a_3, \cdots, a_n$——各产品占总产量的百分数，%。

采用这种计算方法，在与产品方案接近时，其结果比较接近实际，但必须计算出各种产品的轧制节奏时间和轧机小时产量。

（2）按劳动量换算系数计算。这种计算方法是选取一种或数种产品作为标准产品，以其他产品的单品种小时产量与标准小时产量相比，得出劳动换算系数。将各种产品的单品种小时产量乘以换算系数，即可得换算后的与该品种相当的平均小时产量。

劳动换算系数 X 为：

$$X = \frac{A_b}{A} \tag{8-13}$$

式中 A_b——标准产品的小时产量，t/h；

A——某种产品的小时产量，t/h。

在进行轧钢车间设计时，一般以年产量中百分比最高的产品为标准产品。劳动换算系数可根据现场实际数字来确定,因为它已反映了不同产品实际生产时的难易程度。有了劳动换算系数后,平均小时产量可按式(8-14)计算:

$$A_p = \frac{1}{\frac{a_1}{A_b}X_1 + \frac{a_2}{A_b}X_2 + \frac{a_3}{A_b}X_3 + \cdots + \frac{a_n}{A_b}X_n} \qquad (8-14)$$

式中 $a_1, a_2, a_3, \cdots, a_n$——各产品占总产量的百分数,%;

$X_1, X_2, X_3, \cdots, X_n$——各产品的劳动换算系数。

采用这种方法计算时,虽然考虑各种产品生产的难易程度,但计算结果常和实际不相符合。在确定和选用时应根据车间的具体情况来选取劳动换算系数。表8-3和表8-4给出了我国一些轧钢车间的劳动换算系数,可作为设计时参考。

表8-3 某大型车间采用的X值

钢材名称	重轨	工字钢	槽钢	角钢	普碳方钢	高碳方钢	高碳圆钢
X值	1	1.9	1.79	2.01	1.11	0.97	0.994

表8-4 某中型车间采用的X值

钢材名称	7~12号角钢	11 kg/m轻轨	15 kg/m轻轨	ϕ44 mm圆钢	ϕ50~90 mm圆钢	6~6.5号角钢	10~12号工字钢	10~16号槽钢
X值	1	1.29	1.15	1.00	0.80	1.34	1.89	1.00

8.4 影响轧机产量的因素及提高轧机产量的途径

8.4.1 影响轧机小时产量的因素

由式(8-10)可知,影响轧机小时产量的因素有坯料重量、成品率、轧制节奏时间和轧机利用系数。

8.4.2 提高轧机产量的途径

(1) 合理增加坯料重量。随着坯料重量增加,轧机小时产量增加,但是有一定限度,它有一个最佳值。增大坯料重量一般通过下列途径获得:

1) 增大坯料断面而长度不变。该方式改变了轧制总延续时间内纯轧时间与间隙时间的比例关系,纯轧时间所占比例上升。但坯料断面的增大,可能导致轧制道次的增加和轧制稳定性下降等,反而使轧制节奏时间增大,结果造成轧机小时产量下降。

2) 增大坯料长度而断面不变。该方式轧制道次不变,纯轧时间增加,对提高轧机产量有利,如连轧棒线材或带钢轧机、无头轧制技术。但该方式的应用受工艺和设备条件的制约,如设备强度、炉子宽度、主辅设备间距、轧制过程温降、定尺长度等限制,在考虑时必须给予足够的注意。

(2) 缩短轧制节奏时间。轧制节奏时间缩短,轧机小时产量就能提高。缩短轧制节奏时间的措施有：

1）合理分配轧制道次，使机组间各机架负荷均匀而有较短的节奏时间。

2）提高自动化程度，如实行自动喂料，自动翻钢以缩短轧制节奏时间。

3）在横列式轧机上轧制型材或线材时，实行交叉轧制，以缩短轧制节奏时间。

4）强化轧制过程，缩短轧制节奏时间。在设备条件允许的情况下，增加轧制道次压下量，减少轧制道次；或采用双坯料或多料坯轧制等。

(3）提高成品率。成品率愈高，轧机小时产量愈大。

(4）提高轧机利用系数。轧机利用系数值愈高，轧机小时产量也愈高。轧机利用系数值的大小反映了车间技术水平和管理水平的高低。提高轧机利用系数的途径主要在于：加强生产人员的责任心，提高生产人员的操作水平，提高生产过程的机械化和自动化程度，减少影响轧制节奏的人为因素，加强前后工序的配合和提高管理水平等。

8.5 中厚板轧制节奏时间控制及产量计算实例

8.5.1 中厚板轧制过程

中厚板轧制过程一般分为成形轧制、展宽轧制、精轧轧制三个阶段，如图 8-9 所示。板坯不仅在纵向进行了轧制，而且在横向上也进行了轧制。

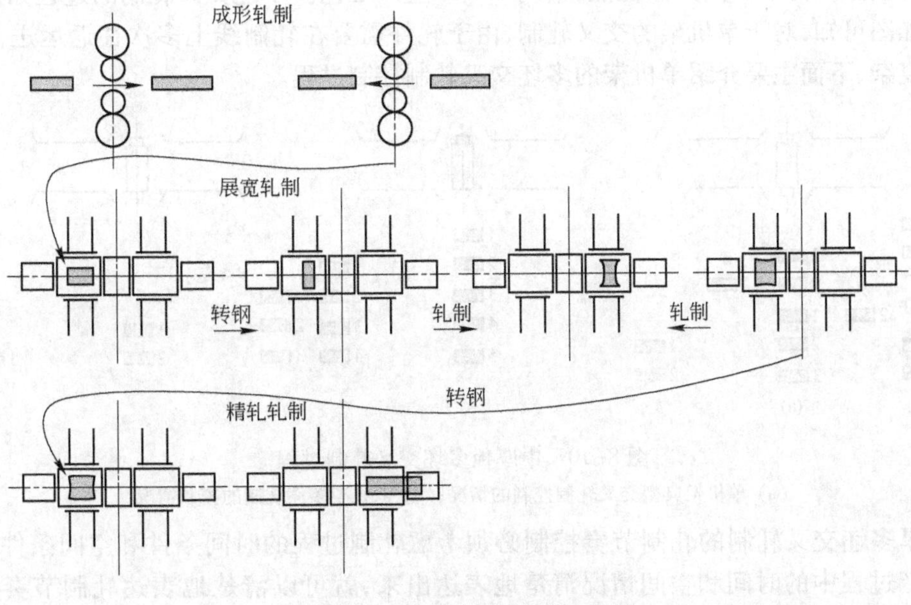

图 8-9 中厚板轧制过程示意图

根据 ASTM 标准（A 841/A 841M-01），轧制工艺可分为传统轧制工艺和热机轧制工艺。传统轧制工艺又可分为普通轧制和控制轧制；热机轧制工艺又可分为非水冷热机轧制和水冷热机轧制。轧制工艺分类如表 8-5 所示。

表 8-5 轧制工艺分类

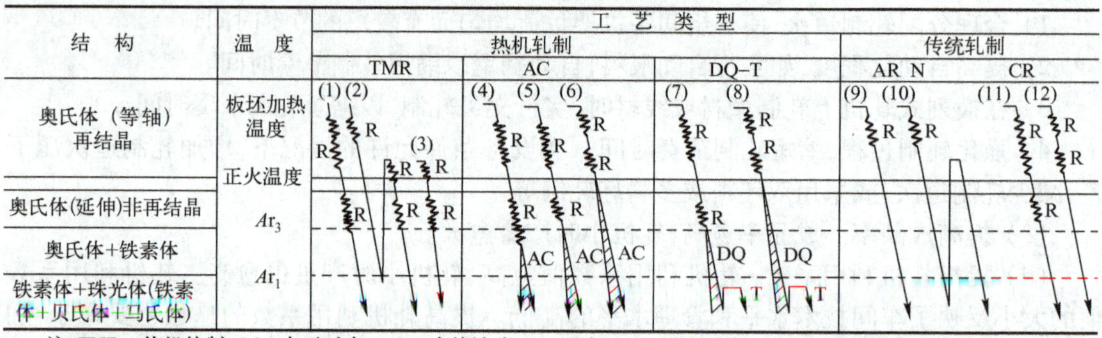

注：TMR—热机轧制；AC—加速冷却；DQ—直接淬火；T—回火；AR—普通轧制；N—正火；CR—控制轧制；R—轧制。

8.5.2 中厚板分阶段轧制和多块钢轧制过程分析

当前，中厚板生产多采用控制轧制生产工艺。一般单机架轧机采用两阶段轧制，中间用一段空冷待温阶段来保证第二阶段轧制的开轧温度。该工艺提高了产品性能，但也减少了轧机的产量。为了减少待温阶段造成的产量损失，国内外厂家目前都采用多块轧件交叉轧制的手段提高轧机的生产率。在具体控制过程中，需要考虑几块轧件轧制时间和待温时间的匹配关系以及轧件的长度限制，进行轧制节奏的控制和空间的合理调度，最大限度地减少轧机的待机时间，提高产量。

时位图

中厚板生产为了提高产品性能，采用 TMCP 生产工艺。多坯交叉轧制的过程如图 8-10 所示。如图可知，对于单机架的交叉轧制，由于轧件需要在轧制线上多次往返运送，控制过程更为复杂，下面主要介绍单机架的多坯交叉轧制控制过程。

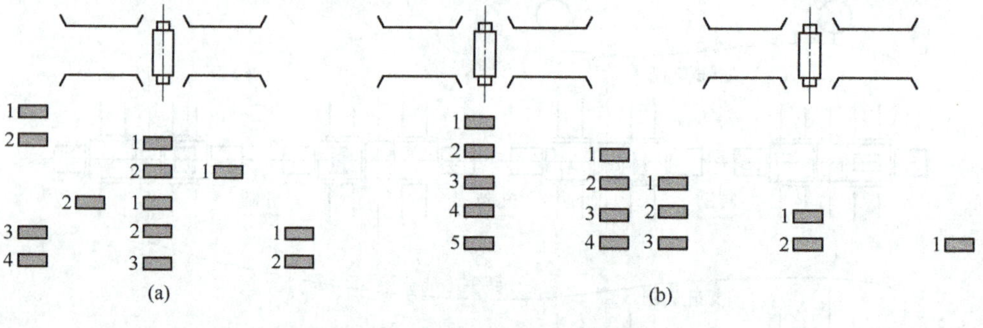

图 8-10 中厚板多坯交叉轧制过程
(a) 单机架典型交叉轧制控制的情况；(b) 双机架多坯轧制的控制情况

中厚多坯交叉轧制的轧制节奏控制必须考虑轧制过程的时间条件和空间条件。如果能将生产过程中的时间和空间情况清楚地表达出来，就可以清楚地表达轧制节奏控制的情况，为此提出了时位图的概念。时位图是为了描述中厚板轧机多坯交叉轧制过程的时间及位置情况，清晰表达轧制节奏控制情况而设计的图表，如图 8-11 所示。时位图由时序区和位序区两个区域组成，时序区显示每块轧件轧制过程中各阶段的时间长度，如果轧线上同时有多块轧件交叉轧制，可以表示出同时在线几块轧件的轧制时间和待温时间的匹配关系。

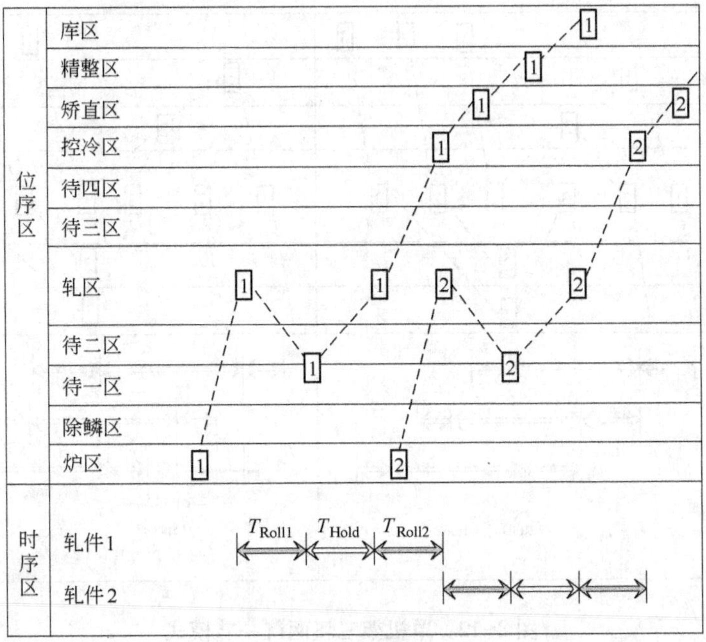

图 8-11 典型时位图

T_{Roll1}—轧件待温前的第一阶段轧制时间；T_{Hold}—轧件的空冷待温时间；T_{Roll2}—轧件待温后的第二阶段轧制时间

单机架多坯交叉轧制模式的时间判断

一块轧件的控制轧制过程时间可以表示为：

$$T = T_{Roll1} + T_{Hold} + T_{Roll2} \tag{8-15}$$

式中 T——轧件的总加工时间；

T_{Roll1}——轧件待温前的第一阶段轧制时间；

T_{Hold}——轧件的空冷待温时间；

T_{Roll2}——轧件待温后的第二阶段轧制时间。

单机架轧制模式有单坯无待温轧制模式、单坯有待温轧制模式、双坯一待一轧模式和三坯两待一轧模式。

以单机架三坯两待一轧控制模式为例来说明时位图的含义。三坯两待一轧控制模式的实际控制过程如图 8-12 所示：第一块轧件首阶段轧制结束，运送到机后待温四区待温；第二块轧件首阶段轧制结束，运送到机后待温三区待温；第三块轧件首阶段轧制结束运送到机前待温一区，同时将第二块轧件由机后待温三区运送到机前待温二区待温；每块轧件待温到第二阶段开轧温度后，从各自的待温区运回轧区开始第二阶段轧制。在第三块轧件完成后，接续下批的首块轧件轧制。

三坯两待一轧模式是指在一块轧件进行轧制的同时，机前或机后的待温区可以有另外的两块轧件进行摆动待温的交叉轧制控制模式，即轧线上最多可以同时有三块轧件。该控制模式需要满足的时间条件为

$$T_{Hold} > 2\max(T_{Roll1}, T_{Roll2})$$

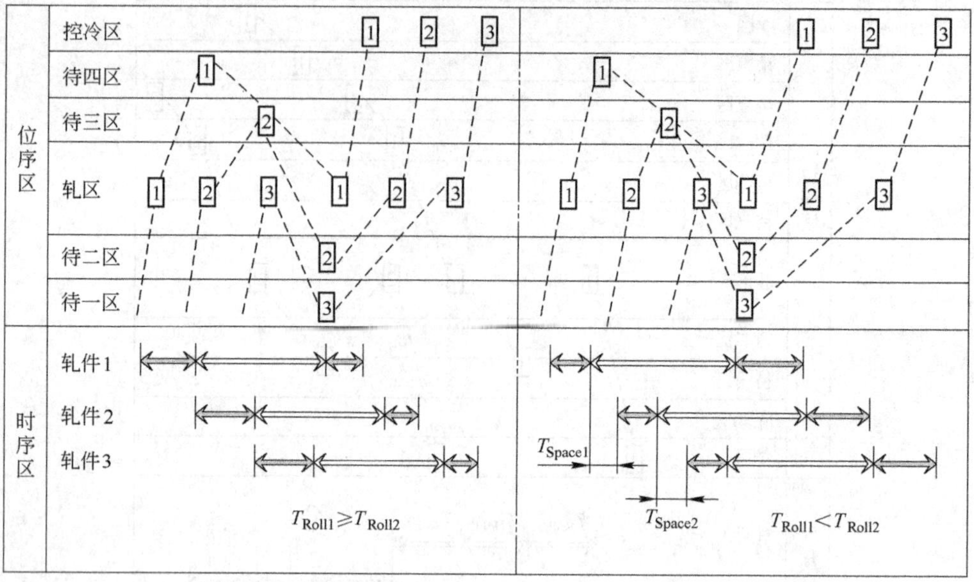

图 8-12 单机架三坯两待一轧模式

T_{Roll1}—轧件待温前的第一阶段轧制时间；T_{Roll2}—轧件待温后的第二阶段轧制时间；T_{Space}—相邻两根轧件轧制间隔时间

考虑两阶段轧制时间 T_{Roll1} 和 T_{Roll2} 的比较对轧件开轧时刻的影响：

（1）当 $T_{Roll1} \geqslant T_{Roll2}$ 时，$T_{Space}=0$，即以三块轧件为一组，连续进行三块轧件首阶段的轧制；

（2）当 $T_{Roll1} < T_{Roll2}$ 时，为避免轧制时间发生冲突，需要控制第二块轧件的开轧时间间隔 T_{Space1} 取值满足：

$$T_{Roll2}-T_{Roll1} \leqslant T_{Space1} \leqslant T_{Hold}-T_{Roll1}-T_{Roll2}$$

控制第三块轧件的开轧时间间隔 T_{Space2} 取值范围满足：

$$T_{Roll2}-T_{Roll1} \leqslant T_{Space2} \leqslant T_{Hold}-2T_{Roll1}-T_{Space1}$$

考虑提高轧机生产率，两段时间间隔都可以设为 $T_{Space}=T_{Roll2}-T_{Roll1}$。

单机架多坯交叉轧制模式的空间限制

轧制模式的空间限制是为了保证轧件在交叉轧制过程中，待温轧件可以在待温辊道上进行摆动，均匀待温；同时正在轧制的轧件不会与待温轧件发生碰撞。轧线各区域的尺寸变量如图 8-13所示。在进行轧钢车间设计时，应充分考虑各待温区、机前区和机后区辊道布置的长度。

图 8-13 轧线空间图

*L_HT*1，*L_HT*2，*L_HT*3，*L_HT*4—待温一区、二区、三区、四区的轧件长度；*L_SPACE*1，*L_SPACE*2，*L_SPACE*3，*L_SPACE*4—待温一区和待温二区、待温二区和机前区、机后区和待温三区、待温三区和四区之间的间隙长度；*L_EN*，*L_EX*—机前区和机后区轧件长度

8.5.3 中厚板分阶段轧制和多块钢轧制方式

热轧的轧制节奏是指相邻两块钢坯从加热炉中抽出的时间间隔。控制轧制节奏的目的是:在不引起相邻两块带钢在生产线上碰撞(追尾) 的前提下,尽可能地提高轧制节奏(即缩短钢坯抽出的时间间隔),从而提高生产能力。

根据生产钢种、规格以及成品性能的不同要求,控制轧制需考虑分阶段轧制。分阶段轧制一般分为两阶段轧制和三阶段轧制。

由于控制轧制要控制不同轧制阶段的开轧温度,因此在轧制过程中势必存在中间坯的待温过程。对于单机架,如果中间坯的待温时间大于其上一个阶段的轧制时间,则可以在这段时间内安排下一块钢的轧制;对于双机架,如果中间坯的待温时间大于其在粗轧机和精轧机各自的轧制时间,则在中间坯待温时间内也可考虑进行下一块钢的轧制。根据生产工艺的要求(轧制阶段、各阶段的压下率以及开轧温度和终轧温度等),计算出每个轧件的轧制时间和中间坯的待温时间,就可以进行合理的节奏安排,确定采用几块钢在一段时间内同时进行轧制以提高轧制产量,这就是所谓的"多块钢轧制"。

多块钢顺序轧制主要在两阶段或三阶段轧制时采用,多块钢交叉轧制主要在三阶段轧制时采用。图 8-14~图 8-17 分别为单机架轧机和双机架轧机的两阶段与三阶段轧制示意图。

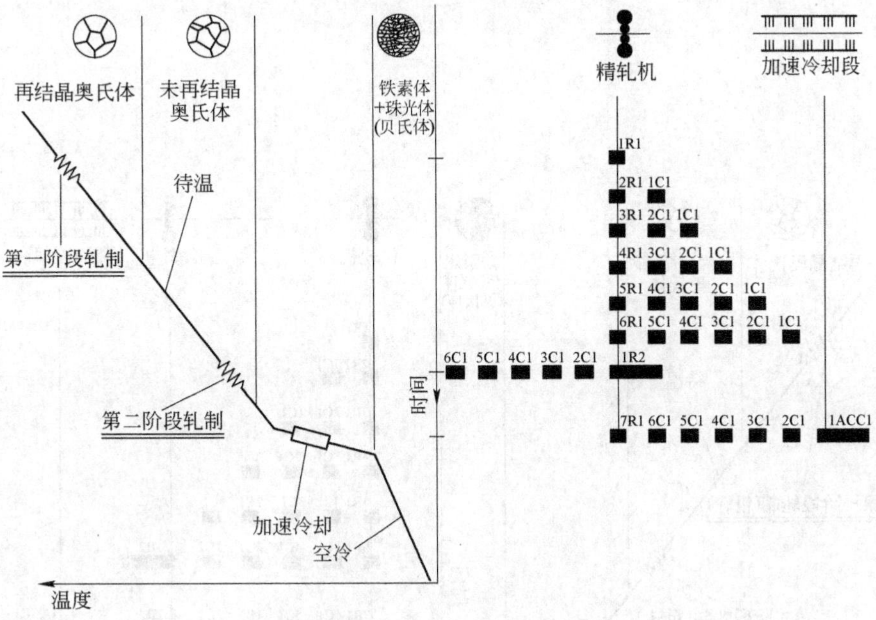

图 8-14 单机架轧机两阶段轧制

8.5.4 中厚板多块钢轧制时间及产量计算

单机架三阶段两块钢交叉轧制计算

图 8-18 为单机架两块钢交叉轧制时序图。

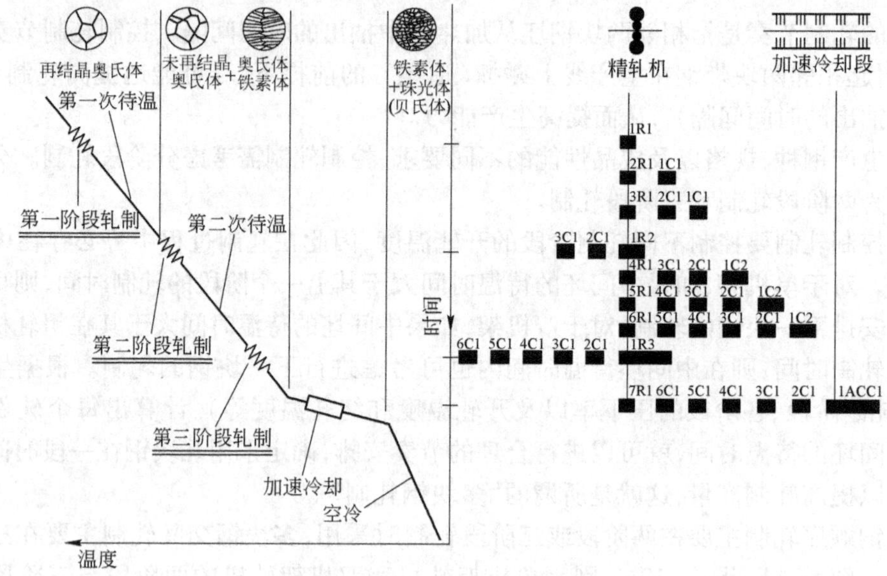

图 8-15　单机架轧机三阶段轧制

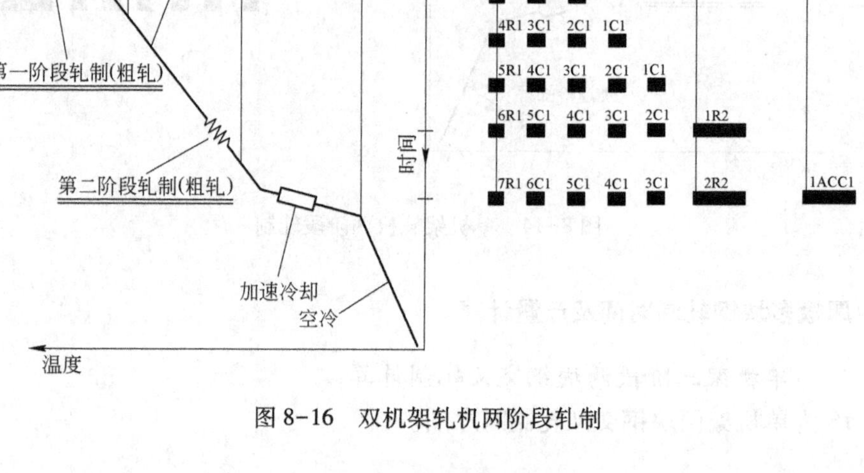

图 8-16　双机架轧机两阶段轧制

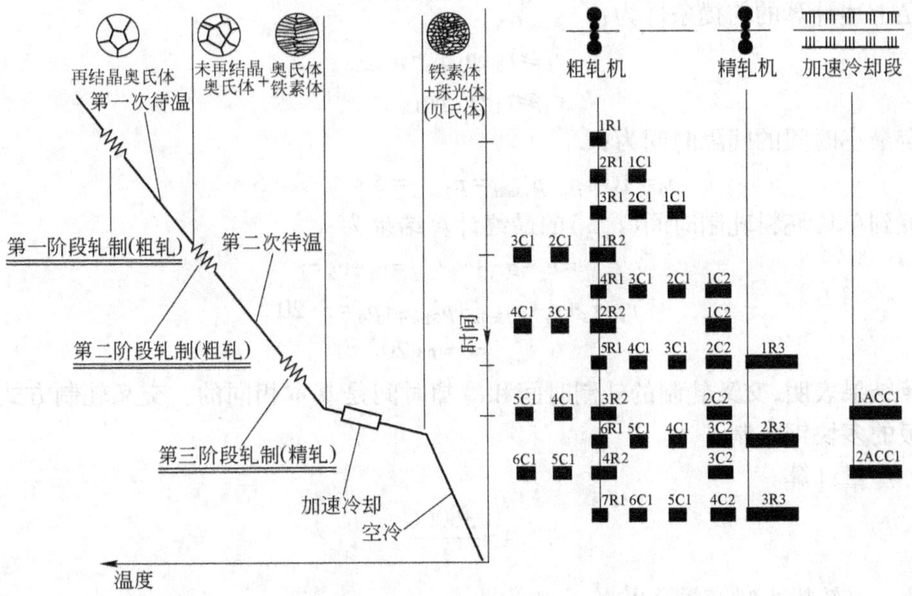

图 8-17 双机架轧机三阶段轧制

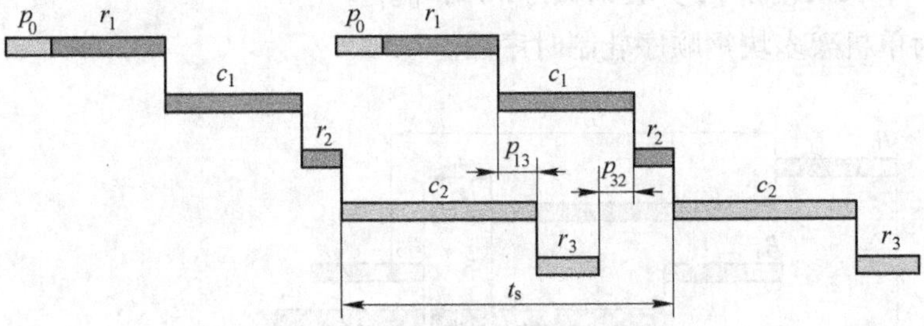

图 8-18 单机架两块钢交叉轧制时序图

（1）图 8-18 中符号说明见表 8-6。

表 8-6 单机架两块钢交叉轧制时序图中符号说明

符号	意 义	符号	意 义
c_1	第一阶段轧制后的冷却时间	r_1	第一阶段的轧制时间
c_2	第二阶段轧制后的冷却时间	r_2	第二阶段的轧制时间（一个常规道次或一个空过道次）
c	总的冷却时间	r_3	第三阶段的轧制时间
p_{13}	第一阶段第二块中间坯与第三阶段第一块中间坯的间隔时间	t_s	总的轧制时间
p_{32}	第三阶段第一块中间坯与第一阶段第二块中间坯的间隔时间	p_0	两块原始坯的间隔时间

（2）轧制时间计算方法。换算到单块坯料轧制时间（t_s）的计算条件：

$$t_s = r_1 + r_2 + c_1 + p_0$$

满足上述计算的前提条件为：

$$c_1 \geqslant r_3 + p_{13\min} + p_{32\min}$$

$$c_2 \geqslant r_1 + p_0 + p_{13\min}$$

假定最小时间的间隔时间为：

$$p_0 = 10\ \text{s},\quad p_{13\min} = p_{32\min} = 5\ \text{s},\quad r_2 = 5\ \text{s}$$

换算到单块坯料轧制时间（t_{smin}）的最终计算结果为：

$$t_{\text{smin}} = c_2 - p_{13} + c_1 + r_2 = c_1 + c_2 = c$$

或 $$r_1 + r_2 + r_3 + p_{13\min} + p_{32\min} + p_0 = r + 20$$

即 $$t_{\text{smin}} = c = r + 20$$

计算结果表明，交叉轧制的轧制时间和冷却时间是基本相同的。交叉轧制方式主要适用于薄板的多块钢轧制。

(3) 产量计算。

$$A = \frac{3600G}{t_s} \tag{8-16}$$

式中 A ——轧机小时产量，t/h；

G——单块坯料重量，t；

t_s——单块料轧制时间，s。

单机架两阶段多块钢顺序轧制计算

图 8-19 为单机架多块钢顺序轧制时序图。

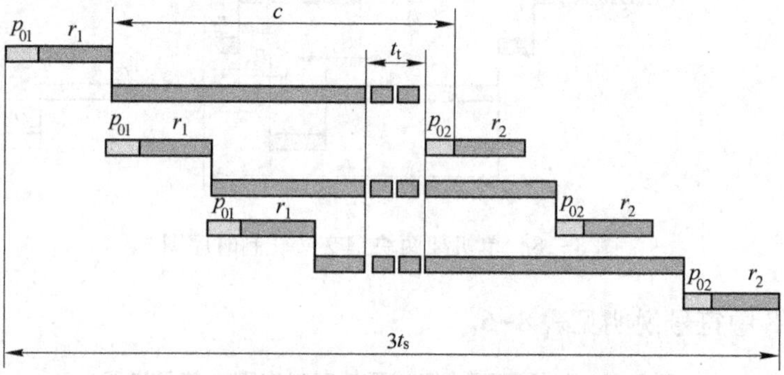

图 8-19 单机架多块钢顺序轧制时序图

(1) 图 8-19 单机架多块钢顺序轧制时序图中符号说明见表 8-7。

表 8-7 单机架多块钢顺序轧制时序图中符号说明

符号	意义	符号	意义
r_1	第一阶段的轧制时间	p_{01}	两块原始坯的间隔时间
r_2	第二阶段的轧制时间（包括最后的一个奇数道次或空过道次）	p_{02}	两块中间坯的间隔时间
c	冷却时间	n	多块钢轧制数量
v	中间坯的输送速度（从轧机后至轧机前）	$L_{\max}$	最大的轧制长度
L	满足多块钢轧制的区域辊道有效长度	L_{ip}	中间坯的最大长度

（2）轧制时间计算方法。换算到单块坯料轧制时间（t_s）的计算条件为：

$$t_s = r_1 + p_{01} + \frac{r_2 + c}{n}$$

通过时间因素计算的最多轧制块数为：

$$n_1 \leqslant \frac{v(r_1 + c + p_{01} - p_{02})}{v(r_1 + p_{01}) + L_{ip} + 1}$$

通过工艺布置图中的设备距离因素计算的最多轧制块数为：

$$n_2 \leqslant \frac{L + L_{ip} + 1 - L_{max}}{L_{ip} + 1}$$

最终的多块钢轧制块数为：

$$N = \min(n_1, n_2)，向下取整$$

注意：上式计算的前提条件是 $r_1 > r_2$，实际计算中，如果 $r_1 < r_2$，则计算中 r_1 和 r_2 需要更换位置，即 $t_s = r_2 + p_{02} + \frac{r_1 + c}{n}$。

（3）产量计算同前。

双机架两阶段多块钢顺序轧制计算 粗轧一个阶段 精轧一个阶段

（1）符号说明。双机架布置轧制时序图表中所包括的各种缩写符号的定义与单机架两阶段顺序轧制基本相同，图 8-20 中的输送时间 t_t 没有什么重要意义（已包括在中间坯的冷却计算时间内），r_1 和 r_2 将分别替换为粗轧机轧制时间和精轧机轧制时间。

部分符号的重新定义：粗轧机和精轧机之间的距离 L 将作为中间坯的冷却位置，配合粗轧机轧制的机后有效辊道长度定义为 L_r，精轧机的最大轧制长度定义为 L_{max}。

（2）轧制时间计算方法。

通过工艺布置图中的设备布置距离因素计算的最多轧制块数为：

$$q = \frac{L - L_r - L_{max}}{L + 1}$$

通过时间因素计算最多轧制块数为：

$$n \leqslant \frac{c}{r_1 + p_{01}} \qquad (r_1 > r_2)$$

或

$$n \leqslant \frac{c}{r_2 + p_{02}} \qquad (r_1 < r_2)$$

最终的多块钢轧制块数为：

$$N = \min(q, n)，向下取整$$

换算到单块坯料轧制时间（t_s）的计算结果为：

$$t_s = \max(r_1 + p_{01}, r_2 + p_{02}) \qquad (q \geqslant n)$$

或

$$t_s = \frac{c}{q} \qquad (q < n)$$

（3）产量计算同前。

需要说明的是单机架轧制时，考虑到精轧机前后辊道的有效距离、轧制工艺以及中间坯的轧制长度，多块钢的块数一般不超过 5~6 块。双机架两阶段轧制时，考虑到粗轧机和精轧机的设备间距、轧制工艺以及中间坯的轧制长度，多块钢轧制的块数一般不超过 7~9 块，即粗轧机、精轧机各轧制1块,粗轧机与精轧机之间的输送辊道上最多待温5~7块。双机架三阶段轧制时,粗轧机前辊道上待温的中间坯一般不超过2~3块。图8-20和图8-21为宝钢4300 mm和5000 mm厚板车间多块钢轧制时的生产照片。

图8-20 宝钢4300 mm双机架多块钢轧制

图8-21 宝钢5000 mm单机架多块钢轧制

8.6 厂年产量计算及提高厂年产量的途径

8.6.1 厂年产量计算

厂年产量是指一年内轧钢厂各种产品的综合产量,以综合小时产量为基础进行计算。其计算公式如下:

$$A = A_p T_{jw} K_2 \tag{8-17}$$

式中 A—— 厂年产量,t/a;

A_p——平均小时产量,t/h;

T_{jw}——轧机一年内计划工作时数,h;

K_2——时间利用系数,一般在0.796~0.945。

任何一架轧机或机组,实际上都不可能做到全年连续不断地工作,而是要安排出一定时间进行各种设备的大修、定期的中小修、换辊以及交接班等工作。因此任何轧机全年最大可能工作时数都要低于全年日历工作时数,见表8-8和表8-9。

表8-8 某热轧无缝钢管厂工作时间表

日历天数	非工作日/d				计划年工作时间		非工作时间								额定年工作小时
	节假日	大修	小修	合计	d	h	交接班		换辊及换工具		事故时间		合计		
							h	%	h	%	h	%	h	%	h
365	10	16	22	48	317	7608	480	6.3	1069	14	641	8.5	2190	28.8	5418

表 8-9 某大盘卷厂轧机年工作时间表 h

年日历时间	大、中修每年一次、每次 20 天	小修每周一次，每次 一 班	计划年工作时间	停工时间			额定年工作时间
				交接班	换辊、孔型、导卫	事故及其他	
8760	480	392	7888	329	560	499	6500

对实行连续工作制的轧机，年计划工作时数为：

$$T_{jw}=(365-T_1-T_2-T_3)\times(24-T_4) \tag{8-18}$$

式中 365 ——全年天数；

T_1——一年中计划的大修时间，d；

T_2——一年中定期中小修时间，d；

T_3——年计划换辊时间，d；

T_4——每天规定的交接班时间，h；

24 ——每天小时数。

对实行非连续工作制的轧机，年计划工作时数为：

$$T_{jw}=(365-T_1-T_2-T_3-T_5)\times(24-T_4) \tag{8-19}$$

式中 T_5——每年国家规定的节假日天数，天。

以上两式中 T_{jw} 为轧机一年内最大可能工作时间，也就是计划工作时数。但由于技术上或管理上的原因，会造成非计划的停工，例如设备发生故障、断辊、轧辊提早磨损所造成的非计划换辊，以及待热、待料、停电等，从而造成全年实际工作时数比计划工作时数低。因很难准确计算这些损失时间，在设计中通常就用时间利用系数 K_2 来表示。全年计划时间与实际工作时间的关系如式(8-20)所示。

$$T_{sj}=T_{jw}\times K_2 \tag{8-20}$$

式中 T_{sj}——全年轧机实际工作时间，天；

K_2——时间利用系数。

K_2 值的大小表示轧机有效作业情况。K_2 值越高，说明轧机利用时间的程度越好，非计划时间损失就少。反之，轧机利用时间的程度就差，非计划时间损失就大。

为了考核轧机时间利用程度，国家规定了轧机日历作业率和轧机有效作业率两个有关的指标。

（1）轧机日历作业率。它是国家考核轧钢企业的日历时间利用程度的指标。由于操作技术水平和生产管理水平不同，不同类型轧机，其日历作业率相差很大。轧机日历作业率是指轧机实际运行时间与日历时间的比值，其计算公式如下：

$$\eta=\frac{D}{A}\times 100\% \tag{8-21}$$

式中 η——轧机日历作业率，%；

A——日历时间，365 d×24 h/d＝8760 h；

D——轧机实际运转时间，h。

（2）轧机有效作业率。各企业轧机的工作制度不相同，如均按日历作业率考核就不能充分说明轧机有效作业的情况。为了便于分析研究和考核比较轧机的生产效率，一般都用轧机有效作业率来表明轧机生产作业水平。轧机有效作业率是指轧机实际运转时间与轧机计划运转时间的比值，其计算公式如下：

$$\eta_{效}=\frac{D}{B}\times100\% \tag{8-22}$$

式中 $\eta_{效}$——轧机有效作业率,%;

B——轧机计划运转时间(除年修、定修、计划换辊或规定设备调试时间之外计划给定的生产时间);

D——轧机实际运转时间,h。

国内各类轧机作业率和工作时数见表8-10。

表8-10 各类轧机作业率和工作时数

轧机类型	日历作业率/%	年实际工作时数/h	轧机类型	日历作业率/%	年实际工作时数/h
轨梁轧机	72~74	6300~6500	高速线材轧机	74	6500
中小型轧机	72~77	6300~6800	中板轧机	74~76	6500~6700
高速棒材轧机	74	6500	钢管轧机	73~74	6400~6500

提高轧机作业率的措施有:

1)扩大轧辊使用期的轧制量,可通过采用在线磨辊技术、润滑轧制技术提高轧辊质量,减少换辊次数;也可通过减少换辊时间,提高轧辊更换自动化水平。

2)加强设备维修保养,减少设备运转故障。

3)合理安排轧制计划,减少生产管理上的故障停机时间。

8.6.2 提高厂年产量的途径

提高厂年产量主要是提高轧机的小时产量和时间利用系数等,具体措施如下:

(1)合理增加坯料重量,选择合适坯料断面尺寸。

(2)采取一切有效技术措施,缩短轧制节奏时间。

1)在条件允许的情况下,强化轧制过程,减少轧制道次;

2)提高轧制速度,加快轧制过程;

3)增加同时轧制根数,实现交叉轧制;

4)合理分配轧制道次,使轧机负荷均匀;

5)进行技术改造,提高主辅设备的工作速度,减少各种间隙时间等。

(3)改善坯料供应情况,正确制定轧制工艺过程,增加合格产品数量,提高成品率。

(4)减少轧机工作时间损失,提高轧机作业率,充分发挥轧机作用。

(5)总结与推广先进技术成果,更新工艺与设备条件,提高轧机现代化技术水平。

9 辅助设备选择

9.1 概　述

9.1.1 辅助设备的分类

根据辅助设备在轧钢生产过程中的不同用途和作用，辅助设备可归纳为如下几类，见表9-1。

表9-1 轧钢辅助设备的分类

类别	设备名称		用途
切断设备	剪切设备	平行刀片剪切机（平刃剪）	剪切钢坯、管坯
		斜刀片剪切机（斜刃剪）	剪切钢板、带钢、焊管坯
		圆盘式剪切（圆盘剪）	纵向剪切钢板、带钢
		飞剪	横向剪切运动中的轧件
	锯切设备	热锯机	锯切高温型钢
		冷锯机	锯切常温型钢
		飞锯机	锯切运动的焊管
	火焰切割机		切割大断面钢坯或特厚板坯
	折断机		折断大断面管坯
矫直设备	压力矫直机		矫直型钢、钢管
	辊式矫直机		矫直型钢、钢板
	斜辊矫直机		矫直圆钢、钢管
	张力矫直机		矫直薄钢板（厚度小于0.6 mm）
	拉伸弯曲矫直机		矫直极薄带材、高强度带材
卷取设备	带钢卷取机		卷取钢板、带钢
	线材卷取机		卷取线材
运输设备	辊道		纵向输送轧件
	推床		横向输送移动轧件
	翻钢机		使轧件按轴线方向旋转
	冷床		冷却轧件并使轧件横移
	回转台		使轧件水平旋转
	过跨车		跨间运送钢坯或轧件
	运输台架		跨内或跨间运送钢坯或轧件
升降设备	升降台		升降和输送轧件
	垛板机		堆放轧件

续表 9-1

类别	设备名称	用途
捆包设备	打捆机	将线材、带材打捆
	包装机	将板材、钢材包装
表面加工设备	打印机	将轧件打印
	清洗机组	轧件表面清理、洗净、去油等
	镀复机组	轧件表面镀锌、镀锡或塑料复层等
	酸洗机组	轧件酸洗
加热及热处理设备	加热炉	加热钢坯
	热处理炉	轧件淬火、退火、正火等

有的辅助设备往往兼有多种用途,例如大型型钢粗轧机前后推床和翻钢机是做成一体的,既可以推移轧件又可以翻转轧件。有的辅助设备除了和主机组成生产作业线外,还可以是用若干台辅机组完成一定工序的机组,例如剪切机组和镀层机组等。

9.1.2 辅助设备选择的一般原则

不同产品生产时所需要的辅助设备是不同的,辅助设备的形式、参数、能力和台数的选择是根据生产工艺要求而确定的。它的选择是否合理对产品产量和质量、节约投资和改善劳动条件有很大影响。一般来说选择辅助设备要遵循下列原则:

(1) 必须满足生产工艺流程的要求;

(2) 必须保证轧机能获得最小的轧制节奏时间;

(3) 必须保证有较高的工作效率,充分发挥轧机的能力。通常辅助设备的生产能力要大于主要轧机的生产能力的10%~20%;

(4) 设备结构形式先进合理,动作灵活可靠,操作维修方便,劳动强度低;

(5) 尽量选择重量轻、体积小的辅助设备,以节约车间投资等。

辅助设备的选择除了考虑上述各原则外,还要根据工艺的特殊要求遵循一些其他原则。这些原则将在以后各节中讲述各类辅助设备的选用时分别加以介绍。

9.1.3 辅助设备生产能力的考核

辅助设备生产能力的考核方法通常有两种:

(1) 设备最大生产能力的确定。根据工艺专业人员提出的各种设计参数作为设备设计的原始数据,最后由设备专业人员确定设备的最大生产能力。

(2) 设备负荷率的计算。设备负荷率用来确定车间辅助设备的数量和说明车间各设备生产潜力的。通常用设备负荷率用 η 来表示。

1) 离线布置的辅助设备负荷率计算:

$$\eta=\frac{T_{sj}}{T_{ed}}\times 100\% \tag{9-1}$$

式中 η ——设备负荷率,%;

T_{sj}——设备年实际工作时间,h;

T_{ed}——设备年额定工作时间,h。

此计算方法考虑了设备的全年利用情况,但是算式中没有表明在生产某些产品时设备能力是否足够。这种计算方法通常用在主要辅助设备以及间断式生产的非在线布置的辅助设备负荷率计算。

2）在线布置的辅助设备负荷率计算:

$$\eta=\frac{T_f}{T}\times100\% \tag{9-2}$$

式中 η ——设备负荷率,%;

T_f——设备工作节奏时间,s;

T ——轧机工作节奏时间,h。

此计算方法考虑了生产各种产品时,主要设备与辅助设备能力之间的相对关系,但对设备的全年利用情况看不出来。这种方法通常用来计算连续式生产和在线布置的辅助设备负荷率。

9.2 加热及热处理设备选择

加热及热处理设备包括均热、退火、淬火及时效等设备。根据生产工艺、金属材料特点确定炉型和相应的热源以及辅助装置;根据生产率和金属材料的尺寸确定炉膛有效尺寸参数。

9.2.1 加热设备

加热是轧制生产中的一个重要工序。加热设备必须保证加热质量和产量的要求,既能使轧机充分发挥能力,又能使炉子在低耗下工作。因此对加热设备的选择应给予足够的重视。

炉型选择

轧钢厂加热设备的主要炉型见表9-2。在设计时,应参照国家标准GB 50486—2009钢铁厂工业炉设计规范执行,相关规定如下。

表9-2 加热设备的炉型及用途

设备名称	炉 型	用途及特点
均热炉	中心烧嘴换热式均热炉	目前多采用上部单侧烧嘴换热式均热炉。用于特厚板生产车间加热或均热大钢锭
	上部四角供热换热式均热炉	
	上部单侧烧嘴换热式均热炉	
连续式加热炉	推钢式加热炉	钢坯由推钢机装料口一侧推进,从另一端取出。炉型有两段式连续加热炉、三段式连续加热炉和多点供热式连续加热炉。目前推钢式连续加热炉仍然广泛应用于大中型钢生产车间、中厚板生产车间
	步进式加热炉	步进式加热炉是目前使用最广、发展最快的炉型。炉型有上加热步进式炉、上下加热步进式炉和双步进梁步进式炉等。加热炉的长度不受推钢比的限制,具有加热能力强、加热质量好、不会发生拱料、粘钢等现象。目前主要用于中小型型钢、棒材、线材、热轧带钢生产车间

续表 9-2

设备名称	炉 型	用途及特点
连续式加热炉	环形加热炉	环形加热炉有固定炉壁的环形室和环形回转炉底，炉底在从装料门至出料门回转一整圈的期间内，钢坯即被加热，故具有生产效率高、占地面积小等特点。主要用来加热圆管坯和其他异型钢坯等，目前大多应用于热轧无缝钢管车间
	感应加热炉	感应加热炉具有加热速度快、体积小、耗电低、可完全实现机械化与自动化等优点。目前大多用于热轧无缝钢管车间加热小直径圆管坯

(1) 型钢、棒线材钢坯加热炉。炉型选择和主要结构的设计应符合下列规定：

1) 大型型钢轧机钢坯加热宜选用上下加热的步进梁式加热炉。

2) 厚度不大于130 mm 的小规格钢坯加热宜采用步进底式加热炉，厚度大于130 mm 的大规格钢坯加热宜采用上下加热的步进梁式加热炉。

3) 中小型型钢轧机钢坯加热炉，用于普通碳素结构钢加热时，可采用推钢式加热炉，用于优质钢加热时宜采用步进梁式加热炉。

4) 不锈钢和易脱碳钢加热应选用步进梁式加热炉。

5) 棒线材步进梁式加热炉宜采用炉内悬臂辊道侧装料和侧出料方式，装料侧可设置液压推钢机。

6) 棒线材步进底式加热炉加热冷装钢坯时，应采取防止入炉后钢坯受热弯曲的措施。

7) 新建棒线材推钢式钢坯加热炉，宜采用带较短出钢区、由出钢机侧向推出的出钢方式，可不设置水冷出钢槽。

8) 型钢步进梁式加热大型坯时，宜采用端装料和端出料方式，装料可用推钢机或托入机，出料可用托出机。

9) 一个车间宜设置一座用于高速线材轧机或连续小型轧机的加热炉。

(2) 热轧板带钢坯加热炉。新建宽带钢、中厚板、炉卷轧钢车间宜采用步进梁式加热炉。

(3) 不锈钢和硅钢板坯加热炉。炉型选择应符合下列要求：

1) 不锈钢和硅钢板坯加热应采用上、下供热的步进梁式加热炉。

2) 加热高温取向硅钢的板坯加热炉，下部加热宜采用侧供热，上部加热宜采用全炉顶平焰烧嘴供热；也可在均热段采用平焰烧嘴供热而其余各段采用侧供热或端部烧嘴轴向供热。

3) 既加热碳钢又加热高温取向硅钢和不锈钢的同一加热炉，宜采用6段以上的多段供热和自动控制系统。

(4) 薄板坯连铸连轧加热炉。工艺及结构设计应符合下列要求：

1) 炉型宜选用直通辊底式加热炉。

2) 应将连铸机和轧机的生产有效地连接起来，加热炉应具有足够的缓冲空间。

3) 薄板坯在加热炉内缓冲时间不得小于10 min。

4) 连铸坯在炉内缓冲时，应以低速向前、向后做摆动运动。

5) 应具备对炉内连铸坯位置进行实时跟踪功能。

6) 连铸坯应以铸速连续进入加热炉，以第一架轧机咬入速度离开加热炉。

7）小时产量应与连铸机的小时产量匹配。

8）钢结构应按照模块方式设计。

9）炉顶宜设计成可移动方式。

10）炉顶和上部炉墙内衬应采用高温陶瓷纤维模块轻型结构设计，渣斗和下部炉墙耐火材料内衬应采用耐火浇注料、轻质砖和隔热板组成的复合结构设计。

11）年产量约100万吨生产线宜配置一座加热炉，年产量约200万吨生产线应配置两座加热炉。布置两座加热炉时，可分为横移摆渡或旋转摆渡方式布置。

（5）无缝钢管机组加热炉。无缝钢管机组加热炉的设计应符合下列规定：

1）无缝钢管机组加热炉燃料选用煤气或燃料油。除采用蓄热式烧嘴外，煤气发热量应大于7500 kJ/m^3。芯棒预热炉可采用本车间其他工业炉排出的烟气预热。

2）管坯轧前加热宜选用环形炉。钢管定、减径前再加热宜选用钢梁步进炉。

3）管坯轧前加热炉，定、减径前再加热炉和芯棒预热炉必须配置自动化控制与热工测量项目。

4）环形炉的公称应以“炉膛中心直径×炉膛内宽”标注。

连续式加热炉的炉子尺寸计算

（1）炉子宽度 B。炉宽 B 是根据坯料的长度 l 和坯料的排数 n 来决定。

$$B=nl+(n+1)\delta \tag{9-3}$$

式中 l——坯料的长度，m；

n——坯料排列数；

δ——料间或料与炉墙的空隙距离，m，一般取0.2~0.3 m。

（2）炉子有效长度 L。炉子的有效长度 L 主要是根据加热炉产量决定。但在推钢式连续加热炉中应以炉子允许最大推钢长度予以校核。炉子有效长度 L 计算公式为：

$$L=\frac{QbT}{60nG} \tag{9-4}$$

式中 Q——加热炉小时产量，t/h；

b——两根坯料之间的中心距，m；

T——加热时间，min；

n——坯料排列数；

G——每根坯料的重量，t。

其中加热时间，对于普通加热炉，装料端温度为800~850℃时，$T=(7.5+0.05s)s$；装料端温度为900~1000℃时，$T=(5+0.1s)s$。对于环形炉，$T=(5.1+0.034d)d$。式中出现的 s、d 分别表示坯料厚度或直径，单位为cm。

因推钢式连续加热炉受最大推钢长度的限制，其最大推钢长度与坯料的厚度、形状、长度、推钢机推力大小、推进速度、炉底形状等因素有关。工程设计中推钢长度通常用推钢比 i 来确定，即：

$$i=\frac{L_{max}}{b_{min}} \tag{9-5}$$

式中 L_{max}——最大推钢长度，m；

b_{min}——最小坯料断面宽度，m。

实际生产中,条件较好时,$i=250\sim300$,条件较差时,$i=200\sim250$。加热炉长度除了考虑推钢比外,也要考虑料排长。料排过长时,由于钢料之间压力增加而发生粘结现象。因此,推钢式加热炉有效长度除个别长达37 m之外,一般不超过34 m。

连续式加热炉的生产能力计算

加热炉产量计算包括单座炉子产量计算和车间总加热能力的计算。

(1) 单座加热炉小时产量的计算。有两种计算方法计算单座加热炉小时产量。

1) 按加热时间进行计算:

$$Q=\frac{L}{b}\times n\times G\times\frac{60}{T}=\frac{60LnG}{bT} \tag{9-6}$$

式中　Q——加热炉小时产量,t/h;

b——两根坯料之间的中心距,m;

T——加热时间,min,选择同前;

n——坯料排列数;

G——每根坯料的重量,t。

2) 按炉子生产率指标计算。炉底强度(也称炉底应力)是表征炉子生产率的重要指标。

$$Q=\frac{pF}{1000}=\frac{pBL}{1000} \tag{9-7}$$

式中　Q ——加热炉小时产量,t/h;

p ——有效炉底强度,kg/(m^2·h),见表9-3和表9-4;

F——炉底布料面积,m^2;

B ——炉底有效宽度,m;

L—— 炉底有效长度,m。

表9-3　型钢、棒材钢坯加热炉的炉底强度设计值

炉型及结构特点		原料断面/mm	炉底强度/kg·(m^2·h)$^{-1}$
推钢式加热炉	单面加热	75~120	300~400
	部分下加热	≤130	400~550
	全部上下加热	>130	500~650
步进式加热炉	步进底式	≤130	350~450
	步进梁式	>130	500~650

注:1. 表中炉底强度指标适用于燃煤气加热炉,加热普通碳素钢,冷装,出钢温度为1200℃。
2. 本表规定的炉底强度指标不适用于全热装和采用蓄热式燃烧的加热炉。

表9-4　不锈钢和硅钢板坯加热炉炉底强度

加热钢种	炉底强度/kg·(m^2·h)$^{-1}$	备　注
奥氏体不锈钢	480~500	300系列
铁素体和马氏体不锈钢	500~550	400系列
高温取向硅钢	400~450	—
碳素钢	600~650	—

注:加热炉燃料为气体燃料,且燃料发热量为7500~12500 kJ/m^3时取下限值,燃料发热量大于12500 kJ/m^3时取上限值。

(2) 炉子总加热能力的确定。厂炉子总加热能力应根据轧机小时产量、作业率、年生产量合理选定，必须保证轧机在既定的作业时间内完成年生产任务。加热炉的产量一般不按轧机年产量或综合小时产量确定，而按厂生产比例较大、轧机作业时间较多的产品的最大小时产量确定。依此计算炉子的尺寸和数量，然后再验算轧机与炉子能力配合后完成年生产量所需的负荷时间，使它小于或等于轧机实际所需的作业时间。通常，加热炉小时产量是上述典型产品的轧机小时产量的1.1~1.2倍。

加热炉推钢机的选择

加热炉推钢机的用途是将钢坯连续推入、推出加热炉。常用的推钢机的种类有螺旋式、齿条式、杠杆式和液压式推钢机等，各轧钢厂广泛使用液压式推钢机。

推钢机的主要参数有推力、速度和行程等，表9-5为齿条式推钢机的基本参数。

(1) 推钢机的推力。推钢机的命名都以推力作为标志，其大小按式(9-8)计算。

$$F=Qf \tag{9-8}$$

式中 F——推力，kN；

Q——被推金属的重量，t，它是炉内、炉后台架及上料辊道上的坯料重量之和；

f——钢料与炉底间的摩擦系数，它与炉内温度及炉底状况等因素有关。一般钢料双面加热炉底有水滑道时，f=0.5~0.6。

(2) 推钢机的速度。推钢机的速度取决于坯料断面形状与尺寸、炉子的产量要求以及出料方式等因素。推速过大容易产生冲击，造成炉内钢料不稳；推速过小影响炉子产量。推钢机的速度一般为0.05~0.12 m/s。

为提高推钢机的生产率，减少间隙时间，一般要求推钢机低速推钢、高速返回。通常返回速度是推钢速度的两倍。

(3) 推钢机的行程。推钢机的行程与一次推料量、坯料断面形状与尺寸、辊道宽度、出料要求、钢料翻钢与排钢所需要的操作距离、推钢机退回时原料的弹回量以及检修要求等有关。推钢机的行程一般为2.5~4 m。推力大者，行程也大。

表9-5 轧钢车间加热炉齿条式推钢机的基本参数(JB/T 2628—1999①)

单推杆齿条式推钢机基本参数						
推力/kN		100	200	300	400	500
速度 /m·s⁻¹	前进	0.05	0.1	0.1	0.1	0.1
	后退	0.1	0.2	0.2	0.2	0.2

双推杆齿条式推钢机基本参数											
推力/kN		100×2	200×2	300×2	400×2	500×2	750×2	1000×2	1500×2	2000×2	2500×2
速度 /m·s⁻¹	前进	0.05	0.1	0.1	0.1	0.1	0.1	0.1	0.1	0.1	0.1
	后退	0.1	0.2	0.2	0.2	0.2	0.22	0.22	0.22	0.22	0.22

注：1. 推力×2，推力是指每个推杆的推力。

2. 推钢机最大行程为：2 m、2.5 m、3 m、4 m、5 m。

①请参考JB/T 2628—2010。

9.2.2 热处理设备

轧钢厂的轧材一部分可以直接作为成品材，另一部分需要经过热处理，如退火、淬火、回火、正火(常化)、调质处理、渗碳、渗氮、氰化等,才能作为成品钢材。热处理的目的是:改变金属的物理性质和机械性能;消除压力加工产生的内应力;降低金属硬度,改善切削性能;提高金属的表面硬度;进行化学热处理,达到特殊的要求。轧钢厂常见的热处理炉见表9-6。

表9-6　轧钢厂常见的热处理炉分类及用途

热处理名称	炉　型	特点及用途
中厚钢板热处理炉	辊底式炉	用于中厚板的热处理作业,即正火、淬火、回火。淬火的加热温度为860~1000℃;正火的加热温度为860~900℃;回火的加热温度为600~720℃;高温淬火也有加热到1150℃
冷轧薄板热处理炉	罩式退火炉	用于板材或卷材退火。通常由可移动的外罩、内罩和两个以上的炉台组成。矩形罩式退火炉用于板材退火,钟罩式退火炉用于卷材退火
	连续退火炉	用于不锈钢带、硅钢带的热处理
钢管热处理炉	辊底式炉	用于钢管的球化退火、再结晶退火、去应力退火等热处理。炉型与钢坯加热和中厚板热处理用的辊底式炉基本相同
	带罩台车炉	用于多品种而产量不大或大口径钢管热处理
线材热处理炉	牵引式炉	用于中、高碳钢在冷加工后的铅浴淬火韧化处理和再结晶退火。也可以进行线材的发蓝处理,以提高钢丝的强度和防锈能力
	马弗炉	它是钢丝热处理的主要设备。通过铅浴淬火以后获得索氏体组织;正火获得珠光体和铁素体组织,便于继续拉拔

在热处理设备设计时,应参照国家标准GB 50486—2009钢铁厂工业炉设计规范执行,相关规定如下:

(1) 冷轧宽带钢热处理作业线宜选用单垛紧卷罩式退火炉。

(2) 取向硅钢带和无取向硅钢带的脱碳退火,宜在卧式辊底式炉中进行连续热处理。

(3) 不锈带钢热处理作业线退火-酸洗作业线可采用卧式炉(包括悬索式和气垫式炉)和立式退火炉;光亮退火线可采用光亮立式退火炉。

(4) 热轧带钢连续镀锌作业线热处理炉宜采用卧式炉。

(5) 冷轧带钢连续镀锡作业线热处理应采用辐射管加热的立式炉。年产量30万吨以上的冷轧带钢连续镀锌作业线热处理炉应采用立式炉,年产量25万吨以下应采用卧式炉。

(6) 热轧、冷轧和冷拔结构无缝钢管的退火宜选用辊底式退火炉,需要光亮处理的高压锅炉管、合金钢管和一般结构钢管,应选用可控气氛的辊底式炉。

(7) 无缝钢管中的油井管和管线管的热处理宜选用步进式热处理炉。小批量的高压锅炉管及不锈钢管的热处理宜选用辊底式热处理。大规格顶管机组生产的大口径、厚壁和单根重量大的钢管热处理宜选用车底式热处理,钻杆对焊后热处理宜采用感应式热处理炉。大管径、规格波动小的无缝钢管热处理,可采用分室式快速炉。网带式炉可用于特殊用途的细钢管的热处理。

9.3　切断设备的选择

用于轧钢厂的切断设备主要有四类,即剪切机、锯机、折断机和火焰切割机。按工艺要求,型钢和钢管车间常使用锯机,钢坯和简单断面小型轧钢车间常使用平刃剪,钢板车间常使用斜刃剪和圆盘剪，而各类连轧机都设置飞剪，连续焊管轧机则使用飞锯，大型管坯使用折断机和火焰切割机。

9.3.1 锯机的选择

锯机形式的选择

锯机主要用于切断异型断面轧件，以获得断面整齐的定尺产品。锯机分热锯机和冷锯机。目前国内使用的热锯机种类、适用范围见表 9-7。

表 9-7 热锯机的类型、特点及适用范围

类型		特点	适用范围
杠杆式锯		结构简单，操作方便，生产率较低	多用于锯切较小断面钢材的试样
滑座式锯	滑板式锯	因滑板磨损快，维修不便并振动大，故新设计时已不再采用	多用于大中小型车间锯切型材和管坯等
	滚轮式锯	操作灵活准确，调定误差小，使用可靠并寿命长	广泛用于大中型车间锯切大中型材和管坯等
四连杆锯		锯片能在水平方向运行，行程大，摩擦小，工作平稳可靠，设备重量轻	广泛用于轨梁、大中型车间锯切钢梁、钢轨、大型型材、管坯以及合金钢中型材和管坯

热锯机参数选择

热锯机参数包括结构参数（锯片直径 D、锯片厚度 δ、锯片最大行程 L 等）和工艺参数（锯片圆周速度 v、进锯速度 μ 和每秒锯切的钢材断面积即热锯生产率 f 等）。

（1）锯片直径 D。锯片直径是热锯机最主要的结构参数，它常被作为热锯机的主要系列标称，如 ϕ1500 mm 热锯机、ϕ1800 mm 热锯机……

锯片直径 D 决定于被锯切轧件的断面尺寸。要保证锯切最大高度的轧件时，锯轴、上滑台和夹盘能在轧件上面自由通过。同时，为使被锯切断面能被完全锯断，锯片下缘应比辊道表面最少低 40~80 mm（新锯片可达 100~150 mm），如图 9-1 所示。

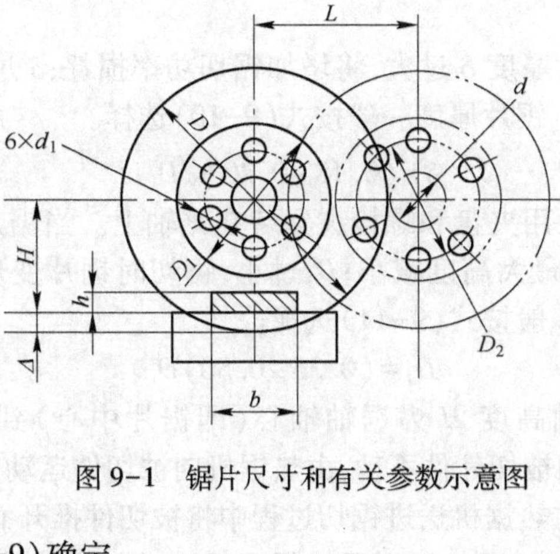

图 9-1 锯片尺寸和有关参数示意图

锯片直径可用式（9-9）确定。

$$\frac{D-D_1}{2} \geqslant h+\Delta \tag{9-9}$$

式中 D——锯片直径，mm；

D_1——夹盘直径，mm；

h —— 锯切轧件最大高度，mm；

Δ——锯片下缘至辊道上表面距离，mm。

初选锯片直径 D 时，可按被锯切的最大轧件高度用以下经验公式计算：

对于方钢 $D=10A+300$ （A —— 方钢边长）

对于圆钢 $D=8d+300$ （d —— 圆钢直径）

对于角钢 $D=3B+350$ （B —— 角钢对角线长度）

对于槽钢、工字钢 $D=C+400$ （C——钢材宽度）

根据计算的锯片直径值，参考有关系列标准和资料（见表9-8），最后确定锯片直径。锯片直径的允许重磨量为5%~10%。

表9-8 热锯机基本参数（JB/T 2094—1999①）

锯片直径 D		锯片中心至辊道面的距离 H	锯片厚度 δ	锯片最大行程 L	锯片夹盘直径 D_1	被切金属		安装孔径 d	螺栓孔分布直径 D_2	螺栓孔直径 d_1	锯片圆周速度	进锯速度	退锯速度
公称直径	重磨后的最小直径					高度 h	宽度 b						
		mm									mm/s		
900	820	380	6	600	500	120	350	300	400	27	90~120	20~300	300
1200	1080	520	6~8	800	570	160	560	300	400	27			
1500	1350	625	6~8	1000	750	200	600	360	600	27			
1800	1620	760	8~10	1400	900	260	730	400	600	38			
2000	1800	850	8~10	1500	900	350	730	400	600	38			

注：1. 被切金属的高度 h、宽度 b 是指在锯片最小直径时，可锯切的最大空间断面。

2. 锯片圆周速度是按锯片公称直径计算的；锯片最小圆周速度是按锯片重磨后的最小直径计算的。

3. ϕ1800 mm 和 ϕ2000 mm 热锯机的夹盘直径 D_1 允许减小到 ϕ750 mm。

4. 本标准适用于在热状态下锯切矩形钢坯及成型断面钢材的热锯机。

①请参考 JB/T 2094—2010。

（2）锯片厚度 δ。锯片厚度 δ 过大，将增加锯切功率损耗；δ 过小，将会降低锯片强度，并增加锯切时锯片的变形。锯片厚度一般按式（9-10）选择。

$$\delta=(0.18\sim0.20)\sqrt{D} \tag{9-10}$$

（3）夹盘直径 D_1。锯片用夹盘和螺栓夹紧装在锯轴上。当锯片直径一定时，夹盘直径 D_1 过大，锯片能锯切的轧件最大高度减小；D_1 过小，锯切时锯片变形和轴向振动加大，导致锯片寿命降低。夹盘直径一般按式（9-11）选择。

$$D_1=(0.35\sim0.50)D \tag{9-11}$$

（4）锯轴高度 H。锯轴高度 H 为锯轴轴心（即锯片中心）到辊道上表面的高度（见图9-1）。热锯机一般采用被切轧件不动，由热锯机向被切件运动的方式达到锯切的目的。为此，H 不能过小，否则会在热锯机送进锯切过程中将被切件推开而不能进行锯切；同时，当锯片直径 D 一定时，H 又不能过大，否则无法保证重磨后的锯片最小直径下缘低于辊道上表面的要求。锯轴高度一般可按式（9-12）选择。

$$H=\frac{D}{2}-(45\sim120) \tag{9-12}$$

（5）锯片行程 L。锯片行程 L 由被锯切轧件的最大宽度和并排锯切的最多根数确定。热锯机的送进机构应保证具有大于 L 的行程。

（6）锯片圆周速度 v。提高锯片圆周速度 v，可以在送进速度 u 相同的条件下，减少每个锯齿所锯切的切削厚度，从而减小每齿的受力。换言之，如果每齿所能承受的载荷一定，则提高 v 可为提高 u 创造条件，亦即可以提高生产率。但是随着 v 的增加，由于离心力而引起的径向拉应力也将增加，从而降低了锯齿所能承受的锯切能力。因此，一般应用的锯片线速度为 100～120 m/s，最大线速度 $v_{max} \leqslant 140$ m/s。

（7）进锯速度（或称进给速度、送进速度）u。根据被切轧件断面的大小，进锯速度 u 也应做相应的调整，一般取 $u=30 \sim 300$ mm/s。u 除了应和轧件断面相适应外（大断面所用的 u 小），也要和 v 相适应。因为如果 v 过低而 u 过高，切削厚度增加，锯切阻力将增加；相反，如果 v 过高而 u 过低，切削厚度太薄，锯屑容易崩碎成为粉末，将使锯齿尤其是齿尖部分迅速磨损。这两种情况都会影响锯齿寿命。

（8）每秒锯切断面面积（锯机生产率或锯切生产率）f。f 是热锯机的一项主要工艺参数，它不仅关系到热锯机的生产率和锯切质量，而且也是计算热锯机锯切力和锯切功率的主要参数。一般所采用的 f 值如表 9-9 所示。

表 9-9　实际采用的锯机生产率

锯切温度/℃	在下面锯片直径（mm）时的生产率/$mm^2 \cdot s^{-1}$			
	ϕ2000	ϕ1800	ϕ1500	ϕ1200
700～750	4000～6000	3500～5500	3000～5000	2000～4000
800～850	5000～7000	4500～6500	4000～6000	3500～5500
900～950	7500～9000	7000～8500	5000～7000	4500～6500
1000	8500～10000	7500～9000	6000～8000	5000～7000

（9）锯切功率 N。锯切功率常用式（9-13）计算。

$$N=\frac{P\delta f}{7500} \tag{9-13}$$

式中　P——锯切单位面积上作用的锯切力；

δ——锯缝宽度，mm；

f——单位时间锯下的金属断面积，mm^2/s，$f=uh$；

u——进锯速度，一般可取 10～300 mm/s；

h——被锯切轧件的断面高度，mm。

锯切功率的大小主要取决于被锯金属在锯切温度下的机械性能，另外锯齿形状、锯切速度和锯切轧件断面大小也有影响。锯机功率大小通常根据试验确定。

热锯生产能力的计算

车间锯机生产能力大小取决于锯机锯切一根钢材所需的锯切时间和锯机的台数。

锯切一次的周期时间：

$$t_z=t_j+t_t+t_c$$

式中　t_j——进锯时间，s，$t_j=\dfrac{进锯行程}{进锯速度}$；

t_t——退锯时间，s，$t_t=\dfrac{退锯行程}{退锯速度}$；

t_c——两次锯切动作之间的间隙时间，可通过实测获得。

设定尺根数为 n，则锯切一根钢材的总锯切时间 T 为

$$T=(n+1)(t_j+t_t)+nt_c+t_0$$

式中 t_0——锯切两根轧件之间的间隔时间。

若同时有 N 台锯工作，则锯切一根轧件所需时间 T' 为：

$$T'=\frac{T}{N}$$

根据辅助设备设计原则，为保证轧机生产能力的发挥，辅助设备能力要大于轧机能力，即：

$$T\leqslant KT_{zh} \tag{9-14}$$

式中 T_{zh}——轧机产量要求的轧制节奏时间，s；

K——锯机负荷率，通常 $K\leqslant 85\%$。

因此，同时工作的锯机台数 N 可用式(9-15)求得：

$$N=\frac{(n+1)(t_j+t_t)+nt_c+t_0}{KT_{zh}} \tag{9-15}$$

9.3.2 剪切机的选择

剪切机形式的选择

通常，剪切机按剪刃形状与配置以及剪切方式等特点分为平行刃剪、斜刃剪、圆盘剪和飞剪四大类。表9-10所列为各类剪切机的特点和用途。

表9-10 剪切机的类型

类型		特点	用途	典型形式
平行刀片剪切机（平刃剪）	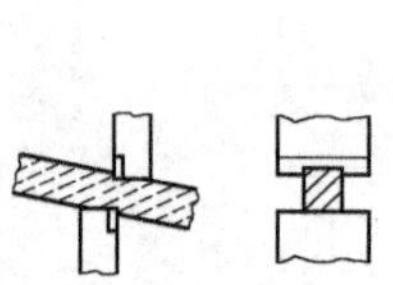	两个刀片彼此平行	横向热剪切方坯、板坯、方形及矩形断面的钢坯；也用两个成型刀片来冷剪管坯及小型圆钢。上切式剪通常用于热剪中小型钢坯，冷剪小型材。一般剪切力小于2.5 MN。下切式剪切机广泛用于热剪断面厚度不小于60mm的方、矩、板坯，剪切力一般大于2.5 MN	曲柄连杆上切式剪切机；活动连杆上切式剪切机；浮动偏心轴下切式剪切机；曲柄杠杆下切式剪切机（六连杆剪切机）
斜刀片剪切机（斜刃剪）	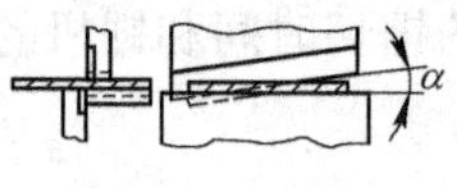	一个刀片相对另一刀片成某一角度倾斜，一般 $\alpha=1°\sim6°$	横向冷剪或热剪钢板、带钢、薄板坯；也用来剪切成束的小型钢材。开式斜刃剪多用于中小型车间冷剪薄板坯、带坯、焊管坯和成束的小型材。闭式斜刃剪用来冷剪或温剪钢板、带钢、板坯和焊管坯等。剪板时，通常设在剪切线上	滚切式剪切机（特别适合中厚板的切边的滚切式双边剪、切定尺的滚切式横切剪和纵向部分的滚切式纵向剪）

续表 9-10

类型		特点	用途	典型形式
圆盘式剪切机（圆盘剪）	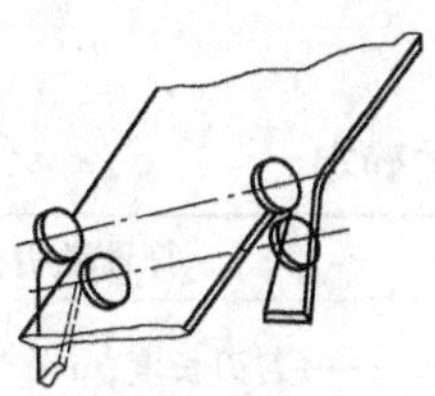	两个刀片均呈圆盘状	纵向剪切运动中的钢板（带钢）的边；或将钢板（带钢）剪成窄条。纵向剪切厚度不大于 30 mm 的钢板及薄带钢。由于刀片是旋转的圆盘，因而可连续纵向剪切运动着的钢板或带钢	剪切板边的圆盘剪；剪切带钢的圆盘剪
飞剪机	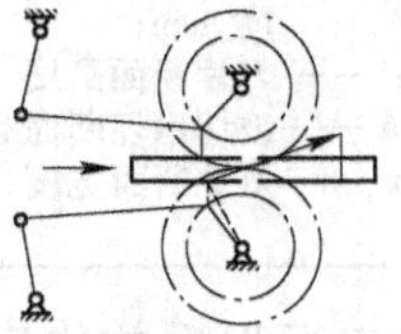	刀片在剪切轧件时跟随轧件一起运动	横向剪切运动中的轧件（钢坯、钢板、带钢）；横向剪切运动中的小型型材、线材等	圆盘式飞剪；滚筒式飞剪；曲柄回转杠杆式飞剪；摆式飞剪；曲柄摇杆式飞剪；曲柄偏心式飞剪

剪切机参数的选择

A 平刃剪参数的选择

(1) 刀片行程 H。刀片行程是剪切机最主要的结构参数，主要根据被剪切轧件最大厚度 h 来确定，能保证轧件顺利通过刀刃并切断为原则。刀片行程 H 可按式(9-16)确定，式中符号见图 9-2。

$$H=h+f+q_1+q_2+S \tag{9-16}$$

式中 H——刀片行程（指刀片的最大行程），mm；

h——被切轧件最大断面高度，mm；

f——轧件上表面与压板之间的距离，此值的选取要保证轧件有一定翘头时，仍能通过剪切机，一般取 $f=50\sim75$ mm；

q_1——为了避免上刀受轧件冲撞，而使压板低于上刀的距离，一般取 $q_1=5\sim50$ mm；

q_2——为了让轧件能顺利通过剪切机，下刀不被轧件磨损，而使下刀低于辊道表面的距离，一般取 $q_2=5\sim20$ mm；

S——上下刀片的重叠量，一般取 $S=5\sim25$ mm。

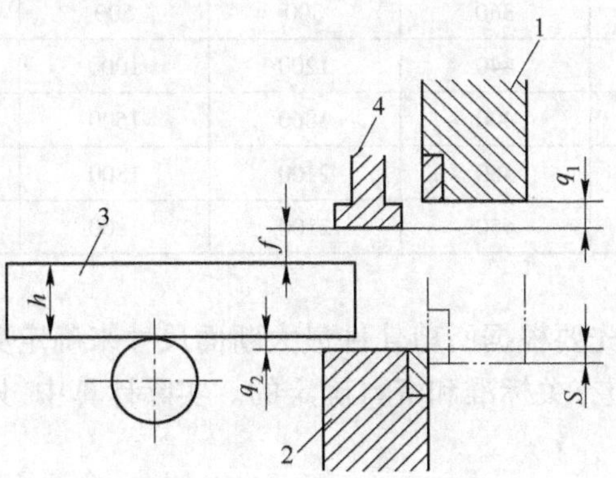

图 9-2 平行刀片剪切机（上切式）刀片行程图

1—上刀；2—下刀；3—轧件；4—压板

对于采用曲柄连杆(或偏心连杆)机构的剪切机,曲柄轴半径(或偏心轴的偏心)R 等于刀片行程 H 的一半。对于采用双偏心浮动轴式的剪切机,偏心轴的偏心值为刀片行程 H 的1/4。

(2) 刀片尺寸。刀片尺寸的确定见表9-11。

表9-11 平行刀片剪切机刀片尺寸参数的确定

刀片尺寸参数		计算表达式或经验表达式	符号说明
刀刃长度 l	小型剪切机	$l=(3\sim4)b_{max}$	l——刀刃长度,mm; b_{max}——被切钢坯横断面的最大宽度,mm; h'——刀片断面高度,mm; h——被切钢坯断面高度,mm; b'——刀片断面宽度,mm
	大、中型剪切机	$l=(2\sim2.5)b_{max}$	
	剪切板坯的剪切机	$l=b_{max}+(100\sim300)$	
刀片断面高度 h'		$h'=(0.65\sim1.5)h$	
刀片断面宽度 b'		$b'=h'/(2.5\sim3)$	

(3) 理论空行程次数(剪切次数)。剪切机的每分钟理论空行程次数代表了剪切机的生产率。理论空行程次数(剪切次数)的提高受到电动机功率和剪切机结构形式的限制。剪切机在剪切轧件时的实际剪切次数,总是远远小于理论空行程次数。因为在轧件两次剪切之间,需要完成轧件运输、定尺等辅助工序。确定剪切次数时,可根据轧钢机生产率和有关参考数据选定。

(4) 最大剪切力 P_{max}。平刃剪以最大剪切力 P_{max} 来命名。所选的剪切机剪切力的大小应符合国家已制定的基本参数系列。热剪机基本参数系列见表9-12。

表9-12 热钢坯剪切机基本参数(JB/T 2093—1999①)

最大剪切力/MN	刀片行程/mm		刀刃长度/mm	扁坯最大宽度/mm	刀片断面尺寸/mm	理论空行程次数/次·min^{-1}
	对方坯	对板坯				
0.63	110	110	300	—	30×80	20~30
1.0	160	160	400	—	40×120	20~30
1.6	200	200	450	—	50×150	20~30
2.5	250	250	550	300	60×180	18~30
4.0	320	320	700	400	70×180	14~18
6.3	360	360	800	500	70×210	12~16
10	440	440	1200	1000	80×240	10~14
16	500	400	1800	1500	90×270	7~12
(20)	500	450	2100	1800	100×300	7~12
25	500	450	2100	1800	100×300	5~8

①请参考 JB/T 2093—2010。

在设计剪切机时,首先要根据所剪轧件最大断面尺寸来确定剪切机公称能力,它是根据计算的最大剪切力并参照有关标准和资料确定的。实际计算中,只需用式(9-17)计算出最大剪切力,即

$$P_{max}=k_1\tau_{max}F=K_1K_2\sigma_bF \tag{9-17}$$

式中 P_{max}——最大剪切力,MPa;

K_1——考虑剪刃变钝和剪刃间隙增大而使剪切力增大的系数。其数值根据剪切机

能力选取，小型剪切机（$P<1.6$MN），取 $K_1=1.3$；中型剪切机（$P=2.5\sim8.0$MN），取 $K_1=1.2$；大型剪切机（$P\geqslant10$MN），取 $K_1=1.1$；

τ_{max}——被剪轧件材料在相应剪切温度下最大的单位剪切阻力，MPa；

K_2——换算系数，$K_2=\tau_{max}/\sigma_b=0.6\sim0.8$。通常在剪切钢件时 $K_1K_2\approx0.8\sim1$。此值选取原则是：硬钢取小值，软钢取大值，热剪取大值，冷剪取小值；

F——被剪轧件的断面积，mm^2；

σ_b——被剪金属在剪切温度下的强度极限，见表 9-13。

表 9-13　某些钢在不同温度下的 σ_b 值

剪切温度/℃		1000	950	900	850	800	750	700
σ_b/MPa	合金钢	85	100	120	135	160	200	230
	高碳钢	80	90	110	120	150	170	220
	低碳钢	70	80	90	100	105	120	150

B　斜刃剪参数的选择

斜刃剪的基本参数包括刀片行程、剪刃长度、剪切次数、剪刃倾斜角、剪刃侧向间隙、剪切倾角和剪切力。斜刃剪通常以被剪切轧件的最大断面尺寸来命名。例如，Q11-20×2000型上切式剪板机可剪轧件最大断面尺寸为 20 mm×2000 mm，Q12Y-32×4000 型液压摆式剪板机可剪轧件最大断面尺寸为 32 mm×4000 mm。

（1）刀片倾斜角。剪刃倾斜角 α 增大，会造成板材弯曲和变形增大，刀片行程增加，剪切力减小，但剪切时产生的侧向推力有可能使剪切过程不稳。受钢板与刀片间的摩擦条件的限制，当 $\alpha>\alpha_{max}$ 时，钢板就要从刀口中滑出而不能进行剪切。所以加以改进，将刀片做成有双边倾斜角的，此时最大允许倾斜角 α_{max} 不受摩擦条件的限制，上刀片采用双倾斜角后，剪切时钢板能保持在中间位置。为了改善剪切质量，目前 α 角趋向于采用较小值，一般取 $\alpha=1°\sim3°$，薄板剪切机采用 $\alpha=1°$左右。已有的剪切机 $\alpha=1°\sim6°$。

（2）刀片尺寸。剪切时，刀片受到挤压、弯曲和摩擦的作用，刀片尺寸主要由剪切力确定。刀片长度应比所剪切的轧件最大宽度大 100～300 mm，见表 9-14。刀片材料要有一定的强度和韧性，并要求有较高的硬度，见表 9-15。

表 9-14　刀片尺寸与剪切力的关系

剪切力/kN	H/mm	B/mm	h/mm	K/mm	图例
2～60	60	16	15	1.5	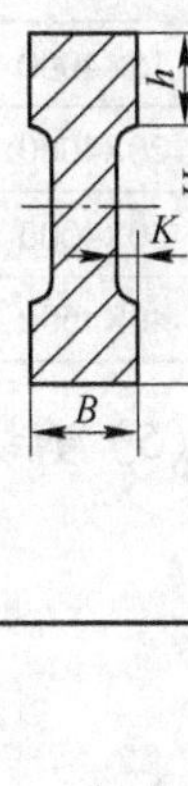
60～160	70	20	17.5	2	
160～250	80	25	20	2.5	
250～600	100	30	25	3	
600～1000	120	35	30	3.5	
1000～1600	150	40	35	3.5	
1600～2500	180	50	45	5	
2500～4000	200	60	50	6	

表 9-15 斜刀片剪切机刀片材料

剪切条件	推荐使用钢种	刀刃硬度 HRC
热剪一般金属	65SiCr、5CrW2Si	50~60
冷剪一般金属	5CrNiMo、65CrSi、8Cr3、9CrWMn、Cr12MoV	52~58
冷剪较硬金属	9Mn2V、8CR3	54~60

(3) 刀片行程。斜刃剪的剪刃行程 H 除考虑平刃剪剪切时的各种因素外,还应考虑由于剪刃的倾斜所引起的行程增加值 H_1(见图 9-3)。

$$H=H_p+H_1=H_p+b\tan\alpha \tag{9-18}$$

式中 H_p——相当于平刃剪上下剪刃的开口度;

H_1——剪刃倾斜引起的行程增加;

b——被剪轧件最大宽度;

α——剪刃的倾斜角。

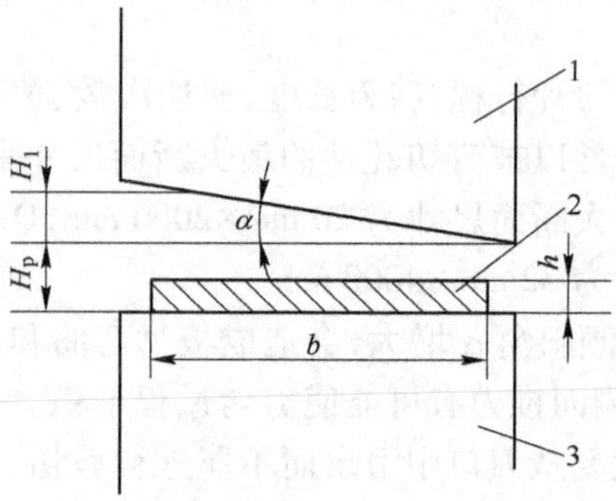

图 9-3 斜刃剪剪刃行程示意图

1—上刃台;2—钢板;3—下刃台

(4) 理论空行程次数。剪切机的理论空行程次数(剪切次数)主要根据生产率来确定,也与剪切机结构有关。斜刃剪剪切次数可参照表 9-16。

表 9-16 某些斜刃剪剪切机的传动性能

被剪切钢板的极限尺寸/mm×mm		每分钟剪切次数	功率/kW
5×3000	9×750	25	4.0
10×3000	16×1000	22	10.0
15×4000	24×1200	20	22.0
20×4000	33×1250	18	30.0
30×4000	44×1500	18	55
40×4500	64×1500	15	100

(5) 剪切力。剪切力 P 可用式(9-19)计算。

$$P=0.42K_3\sigma_b\frac{h^2}{\tan\alpha} \tag{9-19}$$

式中 h ——被剪切金属的厚度；

α ——上剪刃倾斜角；

σ_b——被剪金属在剪切温度下的强度极限，参阅表9-13。

K_3——随刀刃倾斜角 α 而变化的系数。$\alpha=2°$时，取 $K_3=2.1$；$\alpha=3°$时，取 $K_3=1.6$；$\alpha=4°$时，取 $K_3=1.2$；$\alpha=6°$时，取 $K_3=1.0$。

(6)剪刃侧向间隙。剪刃侧向间隙 Δ 值是影响剪切质量的重要因素，同时也关系到剪切力的大小及剪刃寿命。实际生产中剪刃侧向间隙推荐用式(9-20)计算。

$$\Delta=(0.05\sim0.07)h \tag{9-20}$$

式中 h——板材厚度，mm。

通常，在 $h\leqslant5$ mm 时，取 $\Delta=0.07$ mm；当 $h=10\sim20$ mm 时，取 $\Delta=0.5$ mm。

(7) 剪切倾角。剪切倾角 θ 如图9-4所示。合适的倾角 θ 可以得到与钢板平面相垂直的切面。资料推荐 $\theta=2°\sim4°$。

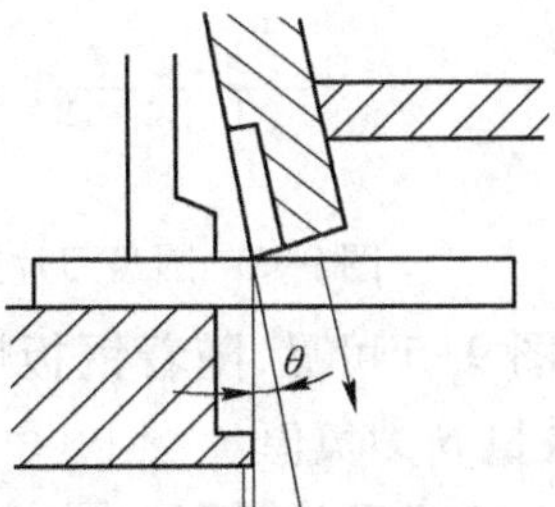

图9-4 剪切倾角示意图

C 圆盘剪参数的选择

圆盘剪主要参数有圆盘刀片直径 D、刀片重叠量 S、刀片厚度 δ、刀片侧向间隙 Δ、剪切速度 v、剪切力 P 等。

(1) 圆盘刀片直径。

$$D=\frac{h+S}{1-\cos\alpha_1} \tag{9-21}$$

式中 D ——圆盘刀片直径，mm；

h ——钢板厚度，mm；

S ——刀片重叠量，mm；

α_1——最大咬入角，一般取为10°~15°。

圆盘刀片直径 D 主要同钢板厚度 h 和咬入条件有关。圆盘刀片直径 D 可以近似用 $D=(50\sim100)h$ 来计算，也可参考表9-17选用。

表9-17 圆盘直径和厚度同板厚的关系

板材厚度/mm	圆盘直径 D/mm	剪刃厚度 δ/mm	备 注
0.18~2.5	700~680	35~40	切边圆盘剪
0.18~0.6	170~150	15	切条圆盘剪
0.6~2.5	270~250	20	
2.5~6	460~440	40	
6~10	700~680	60	

选取圆盘刀片直径 D 的一般经验是：当咬入角 $\alpha_1=10°\sim15°$时，取 $D=(40\sim125)h$；当钢板厚度 $h=40$ mm 时，$D=(22\sim25)h$。

(2) 刀片重叠量。刀片重叠量 S 一般根据被剪切钢板厚度来选取，可参考图9-5选取。

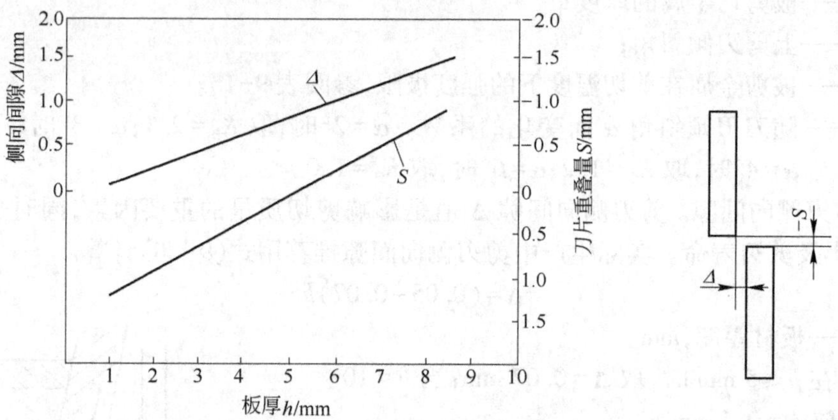

图 9-5　圆盘刀片重叠量 S 和侧向间隙 Δ 与被剪钢板厚度 h 的关系曲线

由图 9-5 可见,随着钢板厚度的增加,重叠量 S 愈小。当被剪切钢板厚度大于 5 mm 时,重叠量 S 为负值。

(3) 圆盘刀片厚度。圆盘刀片厚度 δ 的经验公式如下:

$$\delta=(0.06\sim0.1)D$$

(4) 刀片侧向间隙。圆盘刀片侧向间隙 Δ 要考虑被切钢板厚度和强度等因素。侧向间隙过大,剪切时钢板会产生撕裂现象。侧向间隙过小,又会导致设备超载、刀刃磨损快、切边发亮和毛边过多。刀片侧向间隙可参考图 9-5 选取。

刀片侧向间隙 Δ 的经验确定如下:

热剪切钢板　　$\Delta=(0.12\sim0.16)\ h$

冷剪切钢板　　$\Delta=(0.09\sim0.11)\ h$

当 $h<0.15\sim0.25$ mm 时,$\Delta\approx0$。

(5) 剪切速度。剪切速度 v 根据生产率、被切钢板厚度和力学性能来确定。剪切速度太大,会影响剪切质量,太小又会影响生产率。剪切速度可参见表 9-18 选取。

表 9-18　圆盘剪常用的剪切速度

钢板厚度/mm	2~5	5~10	10~20	20~35
剪切速度/$m\cdot s^{-1}$	1.0~2.0	0.5~1.0	0.25~0.5	0.2~0.3

D　飞剪参数选择

飞剪的结构和工艺参数的选择应满足以下基本要求:

(1) 剪刃在剪切轧件时要随着运动着的轧件一起运动,即剪刃应该同时完成剪切与移动两个动作,且剪刃在轧件运动方向的瞬时分速度 v 应与轧件运动速度 v_0 相等或大 2%~3%,即 $v=(1\sim1.03)v_0$。

(2) 根据产品品种规格的不同和用户的要求,在同一台飞剪机上应能剪切多种规格的定尺长度,并使长度尺寸公差与剪切断面质量符合国家有关规定。

(3) 剪切时,飞剪上下剪刃宜做平面平移运动,上下剪刃垂直或近似垂直于轧件轴线,以便使定尺轧件剪后断面平直且垂直于轧件轴线,使切头后的轧件端部形状有利于下一道咬入。

(4) 剪切要按一定的工作制度工作,以保证按规定剪成定尺或切头。

(5) 飞剪运动结构的加速度和质量应力求最小,以减小惯性力和动负荷。

(6) 能满足轧机或机组生产率的要求。

飞剪的基本参数包括剪刃的基本转速、剪刃速度、剪刃重合度、侧向间隙和剪切力等。

把轧件剪成基本定尺长度 L_0 时的转速,称为剪刃的基本转速。当剪刃圆周速度与轧件运行速度 v_0 同步时,剪刃的基本转速为 n_j 可由式(9-22)确定。

$$n_j = \frac{60v_0}{CL_0} \tag{9-22}$$

式中 C ——剪切轧件工作状态的系数,热剪切时,$C=1.015$,冷剪切时,$C=1$。

在基本转速下工作的剪刃,其圆周速度的水平分量 $v_x=(1\sim1.03)\ v_0$。

剪刃重合度一般取 1~10 mm。当剪切 0.18~0.35 mm 薄带钢时,剪刃径向重合度推荐值为 0.05~0.2 mm。

剪刃侧向间隙的大小依轧件厚度而异。剪切薄板时,侧隙一般为带钢厚度的 3%~5%。滚筒式飞剪剪切厚度为 0.18~0.35 mm 薄板时,侧向间隙接近于零。

剪切力 P 的确定与斜刃剪和圆盘剪相同。

剪切机生产能力的计算

以平刃剪为例,其生产能力采用式(9-23)计算。

$$A = \frac{3600nG}{T_1+T_2} \tag{9-23}$$

式中 A ——剪切机小时产量,t/h;

n ——同时剪切根数;

G ——每根金属的重量,t;

T_1——剪切时间 $T_1=\frac{60}{K}\left(\frac{L}{l}+K'\right)$, s;

L,l ——每根轧件的长度和成品的长度,m;

K,K'——剪切机每分钟理论剪切次数和外加剪切次数,钢坯 $K'=2\sim3$,其余 $K'=1$;

T_2——剪切间隙时间,s,可以实测,也可用式(9-24)计算:

$$T_2 = \frac{L+L'}{v_g} + \sum t_d + t_c + t_g \tag{9-24}$$

L'——前后两根轧件头尾之间的距离,m;

v_g——辊道线速度,m/s;

$\sum t_d$——剪切时剪切机进行对正时各动作所需时间,s;

t_c——清理切头切尾时间,s;

t_g——空转时间,s。

布置在作业线上的剪切机,通常比轧机的生产能力大 20%。计算出剪切机生产能力之后,要验算其负荷率。一般负荷率应在 80%以下。

9.4 矫直设备的选择

9.4.1 矫直机形式的选择

轧件在轧制、冷却和运输过程中,由于各种因素的影响,往往产生弯曲、浪形、歪扭等形状缺陷。当这些形状缺陷超过技术标准规定时，必须采用矫直机进行矫正加工，使其长度上平直、断面形状得到校正、表面氧化铁皮得到疏松、内部残余应力得到消除。

矫直机的形式是多种多样的。表9-19列出了矫直机的基本类型及用途。

表9-19　矫直机的基本类型及用途

名称及简图		用途	名称及简图		用途
压力矫直机	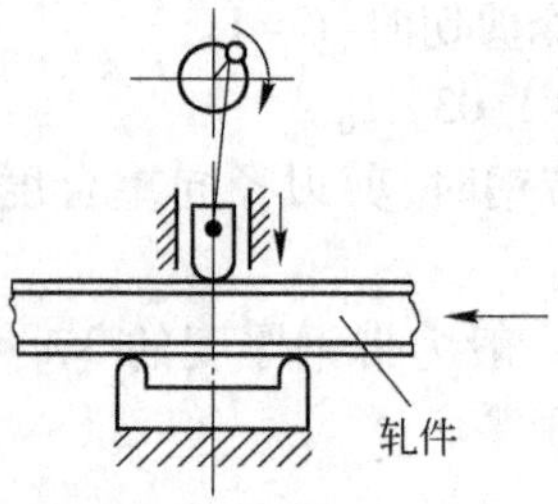立式	适用于大型轨梁车间对辊矫后的钢材进行补充矫直，适用于钢管车间直径大于ϕ200 mm的钢管矫直以及中型合金钢车间直径大于100 mm的棒材矫直	辊式矫直机	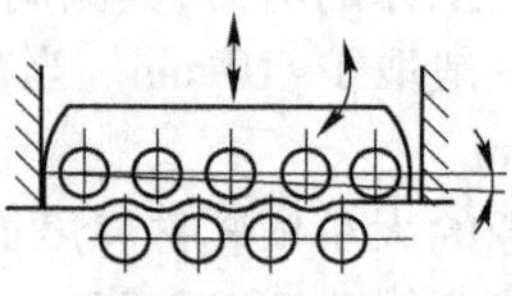上辊整体倾斜调整	多用于矫直厚度4 mm以下的薄板
压力矫直机	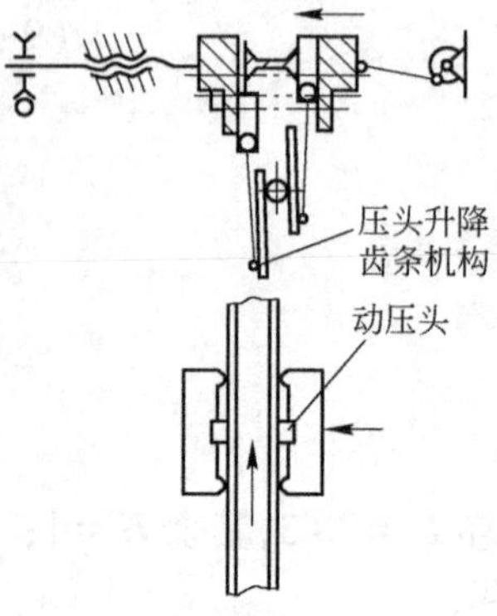卧式	多用于大型钢梁钢管车间对钢梁、槽钢和钢管的侧弯进行水平方向的补充矫直	辊式矫直机	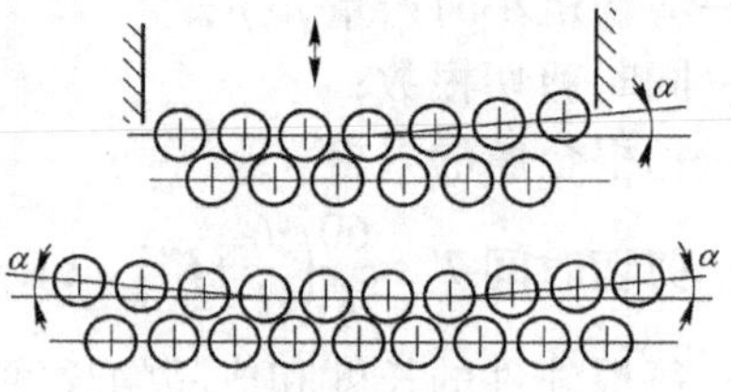上辊局部倾斜调整	多用来矫直薄板
辊式矫直机	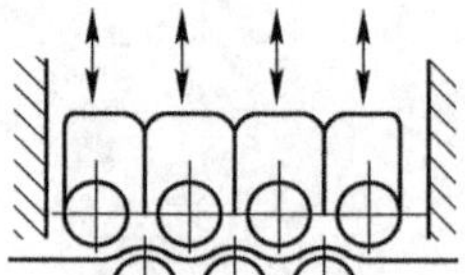上辊单独调整	多用于中小型材的矫直。上排每个工作辊可单独调整，故调整灵活	管材矫直机	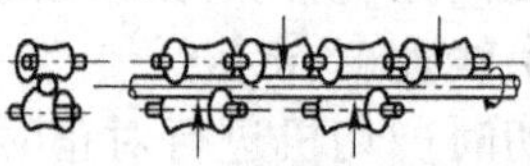一般斜辊式	广泛用于轧制、拉拔、焊管及其他车间的管和圆棒材的矫直
辊式矫直机	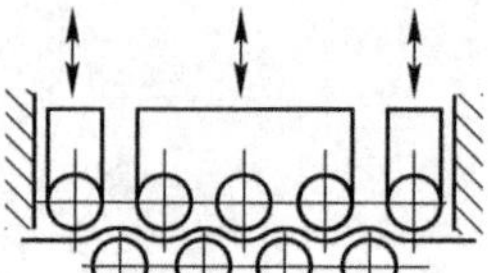上辊整体平行调整	多用于矫直4～12 mm以上的中厚板和粗矫薄板	管材矫直机	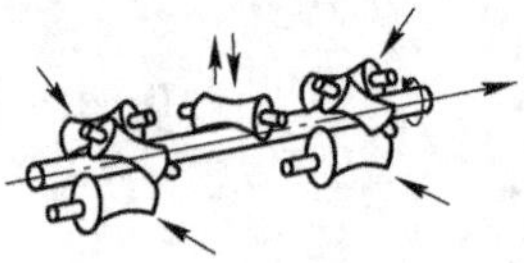<313>型	用来矫直管、棒材

续表 9-19

名称及简图		用途	名称及简图		用途
管材矫直机	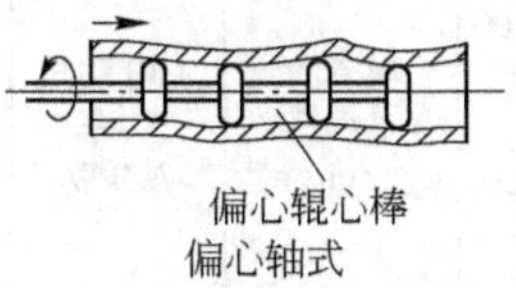	用来矫直薄壁管	张力矫直机	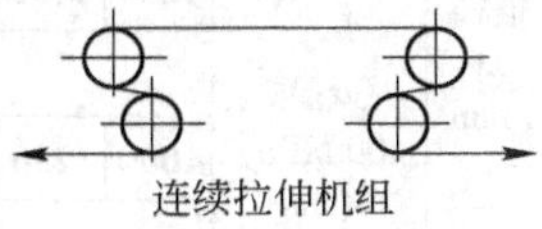	用于矫直高强度成卷薄带材
张力矫直机	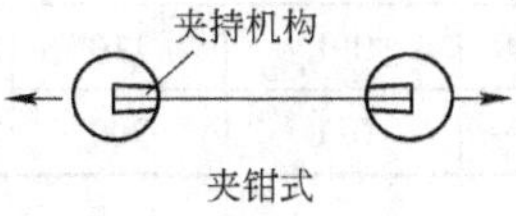	多用于矫直薄板和成卷带材的粗矫	拉伸弯曲矫直机	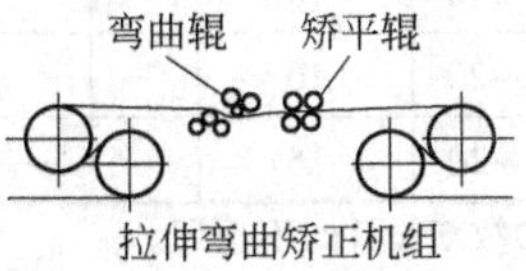	用于矫直高强度极薄带材

9.4.2 矫直机主要参数的选择

钢板矫直机主要参数的确定

钢板矫直机中用得最广泛的是平行辊式矫直机。它的基本参数包括辊径 D、辊距 t、辊身长 L、辊子数目 n 以及矫直速度 v 等。设计矫直机时,根据轧件品种规格、材质、矫直精度、生产率以及给定等条件来确定上述各参数,然后按矫直机参数系列(见表 9-20、表 9-21)进行圆整。辊式板材热矫直机的基本参数见表 9-22,供设计时参考。

表 9-20 带钢板宽度在 1000 mm 以上的冷矫金属的辊式板材矫直机的基本参数(JB/T 1465.1—1999①)

组别	辊数 n	辊距 t /mm	辊径 D /mm	钢板最小厚度 h_{min} ($\sigma_b \leq$ 400 MPa) /mm	辊身有效长度 L/mm								最大矫直速度 v_{max}/m·s^{-1}	主电动机功率 N/kW	最大负荷特性 W_x/N·m
					1200	1450	1700	2000	2300	2800	3500	4200			
					钢板宽度 b/mm										
					1000	1250	1500	1800	2000	2500	3200	4000			
					钢板最大厚度 h_{max}/mm										
1	23	25	23	0.2	0.6	—	—	—	—	—	—	—	1	13	144
2	23	32	30	0.3	1.2	1	0.9	—	—	—	—	—	1	30	486
3	23	40	38	0.4	2	1.6	1.5	1.4	—	—	—	—	1	55	1410
4	21	50	48	0.5	2.8	2.5	2.2	2	2	—	—	—	1	80	3200
5	17 (21)	63	60	0.8	4	3.8	3.5	3.2	3	—	—	—	1	95 (110)	7200
6	17	80	75	1	5.5	5	4.5	4	4	—	—	—	1	130	12800
7	13	100	95	1.5	8	7	7	6	6	—	—	—	1	155	28800
8	13	125	120	2	—	10	9	8	8	—	—	—	0.5	130	51200
9	11	160	150	3	—	15	14	13	12	—	—	—	0.5	130	115200
10	11	200	180	4	—	—	19	18	17	16	—	—	0.3	245	256000
11	9	250	220	5	—	—	—	—	25	22	20	—	0.3	180	512000

续表 9-20

组别	辊数 n	辊距 t /mm	辊径 D /mm	钢板最小厚度 h_{min} ($\sigma_b \leqslant$ 400 MPa) /mm	辊身有效长度 L/mm 1200 钢板宽度 b/mm 1000	1450 1250	1700 1500	2000 1800	2300 2000	2800 2500	3500 3200	4200 4000	最大矫直速度 v_{max}/m · s^{-1}	主电动机功率 N/kW	最大负荷特性 W_x/N · m
					钢板最大厚度 h_{max}/mm										
12	9	300	260	6	—	—	—	—	32	28	25	—	0.3	210	800000
13	7	400	340	10	—	—	—	—	—	40	36	32	0.2	180	1640000
14	7	500	420	16	—	—	—	—	—	50	45	40	0.1	110	2560000
15	7	520	420	16	—	—	—	—	60	50	40	—	0.1	200	2448000

注：1. 带括号的参数新设计时不选用。

2. $W_x = \sigma_s b_{max} h_{max}^2$。

3. 如提高矫直速度 v_{max} 可相应降低板材最大厚度 h_{max}。

①请参考 JB/T 1465—2010。

表 9-21 带钢板宽度在 600 mm 以下的冷矫金属的辊式板材矫正机的基本参数(JB/T 1465.1—1999①)

组别	辊数 n	辊距 t/mm	辊径 D/mm	钢板最小厚度 h_{min} ($\sigma_b \leqslant$ 400MPa) /mm	辊身有效长度 L/mm 500 钢板宽度 b/mm 400	800 600	最大矫直速度 v_{max}/m · s^{-1}	主电动机功率 N/kW	最大负荷特性 W_x/N · m
					钢板最大厚度 h_{max}/mm				
1	17	25	23	0.2	1	0.8	1	7.5	153.6
2	17	32	30	0.3	1.5	1.2	1	17	346
3	13	50	48	0.5	2.5	2.0	1	22	960
4	11	80	75	1	5	4	1	30	3840
5	9	125	120	2	10	8	0.5	22	15400

①请参考 JB/T 1465—2010。

表 9-22 辊式板材热矫直机基本参数

名 称		鞍钢 5500 mm 生产线热矫直机	宝钢 5000 mm 热矫直机	莱钢 4300 mm 热矫直机	南钢 3500 mm 炉卷厂 11 辊矫直机	三明 11 辊热矫直机
矫直机形式		9 辊矫直机	全液压 9 辊调节	四重液压驱动	上 5，下 6	四重可逆式
矫直辊根数/根		9	9	9	11	11
被矫钢板温度/℃		最大 950	400~1100	450~1000	450~1500	600~800
被矫钢板	厚度/mm	10~60	10~80	5~60	4.5~50	5~50
	宽度/mm	1300~5350	5000	1500~4150	1600~3250	1000~2850
	长度/m	最大 52	52	43	50	6~30
最大矫直力/kN		40000	44000	35000	20000	23000
矫直强度/MPa		700	约 1000	100~800	150~800	400
矫直辊尺寸/mm×mm		ϕ360/345×5600	ϕ360×5200	ϕ320×4300	ϕ220×3500	ϕ285×3500
压力辊尺寸/mm×mm		ϕ360/370×400	ϕ360×540		ϕ220	ϕ290×(450~500)
压力辊根数/根		2~8 辊 8； 1 辊和 9 辊 4	4(上)/5(下)			36

续表 9-22

名称		鞍钢 5500 mm 生产线热矫直机	宝钢 5000 mm 热矫直机	莱钢 4300 mm 热矫直机	南钢 3500 mm 炉卷厂 11 辊矫直机	三明 11 辊热矫直机
矫直辊辊距/mm		380(300)	380	330	230	300
矫直速度/$m \cdot s^{-1}$		0~0.6/1.5	0.5~2.5		0.6/1.8	0~0.6/1.6
最大开口度/mm		400	450	250		249
矫直辊电机	功率/kW	650/650	220	600×2	400	315
	转速/$r \cdot min^{-1}$	0~1500	0~600/1500	60/120	600/1500	500/1250

(1) 辊径 D 与辊距 t 的确定。辊距 t 是矫直机最基本的参数，辊径 D 与辊距 t 有一定的比例关系(见表 9-23)。辊距 t 确定后，按比例关系可以确定辊径 D 并圆整至矫直机参数系列中的数值。

表 9-23 辊式矫直机的辊径与辊距的关系

矫直机类型	$\beta = D/t$	矫直机类型	$\beta = D/t$
薄板矫直机	0.9~0.95	厚板矫直机	0.7~0.85
中板矫直机	0.85~0.9	型钢矫直机	0.75~0.9

辊径 D 确定后，辊子轴颈及与万向接轴连接处轴颈的强度可按一般强度计算公式校核。辊子上的矫直扭矩按第三辊的计算扭矩(包括摩擦因素)考虑。因为第三辊的矫直力 P 最大。

确定辊距 t 时，应该既考虑满足最小厚度轧件的矫直质量要求，又考虑满足矫直最大断面轧件时矫直辊的强度要求。为此，应分别计算最大允许辊距 t_{max} 和最小允许辊距 t_{min}。最后确定的辊距 t 应是 $t_{min} < t < t_{max}$(尽量取小值)，而且应圆整至矫直机参数系列中的相应数值。

1) 最大允许辊距 t_{max} 的确定。t_{max} 决定轧件的矫直质量。t_{max} 值过大，轧件难以产生必要的弹塑性弯曲变形。最大允许辊距值为：

$$t_{max} = 0.35 \frac{h_{min} E}{\sigma_s} \tag{9-25}$$

式中 σ_s——被矫金属的屈服极限；

E——被矫金属的弹性模数。

通常，只对板带厚度小于 4 mm 的矫直机校核 t_{max} 的条件。因为计算结果表明，当 h_{min} 大于 4 mm 时，t_{max} 值远远大于强度条件计算出的 t_{min} 值，而 t 值是应靠近 t_{min} 值选取的。

2) 最小允许辊距 t_{min} 的确定。辊距越小，对轧件可能产生的反弯曲率越大，矫直质量越高。但 t 越小，矫直力 P 越大。故最小允许辊距 t_{min} 受工作辊扭转强度和辊身表面接触应力限制。最小允许辊距值为：

$$t_{min} = 0.43 h_{max} \sqrt{\frac{E}{\sigma_s}} \tag{9-26}$$

一般情况下，辊距 t 可按表 9-24 所列经验式计算。

表 9-24 钢板厚度与辊距的关系

辊距 t	薄板矫直机	中厚板矫直机	说明
t_{min}	$(25\sim40)h_{max}$	$(12\sim20)h_{max}$	h_{max}、h_{min}为被矫钢板最大厚度、最小厚度；板厚小者系数取上限，反之取下限
t_{max}	$(80\sim130)h_{min}$	$(40\sim60)h_{min}$	

(2) 辊子数目 n 的确定。增加辊数 n 即是增加轧件的反弯次数，这可以提高矫直质量，但也会增加轧件的加工硬化和矫直机的功率。为此，选择辊数 n 的原则是在保证矫直质量的前提下，使辊数尽量少。辊式矫直机常用的辊数见表 9-25。

表 9-25 辊式矫直机的辊子数目

矫直机类型	辊式钢板矫直机			辊式型钢矫直机	
轧件种类	钢板厚度/mm			中小型型钢	大型型钢
	0.25~1.5	1.5~6	>6		
辊　数	19~29	11~17	7~9	11~13	7~9

选择辊径、辊距和辊子数目时应按被矫板厚、板材的力学性能和板型缺陷综合考虑。通常辊径和辊距按被矫板材最小厚度决定，按最大厚度校核。当板材力学性能 σ_s 较大，则选择较小的辊径。若板型缺陷严重，除了要选择较小辊径以外，还要选择辊子数目多一些的辊式矫直机。对于矫直薄而宽的带钢，则采用辊子多、辊径小的矫直机。

(3) 辊身长度 L 的确定。辊身长度 L 与轧件最大宽度 b_{max} 有关，通常是等于轧机工作辊的辊身长度。其计算式如下：

$$L=b_{max}+\Delta \tag{9-27}$$

式中 Δ——余量，当 $b_{max}<200$ mm 时，取 $\Delta=50$ mm；当 $b_{max}>200$ mm 时，$\Delta=100\sim300$ mm。

一般辊身长度选取，可参见表 9-26。

表 9-26 矫直辊辊身长度与钢板最大宽度的关系 mm

钢板最大宽度 b_{max}	400	540	800	1000	1250	1550	1800	2000	2500	3200	4000
辊身长度 L	500	700	1000	1200	1450	1700	2000	2300	2800	3500	4200

(4) 矫直速度 v 的确定。矫直机的矫直速度 v 主要由生产率确定，它要与轧机生产能力和所在机组的速度相协调。表 9-27 列出了一般矫直机的矫直速度。

表 9-27 各种矫直机的矫直速度

矫直机类型	轧件规格	矫直速度 $v/m\cdot s^{-1}$
板材矫直机	$h=0.5\sim4.0$ mm	0.1~6.0；最高达 7.0
	$h=4.0\sim30$ mm	冷矫时 0.1~0.3
		热矫时 0.4~1.35
型钢矫直机	大型（70 kg/m 钢轨）	0.25~2.0
	中型（50 kg/m 钢轨）	1.0~3.0；最高达 8.0~10.0
	小型（100 mm^2 以下）	5.0 左右；最高达 10.0

辊式板材矫直机的标注方法是：辊数-辊径 / 辊距×辊身有效长度，如：辊数21、辊径48 mm、辊距50 mm、辊身有效长度1200 mm，其标注为：21-48/50×1200。辊式矫直机基本参数已系列化，可参照国家有关标准来选取。

型钢矫直机主要参数的确定

（1）辊径与辊距的确定。与钢板矫直机相同，最大允许辊距 t_{max} 决定于矫直质量和咬入条件，最小允许辊距 t_{min} 决定于接触应力条件和强度条件。由于型钢的宽高比值很小，故强度条件不是最小辊距的限制条件，而接触应力是限制条件。

初选时可按式(9-28)计算辊距 t：

$$t=(5\sim20)h \tag{9-28}$$

式中 h——轧件的高度。

型钢矫直机的辊距可参看表9-28进行选取。

型钢矫直机的辊径与辊距也有一定的比例关系，见表9-23。按比例关系算出辊径后再按矫直机参数系列中的数值加以圆整。

表 9-28 型钢矫直机的辊距

辊距/mm	矫直钢材的断面形状及尺寸					
	方、圆钢边长或直径/mm	工字钢 No.	槽钢 No.	角钢边长/mm×mm	丁字钢(宽×高)/mm×mm	钢轨/kg · m^{-1}
220	1.5~40	6	6.5	60×60	50×50	
300	20~50	6~10	10	80×80	65×65	7
400	25~60	6~12	12	100×100	75×75	8
450	30~75	6~14	14	120×120	100×100	11
520	40~90	8~18	18	130×130	120×120	18
600	50~100	10~22	22	150×150	140×140	24
700	55~115	12~30	30	200×200		30
800	60~125	14~36	36	240×240		38
900	65~135	16~45	40			44
1000	70~145	20~50				50
1100	75~160	24~55				55
1300	80~175	30~60				65

（2）辊子数目 n 的确定。辊子数目多少所带来的利弊和钢板矫直机一样。因此辊子数目应根据被矫钢材规格大小正确选定，具体数目见表9-25。

（3）辊身长度 L 的确定。对型钢矫直机，在确定辊身长度时，应考虑轧件最大宽度和辊身上的孔型数目。

（4）矫直速度 v 的确定。型钢矫直机的矫直速度取决于生产率的要求，要与轧线生产能力相匹配，一般在0.8~5.0 m/s 范围内，小型材矫直速度可取大值。矫直速度参考数值列入表9-27。表9-29为部分型钢辊式矫直机基本参数。

表 9-29　型钢辊式矫直机的基本参数(JB/T 2095—1999①)

辊距/mm	辊数 n	被矫直型钢的最大高度/mm	最大塑性弯曲力矩 M/N·m	可以矫直型钢的最大规格 圆钢	方钢	钢轨	角钢	槽钢	工字钢	最大矫直速度/m·s^{-1}
				mm		kg/m	号数			
200	11	60	2400	35	30	—	5	6.5	—	2
300	11	70	6800	50	45	5	8	10	10	2
400	10	90	14500	60	50	8	10	12	16	2
500	10	110	33500	85	80	18	12	18	18	2
600	10	140	54400	100	90	24	16	22	22	2
800	8	200	106000	120	115	38	22	36	36	1.72
1000	8	250	179000	140	130	43	25	40	50	1.2
1200	8	280	223000	160	150	65	—	—	63	1

注：1. 被矫直型钢的屈服极限 320 N/mm^2；

2. 最大塑性弯曲力矩 M 的计算公式：$M=K\sigma_s W$

式中　K——型材系数，见表 9-30；

σ_s——被矫直型钢的屈服极限，N/mm^2；

W——被矫直型钢的弹性弯曲断面系数，cm^3。

①请参考 JB/T 2095—2010。

表 9-30　各种断面钢材的型材系数(JB/T 2095—1999①)

断面名称	工字钢、槽钢和钢轨	等边角钢	圆钢	槽钢	工字钢	方钢	钢轨	角钢	钢管
放置方式	I ⊏ ♀	∧	○	⊔	⊢⊣	◇	o⊣	∟	◎
型材系数 K	1.2	1.5	1.7	1.55	1.8	2	1.6	1.4	1.3~1.5

①请参考 JB/T 2095—2010。

型钢辊式矫直机的标注方法是：辊数×辊距，如：8×1200 型钢矫直机。

斜辊矫直机主要参数的确定

(1) 矫直辊距 t 与辊数 n 的确定。由于矫直辊的外形一般采用单叶双曲线形；圆形钢材在辊子中矫直时，旋转前进。当被矫管棒材断面尺寸变更时，不用换辊只需改变上下排辊子间距和调整矫直辊倾斜角即可，所以没有辊距与直径的关系问题。

斜辊矫直机一般为 5~11 辊，其中以 6~7 辊用得较多。

(2) 矫直速度 v 的确定。矫直管材时，最高速度可达 8 m/s；矫直棒材时为 5 m/s，一般速度在 0.3~1.3 m/s 范围内。

管棒材斜辊矫直机基本参数系列见表 9-31。

表 9-31　管材矫直机的基本参数(JB/T 1109—1999①)

型　号	形　式	矫直辊喉径/mm	管材屈服极限 σ_s/MPa	管径与壁厚之比 D/S	矫直管材外径范围/mm	矫直速度/m·min^{-1}
GJX 2.5-1	旋转式	15	≤600	≤50	0.5~2.5	20~60
GJX 5-1	旋转式	30			1.5~5	
GJX 10-1	旋转式	50			3~10	
GJ 10-1	斜辊式					

续表 9-31

型　号	形　式	矫直辊喉径/mm	管材屈服极限 σ_s/MPa	管径与壁厚之比 D/S	矫直管材外径范围/mm	矫直速度/$m \cdot min^{-1}$
GJX 20-1	旋转式	70	≤600	≤50	5~20	20~60
GJ 20-1	斜辊式					
GJX 40-1	旋转式	130			10~40	20~80
GJ 40-1	斜辊式					
GJX 60-1	旋转式	150			20~60	
GJ 60-1	斜辊式					
GJ 80-1	斜辊式	220			20~80	30~120
GJ 120-1	斜辊式	300			40~120	40~160
GJ 160-1	斜辊式	380			50~160	15~80
GJ 200-1	斜辊式	420			60~200	
GJ 250-1	斜辊式	630			80~250	
GJ 350-1	斜辊式	880			100~350	15~70
GJ 500-1	斜辊式	1250			150~500	15~80

注：1. 在不超过管材矫直机额定功率和负荷的条件下，允许用降低规定速度和壁厚的方法矫直屈服极限大的管材；

2. 在不超过管材矫直机额定功率和负荷的条件下，允许矫直圆截面有色金属及黑色金属棒材。

①请参考 JB/T 1109—2010。

（3）矫直辊倾斜角的确定。矫直辊的倾斜角一般在 25°~35°之间，它与被矫直的棒管材直径有密切关系，其值随被矫钢材直径的增大而加大。设计时矫直辊的倾斜角可参考表 9-32。

表 9-32　矫直不同钢管及圆钢时矫直辊的倾斜角

钢管或圆钢直径/mm	38	50	70	89	108	133	140
矫直辊倾斜角	25°12′	26°7′	27°1′	27°58′	28°45′	29°35′	30°

管材矫直机的型号（JB/T 1109-1999）表示如图 9-6 所示。

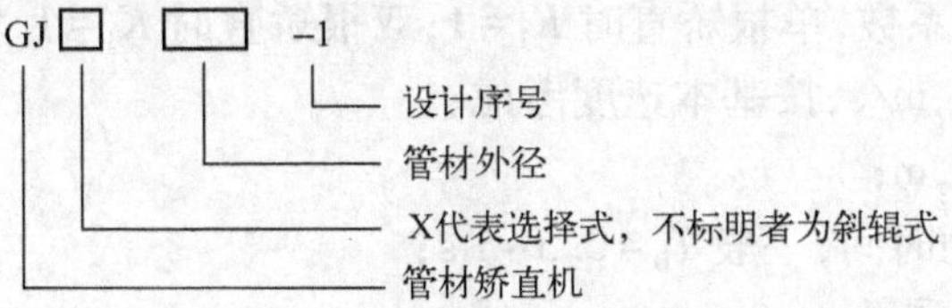

图 9-6　管材矫直机的型号表示及意义

压力矫直机主要参数的确定

压力矫直机按被矫直钢材所需的矫直力大小选择。

（1）型材矫直力的计算。矫直型材时压头对型材的压力 P 按式（9-29）计算。

$$P=\frac{4K\sigma_s W}{L} \tag{9-29}$$

式中　K——型材系数，见表9-30；

σ_s——型材的屈服极限，MPa；

W——型材的弹性弯曲断面系数，cm^3；

L——两支点间的距离，cm。

（2）钢管矫直力的计算。矫直力P按式(9-30)计算。

$$P=\frac{16(R^3-r^3)}{3L}\sigma_s \tag{9-30}$$

式中　R——钢管外半径，mm；

r——钢管内半径，mm，

σ_s——型材的屈服极限，MPa。

目前国内压力矫直机的规格性能见表9-33。钢管及合金棒材所使用的压力机未列出。

表9-33　压力矫直机性能

序号	压力/MN	行程次数/次·min^{-1}	滑块行程/mm	滑块调整距离/mm	托模调整距离/mm	电动机功率/kW	重量/kg	矫直钢材品种
1	1	40	60	140	480~1300	7	8270	角钢、工字钢、槽钢、轻轨等
2	2	30	70	100	440~1800	14	16070	
3	4	20	79	150		28		

9.4.3　矫直机生产能力的计算

矫直机的生产能力计算应根据车间产品种类、轧机小时（班）产量、矫直机的布置方式以及回矫率等分别加以考虑。

矫直机布置在作业线上时平均小时产量应与轧机平均小时产量平衡，其计算式为：

$$A_j=\frac{3600K_1}{\frac{L}{v}+T_0}GK_2 \tag{9-31}$$

式中　A_j——矫直机平均小时产量，t/h；

K_1——同时矫直系数，单根矫直时$K_1=1$；双根矫直时$K_1=1.5\sim1.8$；

v——矫直速度，m/s，按基本速度考虑；

L——钢材长度，m；

T_0——操作辅助时间，一般$T_0=0.5\sim1$ s；

G——被矫钢材重量，t；

K_2——小时作业系数，一般$K_2=0.8$。

如钢板需多次矫直时，则式(9-31)中轧件长度L和操作辅助时间T_0都应作相应的增加。

布置在作业线上的矫直机台数n可根据轧件小时产量A_{zh}，按式(9-32)计算。

$$n\leqslant\frac{0.85A_j}{A_{zh}} \tag{9-32}$$

矫直机单独布置时，以成材为主的矫直机产量应与轧机分品种的班产量平衡，它按式

(9-33)计算。

$$Q_{jb}=8\times\frac{3600K_1}{\frac{L}{v}+T_0}GK_2K_3 \tag{9-33}$$

式中 Q_{jb}——矫直机班产量；

K_3——班作业系数，一般 $K_3=0.94$。

矫直机为单独布置时，其生产能力应以全年需要的矫直量相平衡，它按式(9-34)计算。

$$Q_{jy}=T_jQ_{jp}K_4 \tag{9-34}$$

式中 Q_{jy}——矫直机年产量；

T_j——矫直机年工作小时；

Q_{jp}——矫直机各品种年平均理论小时产量；

K_4——矫直机年作业系数，一般 $K_4=0.75\sim0.8$。

应当指出，在型钢矫直机产量计算中，对有回矫要求的产品，在矫直量中应包括需二次回矫的量，一般回矫率为10%~15%。

9.5 卷取机的选择

9.5.1 卷取机形式的选择

卷取机按用途可分为热带材卷取机、冷带材卷取机和小型线材卷取机等三种形式。

热带材卷取机形式的选择

热带材卷取机是热连轧机、炉卷轧机和行星轧机的配套设备。卷取机按位于运输辊道标高之上、之下而分为地上式、地下式。地下式卷取机具有卷取速度快、钢卷密实、可卷取带钢范围广等特点，因此在现代热连轧生产线上得到了广泛应用。

地下式卷取机按助卷辊的数目及布置形式可分二辊式、三辊式、四辊式、滑座四辊式、八辊式等。现代地下式卷取机多采用三辊或四辊且各个助卷辊都能单独定位控制。这类卷取机结构合理，可适用于卷取厚度为1.5~20 mm的带钢。滑座四辊式结构较复杂，专门用来卷取厚度大于16 mm带钢。现在的卷取机大多使用结构简单的三辊式。

地下卷取机多用于生产率很高的连续式或半连续式热轧带材轧机机组的后面。为了保持连轧机组的生产节奏，一般依次布置三台以上的卷取机。两台交替使用，一台备用检修。表9-34列出了热带钢地下卷取机主要性能。

表 9-34 热带钢地下卷取机主要技术性能

名 称		武钢 1700 mm	宝钢 2050 mm	邯钢 1900 mm	珠钢 1500 mm
形 式		三辊，二级胀缩式	三辊式	三助卷地下卷取机	三助卷地下卷取机
卷取能力	带钢：厚×宽/mm×mm	16×1550	1.2~25.4	(1.2~20)×(900~1600)	
	板卷内径/mm	770	762	762	762
	板卷外径/mm	2000	2100	1100~2025	1100~1950
	板卷重量/t	30	23	最大 33.6(20)	18

续表 9-34

名 称		武钢 1700 mm	宝钢 2050 mm	邯钢 1900 mm	珠钢 1500 mm
夹料辊	上辊直径/mm	920	900	900	900
	下辊直径/mm	460	500	500	500
	辊身长度/mm	1700	2100	1830	1500
	电动机容量/kW	150/300	34.5/450	300/300	2×250
	电动机转速/r·min^{-1}	525/1050	50/935	0~348/575	0~348/575
卷 筒	形 式	2 级扩张 4 扇形块式	—	旋臂式	—
	扩张直径/mm	762	762	762	762
	电动机容量/kW	370	112/850	600	800
	电动机转速/r·min^{-1}	340/1020	50/1000	0~200/600	0~200/600
助卷辊	个数/个	3	3	3	3
	辊径/mm	350	380	380	380
	辊身长度/mm	1700	2200	1850	1500
	电动机容量/kW	37/74	60	28.5	—
	电动机转速/r·min^{-1}	575/1150	0~1240	1100	—

热卷箱的选择

热卷箱主要用于热连轧机组中,放置在粗轧机与精轧机之间。它将粗轧机轧出的厚度在 20~40 mm 的中间坯,利用无芯卷取方式成卷,然后立即反向开卷,送入精轧机,实现边开卷边轧制。

采用热卷箱后,精轧机开轧温度和终轧温度得到有效控制,精轧温度变化小,轧制状态稳定,带钢外形尺寸得到良好控制。

冷带开卷机的选择

开卷机用来开启成卷带钢,凡以带卷为坯料的机组,如连续酸洗、轧制、剪切、连续热处理及连续镀层等机组,头部必须设置开卷机。

常用的开卷机有双锥头式、双柱头式和悬臂式三种。双锥头式和双柱头式开卷机开卷张力大,多用于热轧钢卷的开卷。悬臂式开卷机开卷张力小,多用于冷轧钢卷的开卷。

冷轧带材卷取机形式的选择

目前冷轧带钢生产中卷取绝大多数采用卷筒式卷取机。卷取机按其用途可分为大张力卷取机和精整卷取机两类。大张力卷取机主要用于可逆式轧机、连轧机、单机架轧机及平整机。精整卷取机主要用于连续退火、酸洗、涂镀层、纵剪及重卷等机组。

冷带卷取机按卷筒的结构特点可分为实心式卷筒卷取机、四棱锥卷筒卷取机、八棱锥卷筒卷取机、四斜楔卷取机和弓形块卷取机。前三种强度好,径向刚度大,常用于轧制线大张力卷取;后两种结构简单,易于制造,常用于小张力各种精整线。表 9-35 列出了某些冷轧带钢卷取机的技术性能。

表 9-35 冷轧带钢卷取机主要技术性能

机组		1700	1420	1180	1700	1700
形式		弓形板径向缸胀缩闭式	扇形板四斜楔闭式	扇形板四棱正锥开式	扇形板四棱正锥闭式	扇形板四棱倒锥闭式
带钢	屈服极限/MPa	370	—	—	370	370
	厚度/mm	1.5~6.0	0.15~0.8	0.2~3.5	0.15~3.0	0.15~0.8
	宽度/mm	550~1530	1270	约 1080	550~1530	550~1270
卷筒	胀缩量/mm	15	—	—	20	22
	直径/mm	ϕ610	ϕ450,ϕ610	ϕ510	ϕ610	ϕ450,ϕ610
钢卷	外径/mm	ϕ1000~2550	—	—	ϕ1000~2550	ϕ1000~2550
	最大重量/t	45	—	—	45	45
最大卷取速度/$m \cdot min^{-1}$		300	2000	450	1840	2000
最大卷取张力/kN		100	30	30	107	21.5
电动机	电机功率/kW	415/577/577	2~363	37	2×1640/1640/1640	2×363
	电机转速/$r \cdot min^{-1}$	360/500/1500	280/1430	300/1200	229/240/908	280/1430
	减速器速比	8.54	12	26.56	—	1.118
棱锥面斜角/(°)		—	约 16	12.5	12	16
胀缩油缸	直径/mm	ϕ125	—		ϕ200/125	ϕ320/150
	行程/mm	—	—		220	62
	数量/个	5	1	1	1	1
液体工作压力/MPa		—	—	—	20	7

根据 JB/T 6995—93,冷带钢卷取机 CBG 610×1700/2030 四棱锥式张力卷取机的型号含义如下:

CBG 610 × 1700/2030

- 2030——配套机组轧辊辊身最大长度, mm
- 1700——配套机组轧辊辊身最小长度, mm
- 610——卷取机胀径时卷筒直径, mm
- CBG——C(取)B(板)G(固)

小型线材卷取机形式的选择

小型线材卷取机卷取边长或直径为 5~25 mm 的小型材及线材,通常安装在轧机后面。常用的小型线材卷取机有轴向送料式(如钟罩式卷线机)、切向送料式(如托钩式、多钩式、地下式、倾动式等卷线机)以及吐丝机等几种。

轴向送料式卷线机的特点是:

(1) 由于线材自顶部轴向进入,卷取时钢材须扭转 360°,故仅能卷取直径为 ϕ5~12 mm 的圆断面材。

(2) 因卷取时盘卷不动,卷取稳定性强,故卷取速度高达 30 m/s 以上。

(3) 盘卷可在卷取机不停的情况下取出。

切向送料式卷线机以地下式卷取机为例,它们的特点是结构简单紧凑,卷取速度一般在16 m/s以下,在工艺布置上比较灵活但卸卷时间较长,检修不方便,一线需配置两台。它广泛用于产量及机械化程度较高的小型线材车间,宜卷取边长或直径小于25 mm的方、圆型材。

吐丝机是将高速的成品线材由直条转变成盘圆的机器,通过高速的旋转,使线材以一定的直径一圈接一圈的吐出来并卸控冷辊道上。通过控冷辊道运输达到集卷筒而顺利进入集卷机,使线环由散卷而集成盘卷。吐丝机带有一个吐丝头,上面有螺旋形的管用以成圈和卸圈,吐丝头在正常轧制时始终在转动。吐丝头每转一周就在控冷辊道上成一个圈,吐丝管曲线的末端半径和与吐丝头相关的轧机速度决定了吐圈的尺寸。在吐丝头旋转一周过程中辊道前进的距离决定了辊道上圈与圈的间隙。

线材吐丝机又名线环形成器,它是一种比较好的适用于高速线材轧机的卷取设备。它结构简单,重量轻,不受线材盘卷重量的限制,并便于线材的散卷冷却。

9.5.2 卷取机主要参数的选择

热带钢地下卷取机主参数的选择

热带钢地下卷取机主要由张力辊、卷筒和助卷辊组成。

(1) 张力辊。张力辊的作用是在带尾离开轧机时保持卷取张力并在卷取开始时咬入带钢,迫使带钢头部向下弯曲,沿导板方向进入卷筒与助卷辊的缝隙,进行卷取。

张力辊由上辊、下辊、上辊开闭装置、辊缝调节装置及张力辊传动装置等组成。其主要参数有上下辊直径、辊间隙、偏移量、辊身长、速度超前率以及张力辊的压紧力等。

为了改善咬入条件,一般上辊直径约为下辊直径的两倍,且上辊中心线要向出口方向偏移一段距离,便于带头下弯。张力辊的上辊直径约800~950 mm,下辊直径约400~500 mm。张力辊间隙一般比带钢厚度小0.4 mm左右。张力辊的偏移值是上辊相对下辊沿带材前进方向偏移150~300 mm,或偏移角为15°~20°。偏移值的大小由带钢厚度、材质以及张力辊、导板、助卷辊和卷筒的位置来确定。偏移角过大,送料辊咬入困难;偏移角过小,则卷筒咬入困难。张力辊的辊身长等于或略大于轧辊辊身长度。卷取前张力辊的线速度比精轧机组末架出口线速度高10%~15%。张力辊的压紧力在作用于上、下辊的压力$P_上$与$P_下$相等,张力辊在卷取张力T的作用下而不打滑时,可按式(9-35)计算:

$$P_上 = P_下 \geqslant \frac{T}{2f} = \frac{bh_{min}\sigma_z}{2f} \tag{9-35}$$

式中 T——卷取张力,N;

b——带钢的宽度,mm;

h_{min}——带钢的最小厚度,mm;

σ_z——卷取张应力,它与带钢厚度h、屈服极限σ_s的关系见表9-36。

f——带钢与张力辊之间的滑动摩擦系数,一般$f=0.2$~0.3。

表9-36 卷取张力与带钢厚度的关系

h/mm	1~4	4~8	8~10	>10
σ_z/σ_s	0.1~0.08	0.08~0.06	0.06~0.04	0.04~0.03

(2) 卷筒。卷筒是卷取机的核心部件。其主要参数有卷筒直径 D、胀缩量、长度以及速度超前率等。

为保证卷筒的强度与刚度并减少弯曲带材时的能量消耗,卷筒直径不宜过小。反之,为避免带卷自身刚度小并因自重而变扁,以及为保证带材在头几圈产生一定程度的塑性变形,从而获得整齐密实的带卷,卷筒直径又不宜过大。按照弹塑性理论,卷筒直径与被卷带材的厚度及机械性能之间应满足下列关系:

$$D \geqslant \frac{0.2Eh_p}{\sigma_s} \tag{9-36}$$

式中 σ_s——卷取温度下带材的屈服极限,MPa;

E——带材的弹性模量,MPa;

h_p——带材的平均厚度,mm。

一般卷筒的直径 D 为 ϕ400~850 mm,对于宽带钢生产,D 以 ϕ762 mm 最为多见。

卷筒的胀缩量一般为 20~60 mm,卷筒长度略大于轧辊辊身长度。

当带钢头部自精轧机组末架轧出后,卷筒启动并对末架轧机速度保持 15%~20% 的超前率,以便使带钢形成一定的张力,防止带钢产生堆积。带钢喂入卷筒的速度一般小于12 m/s。

(3) 助卷辊。助卷辊和助卷导板的作用是引导带材使之弯曲而紧卷在卷筒上。助卷辊与卷筒之间的辊缝,除了根据带钢材质和厚度外,还要根据助卷辊的压力来确定。辊缝过大,带钢易产生打滑;反之,辊缝过小,带钢咬入时冲击较大易起套。通常辊缝值比带材厚度小 0.5~1 mm。助卷辊最大开口度一般比带卷最大外径大 100 mm。助卷辊直径一般在 ϕ300~400 mm 范围内。助卷辊身长度与卷筒长度相等。卷取前助卷辊的速度比卷筒速度高出 5%。

在卷取过程中,层叠的带钢通过助卷辊缝时会造成强烈冲击。因此助卷辊往往是整个卷取机的薄弱环节。

冷带卷筒式卷取机基本参数的选择

冷带卷筒式卷取机的基本参数有卷筒直径、卷筒工作段长度、最大带卷外径、最大卷重、卷取速度与卷取张力等。

(1) 卷筒直径与卷筒工作段长度。卷筒直径在保证有足够的强度和刚度的前提下,一般应以卷取过程中内层带材不致产生塑性弯曲为原则。卷筒直径与被卷带材的力学性能和厚度之间应满足以下关系:

$$D \geqslant \frac{Eh_{max}}{\sigma_s} \tag{9-37}$$

式中 D——卷筒的直径,mm;

E——带材的弹性模量,MPa;

h_{max}——带材最大厚度,mm;

σ_s——带材的屈服极限,MPa。

卷筒直径也可按经验公式确定,即 $D=(150\sim200)h_{max}$。

常用的卷筒直径系列有 ϕ305 mm、ϕ450 mm、ϕ510 mm 和 ϕ610 mm。带材厚度较大、屈服极限较低时,计算的卷筒直径可能大于实际采用的数值。卷筒直径的胀缩量约为 15~

40 mm。卷筒工作部分的长度,一般等于或稍大于轧辊辊身长度。

(2) 最大带卷外径和单重。带卷外径和单重的确定应与精整设备及其他连续机组的卷径和最大允许卷重相适应,还应与车间产品产量相适应。目前宽带卷的最大外径可达2600 mm以上,最大带卷重达60 t。

(3) 卷取速度。卷取速度通常比轧机或机组速度大10%~15%,该速度应与卷筒的额定转速相适应。

$$v_{max}=\frac{\pi D_0 n_{er}}{60i} \tag{9-38}$$

式中 v_{max}——最大卷取线速度;

D_0——带卷最大直径;

n_{er}——卷筒电动机额定转速;

i——电动机与卷筒的速比。

卷取机在工作过程中,由于机组速度的改变和带卷外径的变化,要求卷筒的转速能自动调整。目前调整的方式均采用降低电动机电压来适应带材的运动速度、减弱电动机的激磁来补偿卷径的变化。但这些调整方式不应影响卷筒电动机的驱动力矩,不应引起张力的波动。为实现在卷取过程中张力不发生波动,卷筒电动机弱磁调速范围应满足下列要求:

$$\frac{n_{max}}{n_{er}}=\frac{D_0}{D} \tag{9-39}$$

式中 n_{max}——卷筒电动机弱磁调整最高转速;

D——卷筒直径。

(4) 卷取张力。实际设计时,卷取张力一般按经验选取。它与带钢厚度、轧机或机组形式有关。表9-37可作参考。

表9-37 卷取张应力取值范围

带钢厚度/mm	张力/MPa			说 明
	可逆式轧机	连轧机组	精整机组	
2~4	(0.2~0.3)σ_s	(0.1~0.15)σ_s	一般为5~10 MPa 最大30 MPa	(1)带钢厚度小时,取大值;厚度大时,取小值。(2)表中σ_s为轧翻时带材的屈服极限
0.3~0.1	(0.5~0.8)σ_s			
硅钢带:接近2	(0.2~0.3)σ_s			

9.6 冷却设备的选择

冷却设备主要包括冷床和控制冷却设备两大类。

9.6.1 冷床的选择

冷床的选择主要考虑结构形式和技术参数。

冷床的结构和使用特点

冷床的类型、结构特点及适用范围见表9-38。

表 9-38 冷床的类型及特点

类型	结构特点	优缺点	适用范围
齿条式冷床	由一组固定齿条或导轨,中间以一组活动齿条组成。活动齿条相对于固定的导轨做周期运动,每上下前后运动一次,轧件就向前运行一段距离	优点是冷却均匀,钢材与床面摩擦小,钢材平直,表面擦伤少;缺点是步进机构复杂,床面利用效率较小,设备重量大	适用于小型车间冷却小型方圆钢及螺纹钢筋、钢管车间冷却小直径钢管,一般合金钢车间采用较多
辊式冷床	由一系列细长圆辊组成,有平行辊式和斜辊式。斜辊式的辊子轴线与轧件运动方向成45°~60°角度,轧件在辊上面一边移动一边转动	优点是轧件冷却均匀,防止了轧件弯扭,冷床床面利用率高;缺点是设备重,造价高	适用于要求较高的小型车间的各种小型型钢的冷却。平行辊式冷床则适用于中厚板车间
步进式冷床	由一套步进机构组成。轧件在冷床上的运动情况和齿条式冷床相似	优点是可以防止轧件产生弯曲、刮伤;缺点是床面利用效率较小,设备重量大	多用于钢管生产或其他防止产生弯曲、防止刮伤的钢材生产
钢绳拉钢机式冷床	由固定导轨为床面,配以绳式或链式拉钢机横向移送钢材。特点是可调节冷却时间,利用单爪拉钢机配有潜行装置,使拨爪可以有选择性地拖运某一轧件	优点是床面利用系数高,工作可靠;缺点是成批拉钢时易拉乱起拱	多用于大型材和轨梁的冷却
链式冷床	轧件直接置于链带上,由链式运输机移动轧件横向运行	优点是对轧件表面不易擦伤,且轧件在链条上不会滚动;缺点是设备重,链板制造困难	适用于钢管、钢板及带钢车间,特别适用于圆形轧件
螺旋式冷床	由一系列平行的螺旋杆组成,相邻两根螺旋杆的螺旋方向及转动方向均相反,钢管借螺旋线作用一面自转、一面做横向直线运动	优点是操作平稳可靠,冷却效果良好;缺点是设备较复杂	适用于连轧管、张力减径等高产轧管车间
钩式运输机	将热盘卷线材挂起来,一边沿导轨运输一边进行冷却,钢材在运输过程中达到冷却目的	优点是冷却均匀;缺点是所占车间面积较大	主要用于高速线材车间

冷床主要参数的确定

A 冷床的宽度

单排冷却： $B=L_{max}+(1\sim2)$ 或 $B=1.1L_{max}$

多排冷却： $B=nl+(2\sim3)$

式中 B ——冷床宽度,m;

L_{max}——轧后成品的最大长度,m;

n,l ——进入冷床前成品已剪成 n 根长为 l(m)的定尺。

一个车间往往生产多种产品,其轧后成品长度又很不一致。此时,冷床宽度的确定应使大多数产品能较好地利用冷床面积为原则,并按照厂房柱距考虑冷床过跨时需抽掉柱子数量后的可能距离,从而综合确定冷床宽度。各类车间的冷床宽度可参考表 9-39。

表9-39 各类轧钢车间冷床宽度

序 号	轧机类型	冷床宽度/m	备 注
1	轨梁、大型、中型车间	≤33~36	轧件进入冷床前已切成定尺
2	连续式中、小型车间	100~150	轧件进入冷床前有飞剪切成倍尺
3	连续式钢板车间	80~100	轧件进入冷床前为轧后长度
4	厚板车间	20~27	轧件进入冷床前为轧后长度
5	钢管车间	6~165	轧件进入冷床前除少数经锯切断外，其余皆为轧后长度

B 冷床的长度

冷床长度应保证在冷却时间内轧出的轧件能全部容纳在冷床上，实际上就是保证冷却各种规格轧件所需的冷床面积。冷床的长度和所需的冷床台数，取决于轧机的生产率和轧件的冷却时间，即冷床的长度 L 按式(9-40)计算。

$$L=\frac{1000}{KG}ATC \tag{9-40}$$

式中 L——冷床长度，m；

A——轧机最大小时产量，t/h；

G——每根轧件的单重，kg；

C——相邻两根轧件之间的中心距，mm；

T——一根轧件的冷却时间，h；

K——冷床长度上的利用系数，与冷床形式、轧件之间隙等有关，可参考表9-40选定。

表9-40 冷床长度上的利用系数 K

冷床类型	K	冷床类型	K
钢绳拉钢式冷床	0.5~0.7	链式冷床	0.4~0.5
齿条式冷床	0.15~0.35	斜辊式冷床	0.5~0.6
往复多爪式冷床	0.3~0.4	固定式冷床	0.6~0.8
螺旋式冷床	0.2~0.5	推钢式冷床	1

C 冷却时间

(1) 按热传导公式计算

$$T=\frac{g}{F}\tau_0 \tag{9-41}$$

式中 T——一根轧件的冷却时间，h。

g——钢材单位长度的重量，kg；

F——钢材单位长度的表面积，m^2，对钢管只考虑外表面；

τ_0——重1 kg具有散热表面积1 m^2的轧件冷却时间，见表9-41。

表9-41 轧件由850℃冷却到100℃和50℃所需时间 τ_0

轧件厚度/mm	空气流动速度/$m \cdot s^{-1}$	冷却时间/h	
		冷却到100℃	冷却到50℃
20	0	0.012	0.018
	2	0.007	0.010

续表 9-41

轧件厚度/mm	空气流动速度/m·s^{-1}	冷却时间/h	
		冷却到 100℃	冷却到 50℃
50	0	0.013	0.021
	2	0.009	0.013
100	0	0.015	0.022
	2	0.011	0.016

（2）按同类生产条件进行实测。实测的几种型钢产品冷却时间和几个型钢车间冷床尺寸列于表 9-42 和表 9-43。

表 9-42 实测的几种型钢产品冷却时间

品种规格	冷却时间/h	品种规格	冷却时间/h	品种规格	冷却时间/h
24 kg/m 轻轨	2.0	8~12 号工槽钢	1.0	ϕ25~35	1.0
15~18 kg/m 轻轨	1.5	9~13 号角钢	2.0	ϕ16~20	0.5
8~11 kg/m 轻轨	1.0	5~7.5 号角钢	1.0		
14~24 号工槽钢	1.5	(8~10)×10 mm 扁钢	1.0		

注：从终轧温度冷却到 100℃。

表 9-43 几个型钢车间冷床的主要参数

轧机名称	冷床形式	冷床尺寸 $B\times L$/m×m
650 轧机	往复多爪式	15×27
500/350 轧机	斜辊式	33×5.25
400/300 轧机	往复多爪式	40×6.5
400/250 轧机	齿条式	65×5.8
500/300/250 轧机	齿条式	50×5.7

按上述方法计算出冷床长度后，再按车间厂房布置、正常的工艺操作要求以及牵引设备能力等条件进行调整。当计算值满足不了上述条件时，应将冷床总长度分成几组进行布置。

9.6.2 控制冷却设备的选择

轧件轧后控制冷却的目的是为了获得理想的组织与性能，以代替轧后精整工序中离线热处理的方式来满足用户的要求，同时减少工序，节约能耗，提高生产效益和降低成本。不同产品轧后的控制冷却设备的选择取决于不同生产工艺的要求。

中厚板生产控制冷却的原理是控制其相变与碳化物析出，在不降低韧性的条件下提高强度，在不降低强度的条件下减少碳当量，从而改善焊接性能。中厚板生产控制冷却装置种类繁多。在各种控冷装置中，喷水方式的选择是一个关键。控冷装置主要有水幕冷却、层流冷却、雾化冷却和喷射冷却四种方式。在线快速控制冷却（ACC）技术广泛用于造船钢板、结构钢板和管线钢的生产，现在已可以生产厚达 100 mm 的高强度钢板。直接淬火（DQ）工艺所生产的钢板厚度已扩大到 50 mm。

小型型钢生产控制冷却是利用相变强化以提高钢材的强度。通过控制冷却能够在不降低韧性的前提下进一步提高钢的强度。热轧后控制冷却包括一次冷却、二次冷却及三次冷却三个不同冷却阶段。钢筋的控制冷却生产线又称钢筋轧后余热处理或轧后余热淬火生产线。为了获得最佳工艺，应考虑的主要参数是总冷却水量、水压、设备总长、对各种直径钢筋所需要的冷却喷头个数或组数。

线材轧后控制冷却的目的主要是得到产品所要求的组织与性能，使其性能均匀和减少二次氧化铁皮的生产量。线材生产控制冷却的基本方法是：首先让轧制后的线材在导管（或水箱）内用高压水快速冷却，再由吐丝机把线材吐成环状，以散卷形式分布到运输辊道（链）上，使其按要求的冷却速度均匀风冷，最后以较快的冷却速度冷却到可集卷的温度进行集卷、运输和打捆等。线材控制冷却类型有斯太尔摩控制冷却线、施罗曼控制冷却线、达涅利控制冷却线、ED 法和 EDC 法、流态床冷却、德马克-八幡竖井法以及亚声波冷却法生产线等。

9.7 除鳞设备的选择

9.7.1 高压水除鳞机

除鳞是将钢坯表面的炉生氧化铁皮（一次氧化铁皮）和次生氧化铁皮（二次氧化铁皮）除净，以免被轧辊压入表面产生缺陷。除鳞方法有多种，大多采用投资很少的高压水除鳞箱及轧机前后的高压水喷头除鳞。

厚钢板生产一般在加热炉与粗轧机之间设除鳞装置，该装置设有上下双排喷嘴，用水压达 21 MPa 的高压水冲除板坯上、下面的一次氧化铁皮。在轧机上设高压水喷嘴，用来冲除轧件上的二次氧化铁皮。

热轧宽钢带生产一般在加热炉与粗轧机组之间、粗轧机组与精轧机组之间均设置除鳞装置，通过压力达 16~35 MPa 的高压水冲除一次及二次氧化铁皮。

炉卷轧制宽钢带生产一般在加热炉与粗轧机组之间、粗轧机组上以及切头飞剪后均设有高压水除鳞装置，用水压 15~20 MPa 的高压水冲除板坯以及中间带坯上下表面的一次氧化铁皮及二次氧化铁皮。当生产不锈钢时，产生的氧化铁皮少，在飞剪后可以不除鳞。

高压水除鳞的打击力和除鳞过程中的温降计算如下：

$$q=\frac{5.64pV}{H^2}$$

$$\Delta T=\frac{451.7pV}{H^2}+9.54$$

式中 p——水压，MPa；

V——喷嘴流量，L/s；

H——喷嘴距钢板表面的距离，cm。

高压水系统的流量主要应满足除鳞箱和轧机多点同时除鳞时，除鳞水的压力波动不会降低除鳞效果。设计时，根据工艺制度，首先确定喷嘴流量、集管流量、单道次的最长除鳞时间、除鳞道次间隔时间及各个除鳞点的同时使用率，从而确定高压水系统的最大流量。

9.7.2 酸洗设备

酸洗设备有酸洗机和酸洗槽。酸洗机有摇动式酸洗机和连续式酸洗机。摇动式酸洗机适合型钢或钢板的酸洗；连续酸洗机有单卷推拉式连续式酸洗和无头连续浅槽酸洗等，适合带钢酸洗，生产率高。酸洗槽通常适用于冷加工钢管的酸洗。

板带钢酸洗段的主要工艺参数是酸洗时间和酸洗槽长度。推拉式酸洗，因是单卷酸洗，无法采用破鳞拉矫机，故酸洗时间较长，是连续式浅槽酸洗的 1.2 倍左右。推拉式酸洗时间为 30~45 s，而连续酸洗时间为 20~35 s。推拉酸洗酸洗槽长度必须加以限制，每个槽长度要小于 12 m，原料厚度越小，槽长越短，否则穿带时薄规格原料较困难。连续式酸洗的酸洗时间也可以适当加长，这样可以适当降低酸的浓度和酸的温度，从而增大了酸洗机组的调控范围。连续式酸洗的酸洗槽长度不受限制，但酸洗槽个数 3~4 个为佳，便于酸浓度和温度调节。

板带钢酸洗槽宽度一般按式(9-42)计算。

$$B=b_{max}+(500\sim600) \tag{9-42}$$

式中 B——带钢酸洗槽宽度，mm；

b_{max}——板带材最大宽度，mm。

表 9-44 列出了几类钢板、带酸洗机组主要技术参数。

表 9-44 钢板、带酸洗机组主要技术参数

产品名称	主要技术参数						电动机功率/kW	重量/t	外形尺寸(长×宽×高)/m×m×m	生产厂	设备组成
	带卷规格			机组速度/m·min^{-1}	液压压力/MPa	年产量/t					
	厚度/mm	宽度/mm	重量/t								
1200酸洗机组	2~4	650~1050	10	15~75			910	616	180×9×8	上重	双卷头开卷机、刮板式直头机，五辊矫直机、酸洗槽及酸液循环系统、圆盘剪、碎边剪、七辊张力装置、卷取机等
1700连续酸洗机组	1.5~4.5	750~1550	24	60~450	600	7.0×10^5	109.1	1304	28.68×19.5×40	一重	上卷台、七辊矫直机、盐酸酸洗塔、冷水槽、干燥机、液压剪、圆盘剪、卷取机、卸卷装置等
1700塔式酸洗机组	1.5~4.5	650~1550	15	18~110			169.8	866	36.83×1.5×0.8	上重	上料运输机、开卷机、七辊矫直机、1700 液压剪、闪光对焊机、CO_2其他保护焊接机、酸洗塔、热水槽、圆盘剪等

无缝钢管冷变形加工中，酸洗槽一般是长方形的，它的长度、宽度及深度由每批酸洗钢

管的重量而定。通常,酸洗槽的容积是按每批酸洗 1 t 钢管需要容积 2 m^3 酸洗溶液来计算。

9.8 起重运输设备的选择

起重运输设备包括起重机、辊道、运输小车以及各种升降设备。下面主要介绍起重机和辊道的选择。

9.8.1 起重机的选择

起重机(天车、吊车)主要用于车间内原材料、产品、设备或部件的起重和运输。起重机选择的基本原则是满足工艺要求,即要保证起重机使用时的可靠性和各部件工作的可靠性,要保证操作顺利,要保证起重机的结构能满足迅速更换零件的需要,应有较高的利用系数和较高的生产率等。

起重机形式的选择

起重机按用途分为普通起重机和专用起重机两类。它们的形式、特点和用途列于表9-45中。

表 9-45 起重机的类型、特点及用途

种 类	结构形式	特 点	用 途
普通起重机	龙门式(吊钩及三用两种)	不需要厂房,使用方便,拆搬方便,但运行速度低	用于燃料、原料、成品等露天仓库及堆放场中,装卸煤炭、原料、成品、废钢和铁皮等
	手动单梁、双梁	起重量小,速度慢	用于工作不繁忙的仓库及跨间,如主电室、氧化铁皮间等
	电动单梁(吊钩、两用)	起重量小,速度慢	用于起重量不大,负荷较轻的机、电修间或地方小轧机车间的原料,成品的装卸
	电动单梁桥式(单钩、双钩两种)	起重量大,运行速度快	用于轧钢车间各跨间生产操作或检修用
	电动单梁桥式(单钩、双钩、电磁、两用、三用等)		用于轧钢车间各跨间作生产操作或检修用
	双钩挂梁桥式		用于钢管、轨梁、大型、中厚板车间生产操作
	双小车桥式		用于装卸及运输长轧件
专用起重机	刚性耙式桥式(带磁盘、吊钩)	起重量大,运行速度快	用于钢坯车间运输、装卸长钢坯
	揭盖桥式		用于均热炉揭盖操作
	夹钳桥式		用于均热炉跨间钢坯、装出炉、运送及检查
	电动葫芦	单线行驶,重量轻,速度慢	用于检修某特定设备

起重机主要参数的选择

起重机主要参数有起吊重量、运行速度、起升高度、吊车跨距和工作制度等。

(1) 起吊重量。起吊重量主要由起吊最重物件的重量来决定。此外还应考虑吊具的附加重量和留有因车间产量提高而增大起重量的可能。

(2) 运行速度。运行速度取决于起重机的用途,检修、安装、换辊用起重机运行速度较低,要满足冲击振动小、操作安全平稳的操作要求。而在成品库及原料仓库吊料用的起重机则采用较高的速度。标准桥式起重机的起重量和运行速度列于表9-46中。

表9-46　标准桥式起重机的起吊重量和运行速度

起吊重量/t		速度/m·min⁻¹			
		提升速度		运行速度	
主　钩	副　钩	主　钩	副　钩	小　车	大　车
5		$\frac{10\sim12}{25}$		40~45	$\frac{90\sim100}{125}$
10		$\frac{10\sim12}{30}$		40~45	$\frac{90\sim100}{125}$
15		$\frac{8\sim10}{20}$		40~45	$\frac{90\sim100}{125}$
15	3	$\frac{8\sim10}{20}$	$\frac{18\sim20}{25}$	40~45	$\frac{90\sim125}{125}$
20	5	$\frac{8\sim16}{15}$	$\frac{16\sim20}{25}$	40~45	$\frac{90\sim100}{125}$
30	5	$\frac{6\sim8}{15}$	16~20	35~40	$\frac{80\sim90}{125}$
50	10	$\frac{4\sim6}{8}$	$\frac{10\sim14}{20}$	35~40	$\frac{80\sim90}{110}$
75	15	3~4	10~12	35~40	80~90
100	20	3~4	8~12	35~40	80~90

注：表中分子表示中型工作制度的吊车参数，分母表示重型工作制度的吊车参数。

（3）起升高度与吊车跨距。起升高度是根据起重机形式确定的。例如电动单梁起重机的起升高度为5~6 m；普通桥式起重机为12~18 m，重型桥式起重机则为20~23 m。

对于地下油库、氧化铁皮坑、沉淀池、切头坑、大块铁皮箱等设施的操作起重机所需起升高度，需详细计算以便满足要求。

起重机跨距是指其车轨之间距离，主要由车间跨距所决定。一般起重机跨距比车间跨距小1.5 m或2.0 m。起重机跨距一般在11~32 m范围内。

（4）工作制度。起重机的工作制度按起吊重量、运行速度和使用频繁程度分为轻、中、重和特重四种类型。主电室检修用的起重机由于工作时间少，提升和运行速度较小，宜选轻型。安装、检修、换辊用的起重机要求提升和运行速度中等，使用也不太频繁，宜选用中型。在各跨间生产用操作起重机要求有较大的提升速度和运行速度，宜选用重型。加热炉或均热炉跨间的钳式起重机及钢坯库的耙式起重机一般采用超重型工作制。

最后应当指出，起重机各参数已标准化，设计中可参考有关资料。

起重机台数的确定

起重机台数的计算也就是起重机生产能力的计算。起重机台数的确定主要是依据起重机实际工作负荷及作业率的大小。

起重机的工作周期包括起重机开来时间、起重机运行时间及起重机卸货时间的总和，以T_0(min)表示。

根据车间设备的生产率确定每班吊运货物量，然后确定每班起重机所需吊运次数N（次/班）：

$$N=\frac{W}{G} \tag{9-43}$$

式中　W——每班吊运货物重量,kg;

G——起重机每次吊运重量,kg。

每班所需起重机工作时间 T(min)为:

$$T=NT_0=\frac{W}{G}T_0 \tag{9-44}$$

式中　T_0——起重机的工作周期,min。

实际所需起重机的台数 n 为:

$$n=\frac{T}{60K_zK_yh}=\frac{NT_0}{60K_zK_yh}=\frac{WT_0}{60GK_zK_yh} \tag{9-45}$$

式中　h——每班工作时间,一般取 $h=8$ h;

K_y——每班有效工作时间系数,一般取为0.8;

K_z——吊车作业率,取 $K_z=0.8$。

式(9-45)计算的起重机台数与实际选用的台数之比,称为起重机负荷率。此值一般宜在80%~90%范围内。

起重机台数也可根据经验确定,一般来说,中小型车间每70~100 m有一台起重机。

桥式起重机主要技术参数见表9-47及表9-48。

表9-47　双钩桥式起重机主要技术参数

起重量/t		跨度/m	最大起升高度/m		工作制度	起升速度/m·min^{-1}		运行速度/m·min^{-1}		起重机最大宽度/m	最大轮压/kN	重量/t	生产厂
主钩	副钩		主钩	副钩		主钩	副钩	大车	小车				
100	20	13	20	22	中级	4.62	9.28	76.6	34.4	9.5	314	66.4	大连起重机厂、上海起重运输机械厂、太原重机厂等
		16									325	70.5	
		19									338	75.7	
		22						66.6			350	81.7	
		25									361	86.9	
		28									370	93.9	
		31									382	101.0	
50	10	19.5	12	16	中级 重级	6.13(中) 7.53(重)	19.8	86.2(中) 87.8(重)	38.6	6.33	395	46.67	
		22.5									420	52.33	
		25.5						86.6(中) 87.8(重)		6.53	439	57.87	
		28.5									450	62.08	
		31.5									467	67.75	
20	5	16.5	12	14	中级 重级	7.3(中) 15(重)	20	83.2(中)		5.3(中) 5.6(重)	189	25	
		19.5					20	88.7(中) 103(重)			202	29	
		22.5									211	32	
		25.5								6.21	224	36.9	
		28.5									236	40.8	
		31.5									247	44.5	

表 9-48 单钩桥式起重机主要技术参数

起重量/t	跨度/m	最大起升高度/m	工作制度	起升速度/m·min^{-1}	运行速度/m·min^{-1} 大车	运行速度/m·min^{-1} 小车	起重机最大宽度/m	最大轮压/kN	重量/t	生产厂
5	10.5	16	中级 重级	11.3(中) 14.85(重)	90(中) 116(重)	41.1	4.5	65	11.13	上海起重运输机械厂、杭州起重机厂等
	13.5							70	12.85	
	16.5							76	14.93	
5	19.5	16	中级 重级	11.3(中) 14.95(重)	90(中) 115(重)	41.1	4.65	82	24.18	昆明重机厂、武汉起重机厂、南京起重机械总厂等
	22.5							89	26.72	
	23.5				90(中) 116(重)		6.1	98	27.36	
	28.5							110	29.63	
	31.5							118	30.26	
10	10.5	16	中级 重级	7.71(中) 15.5(重)	90(中) 116(重)	45	5.15	100	12.84	大连起重机厂、杭州起重机厂、福建省三明化工机械厂等
	13.5							110	14.93	
	16.5							112	17.07	
	19.5				90(中) 115(重)		5.29	120	19.45	
	22.5							130	22.03	
	23.5				83.5(中) 111(重)		6.1	150	26.66	
	28.5							160	29.98	
	31.5							162	33	

9.8.2 辊道的选择

辊道形式的选择

辊道的分类方法很多，一般可按下述四种方法分类：

（1）按工作性质分类，有运输辊道和工作辊道两类；

（2）按用途分类，有上料辊道、炉子前后辊道、运输辊道、延伸辊道、工作辊道、收集辊道和特殊用途辊道，如炉内辊道、升降辊道、冷却辊道和检查辊道等；

（3）按结构特点分类，有空心辊道、实心辊道、圆形辊道、花辊和锥形辊道等，可根据工作条件进行选择；

（4）按传动形式分类，有集体传动、单独传动和游动三种。前两种应用较广，尤其是单独传动方式发展较快，而游动辊道应用较少。

集体传动辊道主要用于工作条件比较恶劣、工作负荷比较繁重以及环境温度较高的区域，通常运送短而粗的轧件，如炉前后辊道，轧机前后辊道等。

单独传动辊道主要用于工作负荷较轻、轧件比较细长以及温度不高的区域，如精整区域。

辊道主要参数的确定

辊道的主要参数有辊子直径 D、辊身长度 L、辊距 t、辊道速度 v 和集体传动时辊道总长等。这些参数随车间内使用原料状况、产品形状和大小、车间的工艺设备条件和平面布置等情况不同而变化。设计时应根据需要,结合具体情况正确选定。选择时还应注意辊道的加工制造难易和种类不宜过多等问题,以便节约投资、易于安装和维护。

(1) 辊道的辊子直径。辊子直径 D 主要根据轧件的重量和要求及辊子强度决定,在强度满足的条件下,考虑结构上的可能尽量选择辊身直径小的辊子,以减轻重量,节省投资与能耗。表 9-49 列出了各类轧钢车间常用的辊径。辊径亦可参考表 9-50 进行调整。

表 9-49 各类轧钢车间辊道直径

辊道用途	辊径/mm
特厚钢板轧机工作辊道和扁坯轧机工作辊道	600
板坯轧机、大型初轧机和厚板轧机工作辊道	500
轨梁轧机工作辊道、扁坯轧机和大初轧机运输辊道	450
中板轧机辊道和轨梁轧机运输辊道	350
中型和薄板轧机的工作辊道和输入辊道	350
小型轧机辊道、中型和薄板轧机运输辊道	250
小型轧机冷床辊道	200
线材轧机辊道	150

(2) 辊距。辊距 t 不应大于最小轧件长度的一半,以保证轧件同时放置在两个辊子上。辊距也不能太大,防止轧件因自重在辊道上发生弯曲。这一点对输出辊道尤为重要,因为此时轧件温度高、断面小、轧件长。辊距与辊径的系列见表 9-50。

表 9-50 轧机辊道辊径与辊距系列

辊径/mm	辊距/mm															
150	200	250	300													
200		250	300	350	400	450	500									
250			300	350	400	450	500	550	600	700	800	1000	1200	1500		
300				350	400	450	500	550	600	700	800	1000	1200	1500		
350					400	450	500	550	600	700	800	1000	1200	1500		
400						450	500	550	600	700	800	1000	1200	1500	2000	
450							500	550	600	700	800	1000	1200	1500	2000	2500
500								550	600	700	800	1000	1200	1500	2000	2500
600										700	800	1000	1200	1500	2000	2500
700											800	1000	1200	1500	2000	2500

(3) 辊身长度。辊身长度 L 决定于辊道的用途、轧件的形状和尺寸。工作辊道辊身长度一般等于轧辊辊身长度或比轧辊辊身长 50 mm。

大型型钢轧机工作辊道因有推床推板占去一部分位置,布棋式轧机工作辊道又要考虑轧件的横向移送,所以它们的长度也要稍大于轧辊辊身长。

型钢轧机的延伸辊道辊身长度与所对应的孔型有关,一般比轧辊辊身长度短些,甚至只是轧辊辊身长度的一部分。

钢板轧机运输辊道辊身长度等于或接近于轧辊辊身长度。型钢轧机的运输辊道辊身长度要比轧辊辊身长度短些。

运输辊道应考虑输送轧件的根数和运输过程中轧件的跑偏，故辊身长度应是几根轧件宽度之和并增加 150~250 mm 的余量。

热连轧精轧机座的输出辊道辊身长度比轧件的最大宽度大 250~350 mm。

(4) 辊道速度。辊道速度 v 主要根据辊道的类型与其工作条件选择。工作辊道的速度，一般根据轧制速度来选，在轧出端，$v_{辊}=(1.05\sim1.1)v_{轧制}$ 以保证轧件不拱起，不形成皱纹。在轧入端 $v_{辊}<v_{轧制}$，以免轧件过分撞击导卫装置和孔型。例如热连轧薄板精轧机组的输出辊道的工作速度比精轧机出口速度高约 10%，当卷取机咬入带材并建立张力后，辊道与卷取机同时加速；当带材尾部离开精轧末架时，辊道与卷取机同时减速。为避免带材在辊道上起套和跑偏，辊道速度比带材速度约低 10%。

(5) 每组辊道总长。集体传动辊道每组总长一般不宜超过 6 m。

9.9 无损检测设备的选择

无损检测(NDT)就是在不破坏试验对象，也就是不改变试件状态和使用性能的前提下，评价试件的各种有关性能和发现试件有无缺陷的一种检测方法。它的主要用途有探伤、测试和监控。目前，轧钢车间无损检测用得最多的是产品缺陷检查即无损探伤。

9.9.1 无损检测方法

常用的无损检测方法主要包括磁粉检测(PT)、渗透检测(MT)、涡流检测(ET)、超声检测(UT)、射线检测(RT)五种，其中以超声检测的应用最为广泛。此外，激光全息干涉、声发射、声振、微波、红外线等无损检测技术也已经得到广泛研究和应用。射线、超声波多用于产品内部缺陷的探测，而磁粉、涡流、渗透多用于产品表面及近表面的缺陷探测。

射线检测

(1) 基本原理。射线检测是基于被检工件对透入射线(无论是波长很短的电磁辐射还是粒子辐射)的不同吸收来检测工件内部缺陷的一种无损检测方法。其基本原理是当射线透过被检工件时，由于工件各部分密度差异和厚度变化，或者由于成分改变导致的吸收特性差异，工件不同部位对射线的吸收能力不同，因而可以通过检测透过工件后射线强度的差异来判断工件中是否存在缺陷以及缺陷的性质、形状、大小和分布。工业应用的射线检测技术有三种，即 X 射线检测、γ 射线检测和中子射线检测，其中使用最广泛的是 X 射线检测。

(2) 应用范围。射线检测适用于厚板、管棒、焊缝等的内部缺陷(如疏松、裂纹、夹杂等)、几何形状变化及应力分析。

(3)工作特点。射线检测的工作特点是：有效记录，对缺陷形象直观，不需耦合剂，可携带；但费用高，对于微细的层状裂纹，如疲劳裂纹和层离不太灵敏，危害人体。

超声波检测

(1) 基本原理。超声波检测是利用超声波的物理性质，即通过某些介质的声速、声波衰减和声阻抗等声学特性来检测材料缺陷的一种无损检测方法。超声波在试件中传播时，遇有缺陷其反射和透射的能量会发生变化，利用探头能接收信号的性能，可不必损坏被检物而检出缺陷的部位及其大小。这种检测法称超声波探伤。

(2) 应用范围。超声波检测适用于各种被检物，如中厚板、薄板、圆棒、管子、铸件、锻件等的内部缺陷，如疏松、夹杂、未焊透、层叠、裂纹、分层等。对气孔的探伤分辨率很低。

(3) 工作特点。超声波检测的工作特点是：穿透力极好，易于自动化，只要接触一面就有良好的灵敏度和分辨率，若需要可永久记录，可携带；但定性定量困难，需要耦合剂和参考标准，小而薄的复杂零件难检查。

磁粉检测

(1) 基本原理。在试件表面施加磁粉，对试件进行磁化后，根据由缺陷产生的泄漏磁场吸附磁粉的磁痕来进行判断的方法称磁粉探伤。磁粉检测是利用磁现象来检测铁磁工件表面及近表面缺陷的一种无损检测方法。其基本原理是当铁磁性材料的工件被磁化时，工件内部就会产生许多磁力线，由于磁力线必须通过工件的所有截面而不能中断，因此磁力线的密度取决于所通过截面的大小，截面越小，磁力线越密，反之亦然。若工件中有其他物质（如真空或非金属夹杂物等）存在，由于这些物质导磁能力差、磁阻大，于是该处的磁力线密度就小，磁力线将发生弯曲，并在工件表面发生漏磁现象，产生漏磁场。如果在工件表面撒上磁粉，则缺陷处存在的漏磁场就会吸附磁粉而形成与缺陷形状相应的磁痕。磁痕的宽度远大于缺陷的实际宽度，这样就显示出人眼难以察觉的细小缺陷。

(2) 应用范围。磁粉检测可发现各种裂纹、夹杂、折叠、砂眼、蜂窝、龟裂、白点、分层、气孔、疏松、冷隔等缺陷。它适用于各种磁性材料，如铸锻件、冲压件、管棒材、焊缝等的表面和近表面缺陷探测。

(3) 工作特点。磁粉检测具有灵敏度高、适应性好、效率高、成本低、设备简单、操作方便、结果可靠等优点。但它只能检测铁磁性材料的表面和近表面缺陷，且难以定量描述缺陷的深度，易沾污，要求表面仔细处理，常出现无关的指示。

渗透检测

(1) 基本原理。在试件表面施加黄绿色的荧光渗透液或红色的渗透液，让其渗入表面开口缺陷内。用水或清洗剂把试件表面的渗透液洗掉，将显像剂或细粉末状的显像材料涂敷在试件表面上，残留在缺陷中的渗透液就会被显像剂吸出，到表面上形成大的黄色荧光缘或者红色的显示痕迹。在紫外线照射下该缺陷痕迹能发出强的荧光用肉眼可以观察到表面的开口缺陷。

(2) 应用范围。渗透检测适用于铸锻件、焊件、棒管材的表面开口缺陷，如裂纹、孔洞、蜂窝、龟裂和接缝裂口等。

(3) 工作特点。渗透检测具有形象直观、价廉、简便、可携带、实施方便等优点，但它只适用于表面开裂缺陷，且易污染，易造成假象，对试件表面要求高。

涡流检测

(1) 基本原理。涡流检测是基于电磁感应原理揭示导电材料表面和近表面缺陷的一种无损检测方法。当载有交变电流的检测线圈靠近导电工件时，由于交变磁场的作用，工件中就会产生感应电流即涡流。涡流的大小、相位和流动轨迹受工件电导率、磁导率、形状、尺寸和缺陷等因素的影响，涡流还会产生自己的磁场并对原磁场产生作用，进而导致检测线圈交流阻抗的改变。测量线圈阻抗即可获得工件物理、结构和冶金状态的信息。因此，通过测定检测线圈电性能的变化，就可以得出被检测试件的有关性能及有无缺陷等的结论。

(2) 应用范围。涡流检测适用于线、管、棒、球、板、板坯、焊缝、管内壁、孔、零件等表面或近表面缺陷、材质试验及表面覆盖层测厚，并能在高温状态下进行检测，因此特别适合轧件的在线检测。

（3）工作特点。涡流检测时，线圈不必与工件紧密接触，无需耦合介质，因此检测速度快，易于实现检测自动化，但涡流检测的对象必须是导电材料，且只适用于材料表面或近表面缺陷的检测，此外，涡流检测至今仍处于当量比较阶段，对缺陷作出准确定量的判断尚有困难。

9.9.2 无损检测设备

射线检测设备

（1）X 射线机。X 射线机是以 X 射线管为射线源的工业探伤设备，它可分为携带式、移动式和固定式。携带式主要用于现场检测。移动式主要用于实验室内。移动式 X 射线机管电压可达 400 kV 左右，携带式可达 300 kV。

（2）高能 X 射线机。光子能量具有 1MeV 以上的称高能 X 射线，而几十兆电子伏的高能射线是利用电子回转加速器和直线加速器来产生的。直线加速器是高能 X 射线探伤中效果较好的一种装置。它具有体积小、灵活机动、束流大的优点；缺点是造价高，比回转式高出几倍，技术复杂，运行维修较困难。1～2MeV 的高能 X 射线可检查厚 2000 mm 的钢件。

超声波探伤设备

超声检测设备与器材包括超声检测仪、探头、试块、耦合剂和机械扫查装置等，其中仪器和探头对超声检测系统的能力起关键性作用。超声检测仪还可分为模拟式和数字式仪器，目前广泛使用的超声波检测仪如 CTS-22、CTS-23 等是 A 型显示脉冲反射式模拟检测仪，而 HS-600、CTS3000 等则是 A 型显示脉冲反射式数字检测仪。

超声波探伤设备用于钢坯、高压锅炉管、普通钢管、钻杆焊缝、中厚板、钢棒、钢轨等的缺陷检测。

磁粉探伤设备

磁粉探伤设备通常分为固定式、移动式和便携式三种类型。

固定式探伤机的体积和重量都比较大，额定磁化电流一般为 1000～10000A，这类探伤机主要用于中小型工件的探伤，在航空、汽车制造等工业部门得到广泛的应用。

移动式探伤机是一种分离式的探伤装置，主体是一磁化电源，额定磁化电流一般为 500～8000 A，配合使用的附件有触头、夹钳、开合和闭合式磁化线圈及软电缆等，体积和重量较固定式小。这种设备装有滚轮或小车，以不易搬动的大型工件为检验对象。

便携式探伤机具有体积小、重量轻和便携方便等特点，额定磁化电流一般为 500～2000 A。这类探伤机适合现场、高空和野外作业，一般用于锅炉和压力容器的焊缝探伤，飞机、火车、轮船的现场检测或大型工件的局部探伤。

根据国家专业标准 ZBN 70001 的规定，磁粉探伤机按以下方式命名：

C X X - X
↓ ↓ ↓ ↓
1 2 3 - 4

第 1 部分——C，代表磁粉探伤机；

第 2 部分——字母，代表磁粉探伤机的磁化方式（J——交流；D——多功能；E——交直

流;Z——直流; X——旋转磁场;B——半波脉冲直流;Q——全波脉冲直流);

第3部分——字母,代表磁粉探伤机的结构方式(X——携带式;D——移动式;W——固定式;E——磁轭式; G——荧光磁粉探伤; Q——超低频退磁);

第4部分——数字或字母,代表磁粉探伤机的最大磁化电流或探头形式。

常用磁粉探伤机命名的参数意义详见表9-51。

表9-51 常用磁粉探伤机命名的参数意义

第一个字母	第二个字母	第三个字母	第四个字母	代表含义
C				磁粉探伤机
	J			交 流
	D			多功能
	E			交直流
	Z			直 流
	X			旋转磁场
	B			半波脉冲直流
	Q			全波脉冲直流
		X		携带式
		D		移动式
		W		固定式
		E		磁轭式
		G		荧光磁粉探伤
		Q		超低频退磁
			如:1000	周向磁化电流1000 A

例如,CJW-4000型,为交流固定式磁粉探伤机,最大磁化电流为4000A;CZQ-6000型,为超低频退磁直流磁粉探伤机,最大磁化电流为5000A;CEE-Ⅰ型,为交直流磁轭磁粉探伤仪,形式为Ⅰ型。

涡流检测设备

涡流检测仪是应用涡流原理对导电金属材料进行无损检测的电子设备。涡流仪的品种繁多、形式多样。

(1) 按检测线圈的形式分为穿过式线圈、内通过式线圈或内插式线圈(包括旋转式线圈)和放置式线圈的涡流仪。穿过式线圈是将试件插入并通过线圈内部进行检测。它广泛用于线、棒、管材的自动探伤及一些异形管棒材的探伤,其特点是探伤速度快。内插式线圈是插入试样内部进行检测时使用的线圈,它适用于对组装好的管子进行检测,或对大部件中直径小而深的钻孔、螺纹孔的探测以及厚壁管的内表面质量进行检测。放置式线圈又称点式线圈或探头,它是通过把线圈放置于被检试件表面进行检测。它有灵敏区小但灵敏度高的特点。这种方式适用于大直径管材、板材、棒材、钻孔的表面检测,还适用于检测形状复杂的零件某一区域的缺陷、材料的电导率、涂层厚度以及现场检测等。

(2) 按操作方式分为手动式和自动式涡流仪。手动式是指手持线圈沿着试样表面扫查,并观察仪器的显示以取得结果。这种仪器多用探头式线圈,也有用穿过式和内插式线圈。自动式是指试样用机械装置来传送,检验结果能自动记录。它的检验速度快,从记录的数据或曲线可判断检验结果。

(3) 按检测用途分为导电仪、测厚仪和探伤仪等。

对于大批量的板、管、棒、线材的表面探伤普遍采用自动化探伤装置。

渗透检验装置

渗透检验装置可分便携式和固定式两类。便携式渗透检验装置一般是一个小箱子。里面装有渗透液、清洗液和显像剂等。如果采用荧光法还配有轻便的携带式紫外线灯。若采用着色法,渗透探伤剂通常装在密闭的喷罐内。固定式装置包括预清洗、渗透、乳化、清洗、干燥、显像、后乳化等装置。

9.10 其他设备

9.10.1 辗头机

管、棒、型、线材在拉拔前需辗头,辗头机的技术性能见表9-52与表9-53。

表 9-52 制作管、棒夹头辗头机的技术性能

辊子直径/mm	辊子工作部分长度/mm	辗头机孔型数目/个	辗头的规格(直径)范围/mm	电动机转数/r·min^{-1}	电动机功率/kW
200	500	11	15~50		14
200	500	15	8~48		20
200	500	19	8~38		10
200	500	18	7~25		10
100	210	12	5~13		2.8
100	210	12	3~12		4.5
125	220	15	4~12	80	3.0
125	220	9	8~24	80	4.0

表 9-53 线材辗头机技术性能

性能 \ 规格	8~24 型	4~10 型	1~5 型	1.6~12 型
辗头直径/mm	8~24	4~10	1~5	1.6~12
最大轧制力/N	20000	7000	6200	15000
电动机功率/kW	14	25	2.8	2.8
电动机转速/r·min^{-1}	1460	1460	1430	1420
传动比	22.5	24	23	23.6
轧辊转速/r·min^{-1}	65	60	62	60
轧辊线速度(线材速度)/m·s^{-1}	0.68	0.36	0.24	0.47
轧辊尺寸/mm	ϕ200×475	ϕ120×450	ϕ76×150	ϕ150×170

9.10.2 空气锤

空气锤主要用于砸拉拔材的头，以便穿模。空气锤的主要技术性能见表9-54。

表9-54 砸头用空气锤的技术性能

技术性能	单位	空气锤规格/N						
		650	750	1500	2300	2300	4000	4000
落下部分重量	kg	65	75	150	230	230	400	400
锤头最大行程	mm	310	365	350	600	500	700	600
每分钟最多打击次数	次/min	200	200	180	134	134	120	120
允许加工的铝合金管材的最大直径	mm	—	—	—	160	—	220	—
主电动机功率	kW	7.5	7.0	14.5	21	21	32	40
主电动机转速	r/min	960	1440	1450	—	—	970	960

9.10.3 轧辊车床与轧辊磨床

轧辊车床与轧辊磨床，是轧辊加工的专用设备，其主要技术参数见表9-55及表9-56。

表9-55 轧辊车床主要技术参数

轧辊车床型号	最大加工直径×最大加工长度/mm×mm	技术参数			工作精度			机床重量/t	外形尺寸（长×宽×高）/mm×mm×mm
		最小加工直径/mm	最大加工重量/t	横刀架行程/mm	不圆度/mm	鼓形度/mm	不平度/mm		
C8440	400×2500	80	2	200	0.015	0.015/100	0.02	6	4500×1322×1380
C8450	500×2500	100	3.5	250	0.02/250	0.04/250		7.5	5155×1368×1400
C8463A	630×3800	200	6.5	240	0.02	0.04/300	0.02	15	7570×1580×1650
CA8480A	800×4000	360	14	320				27	9240×2280×1800
C84100A	1000×5000	200	18	375	0.03	0.05/300		34	10685×1957×2015
CW84100	1000×5000	300	25	420	0.03	0.05	0.04	38	9500×2100×1750
C84125	1250×7000	300	32	475	0.03	0.05/300		44	12720×2500×2380
C84160	1600×7000	500	50	540	0.03	0.05/300		71	13800×2500×2408

表9-56 轧辊磨床主要技术参数

轧辊磨床型号	最大磨削（直径×长度）/mm×mm	技术参数					工作精度			重量/t	外形尺寸（长×宽×高）/mm×mm×mm
		加工直径/mm	加工长度/mm		中高或中凹量/mm	工件重量/kg	不圆度/mm	鼓形度/mm	光洁度		
			辊身	轧辊							
MG8425	ϕ250×1000	40~250	600	1000	1/1000	200	0.002	0.005	▽12	3.7	3300×1900×1400
MG8430	ϕ300×1500	300	710	1500	0.3	600	0.002		▽11~▽12	6.2	4800×2325×1520
MQ8450A	ϕ500×1700	80~500	900	1700	1/1000	1000	0.005	0.012	▽8	9.1	6020×2620×1600
M84100	ϕ1000×4000	100~1000		4000	0.01~1	20000	0.005	0.015	▽10	48	12200×3600×1900

续表 9-56

轧辊磨床型号	最大磨削（直径×长度）/mm×mm	技术参数					工作精度			重量/t	外形尺寸（长×宽×高）/mm×mm×mm
		加工直径/mm	加工长度/mm		中高或中凹量/mm	工件重量/kg	不圆度/mm	鼓形度/mm	光洁度		
			辊身	轧辊							
M84100	ϕ1000×6000	100～1000		6000	0.01～1	20000	0.005	0.015	▽10	50	14200×3600×1900
MQ84160	ϕ1600×5000	100～1600		5000	0.01～1	8000	0.01	0.015	▽10	35	12000×3140×1900
M84160	ϕ1600×8000	300～1600		8000	0～1	60000	0.03	0.01	▽9	118	18000×5780×2680
M84160	ϕ1600×5000					55	0.005	0.008		87	13000×5500×2280
M84160/1	ϕ1600×7000					55	0.005	0.008		92	15000×5500×2280

10 车间平面布置与立面尺寸

10.1 车间平面布置的原则

车间平面布置是指设备和设施按选定的生产工艺流程确定平面位置。平面布置合理与否对设备能力的发挥,工人的操作安全、生产周期的长短及生产率的高低等都有很大的影响。

车间工艺平面布置主要是按照所确定的生产工艺和依此所确定的设备,合理地确定金属流程线、设备位置及其相对关系、必要的仓库和操作面积、厂房主要参数及柱网布置、辅助间位置及参数、操作台或控制室的位置以及车间通道等。

车间工艺平面布置应适应全厂总图布置条件,做到全厂金属流程顺畅、运输方便,保证本车间生产工艺流程顺畅、设备安装维修方便、布置紧凑并在规模、品种规格、质量和采用先进技术方面留有发展余地。除在生产上采用必要的措施外,从布置上也应注意环境保护及生产上的安全。

车间平面布置应遵循以下原则:

(1) 适合全厂的总图布置,与其他车间、公用工程系统、运输系统等结合成一个有机整体。

(2) 保证经济效益,尽量做到占地少、基建和安装费用少、生产成本低。

(3) 便于生产管理,物料运输,操作、维修要方便。

(4) 生产要安全,并妥善解决防火、防毒、防腐及防爆等问题,且必须符合国家的各项有关规定和标准。

(5) 要考虑将来扩建、增建和改建的余地。

10.2 金属流程线的确定

金属流程线是指各类产品由原材料到成品的工艺流程线。确定金属流程线要考虑把所选设备与设施布置在相应工序的工艺流程线上,同时还要考虑中间堆料场地和运输等问题。

常见的金属流程线有以下几种:

(1) 直线式:如图 10-1(a)所示,从生产的连续性及运输的方面看直线式是最合理的,常用于连轧机。但受到地理位置的限制,该方式在经济上不合理,投资大。

(2) 直线横移式:为跨内横移或跨间横移,如图 10-1(b)所示。跨内横移如横列式轧机机架间轧件的传送;跨间横移多见冷床与输送台架上轧件的传送,也可通过过跨小车运送轧件。

(3) 曲折式:如图 10-1(c)所示,曲折式适用于多跨车间,缩短厂房长度。多跨车间与地理位置有关,也适合多条作业线并存如冷带车间及钢管生产线的布置。

(4) 放射式:如图 10-1(d)所示,放射式在一套设备加工后进到两个以上流程线加工时使用,如高线精轧作业线的分流、轧钢生产多条精整作业线并存等。

(5) 汇聚式:如图 10-1(e)所示,汇聚式适用于由两套以上相同设备加工后进到一套设备再加工的场合，如冷轧带钢车间多台(套)罩式退火炉处理带钢卷后进行平整作业线。

(6) 过渡式：精整工段，如图 10-1(f)所示，如多个平行冷床布置。

(7) 分枝式：如图 10-1(g)所示，分枝式适合在设备数目不多、品种多时使用，如无缝钢管冷加工车间作业。

实际应用时，由原材料到成品加工线长，工序多，设备复杂，可能采用几种形式的组合。

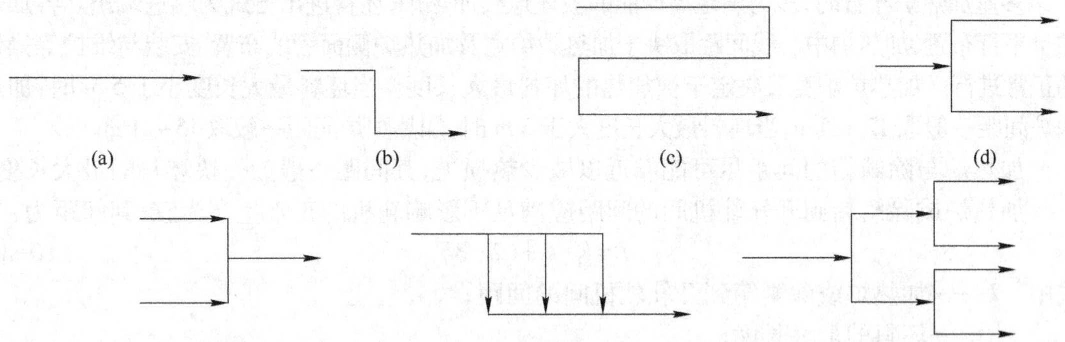

图 10-1 金属流程线

(a) 直线式；(b) 直线横移式；(c) 曲折式；(d) 放射式；(e) 汇聚式；(f) 过渡式；(g) 分枝式

10.3 主要设备间距的确定

在设计车间平面布置图时，首先要做出包括生产工段、辅助工段、动力系统、车间办公室与生活间等都分布在内的车间平面图，检验中心可单独放置。同时要做几个方案加以比较分析，最后确定一个较好平面布置方案。在平面布置图上首先根据生产工艺流程的顺序和要求布置各种生产设备。各设备间的相互位置关系主要从以下几个方面考虑：

(1) 布置主要设备时，最好使产品流线方向与厂房纵向一致，尽量避免横向运输。

(2) 在考虑设备之间相互关系和间距时应根据产量大小、轧制产品长度及设备操作条件等因素，在保证满足生产要求的条件下，尽量紧凑，以节省车间面积。设备彼此间的距离，可依照经验确定。

(3) 轧机最好能布置在一个顺向的轧制跨间内，电动机放进单设的主电室，高压泵站应放在单独的房间，不要离轧机太远。

(4) 对轧钢车间来说，横列式轧机机列间的距离、顺列式轧机机座间的距离、加热炉与轧机间的距离、轧机前后辊道长度、轧机至剪切设备的距离、精整工段各设备间的距离等均应依据各阶段轧件的长度和同时容纳的轧件的个数及某些特殊工艺要求加以确定。连轧机各机架间距离主要取决于设备是否放得下，安装、换辊、检修以及其他特殊工艺要求。

(5) 对管棒材车间来说，挤压机、拉拔机、冷轧管机及辅助设备的相对位置，也依照产量、长度及工艺要求加以确定。

(6) 布置设备时，不能位于吊车达不到的范围，而且离厂房的柱脚边缘必须留出一定距离。

(7)要确保人身安全及安装维修等工作方便，留操作面积。

下面以热加工车间为例介绍主要设备尺寸及具体位置间的关系。

10.3.1 加热炉及其前后设备间距

加热炉及其前后设备间距包括炉前上料台架与加热炉间距、多座加热炉间间距与加热炉到除鳞箱及轧机间间距。

炉前上料台架与加热炉间距应满足两设备中心线的距离不小于最长坯料长度的两倍。

多座加热炉布置时，多为满足高产能的板坯连续加热炉，坯料进出方式为端进端出。各加热炉呈平行布置，加热炉中心线间距取决于加热炉炉宽及加热炉侧面管线布置、安装与维护等操作的正常进行。加热炉炉宽又决定于被加热的坯料最大长度。当坯料最大长度小于5 m时，加热炉炉间距一般取12~15 m，当坯料最大长度大于5 m时，加热炉炉间距一般取15~21 m。

加热炉与除鳞箱的间距尽可能靠近以减少热损失，其间距一般为一块坯料的最大长度。

加热炉或除鳞箱到开轧轧机间的间距应满足不影响轧机的正常生产为宜，其间距为：

$$L=l_1+l_2+(2\sim3) \tag{10-1}$$

式中 L——加热炉或除鳞箱到开轧轧机间的间距；

l_1——坯料的最大长度；

l_2——开轧轧机机前可轧的最大长度。

10.3.2 轧机及其前后设备间距

多台轧机布置时，各机架间相互位置关系取决于轧机排列方式与轧制方式等，轧制操作以不相互干扰为宜。

轧机为横列式布置时，机架间以梅花接手相连，机架间距取决于梅花接手长度与轧辊长度尺寸。

轧机为纵列式布置时，机架间距取决于轧制方式。可逆轧制时，机架间距取决于各机架可能轧的最大长度之和，并考虑余量。连轧机布置时，机架间间距尽量紧凑。板带连轧机机架间间距为5.5~7 m；平立交替布置棒线材轧机机架间距取决于机架前后导卫装置的安装与调试以及是否有飞剪设备等。

成品轧机架到热剪（锯）机、卷取机或热矫直机间距，取决于生产的产品品种与剪（锯）切设备等的运行方式。棒材车间成品轧机与飞剪形成连续作业，飞剪起分断的作用。为避免飞剪操作事故，其位置应远离成品轧机12~15 m。型钢轧机后的热锯机位置应超过最大轧件长度1.5倍以上。板带连轧机经层流冷却线与卷取机形成连续作业线，终轧机架与卷取机间距长达120~150 m。中厚板轧机成品机架到热矫直机的间距为2~3倍最长轧件长度。

10.3.3 冷床、剪机或矫直设备间的位置

棒材生产飞剪中心线到冷床边缘的距离主要与轧件剪切的运动速度有关，即与轧件的抛出距离有关。一般认为

$$L_1\approx S \tag{10-2}$$

$$S=\frac{v^2}{2gf}$$

式中 L_1——剪中心线到冷床边缘的距离；

S——轧件的抛出距离；

v——轧件运动速度；

g——重力加速度；

f——轧件在辊道上或跑槽中的摩擦系数，一般 $f=0.2 \sim 0.3$。

如图 10-2 所示，型钢生产热锯锯片中心线至冷床边缘距离 L_1 和最小距离 $L_{1\min}$ 与钢材定尺长度 l_0 之间的关系式为

$$L_1=2l_0+(2\sim3),\ L_{1\min}=l_0+2$$

若锯切后还须对钢材在线打印标记时，则热锯与冷床边缘之间距 $L_1=4l_0+(2\sim3)$。

冷床边缘至冷剪中心线距离见图 10-2。冷床与冷剪间无挡板时，冷床边缘至冷剪中心线的距离 $L_2=l_0+1$。棒材生产时可把冷剪设在冷床边缘的出口处。

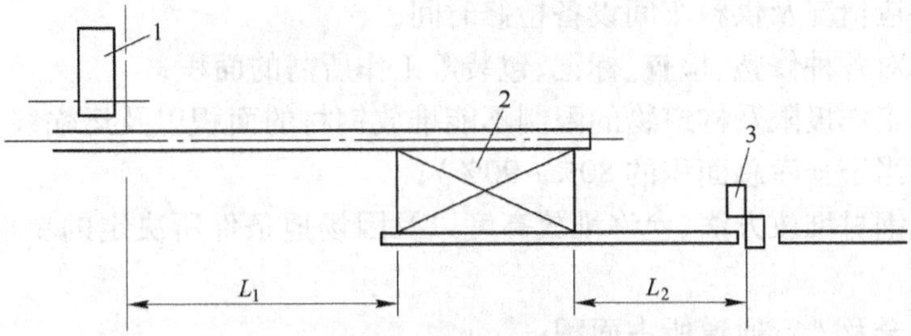

图 10-2　热锯、冷床、冷剪之间距示意图

1—热锯；2—冷床；3—冷剪

中厚板生产剪切生产线布置形式如图 10-3 所示。各设备间位置关系应满足同时工作条件下不产生相互干扰。

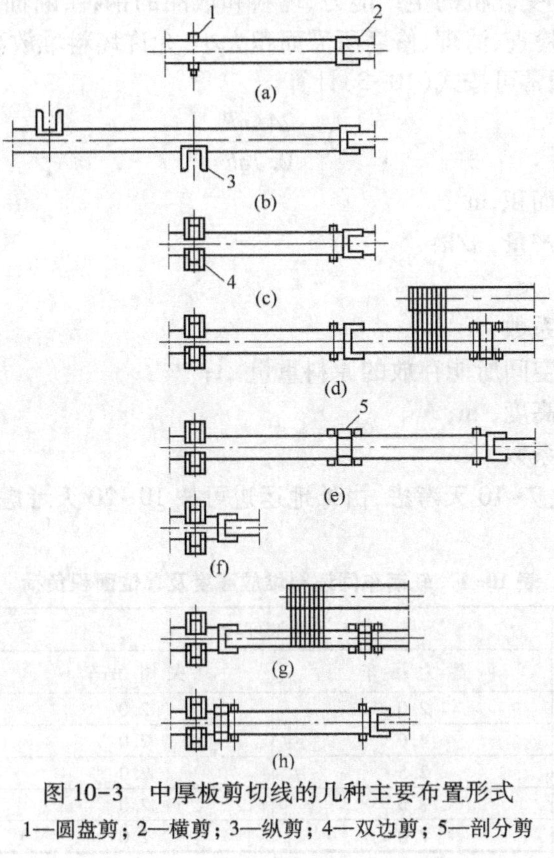

图 10-3　中厚板剪切线的几种主要布置形式

1—圆盘剪；2—横剪；3—纵剪；4—双边剪；5—剖分剪

10.4　仓库面积计算

为保证生产的连续性,车间内要留有原材料、中间半成品、成品料的场地。原料和成品仓库按车间总图布置情况有公用仓库和单独仓库两种。前者在大型企业中很普遍。在决定仓库面积大小时,应考虑:

(1) 轧钢车间生产能力大小;

(2) 坯料和成品的钢种、断面形状和尺寸;

(3) 坯料供应情况及供料车间设备检修时间;

(4) 仓库中对各种修整、检查、标记、包装等工作所需的面积;

(5) 因吊车工作极限及构筑物的限制不能堆放钢材的面积以及运输线所占面积(吊车起吊有效面积相当于仓库总面积的80%~90%);

(6) 坯料和钢材堆放方法、允许堆放高度以及因场地条件所决定的单位面积堆放负荷大小;

(7) 操作安全及人行通道所占面积;

(8) 要充分估计到今后生产发展以及生产中未预料的问题。

10.4.1　原料仓库面积的计算

原料仓库面积大小受轧机的生产能力,坯料和成品的钢种,断面的形状和尺寸,坯料供应情况,仓库中对坯料检查、清理、修磨所需面积大小,允许坯料堆放高度及单位面积存放负荷等因素的影响。它通常可按式(10-3)计算。

$$F=\frac{24AnK}{0.7qh} \tag{10-3}$$

式中　F——原料仓库面积,m^2;

A——轧机小时产量, t/h;

n——存放天数,天;

K——金属消耗系数;

q——每立方米空间所能存放的原料重量 ,t;

h——每堆原料高度, m;

0.7——仓库利用系数。

一般原料可按存放7~10天考虑,由外地运进可按10~20天考虑,堆放高度及单位面积负荷见表10-1所示。

表10-1　轧钢车间坯料堆放高度及单位面积负荷

堆放坯料名称	每堆高度/m		单位面积负荷/$t\cdot m^{-2}$
	磁力吊车	夹钳吊车	
短钢坯	2.0	2.0	6
大于4冷钢坯	4.0	2.0	12
大于4热钢坯	2.5	2.0	12
宽板坯	2.5	2.0	6
圆　坯	2.0	2.0	4~5

10.4.2 中间仓库(料场)面积计算

中间仓库面积取决于产品生产周转时间,应根据堆放钢材总数量来决定。

中间仓库钢材堆放总量 W 为:

$$W = AT\eta \tag{10-4}$$

式中 A——轧机平均日产量,t/天;

T——生产周转时间,天;

η——轧机产量与各精整设备产量上的不平衡系数。

一般情况下,中间仓库钢材储量可按轧机 3~5 天的平均日产量计算,合金钢可按 8~10 天计算。这样,中间仓库面积为:

$$F = W/q \tag{10-5}$$

式中 q——平均单位面积堆放量,t/m^2。

10.4.3 成品仓库面积确定

成品仓库面积确定基本同原料仓库面积的计算。但当全厂设有总成品库时,可按 3~7 天的平均日产量计算。当全厂无总成品库时,则按 7~10 天的轧机平均日产量考虑。此外,还应考虑成品进行表面检查、清理、验收、精整、包装等工序位置。

10.5 车间其他设施位置和面积的确定

轧钢车间其他设施包括操纵台、主电室、轧辊堆放场、铁皮沉淀池、机电修工段以及运输通道等。

10.5.1 操纵台的布置

操纵台的形式、位置以及面积的确定是电气与工艺人员共同商定的。确定的原则是:

(1) 操纵台的地坪标高及在车间内的位置需进行视度检验,以保证被操作的机械设备全部在操作人员的视线范围之内。坐视线标高取 1.15 m,站立视线标高取 1.45 m。操作人员所在位置到观察点的距离不应超过 15 m。

(2) 为便于吊车操作,不升高厂房高度和不占或少占车间有效面积,除主操纵台采用桥式(跨越辊道的)之外,其余的尽量布置在柱列之间或用岗亭式操纵台。

(3) 当采用桥式操纵台时,其一端或两端应留有足够的吊车运行的运输通道。布置在柱列之间的操作台屋面标高不能与吊车驾驶室相碰。

(4) 由许多设备联合组成的共用操纵台,其位置应处于主要被控设备附近。对于应用电子计算机和工业电视控制和监视的轧钢车间,采用集中操纵室或桥式操纵台。其中集中操纵室大部分是靠近柱列线并架空设立。

10.5.2 主电室的布置

由于轧机机组布置不同,主电室布置分为两类,一类是与轧钢主跨间相隔开的,另一类是布置在轧钢跨间的。前者的优点是它能和轧钢跨的大量尘埃、油和蒸汽隔绝,电动机能在通风良好的条件下运行,其缺点是需要设置单独的起重机和封闭的厂房,增加投资。后者的优缺点与前者相反。大部分轧钢车间都采用第一类。

主电室的一层标高应在洪水线以上,一般比厂房外地面高出150 mm。主电室的跨度一般为3的倍数:对于大型车间一般为12 m或12 m以上。

10.5.3 轧辊堆放场地

轧辊堆放场地面积的大小主要取决于轧辊的储存数量和轧辊堆放方式等。而车间必备的轧辊储存量又与车间生产规模大小、轧辊材质、轧制品种多少以及操作使用条件等因素有关。

每种产品的轧辊年需要量可按式(10-6)计算。

$$N=\frac{3QX}{n_1 n_2 g} \tag{10-6}$$

式中 N——每种产品轧辊年需要量;

Q——每种产品的年产量,t;

X——轧制该产品时的轧辊单位消耗量,kg/t;

n_1——一架轧机所用轧辊个数;

n_2——机架数目;

g——每个轧辊的重量,kg;

3——每种产品或每组产品所用轧辊的必备套数(一套使用,一套备用,一套加工)。

实际生产中,由于断辊事故、轧辊提前报废、生产计划变化等原因,轧辊的生产用量往往大于上述计算值。

当求得轧辊储放量后选择堆放方法和单位面积负荷即可求出轧辊堆放场地面积的大小,见表10-2。

表10-2 轧辊堆放方法与单位面积负荷

堆放方法	单位负荷/$t\cdot m^{-2}$	所需大约面积	适用范围
框架	5~8	1~1.5 m^2/套	精轧机轧辊,开有异形孔槽避免碰压
格架	1~2	1.0 m^2/套	各种轧辊堆放均可采用
平放	4~7	1 m^2/个	适于大型轧辊的堆放,如初轧辊
叠放	8~10		适于重量不太大的毛辊、光辊的堆放

10.5.4 铁皮沉淀池

坯料经加热后生成氧化铁皮,其生成量占所轧钢材的1%~3.5%,而且70%~95%掉在轧机区域。这些铁皮的清除收集方法主要是水力冲除,即铁皮经坡度为0.03以上的铁皮沟被高压水冲入铁皮沉淀池内。若采用平流沉淀池,则车间内部尚有一次铁皮沉淀池和沉渣脱水池。

一次沉淀池的宽度一般不小于3 m,若宽度为3 m的倍数,可以分格,每格宽度不小于3 m,池长为池宽的1.2~1.5倍。池深一般在地面下6 m左右。

沉渣脱水池的长宽同上,而池深一般在3 m左右,或按结构要求而定。

10.5.5　运输通道的确定

轧钢车间内部有主要通道、次要通道和人行道等。主要通道有铁路通道、汽车通道和无轨小车通道等，是用来运输原料和成品的。次要通道有运输各种新旧材料、备品备件、设备检修件的通道和仓库场地的通道等。

通道设计的总原则是保证运输的方便和人流通行安全。具体的设计原则除仓库各通道设计原则前面已介绍外，其他通道要考虑以下原则：

(1) 设备与墙或柱间要有通道，其大小主要由劳动保护和安全技术以及安装、检修方便所决定；设计时要注意留有足够的操作面积，并保证在安装大件设备时能在吊车到达的极限范围内。在无大负荷运输而主要用于人行时，通道宽可取 0.8~1.0 m。

(2)设备之间通道在有单向运输而没有工作点时，其宽度应比运输小车宽 1.0 m；有双向对流运输时其宽度取 4.0 m 左右；无大负荷又无工作点时，通道宽度取 0.8~1 m。

(3) 铁路大门内墙至铁路中心线距离应大于 3 m。车间各种大门已有标准尺寸，设计时可选用。

10.6　车间工艺平面布置图

10.6.1　车间跨度的布置

轧钢车间分热轧车间与冷轧车间。热轧车间一般由原料跨、加热跨、主轧机跨、精整跨及成品跨组成。冷轧车间有原料及酸洗跨、冷轧跨、退火跨、平整跨、精整及成品跨组成，半成品跨附属于各跨之间。车间跨度是指车间横向上两排柱子中心线的距离，故也称跨距，车间宽度由跨距决定。

车间跨度布置就是解决和处理这些跨间的相互位置关系。车间跨度布置要由生产工艺流程、轧机组成及地形条件等因素决定，车间宽大劳动条件好，但造价成本高。跨间布置的方式很多，如“一”字形、“T”字形和“Ⅱ”字形等。形式的确定要根据生产工艺流程、轧机组成及地形条件等因素来决定。例如当两组或两组以上轧机共用一个原料跨时，原料跨与主轧跨一般都布置成垂直式的，如图 10-4(a)所示。如果一组轧机自用一个原料跨，可布置成平行式，如图 10-4(b)所示。如地形条件受限制也可布置成垂直的“T”形。

成品跨的安排与精整作业线布置有关。它可以布置在主轧跨内共用主轧跨的吊车，也可与之相平行，与原料跨共用一条铁路，如图 10-4(b)所示，有时也可单独成跨。

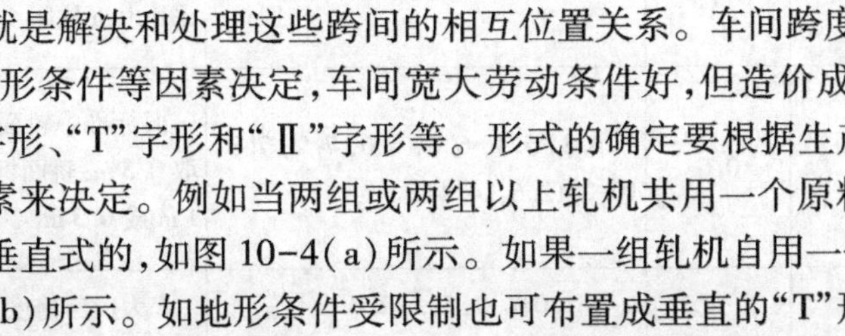

(a)　　(b)

图 10-4　车间各跨的布置

(a) 两组轧机共用原料及成品跨；(b) 一组轧机用一个原料跨与成品跨

10.6.2　车间跨度大小

车间跨度确定时，要注意以下几点：

（1）主轧跨度的确定原则是除主电动机外的其他主要设备横向尺寸，都能布置在此跨间起重机的有效工作范围内，并要注意设备维修、吊车运输和人行通道等因素。

（2）原料与成品跨间主要用来堆存坯料与成品，在厂房面积相同的情况下，跨度大的厂房比跨度小的厂房有更多的有效堆放面积。因此，一般原料与成品跨的跨度不小于主轧跨的大小。

（3）单独的炉子跨间其跨度依炉尾伸入该跨的长度和装炉设备尺寸，以及必要的检修操作面积来确定，并且应保证炉尾装炉设备置于吊车有效工作范围内。

（4）为使厂房构件统一化，应尽可能使各跨间跨度一致。平行的诸跨间长度一致，使厂房外形整齐。

（5）跨度的大小还要符合厂房建筑统一模数的规定。冶金工业厂房建筑统一模数见表10-3。

表10-3　冶金工业建筑统一模数（GBJ 6—86）

序号	参数名称		模数/m	主要数据/m	备注
1	车间跨度 L	$L\leqslant 18$ m	3	6,9,12,15,18	括号中数值一般应尽量少用或不用，仅当工艺布置有明显优越性时采用
		$L>18$ m	6	(21),24,(27),30,(33),36	
2	车间柱距		6	(4),6,9,12,18,24,30,…	括号内数值仅在砖石承重结构厂房时采用4 m柱距，工艺布置有明显优越性时采用9 m柱距
3	轨面标高（有桥式吊、梁式吊车厂房）		0.6	4.8, 5.4, 6.0, 6.6, 7.2, 7.8, 10.2, 12.6, 14.4	旧标准中轨面标高不大于9 m时，模数取0.5 m，轨面标高大于9 m时，模数取为1 m或0.5 m
4	吊车跨度		L-0.5	L-1.0, L-1.5, L-2.0	L为厂房跨度

10.6.3　柱距大小

柱距即相邻两个柱子中心线间的距离，在没有特殊工艺要求或设备安装要求的情况下，轧钢车间柱距一般为6 m或12 m。如有特殊要求时，可以增大。例如，加热炉跨、冷床过跨等可将柱距增大到20~30 m，有的甚至增大到40 m以上（均为6的倍数），见表10-3。

10.6.4　车间工艺平面布置图的绘制

图纸幅面　图纸规格

车间工艺平面布置图的图纸幅面、图纸规格见表10-4。

表 10-4 图纸规格表

<table>
<tr><th rowspan="2">基本幅面代号</th><th colspan="5">图纸规格/mm</th><th rowspan="2">图　例</th></tr>
<tr><th>0 号</th><th>1 号</th><th>2 号</th><th>3 号</th><th>4 号</th></tr>
<tr><td>B</td><td>841</td><td>594</td><td>420</td><td>397</td><td>210</td><td rowspan="4">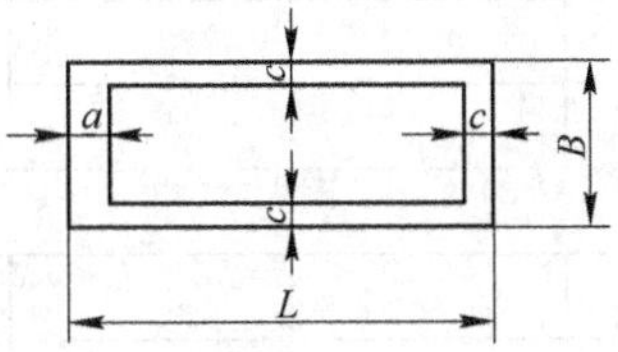
</td></tr>
<tr><td>L</td><td>1189</td><td>841</td><td>594</td><td>420</td><td>297</td></tr>
<tr><td>c</td><td>10</td><td>10</td><td>10</td><td>5</td><td>5</td></tr>
<tr><td>a</td><td>25</td><td>25</td><td>25</td><td>25</td><td>25</td></tr>
</table>

当图纸规格需要加宽加长时，只允许是加长 1~3 号图纸，0 号图纸只能加长长边，加长部分的尺寸应为边长的 1/8 及其倍数。4 号图纸不得加长。

图面的一般规定

（1）图的比例。高阶段设计（包括初步设计、技术设计）的图纸采用 1∶100、1∶200、1∶300、1∶400、1∶500；施工设计的工艺平面图采用 1∶100、1∶200、1∶400；设备安装图和设备基础条件图采用 1∶10、1∶20、1∶50。

（2）图标。图标形式如表 10-5 所示。

表 10-5 图标形式

<table>
<tr><td colspan="3" rowspan="2">设计单位</td><td colspan="2">工程名称</td></tr>
<tr><td colspan="2">子项名称</td></tr>
<tr><td></td><td></td><td rowspan="7">图　名</td><td>设计阶段</td><td></td></tr>
<tr><td></td><td></td><td>比　例</td><td></td></tr>
<tr><td></td><td></td><td>图纸规格</td><td></td></tr>
<tr><td></td><td></td><td>日　期</td><td></td></tr>
<tr><td>审　核</td><td></td><td colspan="2" rowspan="3">（图　号）</td></tr>
<tr><td>设　计</td><td></td></tr>
<tr><td>描　图</td><td></td></tr>
</table>

1）工程名称区填写的内容：对于施工图，横线上填工程名称（如×××轧钢厂）而不填工程代号，横线下填子项名称（如××车间）。对高阶段设计图纸，则只填工程名称，不填子项名称（不画横线）。

2）图名区填写的内容：对于施工图，只填图名而冠以子项名称。对于高阶段设计图纸，由于工程名称区无子项名称，故图名应冠以子项名称。

设备表

设备表采用连续标号自下而上分类（如工艺生产设备、机修设备、台柜、起重运输设备……）填写，如表 10-6 所示。工艺生产设备从标号 1 开始，无分类标题，其余均应有分类标题。起重运输设备的标号用罗马数字另行编号。

表 10-6 设备表

7							
辅助设备							
6							
5							
4							
主设备							
3							
2							
1							
标号	名称	技术性能	数量	个重	总重	制造厂或图号	备注
				重量/kg			

试验室的台柜视同仪器、设备归类填写(只适用于内部条件图,成品图设备表中不填台柜表)。

设备在平面布置图中的编号应尽量按工艺流程编号。一般按从左至右,自下而上编号,适当考虑美观。一个机列编一个号,机列组成设备编分号(如 1-1、1-2)。指引线应自设备轮廓线内引出,指引线之间不能交叉,但几个编号可共用一条指引线。

厂房柱网表示方法

(1) 车间轮廓线用细实线和粗实线之间的线表示。

(2) 表示柱号和跨度代号的圆圈直径为 8~12 mm。柱子用实线"+"或" "表示。

(3) 柱号的标注要从左到右,以阿拉伯数字 1、2、3…标注并且写在图的下方或左侧,标准柱距可以每隔 4 个柱距标注,非标柱距单独标注。

(4) 跨度的标注要从下到上以拼音字母依次表示如 A、B、C…,但 I、O、Z 三个字母不得用作轴线编号,柱列轴线号一般以标注在图的左侧或下方为宜,必要时可上下左右标注。

(5) 起重运输设备的轨道一律用单点划线表示。柱列轴线、柱子的编号及尺寸的标注方法,如图 10-5 所示。施工图厂房轮廓应根据土建返回条件画出,以土建为准。

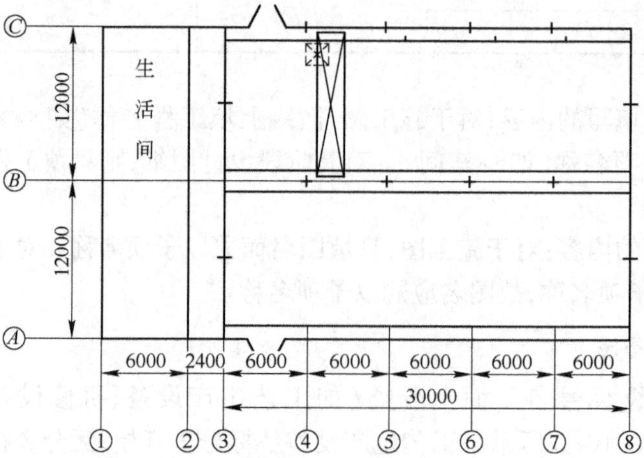

图 10-5 车间轮廓的画法及尺寸的标注

（6）多层厂房的平面布置图。各层平面布置图应尽可能布置在同一张图纸上，并应自下而上布置。此时柱号只标一层，其余各层不标，如图 10-6 所示。若各层平面布置图以左右布置，则应从左至右按层次布置，且各层均应标出柱号。车间生活间或工艺用房绘出所用房的楼层平面布置图，其他只绘一层平面。

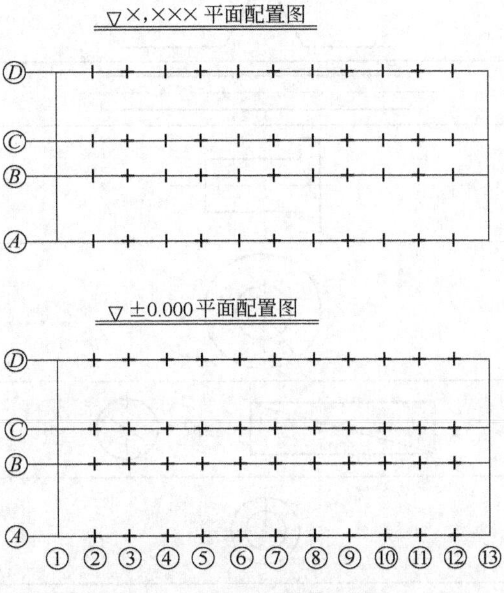

图 10-6　多层厂房平面布置图

（7）生产设备的画法及尺寸标注。

1）生产设备一律采用准确的形象图表示，设备轮廓要用粗实线画出。

2）固定设备的移动部分，要以双点划线画出其移动范围。

3）设备坐标尺寸，原则上应以设备中心线进行标注，若中心线不好找出时，允许找一个基准面标注。车床可以用某个地脚螺栓来定位。

4）设备坐标尺寸若以墙为基准面时，尺寸线要标注在内墙上而不要标注在墙中心。若设备以柱子为基准面标注时，尺寸线标在柱中心线上。

施工设计工艺平面布置图规定

初步设计的工艺平面布置图上的设备不标注坐标尺寸，而且不画车间剖面图。其他均按图面的一般规定画，而施工设计工艺平面布置图画法还另有规定。

（1）内部条件用图的厂房轮廓和柱子按一般规定画。

（2）火车、电动平板车、过跨小车等标出中心线与相邻柱列线或柱子中心线的距离，同时还要标出轨道末端与邻近柱子中心线或柱列线的距离。

（3）车间内如有特高、特深设备时，应画出车间剖面图，并标明吊车轨顶标高、车间地坪标高、地坑底部标高、炉台操作台标高等。

图例

车间平面布置图图例如表 10-7 所示；车间平面布置图举例见附录 4。

表 10-7 车间平面布置图图例

序 号	名 称	图 例	说 明
1	坑 槽	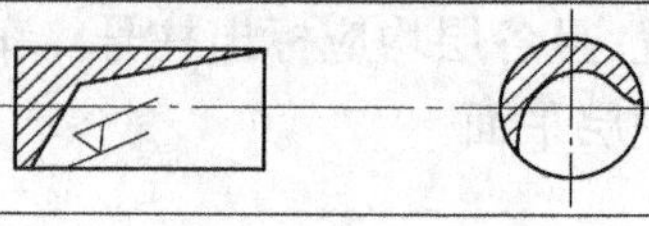	阴影用细实线表示
2	双扇门	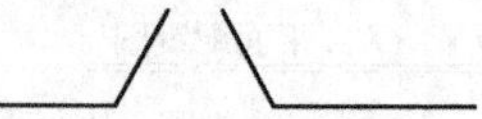	用粗实线表示
3	轨 道		用粗实线表示
4	连续加热炉	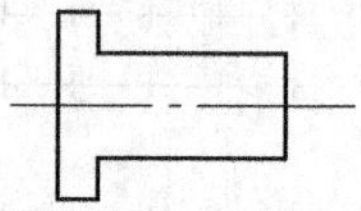	用粗实线表示
5	环形加热炉		用粗实线表示
6	热处理炉	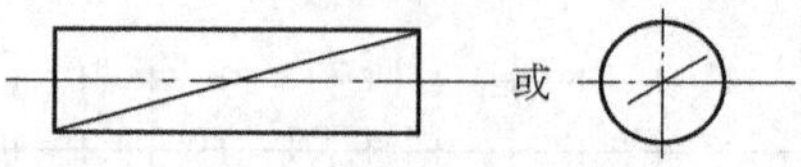	斜线用细实线
7	烟 囱	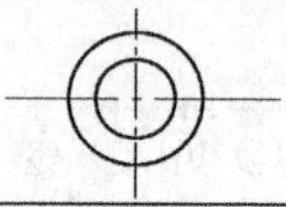	用粗实线表示
8	相对标高	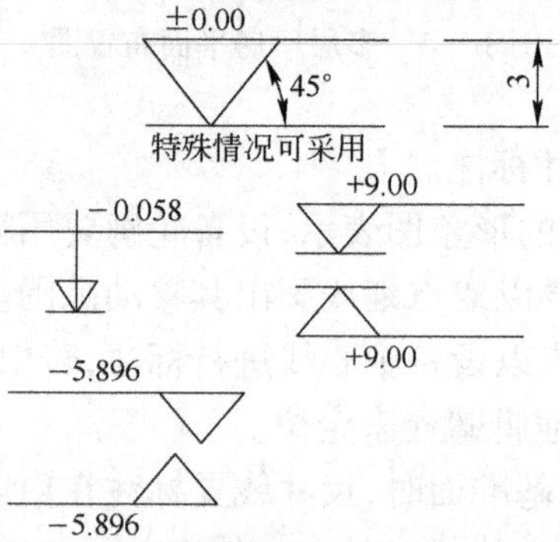	用细实线表示
9	计划扩建的预留地		用细虚线表示
10	平面剖实线	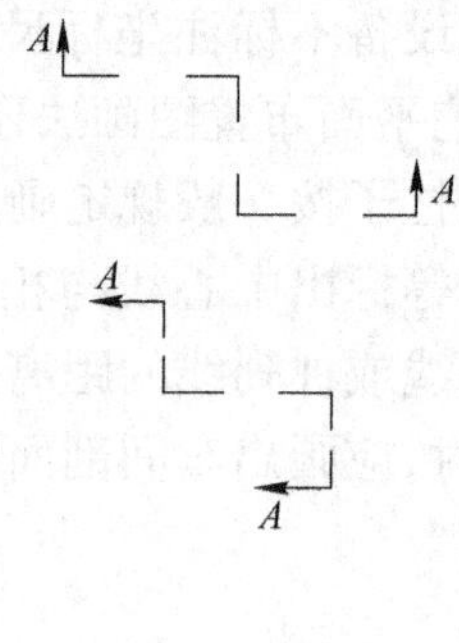	剖面代号用拼音字母表示
	剖面表示	A−A M 1:100	比例用 *M* 代替

续表 10-7

序　号	名　称	图　　例	说　　明
11	桥式吊车	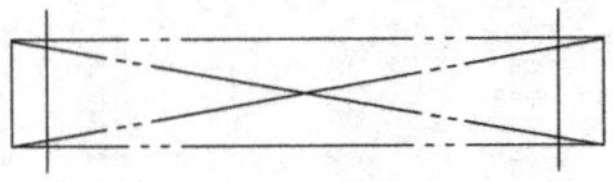	用双点划线表示
12	悬臂吊车	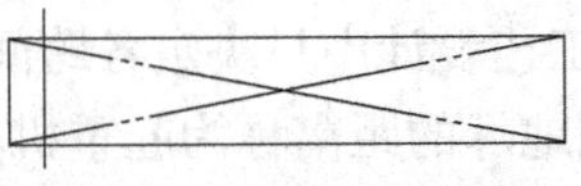	用双点划线表示
13	运输小车 平板车	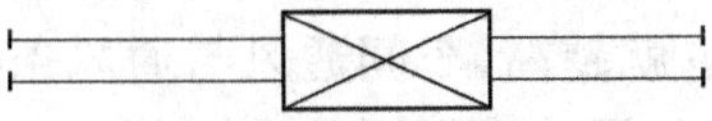	用粗实线表示
14	主电动机	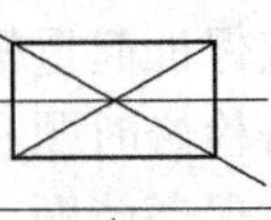	用粗实线表示
15	水平轧机		用粗实线表示
16	立式轧机	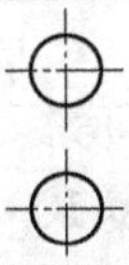	用粗实线表示
17	辊式矫直机	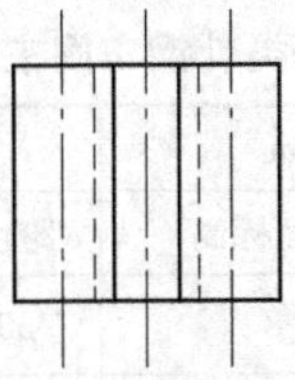	用粗实线表示
18	侧刀剪	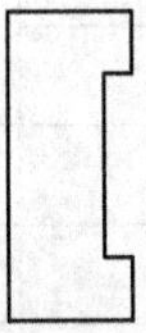	用粗实线表示，刀刃为平直线
19	双边剪	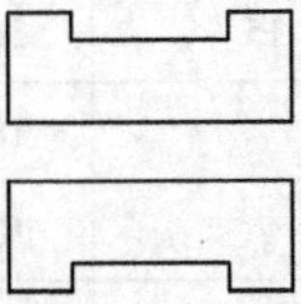	用粗实线表示，刀刃为平直线
20	输送台架 冷床		用细实线表示

10.7 车间立面尺寸

10.7.1 车间工艺高度的确定

关于车间的工艺高度尺寸，在工艺设计中只决定各跨间起重机的轨面标高，其他尺寸由土建专业确定。从起重机轨道面到地坪的距离称为起重机轨面标高。轨面标高主要决定于设备高度，运输要求，通风照明要求，检修及换辊要求，主操纵台形式、高度、投资与效果等。显而易见，轨面标高越高，厂房也就越高，车间通风与通风条件也就越好，但其造价也就越高。所以，确定各跨间轨面标高时，要注意以下几个问题：

(1) 主轧跨与主电室的轨面标高，应保证起重机吊运最高最长的组合件时，能安全地跨越本跨间中的设备及构筑物，并保证设备检修时顺利拆装与吊运；

(2) 原料及成品跨间的轨面标高，应保证能顺利地从各种可能使用的车辆上装卸原料及成品并码成垛；

(3) 为使土建综合技术经济指标合理，在相邻的诸跨间中，轨面标高相差不大于 1 m 时，按高者取得一致；

(4) 起重机轨面标高应符合国家工业厂房标准模数，一般是600 mm 的倍数。旧厂房设计中常取 500 mm 或 1000 mm 的倍数，参看表 10-3 和表 10-8。

表 10-8 我国各类轧钢车间主厂房参考尺寸

序号	车间类型	主轧跨/m		原料跨/m		成品跨/m	
		跨度	轨面标高	跨度	轨面标高	跨度	轨面标高
1	950/800 轨梁轧机	30	8	30	10	30	8
2	600×3 中型轧机	24	8	21	8	21	8
3	400×2/300×5 小型轧机	21	6.5	24	8	18	
4	300 连续小型轧机	30	10	33	12	24	10
5	45°高速无扭线材轧机	30	13.8	30	13.8	30	13.8
6	2300 中板轧机	27	10.8	30	9.6	30	9.0
7	2030 冷连轧板带轧机	42	15	36	10	36	9
8	500 冷连轧窄带轧机	18	7	18	7	15	7
9	100 自动轧管机	24	7	18	6.5	18	7
10	400 自动轧管机	33	10	30	10	30	8
11	140 连轧管车间	36	15.6	42	8	48	9
12	高速线材车间	24	41.4	30	14.4	30	10.2

工艺高度（吊车轨面标高）是地面（±0.000）至吊车轨道面的距离。影响工艺高度的因素很多，主要有设备高度、操作和检修所需的空间、吊车类型及被吊物件尺寸等。

当吊车吊运物件时，需要跨越的最高设备的高度已知时，可按下面的关系式确定工艺高度（见图 10-7）。

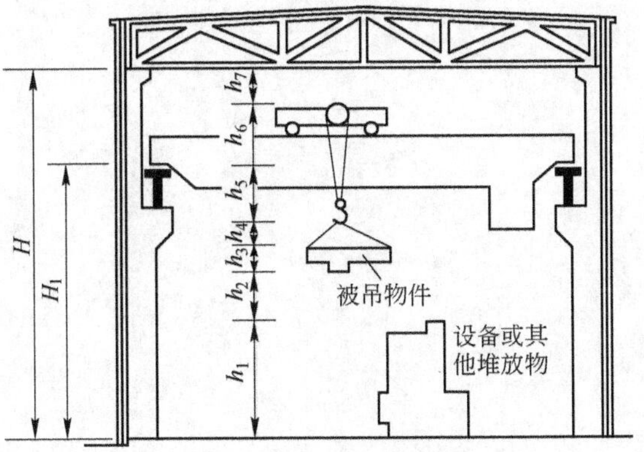

图 10-7　厂房剖面高度示意图

$$H_1 = h_1 + h_2 + h_3 + h_4 + h_5 \tag{10-7}$$

式中　h_1——吊车行走范围内最高设备（或堆放物、分隔墙等）自地坪算起的高度，m；

h_2——被吊物件与其下面最高设备的安全距离，一般可取 0.4~0.5 m；

h_3——被吊最大物件的高度，m；

h_4——吊运工具高度，m；

h_5——吊钩极限位置至轨面的距离，m。

当车间工艺高度确定后，就可以计算出屋架下弦底面标高即厂房剖面高度：

$$H = H_1 + h_6 + h_7 \tag{10-8}$$

式中　h_6——轨顶面至起重小车最高顶面的尺寸，也可由吊车规格表中查得；

h_7——屋架下弦与起重小车之间考虑受结构挠度及沉降影响的安全间隙，一般为100~300 mm。

10.7.2　车间设备工作面标高

所有设备工作面标高主要取决于以下几个方面：

（1）工艺要求。如无缝钢管车间，由于钢管靠自由滚动运输，所以每个设备标高都不相同。

（2）设备主要部件的维护、检查及检修方便。如辊道一般高出车间地面，就是为了检修方便。

（3）人体的平均高度。考虑工作人员有良好的工作条件。

第3篇 轧钢车间生产工艺计算

11 板带钢轧制工艺制度的确定

11.1 板带钢轧制工艺制度的内容

板带钢轧制工艺制度主要包括压下制度、速度制度、温度制度、张力制度及辊型制度等。

压下制度即压下规程或轧制规程,是板带钢轧制工艺制度的核心内容。压下制度必然影响速度制度、温度制度和张力制度,而压下制度与辊型制度决定着板带轧制时的辊缝大小和形状。压下制度的内容包括轧制方式(中厚板生产)、轧制道次数、道次压下量(率)等。

速度制度的内容包括主电动机传动方式、各道次轧制时的咬入(穿带)速度、抛出(甩尾)速度、稳定轧制速度(或最大转速)等。

温度制度针对热轧板带钢生产,其内容包括开轧温度、道次轧制温度、终轧温度、卷取温度等,也包括轧制延续时间、间隙时间及冷却速度等的确定。

张力制度针对冷轧带钢生产,其内容包括连轧机机架间张力、开卷(卷取)机与轧机间的张力的确定。

辊型制度的内容包括板带轧机整个辊系总的辊型值大小的确定、辊型值的分配、轧辊辊型曲线的选择、换辊制度及新型板形轧机(如CVC轧机)辊型曲线的确定等。

11.2 板带钢轧制工艺制度制订的原则和要求

板带钢轧制工艺制度的确定要求板带钢生产达到优质、高产、低消耗的目的,充分发挥设备潜能,提高产量,保证质量,并且操作方便,设备安全。因此,合理地轧制规程设计应该满足下列原则和要求:

(1) 在设备能力允许的条件下尽量提高产量。充分发挥设备潜能以提高产量的途径不外乎是提高压下量、缩减轧制道次、确定合理速度制度、缩短轧制周期、减少换辊时间、提高作业率及合理选择原料坯重等。对可逆轧机而言主要是提高压下量以缩减道次;对连轧机则主要是合理分配压下并提高轧制速度。无论是提高压下量还是提高速度,都涉及轧制压力、轧制力矩和电动机功率。一方面要充分发挥设备潜能,另一方面又要保证设备安全和操作方便,这就只能在设备能力允许的前提下去努力提高产量。从设备能力着眼,限制压下量和速度提高的主要因素有:

1）咬入条件；

2）轧辊及接轴叉头等强度条件；

3）电动机能力的限制。

（2）在保证操作稳定方便的条件下提高质量。

1）保证操作稳定方便的钢板轧制的定心条件。为了能够使轧制时轧件稳定于轧制中心线而不产生偏移，必须使轧制时承载辊缝具有凸透镜形状，以便当轧件轧制时离轧辊中线发生偏移时具有自动调整功能。为此在辊型设计与制订压下规程时，必须保证满足定心要求产生轧辊挠度所需的最小轧制力或最小压下量。

2）提高板形及尺寸精度质量。为了保证板形质量及厚度精度，轧制时必须遵循均匀延伸或所谓“板凸度一定”的原则，特别是成品及成品前2~3道次的压下量的选择。板凸度一定的原则是按均匀变形理论推导出道次间轧件横断面厚差变化规律。

（3）应保证板带钢组织性能和表面质量。对于板带钢组织控制可通过热轧条件下控制轧制与控制冷却来实现，具体通过合理制订轧制温度、终轧温度及卷取温度，制定道次压下率或阶段累积压下率，控制冷却速度等措施来实施。对于板带钢表面的控制，热轧取决于除鳞系统，冷轧取决于酸洗质量及平整工序的控制等。

11.3 中厚板轧机压下规程设计

中厚板轧机布置多为单机架可逆轧机或双机架可逆轧机串列布置。轧制产品宽度尺寸远大于原料宽度，因此轧制方式是中厚板压下规程设计中必须考虑的内容之一。中厚板生产中，轧机操作多为手工作业，压下规程中道次分配多为经验法。如何在保证设备安全的前提下，充分发挥设备潜能，并且保证产品质量一直是设计者追求的目标。

11.3.1 中厚板压下规程设计的步骤

（1）根据原料及产品尺寸选择轧制方式。双机架轧制时注意两机架的轧制能力平衡，粗轧机架上的累积压下量分配率（$\Delta h/\sum\Delta h$）占总体的70%~85 %左右。

（2）根据原料、产品和设备条件，在咬入能力允许的条件下，按经验分配各道次压下量，这包括直接分配各道次压下量或压下率、确定各道次压下量分配率及确定各道次能耗负荷分配比等各种方法。

（3）制订速度制度，计算轧制时间并确定逐道次轧制温度。

（4）计算轧制压力、轧制力矩及总传动力矩。

（5）校核轧辊等部件的强度和电动机过载过热能力。

（6）按前述制订轧制规程的原则和要求进行必要的修正和改进。

11.3.2 道次压下量的影响与分配

限制道次压下量的因素

限制道次压下量的因素有金属塑性、咬入条件、轧辊及接轴叉头等的强度条件、轧制质量。

A 咬入条件的限制

轧制时轧件所允许的最大压下量受最大咬入角与轧辊直径的限制。

$$\Delta h_{max}=D(1-\cos\alpha_{max})=D\left(1-\frac{1}{\sqrt{1+f^2}}\right) \tag{11-1}$$

式中 Δh_{max}——最大压下量；

D——轧辊直径；

f——摩擦系数；

α_{max}——最大咬入角。

最大咬入角取决于轧件咬入时的摩擦系数，摩擦系数又与轧制速度有关。因此最大咬入角与轧制速度的关系见表 11-1。

表 11-1 最大咬入角与轧制速度的关系

轧制速度/$m\cdot s^{-1}$	0	0.5	1.0	1.5	2.0	2.5	3.5
最大咬入角/(°)	25	23	22.5	22	21	17	11

对于给定设备条件下，可通过降低轧辊转速来改善咬入条件。

B 轧辊强度条件的限制

轧制钢板时，由于轧制压力大，轧制强度往往是限制压下量的主要因素。

计算二辊板带轧机所用平辊的弯曲应力时，轧制力按均布载荷考虑，即只需计算辊身中间断面处的弯曲正应力，一般采用的计算式为：

$$\sigma_W=\frac{8P\left(a-\frac{b}{2}\right)}{\pi D^3} \tag{11-2}$$

式中 σ_W——弯曲正应力；

P——轧制力；

D——辊身直径；

a——压下螺丝中心距；

b——轧件宽度。

支承辊按承担轧制时的全部弯曲力矩来考虑，其计算式为：

$$\sigma_W=\frac{8P\left(a-\frac{L}{2}\right)}{\pi D^3} \tag{11-3}$$

式中 L——辊身长度。

辊颈处通常应计算弯曲和扭转的合成应力，计算式为：

$$\sigma=\frac{32M_K}{\pi d^3} \tag{11-4}$$

式中 σ——辊颈处弯曲应力；

M_K——辊颈危险断面处的弯矩，一般把辊身端面处视为危险断面，它与压下螺丝中心线的距离可近似地取为辊颈长度之半；

d——辊颈直径。

辊颈受扭时，每一截面都绕轴稍微旋转，这些截面仍保持平面，因此截面上任意点就产生一剪应力，其大小与该点的半径距离成正比，方向垂直于该半径。伴随着这个剪应力，在45°方向还有等值的拉压应力，由于等值，只要计算其一即可。

$$\tau = \frac{16M_n}{\pi d^3} \tag{11-5}$$

式中 τ——辊颈扭转时的剪应力；

M_n——辊颈断面扭矩。

钢辊弯扭合成应力按韧性材料考虑，用第四强度理论计算：

$$\sigma_\Sigma = \sqrt{\sigma^2 + 3\tau^2} \tag{11-6}$$

式中 σ_Σ——合成应力。

铁辊弯扭合成应力按脆性材料考虑，用莫尔理论计算：

$$\sigma_\Sigma = 0.375\sigma + 0.625\sqrt{\sigma^2 + 4\tau^2} \tag{11-7}$$

在四辊轧机条件下，支承辊承担全部弯曲应力，工作辊若作为传动辊，其辊颈可以只计算扭转应力。从辊身过渡到辊颈处，即在辊身肩部圆角处，由于直径急剧变化，局部应力会增高，而在峰值应力位置以外就会迅速衰减。一旦过载，就经常在这种局部应力集中的位置发生断裂。

因此，在计算辊颈应力时，均应乘以应力集中系数 K，它是峰值应力与不考虑应力集中时的应力（名义应力）的比值。

当辊身肩部为最简单的单一圆角条件时，应力集中系数取决于肩高与辊颈直径之比 h/d 和圆角半径与辊颈直径之比 r/d。

轧辊的应力集中系数 K 一般在 1.25~2.00 之间。

当采用在辊颈施加弯辊力的方式来补偿轧辊因弯曲应力而产生的弯曲时，应考虑弯辊力给辊身端面（即危险断面处）带来的附加弯曲应力。

传动头一般只计算扭转应力，计算式为：

$$\tau_K = \frac{M}{W_K} \tag{11-8}$$

式中 M——单辊最大传动力矩；

W_K——传动头扭转断面系数。

满足轧辊强度条件为：

$$\sigma_W \quad 或 \quad \sigma_\Sigma \leqslant [\sigma] \tag{11-9}$$

式中 $[\sigma]$——许用应力，由轧辊材质决定。

C 其他限制条件

（1）电动机能力的限制

见 8.2.3 节主电动机容量选择与核算。

（2）金属塑性的限制

轧制时受轧件塑性的影响，对不同的材质，其变形量是不同的。在不同的轧制工艺条件下，即使材质相同，此时的变形量也是不同的。为保证轧制的稳定、正常，需对轧件的塑性能力进行正确估量。

(3) 产品质量要求的限制

精轧阶段的压下量对成品钢板的板形及尺寸精度有很大的影响。为了获得良好的产品质量,一般要求精轧阶段的最终几道次压下量(率)稍小,但道次压下量(率)必须大于临界值,以阻止异常再结晶致使晶粒粗大且不均匀,导致产品性能下降。

道次压下量的分配规律

道次压下量通常有两种分配规律。

(1) 中间道次有最大的压下量。如图 11-1(a)所示,开始道次受到咬入条件的限制,同时考虑到热轧的破鳞作用及坯料的尺寸公差等,为了留有余地,给予小的压下量。以后为了充分利用钢的高温给予大的压下量。随着轧件温度下降,轧制压力增大,压下量逐渐减小。最后为了保证板形采用较小的压下量,但这个压下量又必须大于再结晶的临界变形量,以防止晶粒过粗大。

(2) 压下量随道次逐渐减小。压下量在开始道次不受咬入条件限制,开轧前除鳞比较好,坯料尺寸比较精确,因此轧制一开始就可以充分利用轧件的高温采用大的压下量,以后随轧件温度的下降压下量逐渐减少,最后 1~2 道次为保证板形采用小的压下量,但须大于再结晶的临界变形量,如图 11-1(b)所示。这种压下分配规律在二辊可逆和四辊可逆式轧机上经常使用。

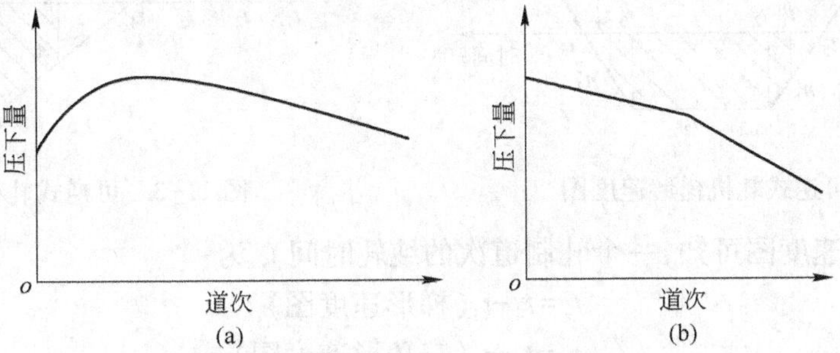

图 11-1 两种道次压下量的分配规律

从上述压下量分配来看,总的趋势是压下量由大到小,但是相对压下量 $\Delta h/H$ 在相当多的道次范围内却是逐渐上升的。咬入角的限制一般只在开始道次起作用,板形限制一般只在终了前 1~2 道次起作用,中间道次可按轧辊强度和电动机能力所允许的最大压下量(这部分约占 1/3 以上的道次)。这部分的压下量分配有两种方法可供选择:一种是等强度的方法,即使金属对轧辊的压力按道次(在连轧机上按机架)是相等的;另一种是等能耗分配方法,即使电动机的能耗按道次或机架分配相等,或者当连轧机机座电动机功率不相等时,使各电动机的相对负荷相等或按某一系数分配(负荷分配系数)。第一种方法充分利用了轧辊强度,由于轧制力相等在连轧时对各架轧辊的磨损相同,有利于统一换辊。第二种方法充分利用了电动机的能力,获得较高的轧制速度和小时产量,显然此时在各机架上或各道次上对轧辊的压力将是不同的。这两种方法选择哪一种,视具体条件的薄弱环节而定。如四辊轧机中则往往电动机的功率为限制压下量的因素。

11.3.3　速度制度的选择

中厚板轧制一般采用可调速的可逆式轧制，正确选择这类轧机的速度制度是快速轧钢的重要环节。

速度制度的类型

可逆式轧制的速度图有两种类型：

（1）梯形速度图。如图11-2所示，梯形速度图各部分组成如下：0~t_1时间内，转速从0增至n_1，为空载加速阶段；t_1~t_2时间内，转速由n_1增至n_2（n_1为轧件咬入速度），为负载加速阶段；t_2~t_3时间内，转速保持n_2恒速，为高速轧制阶段；t_3~t_4时间内，转速从n_2降至n_3（n_3为轧件的抛出速度），为负载减速阶段；t_4~t_5时间内，转速从n_3降至零，为空载减速阶段。之后开始反向转动。

由图可见，t_1~t_4是纯轧时间，t_4~t_1'是第一道与第二道之间的间隙时间。

（2）三角形速度图。如图11-3所示，三角形速度图与梯形速度图相比，没有等速轧制阶段，其他各段相同。

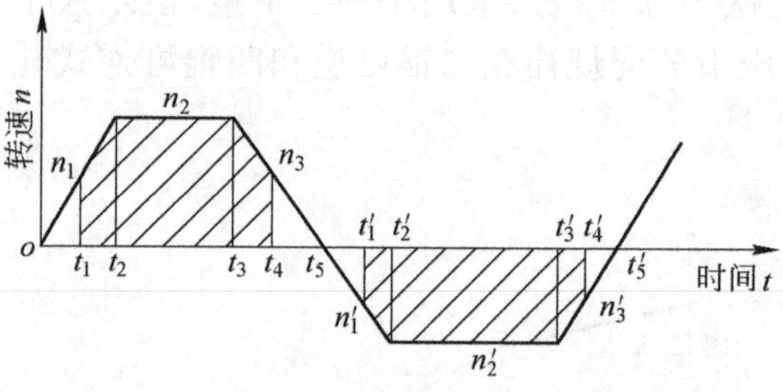

图11-2　可逆式轧机梯形速度图

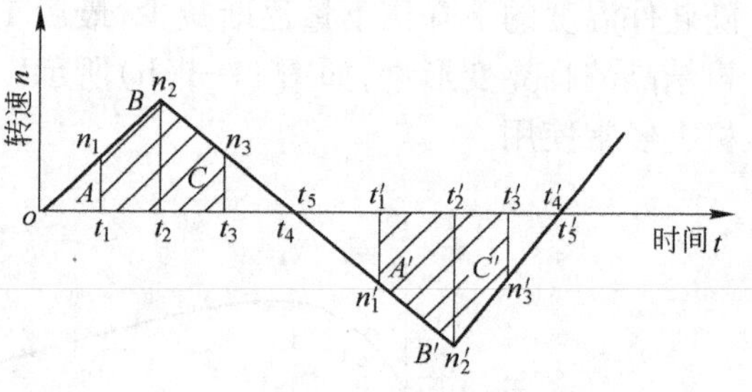

图11-3　可逆式轧机速度图

由上述两种速度图可知，一个轧制道次的纯轧时间t_z为：

$$t_z=t_4-t_1\text{（梯形速度图）}$$

$$t_z=t_3-t_1\text{（三角形速度图）}$$

两道次间的非轧制时间即间隙时间t_j（为t_3~t_1'），即上道次空转减速时间与下道次空转加速时间之和。

轧制节奏时间T的计算式为：

$$T=\sum t_z+\sum t_j+t_0 \qquad (11-10)$$

式中　$\sum t_z$——各道次纯轧时间的总和；

$\sum t_j$——各道次之间间隙时间的总和；

t_0——前一根轧件轧完至下一根轧件开始轧制的间隔时间。

三角形速度图的生产率高于梯形速度图的生产率，但采用三角形速度图时，若转速高于电动机额定转速n_H，则允许的力矩要降低，当轧件较长时，转速还可能超过电动机的最高转速。因此，应根据轧件长度、电动机的调速范围和对轧制周期的要求确定选用速度图。

合理速度制度的确定

制订可逆式轧机的速度制度包括：确定选用速度图（三角形、梯形），选择各道次的咬入和抛出转速，计算最大转速及纯轧时间，确定间隙时间。

A 咬入和抛出转速的选择

咬入和抛出转速确定的原则是：获得较短的道次轧制节奏时间、保证轧件顺利咬入、便于操作和适合于主电动机的合理调速范围。咬入和抛出转速的选择不仅会影响本道次的纯轧时间，而且还会影响到两道次间的间隙时间。

由于压下的动作时间随各道压下量而定，轧辊逆转、回送轧件时间可以根据所确定的咬入、抛出转速改变，所以道次间的间隙时间要不小于压下时间和轧辊逆转、回送轧件时间。这样轧辊咬入和抛出转速的选择就应当本着在调整压下时间之内完成轧辊逆转动和在保证可靠咬入的前提下获得最短轧制时间这个原则。

因此，对于第一道或者是受咬入条件限制的道次就要从咬入条件出发考虑咬入速度。对于最后一道为了缩短纯轧时间，缩短轧件在辊道间的运送时间，抛出速度就可以较高。中间道次则应使前一道的抛出速度 n_3 与后一道的咬入速度 n_1' 相等，此时有最短的轧制节奏。

$$t_j=\frac{n_3}{b}+\frac{n_1'}{a}$$

$$n_3=n_1'=\frac{t_j ab}{(a+b)} \tag{11-11}$$

式中 a,b——主电动机加、减速度。

B 最大转速与纯轧时间的计算

对于三角形速度图（见图 11-4），有：

$$A_g=\frac{1}{2}(n_2+n_1)\frac{n_2-n_1}{a}+\frac{1}{2}(n_2+n_3)\frac{n_2-n_3}{b}$$

$$A_g=\frac{60L}{\pi D}$$

则得

$$n_2=\sqrt{\frac{ab}{(a+b)}\left[\frac{120}{\pi D}+\frac{n_1^2}{a}+\frac{n_3^2}{b}\right]} \tag{11-12}$$

纯轧时间：

$$t_z=\frac{n_2-n_1}{a}+\frac{n_2-n_3}{b} \tag{11-13}$$

对于梯形速度图（见图 11-5），有：

$$A_g=\frac{1}{2}(n_2+n_1)\frac{n_2-n_1}{a}+\frac{1}{2}(n_2+n_3)\frac{n_2-n_3}{b}+n_2(t_3-t_2)$$

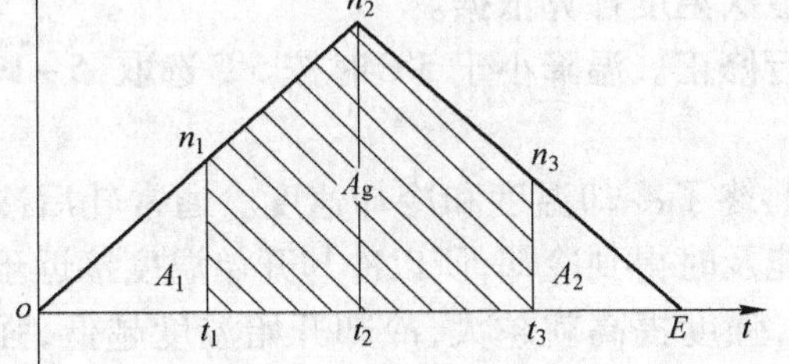

图 11-4 三角形速度图

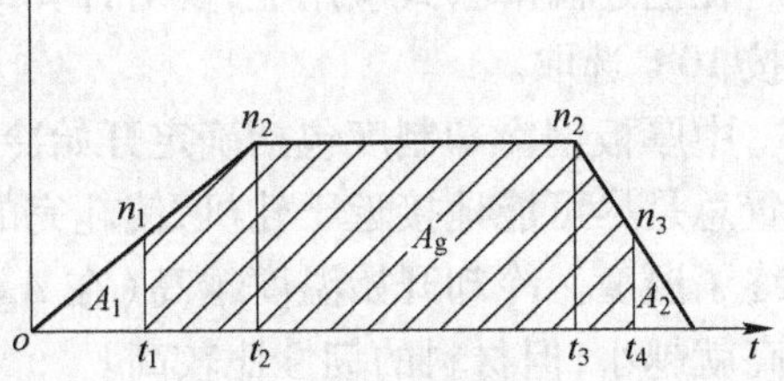

图 11-5 梯形速度图

$$A_{g}=\frac{60L}{\pi D}$$

多边形(梯形)面积:

$$\frac{1}{2}n_2\frac{n_2}{a}+n_2(t_3-t_2)+\frac{1}{2}n_2\frac{n_2}{b}=\frac{n_1^2}{2a}+\frac{n_3^2}{2b}+\frac{60L}{\pi D}$$

等速轧制时间:

$$t_3-t_2=\frac{1}{n_2}\left[\frac{60L}{\pi D}+\frac{n_1^2}{2a}+\frac{n_3^2}{2b}-\frac{(a+b)n_2^2}{2ab}\right]$$

加速轧制时间:

$$t_2-t_1=\frac{n_2-n_1}{a}$$

减速轧制时间:

$$t_4-t_3=\frac{n_2-n_3}{b}$$

纯轧时间:

$$t_z=t_4-t_1=(t_2-t_1)+(t_3-t_2)+(t_4-t_3) \tag{11-14}$$

梯形速度图的最高速度可在不超过电动机允许的最大转速范围内选取。

11.3.4 温度制度的确定

精确计算各道次轧制温度是为了准确计算轧制压力,并进行轧辊强度、电动机能力校核。热轧时轧件温度的下降与辐射、对流、接触传导的热量损失有关,也与轧制变形功、摩擦所转化的热量有关。其中热轧时的辐射散热是最主要的,对流、接触传导的热量损失与轧制变形功、摩擦所转化的热量引起的温升相抵消。对辐射传热公式进行修正得出温降经验公式:

$$\Delta t=12.9\frac{Z}{h}\left(\frac{T_1}{1000}\right)^4 \tag{11-15}$$

式中 Δt——道次间温降;

T_1——上一道次的轧件温度;

Z——辐射时间,即上一道次轧制至下一道次轧制的延续时间,为上一道次的纯轧时间与轧后的间隙时间之和;

h——上一道次轧制后的厚度。

在应用上述公式进行道次温度计算时,可逆轧制道次间头尾交替进行,为保证设备运行的安全性,始终以轧件尾部脱离轧辊一端作为道次温度计算依据。

在上述温降公式应用上,要对计算结果进行修正。温降小于5℃时按5℃选取,5~10℃时按10℃选取。

中厚板钢冷却制度包括确定开始冷却温度、终了冷却温度和冷却速度。通常轧后冷却装置总是尽可能地接近于轧机,使轧完的钢板能及时得到冷却,所以冷却开始温度接近于轧制终了温度。冷却开始温度越高(在 A_{r3} 以上),强度提高就越大,冷却开始温度越低,强度提高就越小,但材料的韧性比较高。

冷却终了温度影响到铁素体的晶粒尺寸,第二相的种类、数量、硬度等,其变化规律比较复杂。一般停止冷却的温度都在 A_{r1} 以下。终了温度对低碳钢影响较大,对高碳、低锰钢的影响较小。根据对材料性能的要求,通过试验确定冷却终了温度。

冷却速度提高,材料的强度也提高,冷却速度的控制以不产生马氏体为原则,一般冷却速度取 10℃/s 左右。

总之轧后冷却对提高材料的强度效果较大,而低温轧制(未再结晶区的轧制)对提高材料的韧性效果较大,这两者的配合即可得到综合机械性能良好的钢材。

对于高强度钢板采用轧后直接淬火,这不仅节省了能源,而且直接淬火回火材的性能优于传统的调质材。因为中厚板的板厚、板宽都大于带钢,又没有卷取过程,冷却时容易造成性能不均匀、板形变坏,冷却后又不能进行矫直,因此中厚板的轧后冷却除了要确定合适的冷却工艺外,还必须有合适的冷却设备和方式,这样才能使冷却工艺用于生产。

11.3.5 辊型制度的制订

辊型制度是通过轧辊辊型设计实现的。轧辊辊型设计的目的就是要预先设计出合理的轧辊磨削凸凹度曲线,以补偿轧制时辊缝形状的变化量,获得横断面厚度较均匀的板材产品。轧辊的磨损在辊型设计时不必考虑,而是在辊型使用和调整时加以考虑。这是因为轧辊磨损是时间的函数,新使用的轧辊无磨损,在使用过程中轧辊磨损量随时间的延长而增加。故设计辊型时只考虑轧辊的不均匀热膨胀和轧辊的弹性弯曲变形。

辊型设计的内容为确定轧辊辊身中部的磨削总凸(凹)度值(即所需总辊型值)及其在一套轧辊上的分配;设计合理的辊型曲线。

轧辊辊型值的计算式为:

$$\Delta_y = D_c - D_e \tag{11-16}$$

式中 Δ_y——轧辊辊型值或轧辊凸度,当为正值时为凸辊形,为负值时是凹辊形;

D_c, D_e——轧辊辊身中部、边部辊径。

原始辊型的合理选择或设计,是以正常生产条件下,相对稳定的轧制力、辊温及辊身磨损等特点为依据而进行的。在不正常情况下,调整辊型要靠操作、控制完成,因此,为得到良好板形的钢板,要进行合理的辊型设计,并配合辊型控制。在生产中原始辊型的选定,主要靠经验积累数据与必要的理论计算,通过不断地修改才能确定。检验辊型是否合理,可以从下列条件衡量:

(1) 产品厚度公差的稳定性。

(2) 轧辊使用寿命,换辊周期。

(3) 钢板在轧制中是否稳定。

(4) 辊型调整方便程度。

确定总原始 磨削 凸度

一套轧辊的总原始凸度(或原始辊型)是指一套轧辊在首次使用时所有轧辊的总挠度、总的有效温度及辊缝凸度的代数和。

$$\sum\Delta_y = \sum Y_f - \Delta_L - \sum Y_T \tag{11-17}$$

式中 $\sum\Delta_y$——一套轧辊总的原始凸度;

$\sum Y_f$——一套轧辊的总挠度;

Δ_L——承载辊缝凸度;

$\sum Y_T$——一套轧辊的总热凸度。

A 轧辊挠度计算

对于二辊轧机,对轧辊弯曲变形的考虑,主要是计算辊身中间与辊身边缘的挠度差,此差值即为轧辊挠度(见图11-6)。

$$Y_f=\frac{P}{18.8ED^4}(12aL-4L^3-4b^2L+b^3)+\frac{P}{2.83GD^2}\left(L-\frac{b}{2}\right) \tag{11-18}$$

式中 P——轧制压力;

D——轧辊直径;

E,G——轧辊弹性模量、弹性剪切模量;

a,b,L——压下螺丝间距、轧件宽度、轧辊辊身长度。

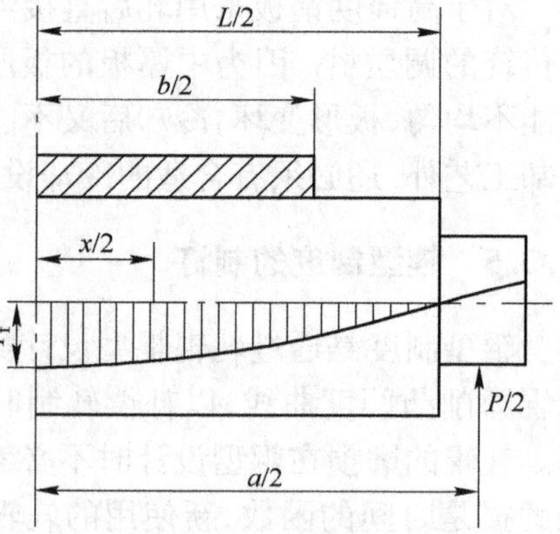

图11-6 轧辊挠度

对于四辊轧机轧辊弯曲挠度的计算,支承辊的弹性弯曲以及工作辊与支承辊间相互弹性压扁的不均匀性,决定了工作辊的弯曲挠度。正确确定工作辊的弯曲挠度,才能正确设计轧辊的辊型,以保证带钢沿宽度方向的厚度均匀性。

综合考虑支承辊弹性弯曲及工作辊与支承辊间相互弹性压扁,四辊轧机工作辊挠度的计算公式为:

对于上工作辊挠度

$$Y_f'=q\frac{A+\varphi B}{\beta(1+\varphi)}-\frac{\Delta d'+\Delta D'}{2(1+\varphi)} \tag{11-19}$$

下工作辊挠度

$$Y_f''=q\frac{A+\varphi B}{\beta(1+\varphi)}-\frac{\Delta d''+\Delta D''}{2(1+\varphi)} \tag{11-20}$$

$$\varphi=\frac{1.1\lambda_1+3\lambda_2\xi+18\beta K}{1.1+3\xi}$$

$$A=\lambda_1\left(\frac{l}{L}-\frac{7}{12}\right)+\lambda_2\xi$$

$$B=\frac{3-4u^2+u^3}{12}+\xi(1-u)$$

$$K=\theta\ln\left(0.97\frac{d+D}{q\theta}\right)$$

$$q=P/L$$

$$u=b/L$$

$$l=l_0-2\Delta l$$

式中 q——工作辊与支承辊间单位长度上的平均压力;

P——轧制压力;

L——工作辊辊身长度,mm;

l——轴承支反力的间距,mm;

l_0——压下螺丝中心距,mm;

Δl——偏移量,mm;与轴承宽度 C、轧制压力、轴承及支座的自位性能等因素有关,约为$(0\sim1.5)C$;

d,D——工作辊、支承辊直径,mm;

$\Delta d',\Delta D'$——上工作辊和上支承辊的实际凸度,mm;

$\Delta d'',\Delta D''$——下工作辊和下支承辊的实际凸度,mm。

以上各式中的 λ_1、λ_2、ξ、β 及 θ 各值列于表 11-2。

表 11-2　λ_1 等符号所代表的参数及其数值

公式 \ 符号 \ 轧辊材质	全为钢钢轧辊 $E_1=E_2=215600$ MPa $G_1=G_2=79380$ MPa $v_1=v_2=0.30$	工作辊为铸铁辊、支承辊为钢轧辊 $E_1=166600$ MPa, $E_2=215600$ MPa $G_1=68600$ MPa, $G_2=79380$ MPa $v_1=0.35, v_2=0.30$
$\lambda_1=\dfrac{E_1}{E_2}\left(\dfrac{d}{D}\right)^4$	$\lambda_1=\left(\dfrac{d}{D}\right)^4$	$\lambda_1=0.773\left(\dfrac{d}{D}\right)^4$
$\lambda_2=\dfrac{G_1}{G_2}\left(\dfrac{d}{D}\right)^4$	$\lambda_2=\left(\dfrac{d}{D}\right)^4$	$\lambda_2=0.864\left(\dfrac{d}{D}\right)^4$
$\xi=\dfrac{1.1E_1}{4G_1}\left(\dfrac{d}{L}\right)^2$	$\xi=0.753\left(\dfrac{d}{L}\right)^2$	$\xi=0.674\left(\dfrac{d}{L}\right)^2$
$\beta=\dfrac{\pi E_1}{2}\left(\dfrac{d}{L}\right)^2$	$\beta=346000\left(\dfrac{d}{L}\right)^2$	$\beta=267000\left(\dfrac{d}{L}\right)^2$
$\theta=\dfrac{1-v_1^2}{\pi E_1}+\dfrac{1-v_2^2}{\pi E_2}$	$\theta=0.276\times10^{-5}\ \mathrm{mm^2/N}$	$\theta=0.325\times10^{-5}\ \mathrm{mm^2/N}$

注:E、G、v 分别为轧辊的弹性模量、剪切模量与泊松系数,脚标 1、2 分别代表工作辊与支撑辊。

B　承载辊缝凸度(即板凸度)确定

沿钢板宽度厚度偏差值的变化视为二次曲线,相应承载辊缝的凸度应为

$$\Delta_L=\Delta_b\left(\frac{L}{b}\right)^2 \tag{11-21}$$

式中　Δ_L——承载辊缝凸度;

Δ_b——钢板沿宽度上的厚度偏差(即横向厚差);

L——辊身长度;

b——钢板宽度。

其控制即保持轧制时轧件有足够的稳定性,又不致使钢板厚度偏差过大,控制范围为

$$\Delta_b=(\Delta_++\Delta_-)(10\sim15)\%$$

故辊缝凸度:

$$\Delta_L=(0.1\sim0.15)(\Delta_++\Delta_-)\left(\frac{L}{b}\right)^2$$

式中　Δ_+,Δ_-——钢板厚度的允许正、负偏差的绝对值。

C　热凸度计算

四辊轧机辊系由工作辊和支承辊所构成,因此其热凸度的计算应分别进行。

工作辊的热凸度为

$$\Delta d_Z=k\alpha\Delta t_d \tag{11-22}$$

支承辊热凸度为

$$\Delta D_Z = k\alpha\Delta t_D \tag{11-23}$$

式中 k——考虑轧辊中心与表层温度不均匀系数；

$\Delta d_Z, \Delta D_Z$——工作辊、支承辊热凸度；

α——轧辊线膨胀系数；

$\Delta t_d, \Delta t_D$——工作辊、支承辊中部与其两侧温度差。

原始总凸度没考虑轧辊磨损，是因为可以通过合理选择原始总凸度来补偿磨损的影响。对于四辊轧机由于工作辊与支承辊的换辊周期不同，以用每换一次工作辊时使其辊型凸度增加一定值，来弥补支承辊磨损带来的影响。

总原始凸度的分配

对于二辊轧机，一般为上下辊平均分配总原始凸度。对于四辊轧机，支承辊一般做成圆柱形，工作辊带辊型，辊型值可以分配在一个工作辊上，也可以平均分配在两个工作辊上，应用较多的是一个工作辊带辊型。

辊型曲线的设计

在总原始凸度分配后，还需确定沿辊身长度辊型曲线。一般辊面采用曲线型和折线型两类曲线。曲线型辊面可以是抛物线、双曲线和圆弧线辊面，其中以抛物线辊面应用较广。曲线型辊面轧制钢板的横向厚差小，但辊型加工复杂，需要在特殊、精密的专用(磨)床上进行加工。折线型辊面，加工简便，它是辊身中部为圆柱形而两侧带锥度的简化辊型。折线型辊面有用三段折线代替曲线的，也有用五段折线代替曲线的，其中五段折线更近似于曲线，如图 11-7 所示，图中 $\phi=\left(\frac{1}{3}\sim\frac{1}{4}\right)L$。

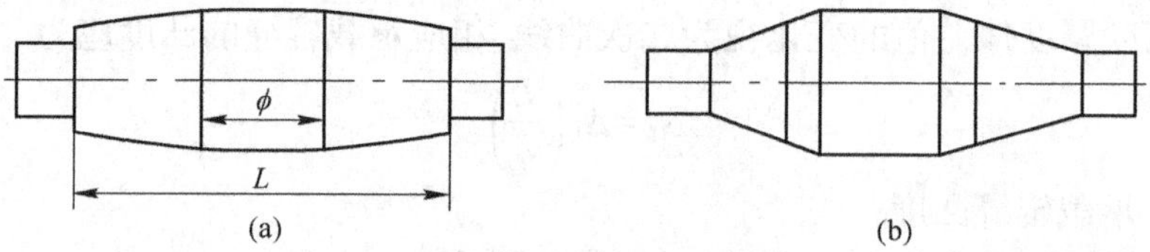

图 11-7 简化辊型曲线形式

(a) 三段折线型；(b) 五段折线型

11.4 热连轧带钢轧机轧制规程设定

热连轧带钢轧机轧制规程设定是计算机控制的主要功能之一。其主要任务是根据来料条件(主要是钢坯温度、钢种、带坯厚度及宽度等)和成品要求(主要是厚度和终轧温度)确定各架轧机的空载辊缝和速度。

热连轧带钢轧机轧制规程设定内容包括坯料尺寸选择；粗轧机组压下量分配及速度制度的确定；精轧机组压下量分配及速度制度的确定；粗轧及精轧各道力能参数计算及设备能力校核。

11.4.1　坯料尺寸选择

板坯厚度为150~250 mm，多数为200~250 mm，最厚达300 mm；板坯宽度取决于产品规格，板坯最大宽度比成品最大宽度大约50 mm。连铸坯厚度为180~300 mm，连铸坯宽度和厚度规格应尽量减少，连铸坯宽度可达2320 mm。我国1700轧机采用的连铸坯，宽度是100 mm进位的，厚度规格为160 mm、180 mm、210 mm、250 mm。

板坯厚度 H 可按下述方法确定：

$$H=(100\sim150)h$$

式中　h——成品带钢厚度。

如果粗轧机架数多，速度高，可选取较厚板坯，反之，则选取较薄板坯。

板坯宽度 B 可按下述方法确定：

$$B=b+(50\sim100)$$

式中　b——成品带钢宽度。

为了减少板坯尺寸规格种类，通常在宽度上采用100 mm进位，厚度上采用50 mm进位。

板坯长度受加热炉炉膛宽度及轧件温度降的限制，一般为9~12 m，最长达15 m，板坯重量为20~45 t。

$$L_{\max}\leqslant B_{炉}-(200\sim300)$$
$$L_{\min}\geqslant A_{炉}+(100\sim200)$$

式中　$L_{\max}$，$L_{\min}$——板坯最大、最小长度，mm；

$B_{炉}$——加热炉内宽，mm；

$A_{炉}$——加热炉两滑轨的中心距离，mm。

为了减少板坯尺寸规格种类，通常在宽度上采用100 mm进位，厚度上采用50 mm进位。

11.4.2　粗轧机组压下量分配

为保证精轧机组的终轧温度，应尽可能提高粗轧机组轧出的带坯温度。因此，一方面应尽可能提高开轧温度，另一方面应尽可能减少粗轧道次和提高粗轧速度，以缩短延续时间，减少轧件的温度降。粗轧机组变形量一般要占总变形量（坯料至成品）的70%~80%，粗轧机组轧出的带坯厚度为20~40 mm（对六机架精轧机组，约为20~30 mm，对七机架精轧机组，约为25~40 mm）。

粗轧机组水平轧机各道压下量分配规律为：第一道考虑咬入及坯料厚度偏差不能给以最大压下量；中间各道次应给以设备能力所允许的最大压下量；最后道次为了控制出口厚度和带坯板形，应适当减小压下量。粗轧机组的立辊轧机，除立辊破鳞机（或称大立辊）考虑破鳞和调节板坯宽度给予较大压下量（50~100 mm）外，其他立辊轧机压下量约等于上道水平辊轧机轧制时板坯的宽展量。粗轧各道板坯宽展量与板坯厚度、宽度、压下量和摩擦系数有关，约为4~32 mm，第一、二道取大值，后一、二道取小值。

某粗轧机组轧制5道时各道的相对压下量如表11-3所列。某粗轧机组轧制6道时各道相对压下量如表11-4所列。

表 11-3 某粗轧机组轧制 5 道时各道相对压下量

机架号数或道次	1	2	3	4	5
相对压下量/%	20	30	35~40	40~50	30~50

表 11-4 某粗轧机组轧制 6 道时各道相对压下量

机架号数或道次	1	2	3	4	5	6
相对压下量/%	15~23	23~30	26~35	27~40	30~50	33~35

某 1700 mm 3/4 热连轧机轧制程序表见表 11-5。

表 11-5 1700 mm 3/4 热连轧机轧制程序表

名称 \ 轧制道次	粗轧							精轧						
	0	立	1	2	3	4	5	1	2	3	4	5	6	7
入口厚度/mm	240	240	240	190	130	80	48	28	16	10.2	6.95	5.0	3.7	2.9
出口厚度/mm		240	190	130	80	48	28	16	10.2	6.95	5.0	3.7	2.9	2.5
压下量/mm		(50)	50	60	50	32	20	12	5.8	3.25	1.95	1.3	0.8	0.4
相对压下量/%		3.12	20.8	31.6	38.5	40	41.7	42.9	36.2	31.8	28.1	26	21.6	13.8
宽度/mm	1600	1550	1550	1550	1550	1550	1550	1550	1550	1550	1550	1550	1550	1550
长度/mm	9	9.3	11.7	17.2	27.9	46.5	79.7	140	219	321	446	603	770	893
咬入速度/$m \cdot s^{-1}$		0.95	1.2	1.2	1.2	2.5	3.0	1.25	1.96	2.88	4.0	5.4	6.9	8
最大速度/$m \cdot s^{-1}$		1.9	2.4	2.4	2.4	2.5	3.0	1.87	2.94	4.32	6.0	8.1	10.3	12
工作辊径/mm		1000	1150	1150	1150	1150	950	730	730	730	730	730	730	730

某 1450 mm 半连续式带钢热连轧车间粗轧机 R_1、R_2 机架出口目标厚度标准、轧制道次如表 11-6 所示。

表 11-6 粗轧机 R_1、R_2 机架出口目标厚度

轧机	成品宽度/mm			
	R_1		R_2	
成品厚度/mm	<1100	≥1100	<1100	≥1100
2.0~2.5	85	85	85	85
2.51~5.0	90	90	90	90
5.01~8.0	90	90	90	90

对于粗轧机组立辊轧机辊缝的设定计算，在水平辊轧机压下规程已定的情况下，推荐按照如下步骤计算立辊轧机辊缝值。

（1）计算精轧机组出口宽度 B_F。

$$B_F = B_n(1+\alpha t_{FC}) + \beta \qquad (11\text{-}24)$$

式中 B_n——标准（或用户）要求的热轧带钢成品宽度；

t_{FC}——精轧机组终轧温度；

α——带钢热膨胀系数；

β——宽度边缘余量（可由操作人员调整）。

（2）计算粗轧机组出口宽度，即中间带坯宽度 B_R。

$$B_R = B_F - \Delta B_F \tag{11-25}$$

式中 ΔB_F——轧件在精轧机组的总宽展量，它可根据测宽仪测得实际的 B_R 和 B_F。

（3）计算立辊总压下量 $\Delta B_{R\Sigma}$。

$$\Delta B_{R\Sigma} = (Q_S B_S - B_R) + \Delta R_{Rij}$$

$$\Delta B_{Rij} = K \Delta h_{Rij} \tag{11-26}$$

式中 Q_S——板坯的热膨胀系数，约为 1.015；

B_S——冷态的连铸板坯宽度；

ΔB_{Rij}——粗轧机组第 i 架水平辊轧机第 j 道次的宽展量；

K——宽展系数，可由现场实测求得；

Δh_{Rij}——粗轧机组第 i 架水平辊轧机第 j 道次压下量（道次号只用于可逆式机架）。

（4）计算各架立辊轧机侧压量 ΔB_{Eij}。

$$\Delta B_{Eij} = \Delta B_{R\Sigma} a_{ij} \tag{11-27}$$

式中 i——粗轧机组（立辊轧机机架号）；

j——立辊轧机道次号（道次号只用于可逆式机架）；

a_{ij}——粗轧机组第 i 架立辊轧机第 j 道的侧压量分配系数。

a_{ij} 可根据具体轧机结构及工艺条件，按照经验确定。例如 3/4 连续式热连轧带钢轧机，粗轧机组第二架为可逆式时，可采用表 11-7 所列数值。由于立辊只在奇道次对轧件侧压，表中道次数 n_R 是水平辊轧机的轧制道次数，立辊轧机道次数是 $(n_R+1)/2$。

表 11-7 侧压量分配系数 a_{ij}

道次数 n_R	大立辊	2 号小立辊	3 号小立辊	4 号小立辊
可逆机架轧三道	可逆机架轧三道	1 0.23 3 0.20	0.21	0.16
可逆机架轧五道	可逆机架轧五道	1 0.19 3 0.22 5 0.18	0.14	0.08
可逆机架轧七道	可逆机架轧七道	1 0.16 3 0.16 5 0.15 7 0.15	0.14	0.08

（5）计算各架立辊轧机各道轧出轧件宽度。各架立辊轧机的各道轧出轧件宽度计算，可根据 B_S 和 ΔB_{Eij}，从第一架大立辊开始，算到最后一架立辊轧机。

（6）计算各架立辊轧机各道辊缝。根据各架立辊轧机各道轧出轧件宽度，按轧机弹跳方程即可算出各架立辊轧机各道辊缝。

11.4.3 精轧机组压下量分配

带钢热连轧精轧机组一般由6~7机架连轧机组成。其压下量的分配原则是：

（1）除了在设备能力允许的条件下尽可能提高轧机的生产率外，还应考虑产品的质量，即终轧温度、终轧变形程度和产品尺寸精度等；

（2）应尽可能简化精轧机组的调整。

精轧机组的总压下量，一般占总变形量的10%~25%。为保证带钢机械性能，防止晶粒过大，终轧变形程度即最后一架的相对压下量应不低于10%。但从保证产品尺寸精度的要求出发，最后一道的压下量不宜过高。最后一架的相对压下量一般取为10%~15%。精轧机组各架压下率分配范围如表11-8所示。

表11-8 精轧机组（6与7机座）压下率分配范围

精轧机机座号	1	2	3	4	5	6	7
压下率 ε（6机座）/%	40~50	40~45	34~40	30~35	25	15	—
压下率 ε（7机座）/%	41~50	42~50	35~48	32~48	29~31	25~28	10~15

连轧机组的压下分配也可根据实际生产线上实测能耗曲线进行负荷分配。这种方法由于既方便又可靠，在各类轧机中的应用非常广泛。在生产条件下，根据实际测得的电压与电流值可求出轧制时实际所需要的功率，再经过加工整理，便可绘成所轧规格的能耗曲线。当轧机形式、原料、产品规格及轧制温度与压下制度一定时，轧制功率与轧机小时产量有关，亦即与轧制速度有关。为便于比较和应用，通常采用单位小时产量的轧制功耗 ω，即所谓单位能耗，单位为kW·h/t，相当于每小时轧制一吨钢材所消耗的功率或能量。若令轧机每小时产量为 Q(t)，功率消耗为 N(kW·h)，则：

$$\omega=\frac{N}{Q}=\frac{UI}{Q\times10^3}$$

能耗曲线的形式如图11-8所示。能耗 ω 是变形量（延伸系数）μ 或钢板厚度 h（当坯料厚度为 H_0 时）的对数函数或钢板厚度函数。

$$\omega=f(\log\mu)\,;\omega=f(\log h)\text{ 或 }\omega=f(h)$$

用能耗曲线分配负荷的办法有以下等能耗和相对能耗相等两种，此外还有能耗模型法。

（1）等能耗分配法。已知将坯料厚度 H_0 轧成成品厚度 h，共轧七道，其能耗曲线如图11-8所示，现确定该轧机轧制时的道次变形量。在纵坐标上把总能耗按等能耗的原则，均分为七等分，在曲线上求得相应的1、2…6、7点（见图11-8），这些点所对应的横坐标就是各道次轧出厚度 h_1、h_2…h_7。

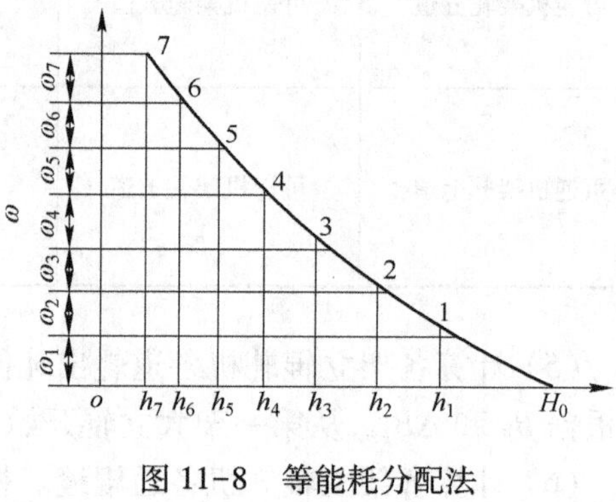

图11-8 等能耗分配法

对于各架电动机容量相等的设备，经常用此法进行变形量的分配，但一般最后一道，应考虑到板形等因素不参加分配。

(2) 相对能耗相等的办法分配变形量。在某些机组上,由于电动机的容量不相等,所以对于每架电动机来说,应按相对的负荷均匀原则进行分配,例如,某机组为七机架连轧,它们的主电动机容量分别是 N_1、N_2、…、N_7,则第 i 架分配到的能耗应是:

$$\omega_i = \frac{N_i}{\sum_{i=1}^{7} N_i} \times \sum_{i=1}^{7} \omega_i \tag{11-28}$$

当 $N_1 = N_2 = \cdots = N_7$ 时,此时的能耗分配便是等能耗分配。

当 $N_1 \neq N_2 \neq \cdots \neq N_7$ 时,此时的能耗分配便是相对的能耗相等,即"等储备"的能耗分配。

(3) 能耗模型法(数式化)。根据实测能耗(电参数测定和扭矩测定)的数据,选取合理的模型结构,建立能耗数式化模型,即 $\omega = f(h)$ 或 $\omega = f(\mu)$。依其能耗模型可进行负荷分配。其数式化能耗模型的形式有统计模型和理论-统计模型。

有了能耗模型之后,用等能耗观点、等储备观点或其他的观点,确定各道次的能耗分配系数,把能耗分配到各道次中去,然后用能耗模型换算出轧出钢板的厚度。

假设累计分配系数是 ϕ_i,则:

$$\phi_i = \frac{\omega_i}{\omega} \tag{11-29}$$

式中 ω_i——第 i 道次的能耗;

ω——总能耗,等于各道能耗之和。

有了 ω_i 之后,便可以由能耗模型求得延伸系数 μ,在已知前一道断面的基础上,即可求得该道次轧件的断面,或者由能耗模型求得各道次出口厚度 h_i。

例如,我国某厂七机架热连轧机组,运用能耗模型求总能耗,则有:

$$\omega = KA\left[K_1 \ln\left(\frac{h_0}{h_7}\right)^2 + K_2 \ln\left(\frac{h_0}{h_7}\right)^2 + K_3\right]$$

式中 h_0——第一架入口轧件厚度;

h_7——第七架出口轧件厚度。

第 i 道次能耗:

$$\omega_{\mathrm{i}} = KA\left[K_1 \ln\left(\frac{h_{i-1}}{h_i}\right)^2 + K_2 \ln\left(\frac{h_{i-1}}{h_i}\right) + K_3\right]$$

$$A = 1 + K_4(t_{\mathrm{B}} - t_1)$$

式中 A——温度影响系数,当 $t_1 = t_{\mathrm{B}}$ 时,$A = 1$;

t_1——精轧入口预测温度;

t_{B}——精轧入口基准温度;

K_4——温度系数;

K——钢种系数;

$K_1 \sim K_3$——能耗模型中的统计参数。

能耗模型中的参数值见表 11-9。

表 11-9 能耗模型中的参数值

板 厚	K_1	K_2	K_3	K_4
$h<1.8$	6.035	6.702	0	0.0024
$1.8\geqslant h<2.3$	6.014	4.558	0	0.0024
$2.3\geqslant h<3.6$	4.369	6.517	0	0.0024
$3.6\geqslant h<6.0$	4.467	5.215	0	0.0024
$6.0\geqslant h<9.0$	3.045	7.922	0	0.0024
$9\leqslant h$	3.001	7.950	0	0.0024

该厂采用负荷分配系数的办法进行负荷分配。负荷分配系数根据设备条件、操作习惯、产量及板形等综合条件确定。

当入口厚度为 h_0，轧出的成品厚度为 h_n 时，总能耗为 ω，各架轧机的道次能耗值为 $\Delta\omega_i$，则道次负荷分配系数 $a_i=\dfrac{\Delta\omega_i}{\omega}$。

该厂确定的道次负荷分配系数 a_i，以表格形式存放在计算机内存中，可按不同产品规格调用道次负荷分配系数。表 11-10 列出了 1700 热带精轧机组（七机架）道次负荷分配系数 a_i 的值，可供参考。

表 11-10 负荷分配系数 a_i

h/mm	机 架	$B<900$	$900\leqslant B<1200$	$B\geqslant1200$
$h<1.8$ $1.8\leqslant h<2.3$	F_1	0.14	0.14	0.14
	F_2	0.14	0.14	0.14
	F_3	0.16	0.18	0.19
	F_4	0.18	0.18	0.18
	F_5	0.15	0.14	0.14
	F_6	0.14	0.13	0.12
	F_7	0.09	0.10	0.09
$2.3\leqslant h<3.6$	F_1	0.13	0.14	0.14
	F_2	0.14	0.14	0.14
	F_3	0.17	0.18	0.19
	F_4	0.17	0.17	0.17
	F_5	0.15	0.14	0.13
	F_6	0.14	0.13	0.13
	F_7	0.10	0.10	0.10
$3.6\leqslant h<6.0$	F_1	0.12	0.13	0.13
	F_2	0.14	0.14	0.14
	F_3	0.19	0.19	0.20
	F_4	0.16	0.17	0.17
	F_5	0.14	0.14	0.13
	F_6	0.14	0.13	0.13
	F_7	0.11	0.10	0.10

注：表中 h 为厚度，单位 mm；B 为宽度，单位 mm。

累计能耗分配系数

$$\phi_i = \frac{\omega_i}{\omega} = \frac{\Delta\omega_1 + \Delta\omega_2 + \cdots + \Delta\omega_i}{\omega} = \sum_{j=1}^{i} a_j$$

在已知总能耗 ω 的情况下，有

$$K_1\ln\left(\frac{h_{i-1}}{h_i}\right)^2 + K_2\ln\left(\frac{h_{i-1}}{h_i}\right) + \left(K_3 - \frac{a_i\omega_i}{KA}\right) = 0$$

解此方程得：

$$\ln\left(\frac{h_{i-1}}{h_i}\right) = \frac{-K_2 \pm \sqrt{K_2^2 - 4K_1\left(K_3 - \frac{a_i\omega_i}{KA}\right)}}{2K_1}$$

分析其结果，只有取正值，得：

$$\ln\left(\frac{h_{i-1}}{h_i}\right) = \frac{-K_2 + \sqrt{K_2^2 - 4K_1\left(K_3 - \frac{a_i\omega_i}{KA}\right)}}{2K_1}$$

$$h_i = h_{i-1}\exp\left[\frac{K_2 - \sqrt{K_2^2 - 4K_1\left(K_3 - \frac{a_i\omega_i}{KA}\right)}}{2K_1}\right]$$

在此公式中，为求第 i 道次轧件厚度 h_i，必须要先求出 h_{i-1}，故在做负荷分配时，便要先从第一道入口轧件厚度 h_0 开始求起。这样做在使用上不太方便，因此，引入累计能耗概念。引入累计能耗概念后可以从轧件的入口厚度 h_0，直接求出任何道次出口轧件厚度。

$$\omega_i = \phi_i\omega = KA\left[K_1\ln\left(\frac{h_0}{h_1}\right)^2 + K_2\ln\left(\frac{h_0}{h_i}\right) + K_3\right]$$

$$h_i = h_0\exp\left[\frac{K_2 - \sqrt{K_2^2 - 4K_1\left(K_3 - \frac{\omega_i}{KA}\right)}}{2K_1}\right]$$

若能耗模型用今井一郎公式：

$$\omega_i = E_0\left[\left(\frac{H}{h_i}\right)^m - 1\right]$$

$$E_0 = 30, m = 0.31 + \frac{0.21}{h_n}$$

式中　E_0——分析生产实际数据得出；
　　　h_n——成品板厚。

因为 $\phi_i = \frac{\omega_i}{\omega}$，所以：

$$E_0\left[\left(\frac{H}{h_i}\right)^m - 1\right] = \phi_i E_0\left[\left(\frac{H}{h_n}\right)^m - 1\right]$$

整理后得：

$$h_i = \frac{Hh_n}{\left[h_n^m + \phi_i(H^m - h_n^m)\right]^{1/m}}$$

11.4.4　速度制度的确定

这里主要探讨热连轧带钢轧机固定转向可调速轧制的速度制度。连轧机组各机架的轧

制速度在很大程度上决定了轧机的生产能力、带钢温度、变形抗力及其他一些工艺参数，因此需要仔细确定。

在连轧机组中，轧制速度必须遵循每个机座中金属秒体积流量相等的原则。即：

$$\frac{\pi D_1 n_1 h_1(1+S_{h1})}{60i_1}=\frac{\pi D_2 n_2 h_2(1+S_{h2})}{60i_2}=\cdots=\frac{\pi D_n n_n h_n(1+S_{hn})}{60i_n} \tag{11-30}$$

式中 $D_1,\cdots,D_n$——相应机座中的工作辊直径，mm；

$n_1,\cdots,n_n$——相应机座中的电动机转速，r/min；

$i_1,\cdots,i_n$——相应机座中减速箱的减速比；

$h_1,\cdots,h_n$——相应机座中的轧件出口厚度，mm；

$S_{h1},\cdots,S_{hn}$——相应机座中的前滑值。

前滑值可用公式计算：

$$S_{hi}=\frac{\Delta h_i}{4h_i}\left(1-\frac{1}{f}\sqrt{\frac{1}{2}\frac{\Delta h_i}{D_i}}\right)^2$$

或简化为

$$S_{hi}=\frac{\Delta h_i}{4h_i}\left[1-\sqrt{\frac{\Delta h_i}{h_i}}\right]^2 \tag{11-31}$$

式中 Δh_i——道次压下量。

精轧机组的穿带速度

第二代以后的带钢热连轧机的特点是升速轧制，也就是说穿带速度与轧制速度是不同的。所谓穿带速度是指轧件头部从第一架入口到末架出口进入卷取机时的速度。

第二代连轧机穿带时最末架机座带钢的出口速度为10～11 m/s，在这样的速度下带钢头部沿输送辊道平稳运送进卷取机，而不会因出现飘起造成卷取的困难。

穿带速度的选取除了考虑卷取时咬入的可靠性外，还须考虑终轧温度的要求。例如当轧制较厚的带钢时，轧件温度较高，为保证终轧温度仍在合理范围（对低碳钢为830～850℃），就要有意识地限制带钢穿带速度（4～12 mm厚带钢，穿带速度为3～6 m/s），以增加带钢的冷却时间，得到要求的终轧温度。只有在机架间有冷却系统的连轧机上才能提高轧制温度，允许穿带速度取较高的值。

也可用计算轧件温度的公式算出保证终轧温度的穿带速度，即：

$$v_n=\frac{a_\Sigma\dfrac{\sum\limits_{i=1}^{n-1}L_i}{\gamma c_p h_n}}{\ln\left(\dfrac{t_1-t_f}{t_n-t_f}\right)} \tag{11-32}$$

式中 t_f——周围介质的温度，K；

t_1——轧件进入第一架轧机时轧件头部温度，K；

a_Σ——复合换热系数，J/(m^2·h·K)；

γ——钢的比重，kg/m^3；

c_p——钢坯的比热，J/(kg·K)；

v_n——末架的轧件出口速度；

L_i——机架间距离；

h_n——末架的轧件出口厚度；

t_n——轧件终轧温度的目标值。

目前，为了减轻金属咬入轧辊时的动态冲击，提高带钢头部的温度，在某些宽带钢连轧机上采用了在轧件进入第一架前就加速到较高速度，以后随轧件进入机座逐渐减速到咬入速度，到卷取机卷上，然后升速轧制（见图 11-9）。这样，由于减少了带钢在运输辊道上的停留时间，增加了塑性变形的发热，因此带钢头部温度可提高 30～40℃，减少了沿带钢长度上的温度波动，缩短了轧制时间 6～12 s。

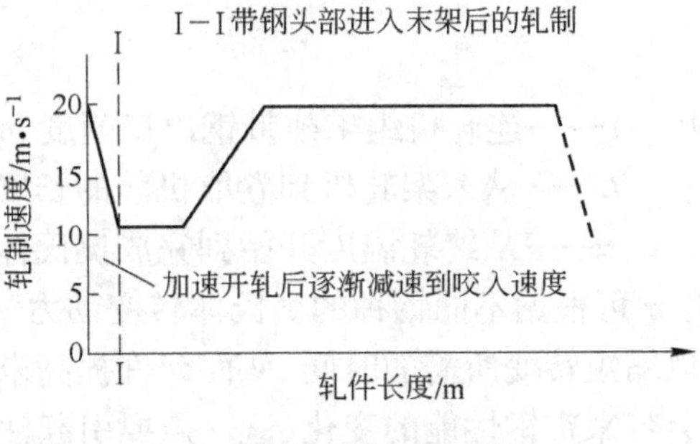

图 11-9 宽带钢热连轧机精轧机组第一机架的速度图

连轧机组的加速度制度

带钢在卷取机卷筒上形成 2～3 匝后，连轧机组就开始加速轧制。第二代连轧机从设备能力考虑可以有 1.06～2.03 m/s^2 的加速能力，但一般使用范围仅在 0.0508～0.203 m/s^2。加速度值取决于带钢厚度和所要求的终轧温度。

有多种公式可用来确定加速度值，但它们都是在特定条件下的经验公式，使用范围很窄。例如，可用式(11-36)近似计算保持恒定出口温度的加速度值 a：

$$a=\frac{0.1613}{h_0}\left[10+2\left(\frac{1.8t_1-1568}{100}\right)\right] \tag{11-33}$$

式中 a——加速度值，m/s^2；

h_0——进入第一架轧机的轧件厚度，mm；

t_1——进入第一架轧机的轧件前端温度，℃。

也有资料认为咬入速度和成品带钢厚度决定末架轧机的加速度，其数据列于表 11-11 中。

表 11-11 由带钢厚度、咬入速度决定的轧机加速度值

成品带钢厚度/mm	1.2	1.5	2	3	4	6	8	10	12
咬入速度/$m \cdot s^{-1}$	10	10	9	7.5	6.0	3.5	3.5	3.3	3.0
轧机加速度/$m \cdot s^{-2}$	0.04～0.07	0.04～0.06	0.04～0.05	0.05	0.04～0.05	0.02～0.03	0.015	0.013	0.011

当加速度超过 0.1 m/s^2 时，将大大提高轧机的生产能力。但是带钢尾部的温度也将大大超过允许的终轧温度和带钢头部的温度，这就导致了沿带钢长度上金属机械性能存在差异。为了保证在这种条件下带钢终轧温度一致，须采用机架间的冷却系统。采用这样的加速度可以提高轧机生产能力 20%～40%，此时大部分带钢是在最大速度下轧制的，完全利用了机械和电器设备的能力。

但是在这种情况下，最后一架轧机带钢的出口速度还取决于奥氏体转变所需要的时间，即带钢从末架轧机出口到进入卷取机这段运输时间里应能完成奥氏体的转变。如果在这段时间里不能完成这种转变，奥氏体分解会在钢卷中进行。由于钢卷中带钢沿钢卷厚度的冷

却条件不同,因而奥氏体转变后得到不同组织,导致沿带钢长度上机械性能的差异。为此带钢需要的出口速度应该是:

$$v=\frac{L}{\tau} \tag{11-34}$$

式中　v——连轧机组末架带钢出口速度,m/s;

L——从末架轧机到卷取机前的长度,m;

τ——从终轧温度开始到完成奥氏体转变需要的时间,s。

τ 可根据不同钢种的奥氏体转变动力学曲线(S 曲线)得到。采用轧后强制冷却的方法可以缩短转变所需的时间,从而允许提高末架轧机轧件出口速度。但是控制冷却的采用随之会带来带钢性能的变化,这一点要引起注意。

当带钢尾部从连轧机组中出来后(或离开了连轧机组的某一机架后),机组就开始逐渐减速到咬入速度(10~11 m/s),以备第二根带钢的穿入轧制。

速度曲线

根据上述确定速度制度的原则,可绘出精轧末架轧机的速度曲线图(见图11-10)。图中1点为穿带开始的时间,选用约10 m/s的穿带速度;2点表示带钢头部出末架轧辊某一段距离后便以第一级加速度加速,加速度约0.05~0.1 m/s^2;3点表示带钢咬入卷取机后,以第二级加速度加速,加速度约0.05~0.2 m/s^2,此时也是卷取机开始咬入带钢的时刻;4点表示带钢以最高速度运动,其速度由工艺制度的设计计算确定;5点表示带钢在第三架轧机上尾部抛钢时,整个机组就进行第一级减速,一直减到15 m/s的速度为止;6点表示带钢以15 m/s的速度轧制,等待抛出;7点表示带钢尾部离开末架轧机,末架轧机开始第二级减速,达到咬入速度;8点表示轧机开始以穿带速度等待下一条带钢咬入;9点表示下一条带钢咬入。图中虚线部分是卷取机的速度图,它的速度与末架轧机的速度相协调。

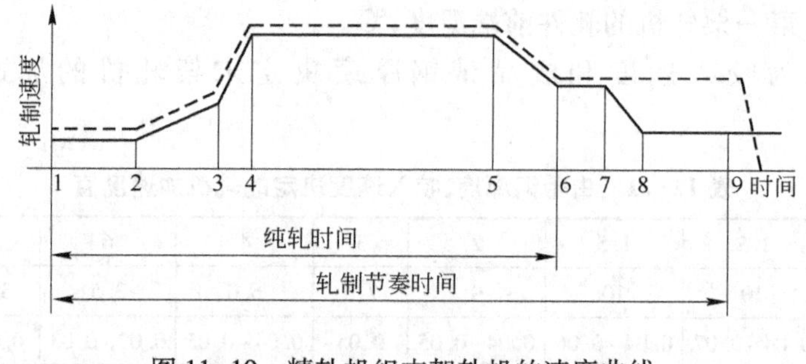

图11-10　精轧机组末架轧机的速度曲线

带钢被卷取机咬入之前,卷取机有较轧机速度为高的等待速度。咬入后卷取机与轧机速度相同,保持同步,直到轧件尾部离开精轧机组后,精轧机空载减速,而卷取机仍以抛钢速度卷取,经过一段时间后才开始减速直到停止。

带钢尾部需要进行减速轧制,其原因一是末架轧机在轧下一根轧件时,需要减速到穿带速度;二是卷取机停下来后要求保证钢卷停在某一固定位置,通常要求钢卷尾部朝下,以便紧压在卸卷小车上,便于打捆,而减速轧制就是为了便于控制这个位置。开始减速轧制的时间(即图11-10中5点)要选择合适,减速太早会使产量降低,太晚又会使抛出速度过高。

由于连轧机组的条件不同,轧制产品不同,所以连轧速度曲线可以有其他形式,如

图 11-11 所示。

制度 A 相当于第二代热连轧机的一般速度制度；制度 B 是在老式连轧机上，没有加速度制度下的速度制度；制度 C 是在机架间有冷却的情况下，可以允许有较大的穿带速度和轧制速度时的速度制度；制度 D 是在第二代连轧机上轧制厚带钢时，由于终轧温度的限制，轧制速度不可能提高时的速度制度。

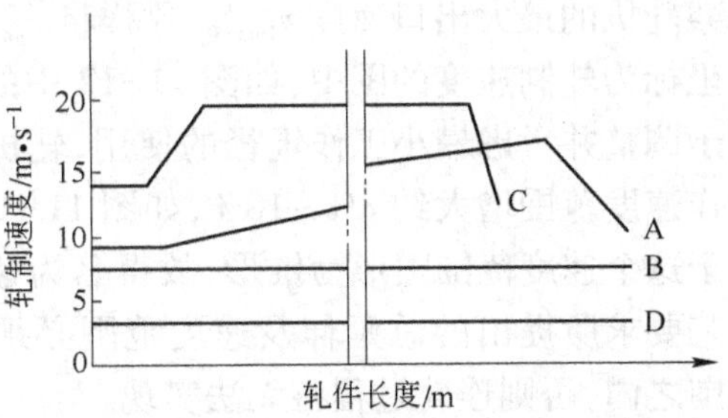

图 11-11　热连轧带钢轧机上的速度制度图

连轧机组的速度锥

末架轧制速度确定之后，可利用秒流量相等的原则，根据各架轧出厚度和前滑值，求出各架轧辊速度。前滑值主要是压下率的函数，可以通过理论公式或经验统计公式计算。由于连轧机组生产不同规格的产品，要求不同的轧制速度，因此连轧机各架轧机的轧制速度应有较大的调整范围。机组速度范围的大小与所轧产品的延伸系数以及电动机的特性有关。根据秒流量相等（忽略前滑），有：

$$h_0v_0=h_1v_1=\cdots=h_nv_n=C$$

$$v_n=\frac{h_1}{h_n}v_1=\frac{h_0-\Delta h_1}{h_n}v_1=\left(\mu_\Sigma-\frac{\Delta h_1}{h_n}\right)v_1=\left(\mu_\Sigma-\frac{\Delta h_1h_0}{h_0h_n}\right)v_1=(1-\varepsilon_1)\mu_\Sigma v_1=v_0\mu_\Sigma \qquad (11-35)$$

式中　h_0,v_0——第一架入口轧件厚度及速度；

μ_Σ，C——连轧机组总延伸系数及连轧常数；

ε_1——第一机架轧机道次压下率，$\varepsilon_1=\dfrac{\Delta h_1}{h_0}$。

由此式可见，末架轧机的出口速度与总延伸系数有关，总延伸系数越大，末架轧机的出口速度也就越大。从 $v_n/v_0=\mu_\Sigma$ 又可见，当 v_n 最大、v_0 最小时，可以得到最大的总延伸系数；反之，当 v_n 最小，v_0 最大时，可以得到最小的总延伸系数。再者，连轧机组的速度范围 v_n/v_1；与第一架轧机上的压下率 ε_1 有关，ε_1 越大，v_n/v_1 就越小。通常第一架轧机的压下率为 40%～50%，所以：

$$\frac{v_n}{v_1}=(0.5\sim0.6)\mu_\Sigma$$

有了如上关系，在确定了产品范围、带钢尺寸（即确定了带坯的总延伸率）后，就可以确定整个连轧机组的速度范围和各个轧机应具有的调速范围了。

首先确定末架轧机的最高速度（对于第二代热连轧机，最高速为 23 m/s），然后根据机组生产最薄产品时的最大总延伸率 $\mu_{\Sigma\max}$，确定 $v_{1\min}$。

$$v_{1\min}=\frac{v_{n\max}}{(0.5\sim0.6)\mu_{\Sigma\max}}$$

确定 $v_{1\min}$ 后，再根据直流电动机的调速特性（一般直流机的调速范围为 3），确定末架轧机的最小出口速度 $v_{n\min}$。

同样根据机组生产最厚产品时的最小延伸 $\mu_{\Sigma\min}$，按公式 $v_{1\max}=\dfrac{v_{n\min}}{(0.5\sim0.6)\mu_{\Sigma\min}}$ 求出第

一架轧机的最大出口速度 v_{1max}。这样将 v_{nmax}、v_{nmin}、v_{1max}、v_{1min} 速度绘制于以横坐标为机架号，纵坐标为轧制速度的图中，如图 11-12 中的 c、d 线。为了便于调整并考虑最小工作辊径的使用，轧机速度范围要比工作速度范围增大约 8%~10%，如图 11-12 中的 a、b 线。由于这个速度范围图形为锥形，故得名为速度锥。由轧制工艺要求所提出的总延伸及速度范围必须落入此速度锥范围之内，否则连轧过程将无法实现。

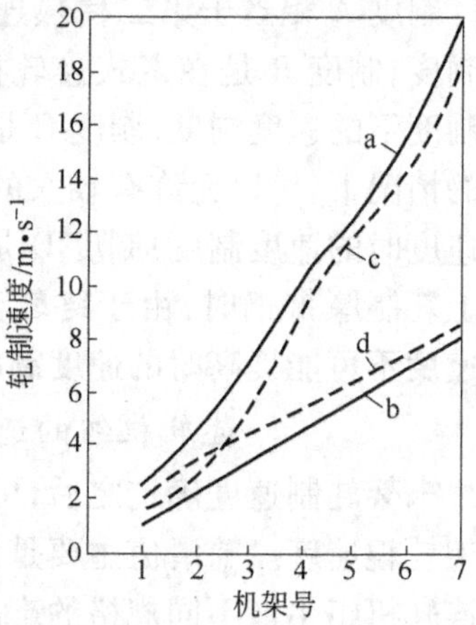

图 11-12 精轧机组各架速度范围

11.4.5 温度制度的确定

温度制度是指轧件的加热、轧制、冷却、卷取等过程中的温度确定。温度制度与变形制度是决定热轧板带钢的组织及机械性能的重要因素。温度制度的确定主要是根据产品性能的要求，同时考虑设备强度和生产能力。

热连轧带钢时，对于粗轧各道，逐道温降见式(11-15)。对于精轧各道，逐道温降为：

$$\Delta t = 17.2\frac{Z}{h}\left(\frac{T_1}{1000}\right)^4 \tag{11-36}$$

带坯在中间辊道上冷却，也可以按辐射散热计算。此时带坯进入第一架精轧机的温度为：

$$T_1 = \frac{T_0}{\sqrt[3]{1+0.0386\frac{Z}{h}\left(\frac{T_0}{1000}\right)^3}} \tag{11-37}$$

式中 T_0——粗轧轧完后的带坯温度，K。

其他符号含义见式(11-15)。

对于精轧机组，轧件任一部位通过各架轧机延续时间 Z 与轧件厚度 h 的比值为一常数，即

$$\frac{Z}{h} = \frac{S_0}{v_1 h_1} = \frac{S_0}{v_2 h_2} = \cdots = \frac{S_0}{v_{n-1} h_{n-1}} = \text{常数}$$

式中 S_0——精轧机组各架间距。

故轧件任一部位，从精轧第一架的温度 T_1，降至末架的终轧温度为：

$$T_n = \frac{T_1}{\sqrt[3]{1+0.0515\frac{S_0(n-1)}{v_n h_n}\left(\frac{T_1}{1000}\right)^4}} \tag{11-38}$$

从式(11-38)可以看出，轧制薄带钢时，为保证终轧温度，必须提高轧制速度 v_n 和提高进入精轧的轧件温度 T_1。

当 $v_n h_n$ 数值较大时，式(11-38)中根号内第二项数值较小，故近似可得：

$$\sum\Delta t = T_1 - T_n = 17.2\frac{S_0(n-1)}{v_n h_n}\left(\frac{T_1}{1000}\right)^4 \tag{11-39}$$

这样,按式(11-39)计算出总温度降$\sum\Delta t$,再除以$(n-1)$,就得每架温度降的数值。

带钢轧后冷却对带钢产品性能的控制作用较大。因为在带钢连轧机上对压下规程做大的改变比较困难,在固定坯料厚度以及产品厚度的条件下,在没有机架间冷却设备的连轧机上,轧件的终轧温度变化不大,加上带钢轧机上生产的高强度钢材有相当一部分是较厚的产品,终轧温度比较高,因此与中厚板轧机的情况相反,连轧机上对轧制终了温度和压下量的分配不易进行控制,而对轧后冷却和卷取温度比较容易控制。所以轧后冷却的控制就成为控制产品性能的重要因素。

带钢从精轧机组轧出后的终轧温度为800~900℃,而卷取温度要求不高于650℃(否则,带钢因晶粒粗大而降低其机械性能)。在高速轧制情况下,从精轧机轧出的带钢通过100多米长输出辊道到达卷取机的时间只需5~10 s(薄带钢)或8~20 s(厚带钢)。在此段时间内必须将800~900℃带钢冷至650℃以下进行卷取,显然采用一般冷却方法是不可能的,必须使用快速高效的冷却方法。过去带钢的轧后冷却曾经是限制轧制速度提高的一个难题。为解决这个难题创造了具有高冷却效率的层流冷却系统,这是一种流量达200 m^3/min以上大流量低水压的喷淋式冷却系统。

对沸腾钢和铝镇静钢来说,卷取温度越高,晶粒尺寸越大。终轧在A_{r3}转变温度附近11℃(200F)时,开始产生粗晶粒表面层,终轧温度越低粗晶表面层厚度越大。对于沸腾钢,当终轧温度低于788℃时,粗晶粒组织会扩展到整个轧件断面上,而在铝镇静钢中,低终轧温度影响小,除非卷取温度高于704℃。

虽然终轧温度对沸腾钢和铝镇静钢的渗碳体形态和分布没有明显影响,但碳化物的尺寸和分布随卷取温度有明显变化。在低温卷取时(540~600℃)得到珠光体和细的弥散碳化物,在650℃卷取时,珠光体片层已经不清楚了,碳化物开始集聚,在700℃以上卷取时,没有珠光体,碳全部以粗大的块状渗碳体碳粒存在。

带钢卷取温度虽然取决于带钢的成分、强度、尺寸及卷取机的能力,但一般都在500~700℃之间。因为Nb、V、Ti、Mo类形成碳化物的合金元素主要是在A_{r3}至500℃之间以碳氮化合物形式析出,当冷却速度较快时,这些合金元素的相当一部分以未析出状态被卷取,在这种状态下晶粒长大被抑制,而且之后合金元素能利用热卷带钢自身的热以碳氮化合物的形式弥散析出,从而能给钢材带来最好的机械性能。

终轧温度和卷取温度也强烈影响到轧制后的高碳钢带的最终组织和力学性能。为了获得珠光体组织,或在过共析钢中获得由细晶粒薄片珠光体和细的二次渗碳体组成的珠光体-渗碳体组织,终轧温度不要低于900℃,通过转变区时(900~600℃)带钢应快速冷却,低合金钢应在600℃以上卷取。如果快速冷却到600℃以下,随后在更低的温度下卷取,将会导致产生不希望的硬化组织(包括贝氏体)。

11.5 冷轧带钢生产轧制规程制订

11.5.1 原料选择

冷轧板带钢采用的坯料为热轧板带,坯料最大厚度受冷轧机设备条件(轧辊强度、电动机功率、允许咬入角、轧辊开口度等)限制;坯料最小厚度的确定则应考虑所轧成品的厚度、钢种、产品的组织性能要求以及供坯条件(热轧带生产)等因素。一般厚度较薄的产品,坯料厚度相应选择小一些。为满足产品最终的组织性能要求,坯料厚度的选择必须保证一定的冷轧总压下率。例如,连轧机总压下率一般为50%~65%,单机可达50%~89%。又如冷轧汽车板必须有30%以上(一般50%~70%)的冷轧总压下率,否则成品最终的晶粒大小和深冲性能达不到要求。硅钢板也需一定的总压下率(第二次冷轧总压下率通常取50%)才能保证其物理性能(电磁性能)。不锈钢板也要求一定的冷轧总压下率,以保证其表面质量。

11.5.2 压下量分配

冷轧轧程是冷轧过程中每次中间退火前所完成的冷轧工作。冷轧轧程数的确定主要取决于所轧钢种的软硬特性、坯料及成品的厚度、所采用的冷轧工艺方式与工艺制度以及轧机的能力等,并且随着工艺和设备的改进与更新,轧程方案也在不断变化。例如,改用润滑性能更好的工艺润滑剂,或采用直径更小的高硬度工作辊都能减少所需要的轧程数。又如某些牌号的不锈钢在采用150~200℃的温轧工艺时,变形抗力显著降低。采用异步轧制方式冷轧带钢时,可以使轧制压力和加工硬化大为减少。这些都大有利于减少轧制道次和轧程。因此,在确定冷轧程时,除了切实考虑已有的设备与工艺条件外,还应当充分注意研究各种提高冷轧效率的可能性。

冷轧板带压下量的选择受到轧辊参数及它所能承受的最大压力、轧机结构、轧制速度以及电动机功率的限制。每道次的压下量和每个轧程总压下量的选择还应考虑金属的冷加工硬化的程度、钢的化学成分、前后张力、润滑条件以及成品最终的机械性能和长宽方向的厚度公差等因素。由于冷轧板带的厚度较薄,故制订压下制度时通常采用分配压下率的方法。

压下率分配法

逐道压下率的分配一般有三种,冷连轧机压下量分配基本上与单机架冷轧机分配相同。

(1) 压下率逐道次减小,这是应用最广的方法。分配压下量时,力求各道次金属对轧辊的压力大致相同。第一、二道次为利用金属塑性,可给较大压下量,但往往受到咬入条件限制,在有良好润滑经研磨的轧辊允许咬入角30°~40°,而轧辊表面经电火花毛化轧辊其粗糙度为0.5~10 μm。第一道考虑到热轧来料的厚度偏差不宜采用过大压下量,中间道次随冷加工硬化的增加应逐道减少压下量。最后1~2道为保证板形和厚度精度一般采用较小压下量。轧制低碳钢时,压下制度如表11-12所示。

表11-12 4、5、6机架冷连轧机压下制度

机型	轧件厚度		压下量 Δh/mm	压下率 ε/%	各机架前张力及卷取张力/MPa
	轧前	轧后			
No. 1	2.75	1.85	0.90	32.7	1.47
No. 2	1.85	1.20	0.65	35.1	78.4
No. 3	1.20	0.90	0.30	25.0	98.0
No. 4	0.90	0.80	0.10	11.1	53.9
卷取机					39.2

续表 11-12

机 型	轧件厚度		压下量 Δh/mm	压下率 ε/%	各机架前张力及卷取张力/MPa
	轧前	轧后			
No. 1	1.90	1.42	0.48	25.8	0.98
No. 2	1.42	0.90	0.25	36.6	107.8
No. 3	0.90	0.55	0.35	38.9	137.2
No. 4	0.55	0.33	0.22	40.0	147.0
No. 5	0.33	0.21	0.12	36.4	196.0
卷取机					29.4
No. 1	2.00	1.50	0.50	24.8	1.37
No. 2	1.50	1.07	0.43	31.2	127.4
No. 3	1.07	0.65	0.42	37.0	176.4
No. 4	0.65	0.415	0.235	34.0	156.8
No. 5	0.415	0.265	0.15	34.0	117.6
No. 6	0.265	0.215	0.05	19.0	73.5
卷取机					13.7

(2) 压下率各道次基本相同。这种方法多用于连轧机、可逆式单机架。某冷轧厂1700 mm 五机架轧机压下量分配即采用此方法，如表 11-13 所示。

表 11-13 某厂冷轧 2.0→0.5 mm 压下率分配

道 次	H/mm	h/mm	Δh/mm	ε/%
1	2.00	1.52	0.48	24
2	1.52	1.15	0.37	24.3
3	1.15	0.87	0.28	24.3
4	0.87	0.66	0.21	24.1
5	0.66	0.55	0.16	24.2

(3) 压下率逐道增大(均有工艺润滑)。如某厂五机架冷轧机轧制镀锡板压下率分配，如表 11-14 所示。

表 11-14 某厂冷轧镀锡板 2.28→0.2 mm 压下率分配

道 次	H/mm	h/mm	Δh/mm	ε/%
1	2.28	1.60	0.68	29.8
2	1.60	0.99	0.61	38.1
3	0.99	0.59	0.40	40.4
4	0.59	0.35	0.24	40.7
5	0.35	0.20	0.15	43.0

能耗分配法

分配各机架(如连轧机)的负荷还可以采用能耗法。当有类似的单位能耗曲线资料时，可确定各机架负荷分配比，再算出压下量。若没有合适的能耗资料，也可根据经验采用分配压下系数 ξ_i 的方法。各道的压下量 Δh_i 为：

$$\Delta h_i = \xi_i \sum \Delta h \tag{11-40}$$

式中 $\sum \Delta h$——冷轧时的总压下量；

ξ_i——压下分配系数。

各种冷连轧机压下分配系数见表11-15。

表 11-15 各种冷连轧压下分配系数 ξ_i

机架数	道次(机架)号				
	1	2	3	4	5
	压下分配系数 ξ_i				
2	0.7	0.3			
3	0.5	0.3	0.2		
4	0.4	0.3	0.2	0.1	
5	0.3	0.25	0.25	0.15	0.05

11.5.3 张力制度

在确定各架压下量或轧后厚度的同时，还要根据经验分析选定各机架间的单位张力。生产中采用的张应力范围为：

$$\sigma_Z = (0.1 \sim 0.6)\sigma_S \tag{11-41}$$

式中 σ_Z——张应力，MPa；

σ_S——带钢的屈服极限，MPa。

不同的轧机、不同的轧制道次、不同的品种规格甚至不同的原料条件，要求有不同的张应力值与之相适应。当轧钢工人操作技术水平较高，变形比较均匀且原料比较理想时，可选用高一些的张应力值；当带钢较硬、边部不理想或操作不熟练时，可取偏小一些的数值。

一般在可逆式冷轧机的中间道次或连续式冷轧机的中间机架上，张应力 σ_Z 可取$(0.2\sim 0.4)\sigma_S$(一般不超过 $0.5\sigma_S$)。在轧制低碳钢时，有时因考虑到防止钢卷退火时产生粘结等原因，成品卷取张应力不能太高，一般用49 MPa左右，其他钢种可以高些。连轧机开卷张应力很小(一般仅为1.47~1.96 MPa)，可忽略。

此外，连轧机各机架张力的选择还需考虑主电动机之间及主电动机与卷取机之间的合理功率负荷分配，一般是先按经验范围选择一定的张应力值，然后再进行设备能力及咬入条件等校核。四、五和六机架式冷连轧机各机前张力及卷取机张力选取如表11-12所示。

12　棒线材轧制工艺计算

12.1　棒材车间工艺设计与计算

12.1.1　工艺流程

根据轧钢工艺设备和剪切设备的条件，采用方 120 mm×120 mm、150 mm×150 mm，长 10 m 的连铸坯。用全连续无扭单线轧制法，生产年产量为 30 万吨的棒材产品。主要产品为 ϕ10~40 mm 圆钢和螺纹钢，也可以生产厚 4~12 mm、宽 35~75 mm 的扁钢。生产钢种为普碳钢、优质碳素钢和低合金钢。根据产品大纲制订以下的生产工艺流程，设计计算产品为 HRB400。

坯料的准备

对于从炼钢厂送来的连铸坯，应按原料的输送单逐项与实物核对钢号、炉罐号、规格、数量、重量、化学成分等进行验收，发现输送单与实物不符或其他问题时，应及时与有关单位联系核实。验收后的原料应按炉罐号堆放整齐，经验收合格的原料应建立卡片作为以后各工序加工时质量验收及金属平衡的依据，不合格的应退货的废品要另行堆放。

连铸坯表面不得有肉眼可见的裂纹、重接、翻皮、结疤、夹杂、深度或高度大于 1.5 mm 的划痕、压痕、擦伤、气孔、皱纹、耳子、凸块、凹坑和深度大于 1 mm 的发纹。连铸坯横截面不得有缩孔、皮下气泡。

坯料的检查方法有目视法、电磁感应探伤法和超声波探伤法。

坯料的管理要严格执行按炉送钢制度，主要包括以下内容：

(1) 钢坯的入库前管理，即冶炼、连铸信息（熔炉号、成分、支数等）和钢坯的检查、检验。

(2) 钢坯的入库管理，即按要求把合格品堆放在指定位置并进行清晰标识，建立相关台账。

(3) 钢坯的出库管理，即按轧制要求和有关标准进行组批，按存放架或堆放上下顺序逐炉发放，要对碳当量进行控制，轧钢工序领料时要建立金属流动卡。

原料的切断分为辅料、配尺、切断、起料等几个步骤。为了便于运输、验收和清理，由炼钢厂运送来的坯料是成一定倍尺的，使用时根据所轧成品的尺寸来确定所需切断的尺寸。

螺纹钢生产所用的坯料，通常为 120 mm×120 mm 和 150 mm×150 mm 连铸坯，考虑轧机加热炉能力、粗轧机能力、冷床长度及产品的规格，选用最佳的连铸断面。

坯料的规格、外形尺寸偏差、标准重量、弯曲度等内容具体如下。

坯料规格：

定尺坯料　150 mm×150 mm×12000 mm

非定尺坯料　150 mm×150 mm×(10800~12000、9800~10700、9000~9650、5750~5850) mm。

坯料的外形尺寸偏差：
断面尺寸偏差　±5 mm
长度偏差　+70 mm
对角线长度偏差　≤7 mm
标准重量：2060 kg
弯曲度：≤10 mm/m
总弯曲度：<80 mm
扭转度：<8°
坯料布置形式：单排布料

原料的加热

为了提高钢的塑性，使坯料内外温度均匀和改变金属的结晶组织，对连铸坯进行加热。但在加热过程中炉子形式不同，热工制度存在差异。为保证坯料的加热质量不出现严重的加热黑印和断面温度不均等加热常见的问题，主要采用步进式加热炉。

加热温度取决于钢的化学成分和组织结构等，它的确定必须满足轧制工艺要求。对于碳素钢和低合金钢，加热温度是用以“铁-碳”平衡图为基础再结合“塑性图”和“再结晶图”的“三图定温”的方法确定的。

根据“铁-碳”平衡图，一般坯料的最高加热温度为固相线以下100~150℃，一般为(0.7~0.9)T_0范围内(T_0为本钢种含碳量所对应的固相线温度)。“铁-碳”平衡图只能给出一个大致的温度范围，究竟加热多高的温度才合适还需根据该钢种的“塑性图”来确定。同时还要考虑钢的加热时间、速度和均匀性，以免产生钢的氧化、脱碳、过烧和过热等缺陷，影响质量。

根据不同钢种及不同产品规格的加热工艺要求，控制加热炉各段炉温及出炉钢温。根据煤气质量调整风量，合理调整各烧嘴火焰大小，确保钢坯温度符合加热要求。坯料出炉温度应均匀，断面温差不大于30~50℃。为缩小轧制过程中钢坯长度方向的温差，钢坯加热时，头部和尾部2 m范围内的温度应高于中间部分30~50℃。钢坯应保证最基本的加热时间，使钢坯温度达到设计要求，并且可根据轧制节奏，随时调整热工参数，使钢坯在尽量短的时间内得到充分的加热。严格控制炉内气氛和风量，保证燃料充分燃烧。加热时保证加热温度，同时炉内呈微正压状态，炉压小于15 Pa。根据轧制节奏及停机时间长短调整炉温，以控制好开轧钢温及避免钢坯的过热、过烧。

加热制度包括加热时间、加热温度、加热速度和温度制度。HRB400螺纹钢盘条一般在20MnSi成分的基础上采用微合金化与控轧控冷生产，属于低合金盘条，一般采用1050~1200℃的加热温度，低温轧制一般加热温度控制在1100℃以下，加热速度按4~9 min/cm(经验数据)控制，不过加热时间与加热速度还受轧制规格及炉子热负荷大小的影响。此外，从低碳钢、高碳钢及低合金钢的加热实践来看，1050~1180℃的加热温度比较适宜。其低碳钢加热速度的经验数据为：(步进梁式炉)4.5~ 5 min/cm。

轧制

全线由18架平立交替布置的短应力线卡盘轧机组成，最高轧制速度为18 m/s，共分为粗、中和精轧三组，每组均为平立交替轧机6架，每架轧机都由独立的直流电动机驱动。轧制工艺采用切分轧制与粗、中轧的无孔型轧制。

A 切分轧制工艺

切分轧制具有可大幅度提高机时产量、降低能耗、减小事故率等优点，但由于其切分轧制时在撕裂带处造成“飞边”，而使下游轧机轧制时出现产品“折叠”现象。如果解决“飞边”问题，“折叠”现象即会随之消除。切分轧制将钢材纵向分成多线，如果切分连接带控制不好会在成品钢材表面留下折叠痕迹。所以，切分轧制不适宜用于生产表面质量要求高的品种。

此外，还由于在切分轧制时同时轧制出的几根产品之间和横截面积上始终存在差异，有时还差别较大，所以尺寸精度要求较高的品种也不适合采用切分轧制。因此，最适合于切分轧制的钢材品种是热轧带肋普通低合金建筑钢筋。

由于连轧过程中机架间的张力对切分轧制的均匀性有着直接的影响，所以轧机应采用单独传动的可调速电动机驱动，以便准确、灵活地设定和调整各架轧机的轧制速度，满足连轧生产工艺的基本要求。此外切分轧制对控制水平提出两点要求：

(1)中、精轧机组要配备三台以上的轧机活套自动调节器。

(2)连轧生产工艺的级联调速比例精度要在±0.5%之内。

B 粗、中轧无孔型轧制

无孔型轧制具有降低能耗、使用不同断面坯料操作灵活、易脱氧化铁皮等一系列优点。在无孔型轧制过程中，虽有许多优点，但必须保证以下方面才能保持正常轧制：

(1)轧件断面设计。由于无孔型轧制为平辊轧制，没有孔型限制轧件尺寸，因此，在轧件断面计算时，必须掌握其宽展特性、自由面变形特性、轧件歪扭变形产生原因等。合理的轧件断面设计是保证连轧关系及正常轧制的一个重要因素。

(2)避免使用脱方连铸坯。由于轧制时无孔型扶持，使用脱方的连铸坯会使脱方加剧，造成轧机负荷加大。因此，选用合格的连铸坯是实现无孔型正常轧制的前提。

(3)导卫装置设计与调整。导卫装置夹持引导作用在无孔型轧制中尤为重要。一般在无孔型轧制时前后导板呈贯通式来保证正常轧制，但如果正确设计出入口导板的尺寸和避免平辊的过度磨损，前后导板不采用贯通型也能保证正常轧制。

淬水

随着棒材轧机的迅速发展，棒材的控制冷却技术也日趋完善。QTB 淬水工艺的目的是通过控制冷却进一步提高螺纹钢的力学性能，特别是提高化学成分差的螺纹钢的屈服强度。它通常用于低碳钢，以便在低成本的条件下，使产品的力学性能超过微合金或低合金钢。QTB 工艺控制主要通过水量、时间和温度控制来完成，具体说明如下：

(1)水量控制。水的总量通过水调节阀来调节。此控制借助于带有反馈信号的闭合回路，而反馈信号来自于流量表的预设值。

(2)时间控制。淬水时间的长短会产生一个特殊的自回火温度，而自回火温度直接关系到产品的屈服强度。淬水时间可以通过调节终轧速度、冷却器的数量等来控制。

(3)温度控制。主要测量淬水前后的温度，以便得到准确的自回火温度。这样测量温度的高温计的定位就显得十分重要。本车间一个高温计安装在 13 号机架前，用来测量输送来的棒材温度。另外，在淬水线下游 60 m 处安装高温计，以便测定棒材的自回火温度。

冷床冷却

钢材在冷床上冷却时，为保证后步工序的顺利进行，必须很好地控制轧件的端部质量，并尽可能地保持轧件的平直度，以防止出现翘头和侧弯。翘头和侧弯将严重影响其顺利进入矫直机。

在冷却过程中最重要的是防止轧件由于不均匀冷却或不同时相变而引起的扭曲变形，特别是在冷却断面不是均匀对称的型钢条件下更容易发生扭曲。为了解决这个问题，现代冷床均采用特殊的尺寸参数，保持平直度，设计最佳的齿条形状和齿条长度，以补偿由于不同的冷却曲线所产生的不均匀冷却。轧件在冷床上既可以采用自然风冷方式，也可以采用通风冷却，还可以采用强制水冷方式，此时喷水管置于轧件下部。

轧件下冷床的温度应保持在100℃以下，因为这有利于轧件的矫直和冷剪切。轧制特殊钢如轴承钢或弹簧钢时，冷床可以在其初始段上下两侧安装可移动保温罩来降低冷却速度，从而实现延迟冷却工艺。

剪切

在切分轧制过程中，飞剪数量最低限度是两台，其中切头、事故剪一台，成品分段剪一台。切头剪的主要作用是将轧件在粗、中轧机轧制过程中产生的黑头、劈头切除，以避免其损坏切分孔型、阻塞切分导卫装置。成品分段剪是为了按照冷床长度和接受能力将成品钢材分成尽量长的倍尺段而设立的。由于切分后的两根、三根、四根钢材要同时在高速运行中被切断，因此将钢材引入和导出飞剪的导向装置和飞剪剪刃宽度必须予以认真考虑。

在整个轧线上共配5台飞剪，1号、2号、3号飞剪分别位于6号轧机、12号轧机及淬水线后。1号飞剪为曲柄式飞剪，低速、剪力大，用于在线切头、切尾及事故碎断。2号飞剪为启-停式飞剪，高速、剪力大，用于切头、切尾及事故碎断，也具有倍尺剪切功能。3号飞剪为启-停式飞剪，主要用于倍尺剪切。4号剪（碎断剪）是一个圆盘剪，主要是在事故状态下碎断轧件及碎断规定范围以外的短尺。最后1个是冷摆剪（CCL），位于冷床后，用于对棒材的定尺剪切及棒材的切头、切尾，定尺精度可达30 mm以内。

打捆

棒材自动打捆机及与之配套使用的棒捆形成装置，安装在棒捆形成区的棒捆输送辊道上，以便对成型的棒捆进行捆扎入库。棒捆形成装置安装在每个打捆机的前面，作用是在打捆操作期间，将棒材形成紧捆。

称重　标记　打捆入库

钢筋表面不得有裂纹、结疤和折叠，允许有凸块，但不得超过横肋的高度，钢筋表面上其他缺陷的深度和高度不得大于所在部位尺寸的允许偏差。所以要针对缺陷、外形尺寸和质量允许偏差进行最终检查。

螺纹钢筋的成品质量随冶金熔炼炉次和热轧批次的工艺情况而有所变化，炉号和批号是抽样检验的基础。因此进口收用货部门和仓储部门要注意保留货物上的标记，出口企业和外贸部门也要按标准要求分清批次、炉号并提供质量证明书。

螺纹钢一般是裸装捆扎交货，存放时要注意防潮，锈蚀将对螺纹钢的性能产生不良影响。

12.1.2　轧机选择

设计全线由18架平立交替布置的短应力线卡盘轧机组成，最高轧制速度为18m/s，共分为粗、中和精轧三组,每组均为平立交替轧机6架,每架轧机都由独立的直流电动机驱动。棒材轧机主要技术性能如表12-1所示。

表12-1 棒材轧机技术性能参数表

轧机序号No.	公称辊径/mm	最大辊径/mm	最小辊径/mm	辊身长度/mm	辊颈直径/mm	电动机功率(DC)/kW	转速/r·min^{-1}	轧机连续轧制载荷/t	齿轮座中心距/mm
1H	600	640	590	800	280	350	0~800/1200	366	520H7
2V	600	640	590	800	280	350	0~800/1200	366	580H7
3H	520	530	475	800	280	350	0~800/1200	366	520H7
4V	520	530	475	800	280	350	0~800/1200	366	460H7
5H	520	530	475	800	280	450	0~600/1200	366	520H7
6V	520	530	475	800	280	450	0~600/1200	366	460H7
7H	415	415	365	700	200	450	0~600/1200	176	360H7
8V	415	415	365	700	200	450	0~600/1200	176	360H7
9H	415	415	365	700	200	450	0~600/1200	176	360H7
10V	415	415	365	700	200	450	0~600/1200	176	360H7
11H	415	415	365	700	200	600	0~600/1400	176	360H7
12V	415	415	365	700	200	600	0~600/1400	176	360H7
13H	370	370	290	600	180	600	0~600/1400	129	360H7
14V	370	370	290	600	180	600	0~600/1400	129	360H7
15H	370	370	290	600	180	600	0~600/1400	129	360H7
16H/V	370	370	290	600	180	600	0~600/1400	129	360H7
17H	370	370	290	600	180	600	0~600/1400	129	360H7
18V	370	370	290	600	180	600	0~600/1400	129	360H7

轧机的主要特点为:

(1)粗、中和精轧均为无牌坊卡盘式机架,有4根拉杆,应力线极短,具有高强度和高刚度,可承受很高的负载,保证可以获得高精度的产品。

(2) 改善了轧辊轴承的受力情况。轴承座是优质铸钢的整体结构,内嵌有优质青铜螺母。连接螺杆的设计可以承受较大的张力,受力线较为理想。螺母固定在球形环节上,轴承座可以最大限度地移动。球形节的接触面积大,单位负载小,同时采用了让螺母的支撑点位于轧辊中心线上的设计,使球形节的切线通过轴承内环的外切线,其结果是当轧辊弯曲时,轴承座恰好沿着节转,在轴承上不会引起轴向打滑,可以显著地提高轧辊轴承的使用寿命。

(3) 轴承座支撑机架紧凑,可保证机架更好地横移,便于换槽和换辊,以保持轧制中心线不变。

(4)轧辊配有四列短圆柱轴承,承受径向载荷,另配有止推轴承(仅置于一端)承受轴向载荷。

(5)轧辊采用液压平衡,平稳可靠无振动。

(6)每组的水平与立式机架型号一致,可互换。

(7)轧辊对称调整。在机架上部,通过它的4个压下齿轮可以同时或一对一地调节辊缝。齿轮由液压马达驱动,借助于自动同步传送器也可以实现远程调整。

(8)整体更换机架,提高了作业率。

(9)16号轧机为平立转换机架,整个机架和机座通过旋转来选择工作方式,以便于进行切分轧制或其他型材轧制。

传动齿轮箱与驱动电动机之间设有带安全销的齿形联轴器。安全销的危险断面尺寸是根据轧制力矩计算出来的,轧机过载时,安全销自动断裂,连接分开,对轧机起到了保护作用,安全销更换方便简单,不需维护。

12.1.3 ϕ16 mm螺纹钢孔型系统设计

以150 mm×150 mm方坯生产ϕ16 mm螺纹钢产品为例,设计这种典型产品的孔型,并编制轧制程序表。

成品孔的设计和轧辊加工

螺纹钢成品孔型构成如图12-1所示。成品孔设计合理与否,直接决定产品断面尺寸的精确性,并直接影响产品的质量。

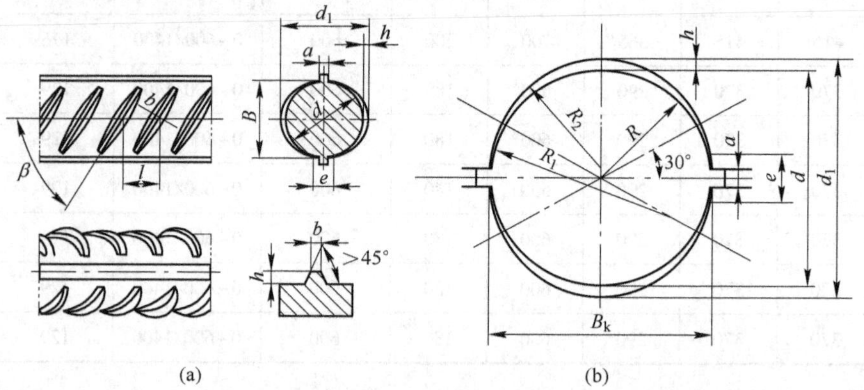

图12-1 月牙形螺纹钢筋断面尺寸与K_1孔的构成

(a)断面尺寸;(b) K_1孔

(1)内径d的确定。

$$d=d_0\alpha \quad 或 \quad d=[d_0-(0\sim1)\Delta_-]\alpha \tag{12-1}$$

式中 α ——线膨胀系数,根据终轧温度高低,在1.012~1.015范围内,见表12-2;

d_0,Δ_- ——内径标准尺寸及负偏差,mm。

表12-2 线膨胀系数α

钢 种	普碳钢、低合金钢	碳素工具钢	滚动轴承钢	高速钢
线膨胀系数	1.011~1.015	1.015~1.018	1.018~1.02	1.007~1.009

根据已知条件，有：　　　$d=(16-0.4)\times 1.015=15.5$ mm

(2)槽口宽度 B_k 的确定。

$$B_k=d+(0\sim 0.5)$$

槽口宽度 $B_k\geqslant d$，槽口宽度 B_k 取小后将使横筋槽底圆弧半径 R_2 减小，从而影响到刀杆强度。因此确定 B_k 时应根据具体要求条件而定。

该设计中取：　　　　$B_k=d=15.85$ mm

(3)外径 d_1 的确定。螺纹钢外径尺寸取决于横筋高度 h 和充满程度，一般取标准外径 d_{10} 或按部分正偏差设计，这样一方面有利于横筋充满，另一方面当孔型磨损后，横筋高度仍不致出格。d_1 的经验公式为：

$$d_1=\alpha d_{10}\quad (6\sim 12 \text{ 号螺纹钢})$$
$$d_t=\alpha[d_{10}+(0.1\sim 0.5\Delta_+)]\quad (14\sim 40 \text{ 号螺纹钢}) \tag{12-2}$$

该设计典型产品为16号螺纹钢，故：

$$d_1=1.014\times[20+0.5\times 0.2]=20.4 \text{ mm}$$

(4)纵筋厚度 a 与槽口圆角半径 r。纵筋厚度 a 即为孔型辊缝值 S。辊缝值具有补偿轧辊的弹跳、保证轧后轧件高度、补偿轧槽磨损。提高轧辊的使用寿命，提高孔型的共用性等作用。通过调整辊缝得到不同断面尺寸的孔型，同时方便轧机的调整，且不影响轧辊切槽深度。辊缝值为

$$S=a=a_0\pm(0\sim 0.2)\Delta_+ \tag{12-3}$$

式中　a,Δ_+——纵筋厚度的标准尺寸和正偏差。

辊缝值 S 与 d 的关系见表12-3。

表12-3　成品孔辊缝 S 与 d 的关系

d/mm	10~19	20~28	30~50
S/mm	1.5~2	2~3	3~24

槽口圆角半径 r 对于10~20号螺纹钢为1.5~2 mm，28~40号螺纹钢取2~2.5 mm。

槽口圆角可避免轧件在孔型中略有过盈时，形成尖锐的耳子，同时当轧件进入孔型不正时，它能防止辊环刮伤轧件侧表面而产生的刮丝缺陷。

该设计成品孔辊缝值 S 取2.0 mm。

螺纹钢加工尺寸的确定

(1) 横筋高度 h：当螺纹钢内、外径确定后，筋高 h 也就确定。实际上筋高 h 取标准尺寸或部分正偏差，即

$$h=(20.4-15.5)/2=2.6 \text{ mm}$$

(2)横筋宽度 b：b 值取小，刀具强度低不利于横筋加工，同时也不利于金属的填充和脱槽，故一般取正偏差，即

$$b=b_0+(0\sim 0.5)\Delta_+ \tag{12-4}$$

式中　b_0,Δ_+——横筋标准宽度尺寸和正偏差，mm。

查标准 $b_0=1.0$ mm。

(3)横筋槽底圆弧半径 R_2 可采用作图法求得。

(4)横筋节距 l:

$$l=(l_0+\Delta_+)(1-S_h+\alpha t)=(10+0.5)(1-0.04+1.2\times10^{-5}\times900)=10.26$$

式中 Δ_+,l_0——正偏差与标准节距;

S_h——前滑值,一般在0.03~0.06范围内;

α——线膨胀系数,1.2×10^{-5};

t——终轧温度。

螺纹槽数 n 与轧辊直径的关系如下:

$$n=\frac{\pi D_k}{l} \tag{12-5}$$

式中 D_k——平均工作辊径。

成品前孔的设计

由于金属在成品孔内要充满凹槽以形成周期性变化的横筋,而K_2孔的形状是保证成品孔型充满的关键,所以除了正确设计成品孔型外,正确构成K_2孔型是十分重要的。大量生产实践证明,K_2孔采用单半径椭圆不能保证成品孔型的充满。目前K_2孔常采用平椭圆孔、槽底大圆弧平椭圆孔或六角孔。这些成品前孔能保证成品孔型内充满良好、轧槽磨损均匀、调整方便,若成品孔进口采用滚动导卫装置,其优点将更加突出。本设计采用平椭圆孔型。

槽底宽度为 b_k:

$$b_k=(0.45\sim0.5)d_0=0.45\times16=7.2\text{ mm}$$

外圆角半径 R:

$$R=(0.1\sim0.15)B_k=0.12\times28.48=3.418\text{ mm}$$

对于平椭圆孔型,当规格为 $d_0=12\sim22$ mm时,槽口圆角半径的范围 $r=4.5\sim8$ mm,这里取 $r=5$ mm;辊缝值的范围 $S=3\sim4$ mm,这里取 $S=3$ mm。

孔型高度 H:

$$H=(0.61\sim0.85)d_0 \tag{12-6}$$

取 $H=0.75\times16=12$ mm

其值在 $B_k/H=1.88\sim3.16$ 范围内。

采用平椭圆的优点是能减少成品的纵筋缺陷,受来料宽度的影响,一般用$\phi12$ mm小规格钢筋时,充满情况良好,无任何缺陷。由于螺纹钢成品孔为简单周期断面,金属在其中变形复杂,目前还没有精确计算成品孔中金属变形的公式,所以成品前孔的设计目前仍采用经验数据。

切分孔型设计

切分轧制是指在热轧机上利用特殊的轧辊孔型和导卫装置中的切分轮或者其他切分装置将一根轧件沿纵向切分成两根(或多根)轧件,进而轧出两根或多根成品轧材的轧制工艺。

开发$2\times\phi16$ mm带肋钢筋切分技术时,因轧件断面较大,梅花方孔型系统不能满足断面收缩的要求,在设计上采用了扁方切分孔型系统,见图12-2。

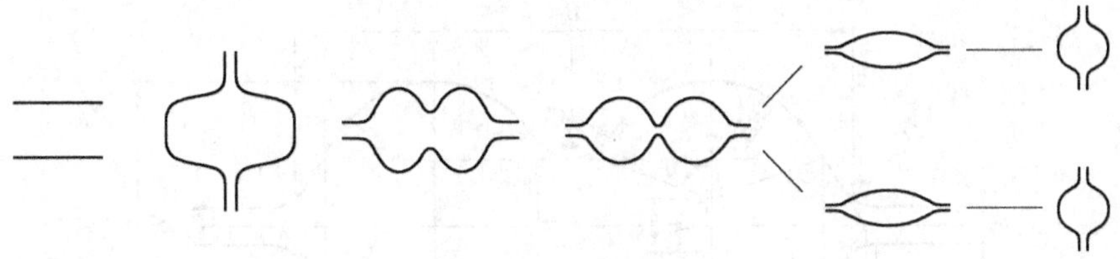

图 12-2　扁方切分孔型

A　K_3 切分孔

切分孔型由双圆孔型和一个切分连接而成，切分孔的作用是继续对预切分轧件的中部进行压下，轧出与孔型形状相同的轧件，使连接带的厚度符合将两个并联轧件撕开的需要。其结构如图 12-3 所示。

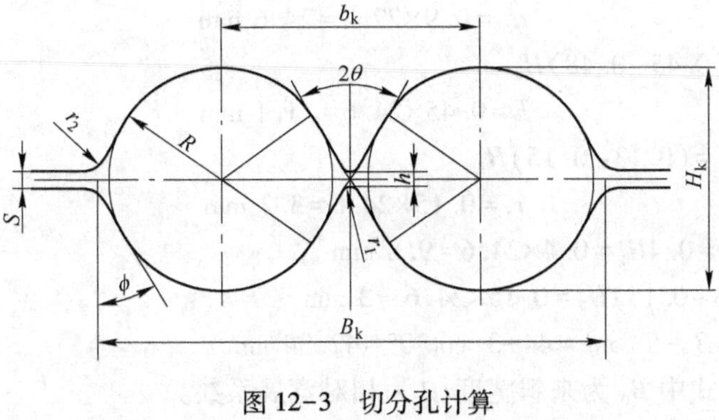

图 12-3　切分孔计算

侧壁斜角 $\phi=30°$，切分楔顶角有 $r_1=0.8$ mm 的圆角过渡角。

轧件连接带厚度 $h=1.50$ mm。

内圆半径跟圆钢孔型设计的 K_3 类似，即根据经验公式 $d_3=kd_1$，k 值范围在 1.2～1.25，d_1 为成品孔内径。取

$$d_3=1.2\times15.85=19.49 \text{ mm}$$

半径 $R=d_3/2=9.74$ mm

辊缝取 $S=2$ mm

孔型高度：$H_k=d_3=19.49$ mm

两圆心距离：$b_k=2R/\cos30°=2\times9.74/\cos30°=22.5$ mm

槽口宽度：$B_k=b_k+2R/\cos30°-S\tan30°=44.5$ mm

B　K_4 预切分孔

预切分孔呈狗骨形状，通常又称为哑铃孔，如图 12-4 所示，预切分孔主要是为了减少切分孔型的不均匀性，使切分完成对立箱轧件的压下定位，并精确分配对称轧件断面面积，尽可能减少切分孔型的负担，从而提高切分的稳定性和均匀性。

延伸系数为 1.10～1.25，侧壁斜度夹角 $\phi=30°$。为了减少切楔的磨损，切分楔的顶部都有 $r_2>3$ mm 的圆角过渡。此设计 r_2取 5 mm。

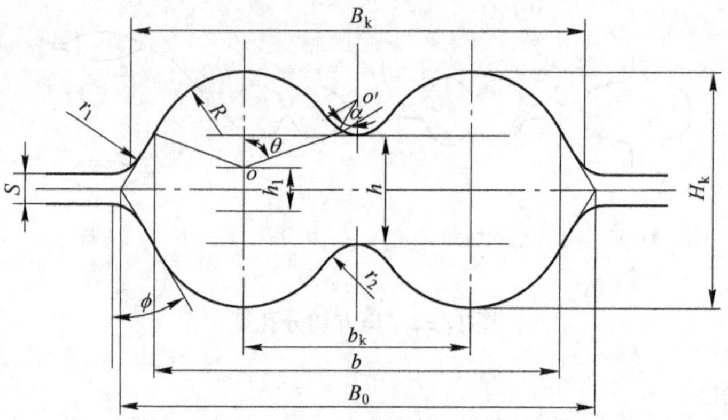

图 12-4 预切分孔

孔型高度根据来料的高度 H_0 选取，使预切分孔的压下系数为 1/(0.9~0.95)，即：

$$H_k=(0.9\sim0.95)H_0$$

取
$$H_k=0.9\times27.3=24.6\ \text{mm}$$

连带高度：$h=(0.45\sim0.48)H_k$

取
$$h=0.45\times24.6=11.1\ \text{mm}$$

外圆角半径：$r_1=(0.13\sim0.15)H_k$

取
$$r_1=0.15\times24.6=3.2\ \text{mm}$$

大圆弧半径：$R=0.4H_k=0.4\times24.6=9.8$ mm

辊缝：$S=(0.13\sim0.15)H_k=0.15\times24.6\approx3$ mm

槽口宽度：$B_k=B_\sigma-S\cot\phi=44-3\times\cot30°=42.34$ mm

这里 $B_\sigma=B_0\beta$，式中 B_0 为来料宽度；β 为相对宽展系数。

C K_5立箱孔

立箱孔的示意图如图 12-5 所示，该孔型的主要作用是规整 K_6平辊轧制后的轧件尺寸，为预切分孔型提供断面面积和尺寸合适的轧件。

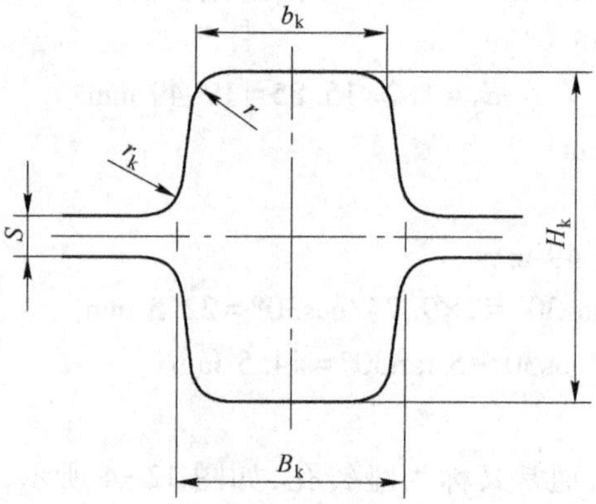

图 12-5 立箱孔

孔型高度：$H_k=0.8H_0=0.8\times38.5=30.8$ mm

槽底宽度：$b_k=(1.01\sim1.06)b_0=1.05\times26=27.3$ mm

槽口宽度：$B_k=b_k+(H_k-S)\tan\varphi=27.3+(30.8-6)\tan15°=33.65$ mm

槽口圆角半径：$r=(0.12\sim0.15)H_k=4$ mm

槽底圆角半径：$r_k=(0.12\sim0.15)H_k=4$ mm

辊缝：$S=(0.02\sim0.05)D=6$ mm

孔型的侧壁斜度 $\psi=\tan15°$

D K_6 平辊

在平箱孔中宽展系数 $\beta=0.15\sim0.35$，但是平辊轧后轧件进入立箱孔中时宽展系数取较小，由于轧件进入 K_5 立箱孔需要翻钢 90°，则辊缝 $S=22$ mm。

箱型孔的压下量控制在 8 mm，所以平辊道次轧件的宽度 $B_k=H_4+8=38.8$ mm。

粗中轧轧件断面设计

由于粗轧孔型与中轧孔型均选用无槽轧制，使用乌沙托夫斯基（Wusatowski）的计算公式。图 12-6 为无槽轧制时的计算符号示意图，图 12-7 为实际生产中的无槽轧制特性曲线，由此导出最大宽展系数计算公式（12-7）和平均宽展系数的计算公式（12-8）。

$$\beta_{max}=1+0.95[2l_d/(H_0+2B_0)][(H_0-H)/H_0] \tag{12-7}$$

$$\bar{\beta}=1+0.8[2l_d/(H_0+2B_0)][(H_0-H)/H_0] \tag{12-8}$$

式中 β_{max}——最大宽展系数；

$\bar{\beta}$——平均宽展系数；

B_0——入口轧件宽度；

H——出口轧件高度；

H_0——入口轧件高度；

l_d——名义接触弧长度，$l_d=\sqrt{D(H_0-H)/2}$；

D——轧辊直径。

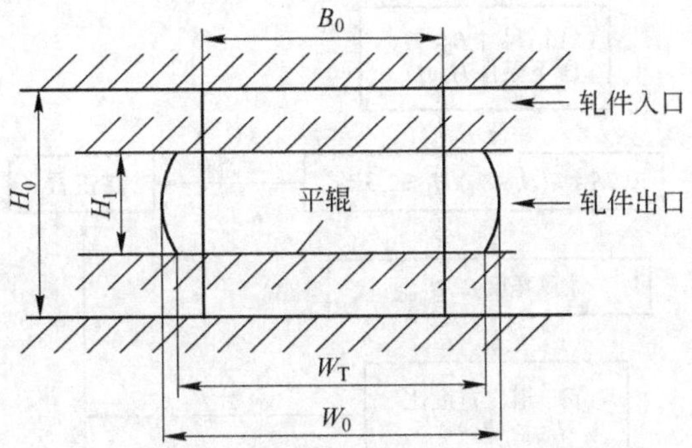

图 12-6 轧件轧制的初始状态

对含有许多不定因素的脱方现象企图用方程式去说明是困难的，应当重点研究轧制状态的影响，包括压下量与轧件入口高度之比（简称压下比，$(H_0-H)/H_0$）、轧件入口宽度与轧件入口高度之比（简称宽度比，B_0/H_0）、轧辊工作直径与轧件入口高度之比（简称厚度比，D/H_0）。

借助模型可以看出脱方比 X/H 在很大程度上受宽度比 B_0/H_0 的影响，宽度比越大，脱方比越小（见图 12-8）。同时，压下比 $(H_0-H)/H_0$ 和厚度比 D/H 对脱方也有一定的影响。在实际生产中，利用导卫装置防止脱方变形是很重要的，而最重要的是设计出在实际轧制条件下产生最小脱方变形的轧制程序，充分考虑平辊轧制的宽展特性。

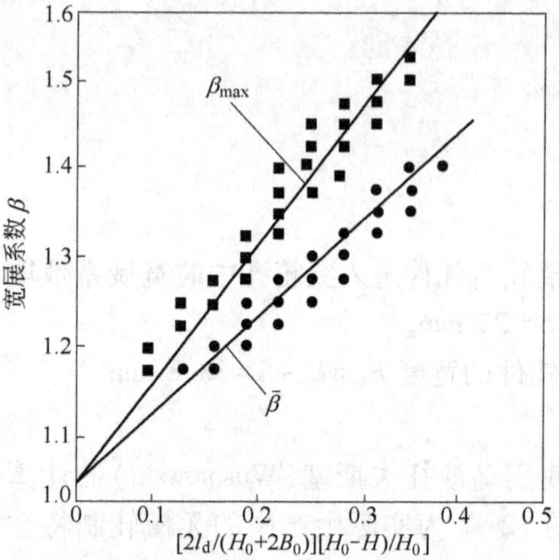

图 12-7 实际生产中平辊轧制的宽展特性

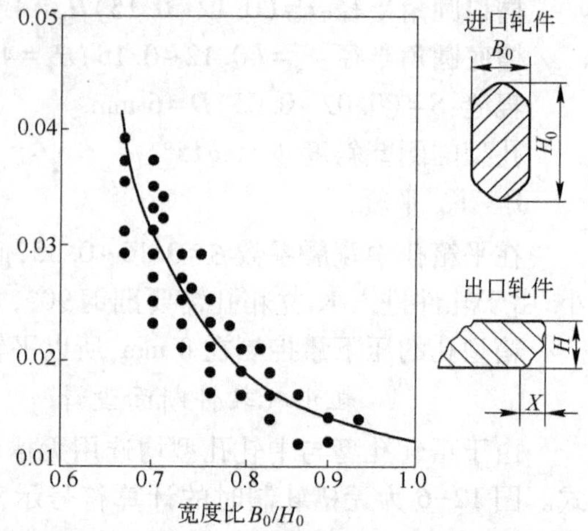

图 12-8 入口轧件宽度比和出口轧件脱方比的关系

利用最大宽展系数 β_{max} 的计算公式(12-7)和平均宽展系数 $\bar{\beta}$ 的计算公式(12-8)来计算平辊轧制的变形特征。防止轧件产生脱方变形的边界压下比通过轧制实验确定,即公式(12-9)所示。稳定轧制的轧制条件是入口轧件的宽高比是:

$$H_{0max}/B_0<2$$

最佳压下比:

$$0.7R_B \leqslant (H_0-H)/H \leqslant 1.3R_B \tag{12-9}$$

式中,$R_B=(H_0-H)/H=0.22/[(B_0/H_0)(D/H_0)-1.5]$。

根据上述公式,可以用图 12-9 所示的程序确定平辊轧制的断面尺寸表,反复计算直到稳定工作为止。

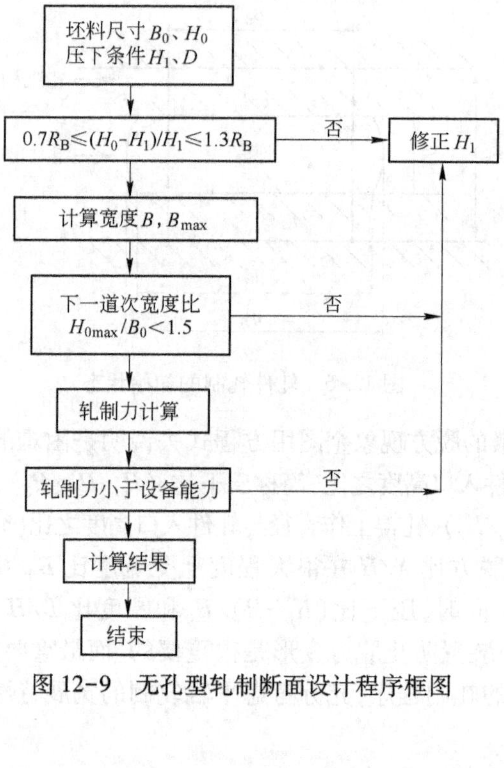

图 12-9 无孔型轧制断面设计程序框图

设计计算从 1 号轧机开始，方坯尺寸 150 mm×150 mm，选取 1 号轧机辊缝值 $S_1=H=$ 130 mm。

由于 $l_d=\sqrt{D(H_0-H)/2}=\sqrt{400\times(150-130)/2}=93.54$ mm

代入公式 $\beta_1=1+0.8[2l_d/(H_0+2B_0)][(H_0-H)/H_0]$ 中，得 $\beta_1=1.06$。因此第一道次的轧后轧件宽度为：

$$B_1=\beta_1\times150=159\ \text{mm}$$

然后验算稳定性条件，满足要求后进行下一道次的运算，计算方法类似，这里不再赘述。其余道次的计算结果列入轧制程序表 12-4。

12.1.4 ϕ16 mm 螺纹钢轧制程序表的编制

由于棒材实现全连续式的生产，所以轧制程序表的编制是棒材工艺规程计算的一项重要内容。轧制程序表主要是用来指导各架轧机的轧件尺寸、轧辊辊缝、轧制速度、轧辊直径、轧辊转速、电动机转速的设定与轧钢机的调整。

轧制程序表的主要作用之一是设定各架轧机的转速。根据各架秒流量相等的原则可以进行各架转速的计算。

$$n_i=\frac{C_n}{F_iD_i(1+S_i)} \tag{12-10}$$

式中 n_i——各道次轧机转速；

C_n——末架轧机的秒流量；

F_i——各道次轧件断面积；

D_i——各道次轧机的工作辊径；

S_i——各道次的前滑值。

根据所轧产品小时产量和工艺设备条件要求确定出末架轧机速度，从而可以计算出末架轧机的秒流量。根据上面的公式，只要计算出各道次的 F_i、D_i 和 S_i 就可以推算出各架轧机的转速。

在生产过程中为保证产品的尺寸精度和稳定轧制状态，一般在未设活套的各道次之间采用微张力轧制。后张力使前滑值减小，并建立起微张力稳定轧制状态下的秒流量相等。在孔型中轧制的前滑值计算比较复杂，张力状态下前滑值还受到工艺条件波动的影响，计算尤为困难，所以设定轧机转速时一般不考虑前滑值。这样各架轧机转速设定的精度就取决于各道次轧件断面的计算精度和各架轧辊工作直径的计算精度。

在轧辊辊环直径一定的情况下，孔型中轧制时的轧辊平均工作直径按式(12-11)计算：

$$D=D_0-h_c+S \tag{12-11}$$

式中 D——轧辊工作直径；

D_0——轧辊辊环直径；

h_c——轧件平均高度，$h_c=F/b$；

F——轧件面积；

b——轧件宽度；

S——辊缝。

根据以上原则对各道次的轧机转速进行计算并编制轧制程序表，见表 12-4。

表 12-4 ϕ16 mm 螺纹钢轧制程序表

机组	道次	孔型形状	孔型尺寸/mm		轧件面积/mm²	延伸系数	辊缝/mm	轧辊直径/mm	
			高度	宽度				最大	最小
粗轧机组	1H	无槽	150	150	22500	1.335	20	450	300
	2V	无槽	130	159	20670	1.315	54.9	450	300
	3H	无槽	120	153.4	10693	1.377	43.4	450	300
	4V	无槽	90	127.6	8056	1.280	36.6	450	300
	5H	无槽	90	108	5581	1.402	37.6	450	300
	6V	无槽	70	113.4	4103	1.303	38	450	300
中轧机组	7H	无槽	50	92.4	3149	1.358	63.4	430	370
	8V	无槽	50	99	2486	1.282	44.4	430	370
	9H	无槽	60	69	1771	1.358	39.4	430	370
	10V	无槽	45	72.45	1396	1.282	24	430	370
	11H	无槽	34.2	65.25	1037	1.352	38.25	430	370
	12V	空过	—	—	—	—	—	—	—
精轧机组	13	无槽	22	48.4	857	1.296	22	370	310
	14	箱型	33.6	27.3	628	1.199	6	370	310
	15	预切	22.93	42.34	479	1.291	3	370	310
	16	切分	19.49	44.5	372	1.203	2	370	310
	17	椭圆	12.96	28.48	297	1.270	3	370	310
	18	圆	15.85	15.85	176.25	1.237	2	370	310

12.2 高速线材车间工艺计算

12.2.1 高速线材生产孔型系统

线材一般由方坯通过一系列不同形状的孔型经过若干个过渡断面轧制成成品断面。这种依次排列的一组孔型构成孔型系统，它反映了所轧产品的变形规律。为了将坯料轧成成品，轧件所经过的孔型通常分为延伸孔型系统和精轧孔型系统两大类。轧件在延伸孔型系统中以压缩断面为主；而在精轧孔型系统中以获得最终成品断面尺寸和精度为主。

现代化的高速线材轧机改变了过去在粗、中轧延伸孔型中采用的箱-方、六角-方、椭圆-方孔型系统，粗轧至精轧全部采用椭圆-圆孔型系统。这主要是由于椭圆-圆孔型系统与其他孔型系统相比变形比较均匀，工艺易于保持稳定；轧件在孔型中宽展变形变化范围较小；变形量适中，对钢种的变化适应性好；在预精轧机组和精轧机组，椭圆-圆孔型系统对不同规格产品的共用性好。

高速线材轧机的原料多为边长 100~150 mm 的连铸方坯，钢种有高碳钢、低碳钢和低合金钢。粗、中轧机组轧机强度大，单机直流电动机传动，传动能力大，调速范围广，产品质量尺寸精度要求高。粗、中轧机组的轧制工艺采用单线或多线轧制，除中轧机组最末一两架外，其他孔型对所有产品都是共用的。

由奇数道次组成的粗、中轧机组的延伸孔型系统，选择箱（变态箱）—椭圆（双弧椭圆）—圆—椭圆—圆的组合孔型系统最理想，也可选用箱—椭圆—方—椭圆—圆的组合孔型系统。

由偶数道次组成的粗、中轧机组的延伸孔型系统，以选择椭圆—圆—椭圆—圆的组合孔型系统为理想，也可以选用箱—箱—椭圆—方—椭圆—圆的组合孔型系统。

选择孔型系统时应充分考虑以下几个原则：

（1）有利于线材表面质量；

（2）变形均匀、孔型磨损较少且均匀，以降低辊耗；

（3）变形合理、能耗少，以降低生产成本；

（4）便于调整控制，以利于操作；

（5）共用性强，以节省在调换品种规格时的换辊时间；

（6）充分考虑坯料条件、设备条件、产品条件、生产工艺操作条件以及用户对质量的要求等因素，选定合理的轧制道次。

现代高速轧机的精轧机组多采用椭圆-圆孔型系统。这一孔型系统的优点是：

（1）适合于相邻机架轧辊轴线与地平线呈45°/45°、75°/15°、90°/0°相互垂直的布置。

（2）变形平稳，内应力小，可得到尺寸精确、表面光滑的轧件或成品。

（3）椭圆-圆孔型系统，可借助调整辊缝值得到不同断面尺寸的轧件，提高了孔型样板、孔型加工的刀具和磨具、轧辊辊片和导卫装置的共用性，减少了备件，简化了管理。

（4）这一孔型系统的每一个圆孔都可以设计成既是延伸孔型又是有关产品的成品孔型，适合于用一套孔型的轧辊，轧制多种规格产品。

12.2.2 典型高线轧机技术性能参数

国内某厂高线轧制区按照其作用可分为粗轧、中轧、预精轧和精轧等4个区。粗轧机、中轧机共有12架，平立交替布置，1号、2号、3号轧机为ϕ550 mm轧机，4号、5号、6号为ϕ450 mm轧机，7~12号为ϕ400 mm轧机。传动方式全部采用单独传动。这样可以更好地消除尺寸波动，灵活地调整轧件的断面尺寸，以适应轧制多品种的需要，另外，在10~11号轧机间及11~12号轧机间设有两部立活套，这样在单独传动的条件下，10号、11号、12号机架顺利实现无张力轧制，1~9号机架实行微张力轧制。预精轧机组设备参数见表12-5。

表12-5 预精轧机设备

机架序号	机架形式	辊环尺寸				压下调整装置	辊径轴承型号	装/卸辊环方式
		最大外径	最小外径	内 径	厚 度			
13	悬臂式	285	255	160	95	偏心套	油膜轴承	液压换辊装置
14		285	255	160	95			
15		285	255	160	95			
16		285	255	160	95			

高速线材精轧机组是最具特色的关键设备，它的水平决定整套线材轧机的水平。所以精轧机选用摩根公司制造的摩根机型。精轧机组的10架V型无扭超重载型机组，由一台交流电动机集体传动。前5架为ϕ230 mm超重型机架以提高轧制力，后5架为ϕ160 mm超重型能力机架，各架轧机采用悬臂碳化钨辊环，液压换辊，电动机经增速箱伸出两根长轴，再经伞齿驱动各辊，偶道次出成品。精轧机组采用微张力轧制，为减少轧件头尾张力失控而引起的尺寸波动，精轧机组的机架间距小，为820 mm；为减低因高速轧制而产生的轧件升温，精轧机组中的圆孔出口和椭圆孔型入口采用水冷导卫。精机轧机组设备主要性能见表12-6、表12-7。

表12-6　精机轧机组辊环尺寸

机架序号	机架形式	辊环尺寸/mm			
		最大外径	最小外径	内　径	厚　度
17~21	顶交45°超重载摩根型	228.38	205	130	72
22~26		170.66	153	94	70

表12-7　精机轧机组设备主要性能

机组	辊环紧固方式	机架间距离	电动机形式	电动机转速/r·min^{-1}	电动机总容量/kW	减速增速总速比	轧辊最高工作转速/r·min^{-1}
17	锥　套	除21~22间距为798 mm外其他几架间距为820 mm	交流同步电动机变频调速	850~1600	6800	1.00258	1453
18						0.8091	1800
19						0.6518	2235
20						0.5256	2772
21						0.4289	3397
22						0.2596	5618
23						0.2046	6981
24						0.1651	8649
25						0.1317	10821
26						0.1063	13414

12.2.3　孔型共用性

在孔型设计时，应尽量考虑孔型的共用性，即仅用少量基本孔槽样板的孔型，经调整辊缝值后得到多种不同尺寸的孔型，其主要的目的是为了减少生产过程中的基本孔槽数，从而大量减少生产中的换辊次数，降低孔型样板、磨具、导卫装置及其备件、轧辊的备用量等，简化设备管理。实现孔型的共用主要有两个途径，一是使用同一基本孔槽，采取调整辊缝的方法获得不同的料型；二是通过中间机架空过减少轧制道次。

国内某高线厂在孔型共用上综合考虑了这两种方法，对26个机架配置了73个基本孔型：1~9号每机架各1个，10~12号每机架2个，13~14号每机架3个，15~16号每机架4个，精轧机组10机架中不含成品孔槽还配置44个。根据这些基本孔槽进行配置，可生产ϕ5.5~20 mm范围内的30个产品规格，见图12-10。

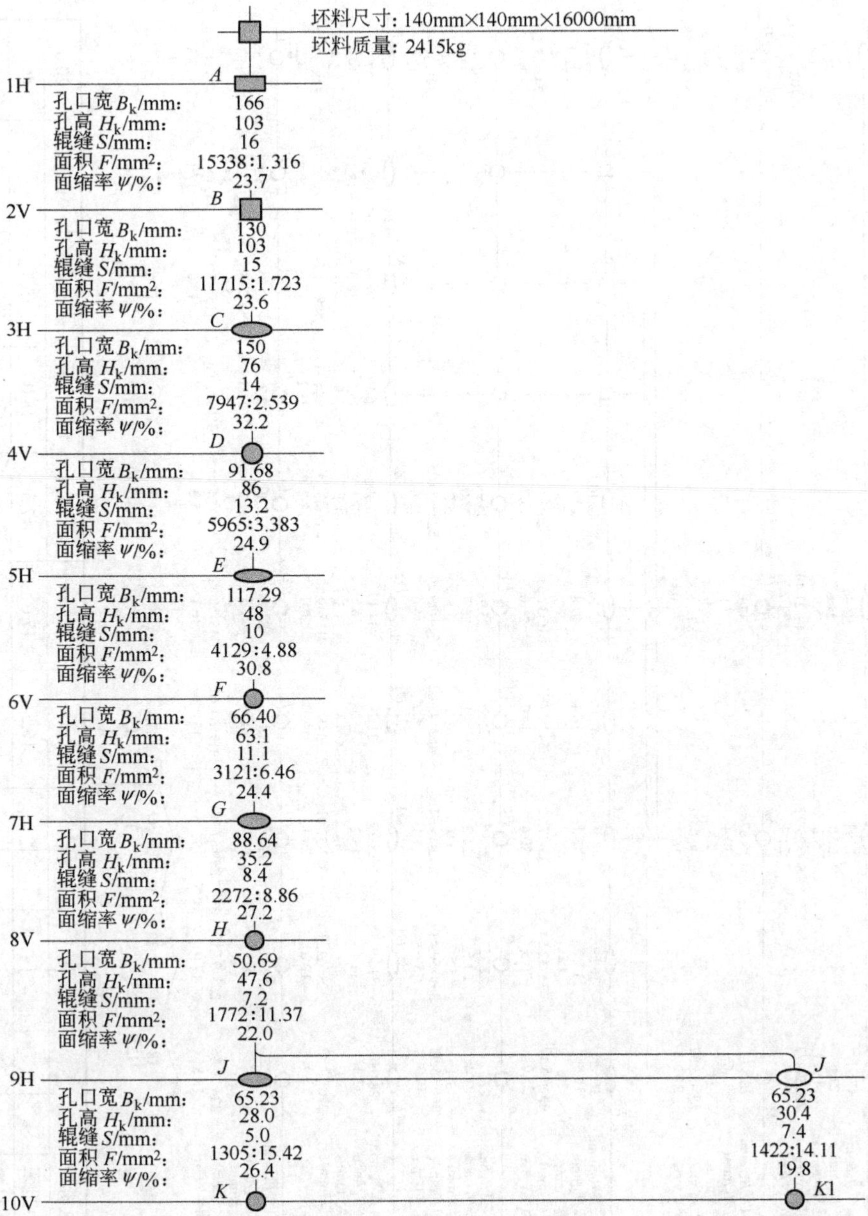
坯料尺寸: 140mm×140mm×16000mm
坯料质量: 2415kg
1H A
孔口宽 B_k/mm: 166
孔高 H_k/mm: 103
辊缝 S/mm: 16
面积 F/mm²: 15338:1.316
面缩率 ψ/%: 23.7
2V B
孔口宽 B_k/mm: 130
孔高 H_k/mm: 103
辊缝 S/mm: 15
面积 F/mm²: 11715:1.723
面缩率 ψ/%: 23.6
3H C
孔口宽 B_k/mm: 150
孔高 H_k/mm: 76
辊缝 S/mm: 14
面积 F/mm²: 7947:2.539
面缩率 ψ/%: 32.2
4V D
孔口宽 B_k/mm: 91.68
孔高 H_k/mm: 86
辊缝 S/mm: 13.2
面积 F/mm²: 5965:3.383
面缩率 ψ/%: 24.9
5H E
孔口宽 B_k/mm: 117.29
孔高 H_k/mm: 48
辊缝 S/mm: 10
面积 F/mm²: 4129:4.88
面缩率 ψ/%: 30.8
6V F
孔口宽 B_k/mm: 66.40
孔高 H_k/mm: 63.1
辊缝 S/mm: 11.1
面积 F/mm²: 3121:6.46
面缩率 ψ/%: 24.4
7H G
孔口宽 B_k/mm: 88.64
孔高 H_k/mm: 35.2
辊缝 S/mm: 8.4
面积 F/mm²: 2272:8.86
面缩率 ψ/%: 27.2
8V H
孔口宽 B_k/mm: 50.69
孔高 H_k/mm: 47.6
辊缝 S/mm: 7.2
面积 F/mm²: 1772:11.37
面缩率 ψ/%: 22.0
9H J J
孔口宽 B_k/mm: 65.23 65.23
孔高 H_k/mm: 28.0 30.4
辊缝 S/mm: 5.0 7.4
面积 F/mm²: 1305:15.42 1422:14.11
面缩率 ψ/%: 26.4 19.8
10V K K1

(a)

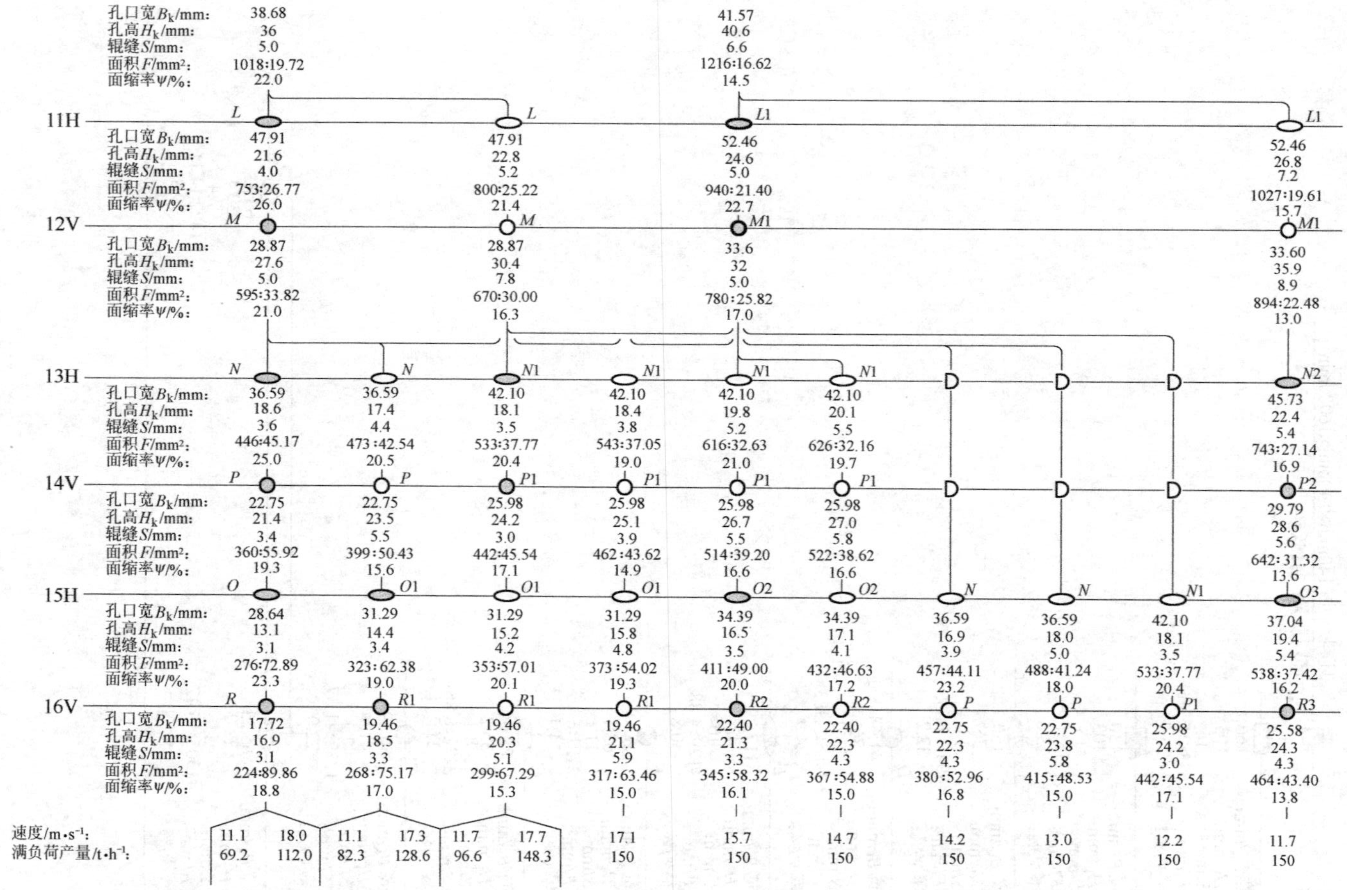

产品规格与成品机架对应表	第18机架											19.0	19.5	20.0
	第20机架							16.5	17.0	17.5	18.0	18.5		16.0
	第22机架							13.0	13.5	14.0	14.5	15.0	15.5	12.5
	第24机架							10.5	11.0		11.5	12.0		10.0
	第26机架	5.5	7.0	6.0	7.5	6.5	8.0		8.5	9.0		9.5		

(b)

机组	机架	项目	1	2	3	4	5	6	7	8	9	10	11	12	13
	16V	孔型	R	R1	R1	R	R1	R1	R2	R2	P	R3	R1	R2	P
		供给面积/mm²	224	268	299	224	268	299	345	367	415	464	317	345	380
		NTM输入速度/m·s⁻¹	11.1	11.1	11.7	18.0	17.3	17.7	15.7	14.7	13.0	11.7	17.1	15.7	14.2
M		mm²													
M	17	孔型	S	S1	S2							S5			
M		孔口宽 B_k/mm	23.47	24.90	26.94							32.17			
M		孔高 H_k/mm	10.56	11.69	12.84							16.11			
M		辊缝 S/mm	1.16	1.29	1.64							1.11			
M		面积 F/mm²	172.81	205.66	241.22							363.65			
M		面缩率 ψ/%	22.9	23.33	19.3							21.6			
M	18	孔型	T	T1	T2							T6			
M		孔口宽 B_k/mm	13.73	14.89	16.19							19.99			
M		孔高 H_k/mm	13.69	14.84	16.20							19.71			
M		辊缝 S/mm	1.29	1.64	1.60							1.51			
M		面积 F/mm²	144.13	171.49	201.67							304.66			
M		面缩率 ψ/%	16.6	16.6	16.4							16.3			
M	19	孔型	U	U1	U2	S	S1	S2	S3	S3	S4	S2	S2	S3	S3
M		孔口宽 B_k/mm	19.86	20.00	21.43	23.47	24.90	26.94	29.06	29.06	29.31	26.94	26.94	29.06	29.06
M		孔高 H_k/mm	8.27	9.46	10.16	11.00	11.76	12.55	13.19	14.35	15.69	12.42	13.38	13.95	14.66
M		辊缝 S/mm	1.07	1.06	1.56	1.60	1.36	1.35	1.11	2.27	1.87	1.22	2.18	1.87	2.58
M		面积 F/mm²	111.62	132.91	155.60	180.35	207.02	235.39	265.63	296.88	331.51	233.84	257.01	281.94	307.19
M		面缩率 ψ/%	22.6	22.5	22.8	19.5	22.8	21.3	23.0	19.1	20.1	23.2	18.9	18.3	19.2
M	20	孔型	V	V1	V2	T	T1	T2	T3	T4	T5	T2	T2	T3	T4
M		孔口宽 B_k/mm	11.14	12.23	12.79	13.73	14.89	16.19	17.07	17.95	19.78	16.19	16.19	17.07	17.95
M		孔高 H_k/mm	11.08	11.91	13.11	14.11	14.91	15.92	16.97	18.02	18.51	15.82	16.86	17.70	18.40
M		辊缝 S/mm	1.44	1.21	1.75	1.71	1.71	1.32	1.37	1.72	1.11	1.22	2.26	2.10	2.10
M		面积 F/mm²	92.79	110.50	129.60	150.41	172.63	196.80	222.29	249.07	278.07	195.50	214.87	235.94	257.73
M		面缩率 ψ/%	16.9	16.9	16.7	16.6	16.6	16.4	16.3	16.1	16.1	16.4	16.4	16.3	16.1
M	21	孔型	W	W1	W2	U	U1	U2	S	S	S1	U2	U2	S	S1
M		孔口宽 B_k/mm	16.33	16.32	18.17	19.86	20.00	21.43	23.47	23.47	24.90	21.43	21.43	23.47	24.90
M		孔高 H_k/mm	6.65	7.57	7.93	8.57	9.60	10.13	10.66	11.41	12.14	10.08	10.67	11.04	11.59
M		辊缝 S/mm	1.15	1.17	1.53	1.37	1.20	1.53	1.26	2.01	1.74	1.48	2.07	1.64	1.19
M		面积 F/mm²	73.07	86.93	101.71	117.88	135.40	153.67	173.37	193.77	215.88	152.66	167.79	184.02	201.10
M		面缩率 ψ/%	21.3	21.3	21.5	21.6	21.6	21.9	22.0	22.2	22.4	21.9	21.9	22.0	22.0
M	22	孔型	X	X1	X2	X3	X4	X5	X6	X7	X7	X5	X6	X6	X7
M		孔口宽 B_k/mm	9.13	9.75	10.35	11.14	12.23	12.79	13.73	15.30	15.30	12.79	13.73	13.73	15.30
M		孔高 H_k/mm	8.80	9.49	10.46	11.21	11.87	12.83	13.57	14.05	14.97	12.78	13.22	14.10	14.33
M		辊缝 S/mm	1.10	0.99	1.26	1.57	1.17	1.47	1.17	1.05	1.97	1.42	0.82	1.70	1.33
M		面积 F/mm²	59.09	70.46	82.79	95.99	110.59	125.96	142.70	160.30	178.05	125.13	138.43	151.46	165.87
M		面缩率 ψ/%	19.1	18.9	18.6	18.6	18.3	18.0	17.7	17.3	17.5	18.0	17.5	17.7	17.5
M	23	孔型	Y	Y1	Y2	Y3	Y4	Y5	Y6	Y6	Y7	Y5	Y5	Y6	Y6
M		孔口宽 B_k/mm	12.39	13.36	14.66	16.07	16.32	18.17	19.86	19.86	20.00	18.17	18.17	19.86	19.86
M		孔高 H_k/mm	5.29	5.79	6.18	6.59	7.39	7.60	8.10	8.71	9.59	7.58	8.04	8.37	8.89
M		辊缝 S/mm	0.99	0.99	1.18	1.29	0.99	1.20	0.90	1.51	1.19	1.18	1.64	1.17	1.69
M		面积 F/mm²	45.63	54.30	63.61	73.68	84.89	96.30	108.91	121.72	136.21	95.66	105.14	115.60	125.95
M		面缩率 ψ/%	22.8	22.9	23.2	23.2	23.2	23.6	23.7	24.1	23.5	23.6	23.6	23.7	23.7
M	24	孔型	Z	Z1	Z2	X	X1	X2	X2	X3	X4				
M		孔口宽 B_k/mm	7.19	7.86	8.33	9.13	9.75	10.35	11.14	11.14	12.23	10.30	10.86	11.36	11.85
M		孔高 H_k/mm	6.96	7.58	8.33	8.94	9.40	10.17	10.73	11.51	11.92	10.0	10.5	11.0	11.5
M		辊缝 S/mm	0.96	0.98	1.25	1.24	0.90	0.97	1.09	1.87	1.22	0.80	0.80	0.80	0.80
M		面积 F/mm²	37.20	44.30	51.99	60.34	69.40	79.06	89.22	99.72	111.50	78.54	86.59	95.03	103.87
M		面缩率 ψ/%	18.5	18.4	18.3	18.1	18.3	17.9	18.1	18.1	18.1	17.9	17.6	17.8	17.5
M	25	孔型	ZA	ZA1	ZA2	Y	Y1	Y2	Y3	Y3	Y4				
M		孔口宽 B_k/mm	9.73	10.80	11.40	12.39	13.36	14.66	16.07	16.07	16.32				
M		孔高 H_k/mm	4.25	4.60	4.98	5.41	5.81	6.10	6.41	6.81	7.50				
M		辊缝 S/mm	0.95	1.00	1.18	1.11	1.01	1.10	1.11	1.51	1.10				
M		面积 F/mm²	29.19	34.70	40.65	47.14	54.12	61.46	69.29	77.45	86.60				
M		面缩率 ψ/%	21.5	21.7	21.8	21.9	22.0	22.3	22.3	22.3	22.3				
M	26	孔口宽 B_k/mm	5.72	6.17	6.77	7.27	7.77	8.29	8.80	9.29	9.82				
M		孔高 H_k/mm	5.5	6.0	6.5	7.0	7.5	8.0	8.5	9.0	9.5				
M		辊缝 S/mm	0.80	0.80	0.80	0.80	0.80	0.80	0.80	0.80	0.80				
M		面积 F/mm²	23.76	28.27	33.18	38.48	44.18	50.27	56.75	63.62	70.88				
M		面缩率 ψ/%	18.6	18.5	18.4	18.4	18.4	18.2	18.1	17.9	18.2				
				R_b6				R_b8				R_b10			
		线材产品规格 ϕ/mm	5.5	6.0	6.5	7.0	7.5	8.0	8.5	9.0	9.5	10	10.5	11	11.5
		终轧速度/m·s⁻¹	105	105	105	105	105	105	95.4	85.1	76.4	68.9	62.5	56.9	52.1
		满负荷产量/t·h⁻¹	69.2	83.2	96.6	112.0	128.6	146.3	150	150	150	150	150	150	150
		新轧辊成品电动机转速/r·min⁻¹	1224	1227	1231	1234	1238	1241	1131	1012	911	1281	1166	1066	978

(c)

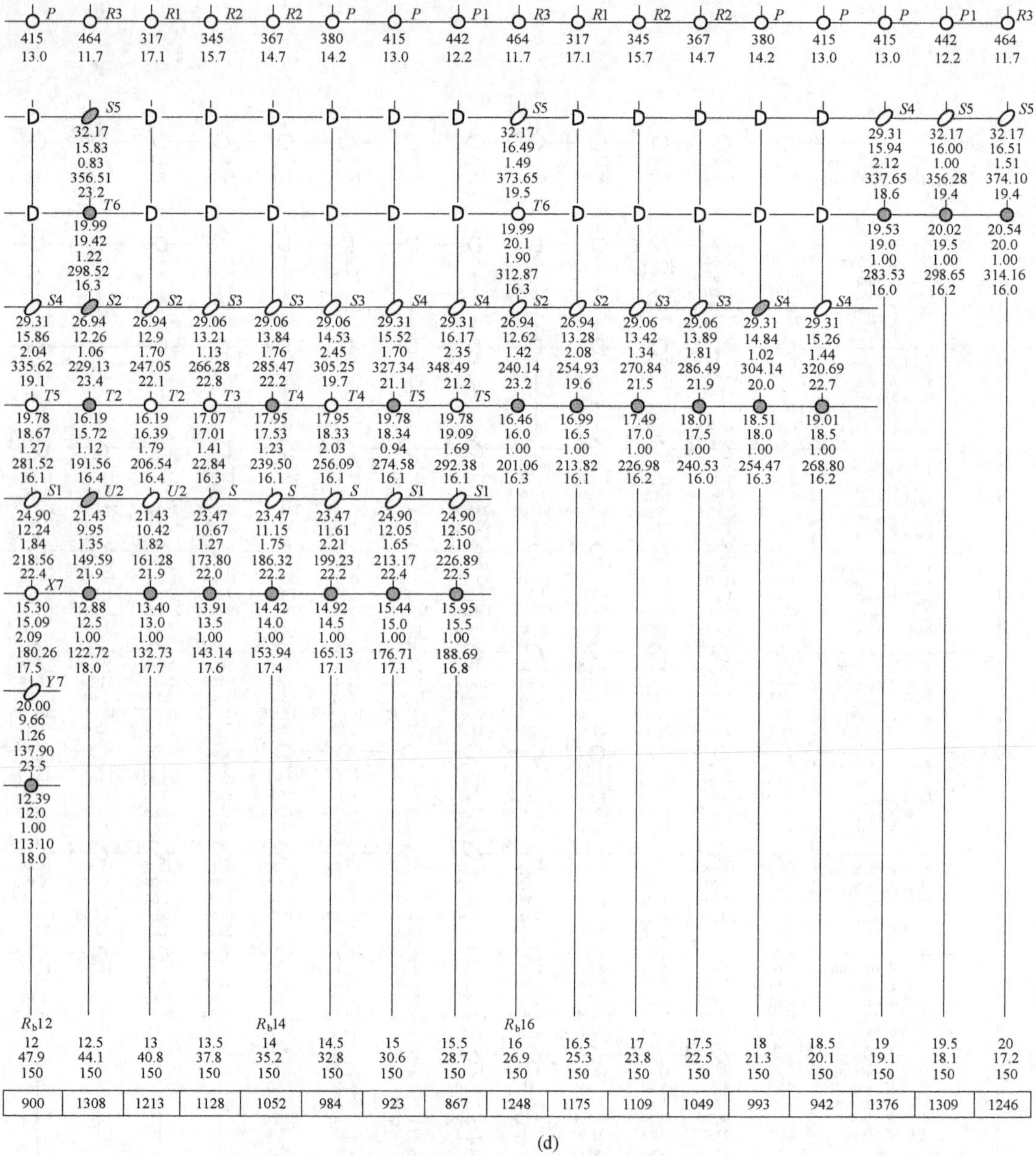

图 12-10 国内某高线厂孔型配置

12.2.4 轧制道次与延伸系数分配

在原料和产品确定后，首先应排列轧制程序表，确定轧线机架数。对于连续式高速线材轧机来说，轧制总道次即为所需的机架数，然后按粗轧、中轧、预精轧、精轧机组分配各轧制阶段的延伸和轧制道次。一般情况下可参照类似生产条件下的实际生产经验数据确定每道次的延伸系数。在粗轧阶段，为了充分利用金属在高温阶段变形抗力小、塑性好的特点，同时此阶段对轧件尺寸精度要求不甚严格，通常给予较大的延伸系数，平均延伸系数为 1.3~1.4；在中轧阶段，既要继续利用金属在高温阶段变形抗力小、塑性较好的特点，又要保证轧件尺寸稳定，通常给予中等的延伸系数，平均延伸系数一般为 1.2~1.35；在预精轧阶段，为了给精轧机组提供比较准确的轧件断面尺寸，平均延伸系数一般为1.2~1.31；高速无扭精轧机组为集中传动，其总延伸系数基本上为定值，平均延伸系数一般普碳钢1.25，合金钢1.18~1.2。

若已知坯料断面面积F_0和成品断面面积F_n，则可计算出总延伸系数为：

$$\mu_z=\frac{F_0}{F_n}=\frac{F_0}{F_1}\times\frac{F_1}{F_2}\times\frac{F_2}{F_3}\times\cdots\times\frac{F_{n-1}}{F_n}=\mu_1\mu_2\mu_3\cdots\mu_n \quad (12-12)$$

式中 $F_1,F_2,F_3,\cdots,F_{n-1}$——第1、2、3、…、$n-1$道次的轧后的轧件断面面积；

$\mu_1,\mu_2,\mu_3,\cdots,\mu_n$——轧件在第1、2、3、…、$n$道次的延伸系数。

如用平均延伸系数μ_p代替各道次的延伸系数，则：

$$\mu_z=\mu_p^n \quad (12-13)$$

平均延伸系数μ_p根据经验数据或同类轧机数据类比选取。按总延伸系数和平均延伸系数可计算出轧制道次数：

$$n=\frac{\lg\mu_z}{\lg\mu_p}=\frac{\lg F_0-\lg F_n}{\mu_p} \quad (12-14)$$

轧制道次数经计算后应规整取整数。根据总轧制道次数，合理分配和确定每道次的延伸系数，使各道次的延伸系数的连乘积等于总延伸系数μ_z。

在分配延伸系数时，除按照上述定量原则外，还应考虑的定性原则为：

(1)咬入条件。在前几道次中，因为氧化铁皮附着在钢锭或钢坯表面上，其摩擦系数较小，所以前几道次的延伸系数常受咬入条件限制而较小。

(2)电动机能力。在前几道次中，原料的断面面积较大，虽然延伸系数不大，但轧件断面面积减缩量仍然较大，轧制时电动机负荷也大，因此前几道次的延伸系数也常受电动机能力的限制而较小。

(3)金属的塑性。某些合金钢在受到加工变形前塑性较差，因此要求前几道次的变形量要小些，延伸系数也较小。

(4)孔型磨损。在成品孔和成品前孔中，为了保证成品的尺寸和表面质量，变形量宜小，以减小孔型的磨损和磨损速度。

(5)轧件温度。在经过前几道次的轧制后，轧件表面上的氧化铁皮已经脱落，同时轧件温度仍然较高，断面面积变小，塑性得到了改善，因此在中间的轧制道次中要充分利用轧件的高温塑性给以较大的变形量，道次延伸系数也较大。

根据上述原则，延伸系数的分配一般如图12-11所示。

各道次的延伸系数确定以后，若其连乘积等于总延伸系数，说明确定的各道次延伸系数是正确的，否则需调整各道次的延伸系数使其连乘积等于总延伸系数。

预精轧机组一般由4个机架组成，承接由中轧机组供给的同一尺寸的圆形轧件，经2~3组不同尺寸的椭圆-圆孔型系统，采取调整孔型高度的方法轧出4~6种圆形轧件供给精轧机组。预精轧机组的孔型平均延伸系数为1.21~1.31。

精轧机组一般由8~10机架组成，平均延伸系数为1.215~1.255。由10个机架组成的精轧机组，对从预精轧机组来料尺寸要求一般为ϕ16~21.5 mm，轧制合金钢或采用8机架的精轧机组时，来料直径相应减小2~4 mm。

精轧机组各架延伸系数的分配，除第一架外，大体上是均匀的。轧件由中轧机组或预精轧机组进入精轧机组，因设有活套装置是在无张力状态下轧制，轧制速度较低，咬入条件好，

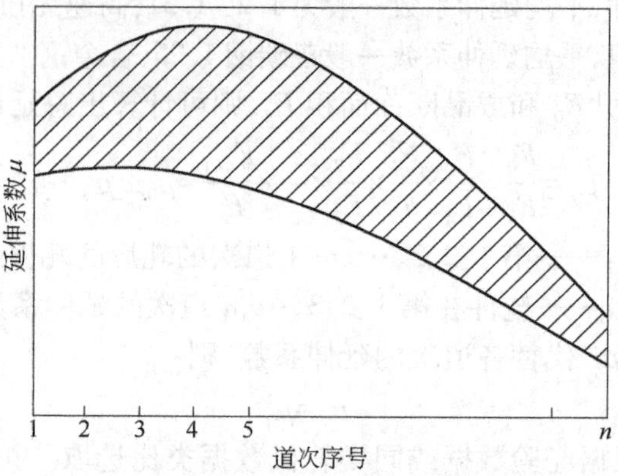

图 12-11 各道次延伸系数分配曲线

延伸系数的大小不受传动条件的限制。为满足多种规格产品的供料要求,在精轧机组第一道次椭圆孔型内的延伸系数波动范围比较大,一般为 1.51~1.31。

其他道次的延伸系数,在椭圆孔型和圆孔型中也有所不同。

在椭圆孔型中的延伸系数为 1.23~1.29,一般略高于精轧机组的平均延伸系数。在同一机组不同道次的椭圆孔型中延伸系数的波动值为 0.015~0.03。在同一架次轧制不同产品时延伸系数的波动值为 0.002~0.009。

在圆形孔型中的延伸系数为 1.21~1.24,一般都略低于精轧机组的平均延伸系数。在同一机组不同道次的圆形孔型中延伸系数的波动值为 0.012~0.019。在同一架次轧制不同产品时延伸系数的波动值为 0.006~0.01。

几个具有代表性的精轧机组的延伸系数列于表 12-8 中。

表 12-8 几个具有代表性的精轧机组的延伸系数

精轧机组		A			B			C			D		
进料尺寸/mm		$\phi16$	$\phi17.5$	$\phi18.5$	$\phi17$	$\phi18.5$	$\phi19.7$	$\phi17$	$\phi18.6$	$\phi20$	$\phi17$	$\phi18$	$\phi19$
成品规格/mm		$\phi5.5$	$\phi6$	$\phi6.5$	$\phi5.5$	$\phi6$	$\phi6.5$	$\phi5.5$	$\phi6$	$\phi6.5$	$\phi5.5$	$\phi6$	$\phi6.5$
总道次		10	10	10	10	10	10	10	10	10	10	10	10
总延伸系数		8.46	8.51	8.10	9.55	9.51	9.18	9.55	9.61	9.47	9.55	9.00	8.54
μ_p		1.238	1.239	1.233	1.253	1.253	1.248	1.253	1.254	1.252	1.253	1.246	1.239
道次延伸系数	1	1.304	1.308	1.244	1.25	1.249	1.203	1.226	1.232	1.149	1.251	1.241	1.196
	2	1.218	1.217	1.219	1.227	1.227	1.227	1.234	1.233	1.237	1.215	1.206	1.213
	3	1.24	1.239	1.245	1.259	1.258	1.258	1.271	1.27	1.269	1.272	1.267	1.267
	4	1.223	1.228	1.22	1.226	1.227	1.227	1.232	1.232	1.229	1.225	1.227	1.274
	5	1.223	1.235	1.242	1.274	1.273	1.274	1.28	1.283	1.287	1.28	1.286	1.289
	6	1.231	1.229	1.223	1.243	1.243	1.242	1.234	1.235	1.235	1.232	1.235	1.202
	7	1.233	1.234	1.241	1.273	1.274	1.274	1.275	1.276	1.275	1.285	1.29	1.29
	8	1.232	1.23	1.226	1.243	1.241	1.246	1.24	1.239	1.238	1.234	1.235	1.238
	9	1.235	1.235	1.239	1.26	1.27	1.271	1.272	1.269	1.273	1.274	1.279	1.279
	10	1.231	1.233	1.227	1.238	1.238	1.238	1.238	1.241	1.238	1.23	1.225	1.229

注:μ_p 为平均延伸系数。

由于精轧机组为集体传动,因此各机架延伸系数的确定不仅要考虑到各道次需要完成的变形量,而且必须兼顾连轧生产以及产品质量所要求的堆拉关系。精轧机组各机架速比确定了,各机架的延伸系数也相应固定,所以精轧机组延伸系数的调整范围很小。

12.2.5 宽展系数与轧件断面积计算

鉴于现代高线轧机均采用连续轧制方式生产,为保持各机架上金属的秒流量相等,除在机械和电气上采取必要措施外,在孔型设计中准确地计算轧件断面尺寸和面积是至关重要的,其中准确地计算轧制时轧件的宽展量是核心问题,尤其是精轧机组,必须准确地确定轧件在孔型中的宽展量。要准确地确定宽展量,必须确定轧件在孔型中的绝对宽展系数。影响绝对宽展系数的因素很多,如轧制温度、轧件尺寸、孔型系统、轧辊尺寸、轧制速度,因此每一条轧制线都有其特有的绝对宽展系数范围,一般根据类似轧制条件的经验数据选定。目前国际上普遍采用乌沙托夫斯基(Wusatovski)公式计算轧件的宽展,实践证明该计算公式较为准确。该公式为:

$$\beta=\frac{b-B}{B}=\left(\frac{H}{h}\right)^{-w}-1 \qquad (12-15)$$

$$w=10^{-1.269\delta\varepsilon^{0.556}}$$

式中 B,b——轧前、轧后轧件宽度;

w——轧件尺寸及轧辊直径影响系数;

δ——轧件断面形状系数,$\delta=B/H$;

ε——轧机辊径系数,$\varepsilon=H/D$;

H,h——轧前、轧后轧件高度;

D——轧辊工作直径。

高速线材生产一般都采取控制轧制及控制冷却工艺,开轧温度较低,轧辊尺寸较大,与其他热轧生产相比,绝对宽展系数应取较大值;中轧机组轧件轧制温度逐道降低,尽管轧辊直径相对粗轧小,但轧件尺寸也较粗轧小,因此同类孔型绝对宽展系数在粗轧的基础上逐道增大;预精轧及精轧由于轧制速度较高,变形热的作用使轧制温度升高,同时轧辊直径减小,轧件尺寸变小,故绝对宽展系数与中轧相差不大。国内某高线厂生产线的绝对宽展系数大约为:粗轧机组箱形孔型0.29~0.32,椭圆孔型0.5~0.58,圆孔型0.26~0.32;中轧机组椭圆孔型0.6~0.8,圆孔型0.34~0.4;预精轧与精轧机组宽展系数:椭圆孔型0.75~0.9,圆孔型0.3~0.4。

实验与生产实践证明,圆形轧件在椭圆孔型中变形后椭圆侧边为弧形,如图12-12所示。椭圆轧件断面面积由三部分组成:

$$F=F_1+F_2+F_3 \qquad (12-16)$$

式中 F_1——四边形$ABCD$面积,$F_1=B_sH_s$;

F_2——大弓形面积,$F_2=R(l_1-B_s)+\frac{1}{2}B_s(h-H_s)$,$l_1=0.01745R\alpha_1$;

F_3——小弓形面积,$F_3=R_1(l_2-H_s)+\frac{1}{2}H_s(b-B_s)$,$l_2=0.01745R_1\alpha_2$。

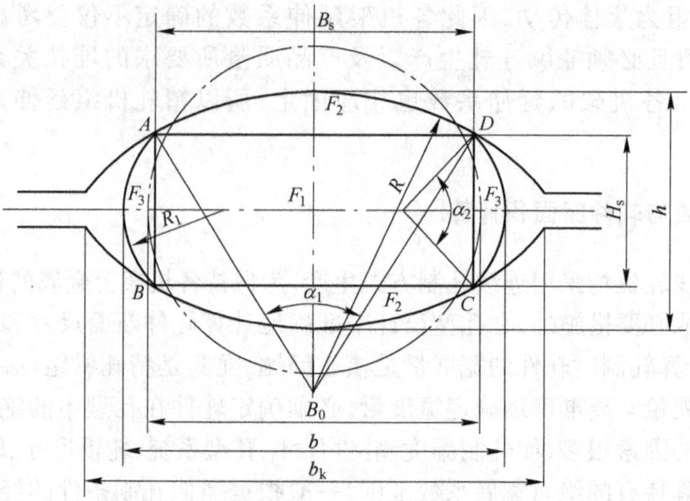

图 12-12 圆轧件进入椭圆孔时的计算符号

将 F_1、F_2、F_3 的计算式代入式(12-16)得：

$$F=B_sH_s+R(l_1-B_s)+\frac{1}{2}B_s(h-H_s)+R_1(l_2-H_s)+\frac{1}{2}H_s(b-B_s)$$

$$=H_sB_s+0.01745R^2\alpha_1-RB_s+\frac{B_sh}{2}+\frac{B_sH_s}{2}+0.01745R_1\alpha_2-R_1H_s+\frac{H_sb}{2}-\frac{B_sH_s}{2}$$

$$=0.01745(R^2\alpha_1+R_1^2\alpha_2)-(RB_s+R_1H_s)+0.5(B_sh+H_sb) \tag{12-17}$$

式中 $B_s=\sqrt{(h-H_s)(4R+H_s-B)}$；

$H_s=\sqrt{(b-B_s)(4R_1+B_s-b)}$；

$R_1=(0.8\sim1)d_0$；

d_0——进入椭圆孔的圆形轧件的直径。

要想精确地计算轧件断面面积，必须准确地确定轧件宽度。一般多是按经验范围给定的绝对宽展系数设计计算轧件和孔型尺寸后，再按 Wusatovski 宽展公式验算宽展结果。其值接近即可，若差值较大则需重新进行计算。

经验给定的绝对宽展系数是，圆轧件在椭圆孔型中为 0.5~0.9；椭圆轧件在圆孔型中为 0.26~0.4。宽展的验算可以按式(12-16)进行。

12.2.6 拉钢系数与延伸系数

在稳态连轧过程中，被轧制金属通过各机架的秒流量相等，即通过各机架的金属秒流量为一个常数，这个常数称为连轧常数，用 C 表示。稳态轧制是理想状态，实际生产过程中各架轧机秒流量随工艺条件不断变化，机架之间存在着堆拉关系。所谓堆拉关系是指连轧生产过程中相邻机架间轧件的受力状态，通常用拉钢系数 ΔC_n 表示其定量关系。ΔC_n 为相邻机架连轧常数的差与前一机架连轧常数比值的百分数，用公式表示为：

$$\Delta C_n=\frac{C_n-C_{n-1}}{C_{n-1}}\times100\% \tag{12-18}$$

当 $\Delta C_n>0$ 时，为拉钢轧制；当 $\Delta C_n<0$ 时，为堆钢轧制。

对于顺序式连轧机，为了使轧制状态稳定，一般采用微拉轧制，堆拉系数控制为：粗轧 $\Delta C_n=1.5\%\sim3.5\%$；中轧 $\Delta C_n=1.0\%\sim1.5\%$；预精轧 $\Delta C_n=0.5\%\sim1.05\%$。对于集体传动的线材精轧机组采用微张力轧制，不过其堆拉系数 ΔC_n 应控制在 0.5%以下。为了控制产品的尺寸精度，在一些机组间利用活套实现无张力轧制（此时 $\Delta C_n=0$），但有时也采用微张力轧制，不过其堆拉系数应控制在 0.5%以下。

线材连轧生产线上单独传动的粗、中连轧机组，各道次间的延伸系数可单独根据轧制工艺要求确定，其堆拉关系可通过调整各机架的电动机转速来保证。而集体传动的精轧机组各架间设定了固定速比，故为了得到适宜的堆拉关系以保证产品质量，机组中各道次的延伸系数应按如下方法进行计算确定。

设第 n 道次的轧件断面面积为 F_n，轧制速度为 v_n，平均工作辊径为 D_n，轧辊转速为 n_g，减速比为 I_n。第 $n-1$ 道次的轧件断面面积为 F_{n-1}，轧制速度为 v_{n-1}，平均工作直径 D_{n-1}，轧辊转速为 n'_g，减速比为 I_{n-1}。精轧主电动机转速为 n_j。第 n 道次与前一道次间的堆拉系数以 ΔC_n 表示，第 n 道次的延伸系数为 μ_n，则：

$$\mu_n=\frac{F_{n-1}}{F_n}$$

根据连轧理论：$(1+\Delta C_n)F_{n-1}v_{n-1}=F_nv_n$

由于 $$v_{n-1}=\frac{\pi D_{n-1}n'_g}{60}$$

$$v_n=\frac{\pi D_n n_g}{60}$$

$$n_g=\frac{n_j}{I_n}$$

$$n'_g=\frac{n_j}{I_{n-1}}$$

所以 $$\frac{F_{n-1}}{F_n}=\frac{v_n}{(1+\Delta C_n)v_{n-1}}=\frac{D_n n_g}{(1+\Delta C_n)D_{n-1}n'_g}$$

$$\mu_n=\frac{D_n I_{n-1}}{(1+\Delta C_n)D_{n-1}I_n} \tag{12-19}$$

12.2.7 产品终轧速度确定

确定各机架速度首先需确定产品终轧速度及成品机架的连轧常数（或金属秒流量）。一旦产品终轧速度及成品面积确定，就可计算出成品机架连轧常数。根据选定的堆拉系数计算出各机架的连轧常数，而后计算各机架轧件面积、工作辊径等。计算出各机架的轧辊转速需再换算成电动机转速。如此计算出的电动机转速可以用于生产前的电动机转速初步设定，生产过程中再根据实际设定的条件、轧制温度、辊径等进行微调。

对于一条已投入生产的生产线，确定产品终轧速度应根据项目设计时确定的速度锥确定生产线的保证速度。保证速度指在辊径最小、轧制最小断面尺寸的线材时，成品轧机所能实现的轧制速度，一般按如下经验公式确定：

$$v_b=\frac{v_s}{1.2\sim1.25} \tag{12-20}$$

式中 v_b——保证轧制速度；

v_s——设计速度。

现代高速线材轧机的设计速度是指精轧机组末架轧机在传动电动机转速为最高，轧辊辊径为最大时的轧辊线速度。

在制订各产品终轧速度时，一般将一种或两种最小规格线材的终轧速度选定在保证轧制速度下（但必须满足设计的小时产量），其他规格线材的终轧速度按小时产量相应降速，或从精轧机组末架起向前相应机架的空过进行轧制，即：

$$v_n = \frac{F_s v_b}{F_n} \tag{12-21}$$

式中 v_n——其他规格线材的终轧速度；

F_n——其他规格线材的断面面积；

F_s——最小规格线材的断面面积；

v_b——保证轧制速度。

轧制小规格线材的保证轧制速度按设计的小时生产能力计算如下：

$$v_b = \frac{AG_b}{q(3600G_b NK_1K_2 - At_j)} \tag{12-22}$$

式中 A——设计小时产量，t/h；

G_b——钢坯单重，t/支；

q——最小规格线材产品的单重，t/m；

N——同时轧制线数；

K_1——成材率，一般为95%~96.5%；

K_2——轧机作业率，一般为85%~95%；

t_j——轧制间隙时间，一般为5 s。

另外，为了减小粗轧轧辊的磨损及保证粗轧各机架的顺利咬入，由上述方法确定的保证轧制速度还应该满足钢坯进入粗轧第一架的轧制速度 $v_1 > 0.1$ m/s。

12.2.8 连轧常数与孔型设计

高速线材轧机的孔型设计程序、方法和内容如下：

(1)从成品孔开始按逆轧制顺序设计。确定成品孔型和轧件尺寸，计算成品道次的连轧常数。

(2)按逆轧制顺序分配各架之间的拉钢系数。首先确定精轧机组各架之间的拉钢系数，其值为0.1%~0.3%，然后计算出各架的连轧常数，设计各架的轧件和孔型尺寸。按连轧常数相等设计精轧机组第一架和中轧机组末架（或预精轧机组末架）的孔型和轧件尺寸。再以中轧机组（或预精轧机组）末架的连轧常数为基准逆轧制顺序，分配粗、中轧机组各架之间的拉钢系数，其值为0~0.5%，确定各架连轧常数，设计各架轧件和孔型尺寸。

(3)设计各圆孔型尺寸。

(4)设计椭圆轧件和孔型尺寸。

在设计圆孔型尺寸时，粗、中轧机组多为直流电动机单独传动，可按合理的延伸系数分配设计圆孔型尺寸，计算轧件断面面积和轧辊工作直径，根据已确定的连轧常数求得轧辊转速。在集体传动的连轧机上，孔型设计有两种情况。第一种情况是为新建的轧机设计孔型，各机架的传动比还没有确定，因此可按合理的延伸系数分配设计孔型，根据计算的结果来确定各机架的传动比。第二种情况是为传动比已固定的连轧机组设计孔型。在第一种情况下各机架的轧辊转速可按下列公式求得：

$$n=\frac{C}{FD}$$

式中 n——轧辊转速；

C——连轧常数；

F——轧件断面面积；

D——轧辊工作直径。

当考虑拉钢与前滑时，有

$$K_n=\frac{C_n}{C_{n-1}}=\frac{F_nD_nn_n(1+S_n)}{F_{n-1}D_{n-1}n_{n-1}(1+S_{n-1})}$$

设 $S_n-S_{n-1}=\Delta S$，则 $S_n=\Delta S+S_{n-1}$；集体传动的电动机转速为 n_g；各道次传动比为 I，代入上式得：

$$K_n=\frac{F_nD_n\frac{n_g}{I_n}(1+S_{n-1}+\Delta S_n)}{F_{n-1}D_{n-1}\frac{n_g}{I_{n-1}}(1+S_{n-1})}=\frac{D_nI_{n-1}}{\mu_nD_{n-1}I_n}\left(1+\frac{\Delta S}{S_{n-1}}\right)$$

$$I_n=\frac{D_nI_{n-1}}{K_n\mu_nD_{n-1}}\left(1+\frac{\Delta S}{1+S_{n-1}}\right) \tag{12-23}$$

式中 K_n——第 n 机架的拉钢系数；

I_n——第 n 机架的传动比；

I_{n-1}——第 $n-1$ 机架的传动比；

D_n——第 n 机架的轧辊工作直径；

D_{n-1}——第 $n-1$ 机架的轧辊工作直径；

μ_n——第 n 道次的延伸系数；

S_{n-1}——第 $n-1$ 道次的前滑值；

ΔS——第 n 道次与第 $n-1$ 道次前滑值之差。

实验表明，轧件在椭圆孔型中的前滑大于圆孔型中的前滑，其差值为 0.5%~1%。

在第二种为传动比已固定的连轧机组设计孔型的条件下，以改变轧辊转速来保持连轧常数是不可能的，只能用适当地选择孔型的形状、轧件断面面积和轧辊工作直径来保持连轧常数，但因轧件断面面积与轧辊工作直径有如下关系而显得复杂：

$$D=D_0-\frac{F}{b}$$

式中 D——轧辊工作直径；

D_0——轧辊名义直径；

F——轧件断面面积；

b——轧件宽度。

在一般情况下，孔型设计时不考虑前滑对秒流量的影响有：

$$FD=\frac{C}{n} \tag{12-24}$$

对于圆形孔型来说：

$$F=\frac{\pi}{4}d^2=0.785d^2$$

$$D=D_0-\frac{F}{b}=D_0-\frac{0.785d^2}{d}=D_0-0.785d$$

将 F 与 D 值代入式(12-24)中，有：

$$0.785d^2(D_0-0.785d)=\frac{C}{n}$$

化简得：

$$d^3-1.274D_0d^2+\frac{C}{0.616n}=0 \tag{12-25}$$

式中 d——圆形轧件直径；

D_0——轧辊名义直径。

解方程式(12-25)，便得到圆形轧件的直径 d。

设计椭圆轧件和孔型尺寸时，可以采用宽展系数法由图 12-13 可得：

$$(d_0-h)\beta_1=b-d_0 \tag{12-26}$$

$$(b-d)\beta_2=d-h \tag{12-27}$$

式中 β_1——圆形轧件在椭圆孔型中的绝对宽展系数；

β_2——椭圆轧件在圆形孔型中的绝对宽展系数。

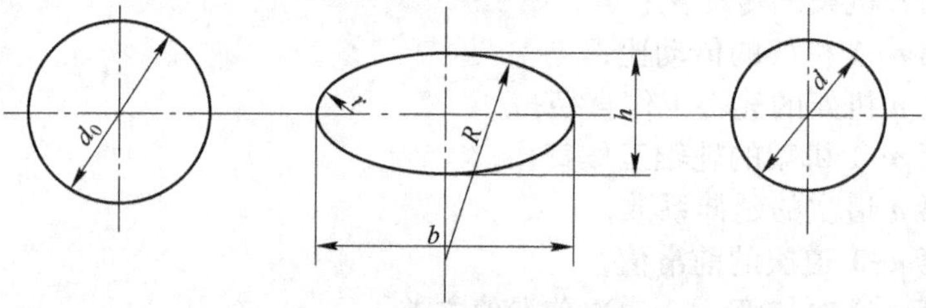

图 12-13 圆-椭圆-圆轧件的计算符号

解联立方程式(12-26)和式(12-27)可得 h、b。

对单独电动机传动的轧机，在求出 h、b 之后可求出 R，计算出椭圆轧件断面面积。然后按设定的连轧常数值求得轧辊转速即可。

对集体传动的轧机，由于轧辊转速已定，不能任意调整。在求出 h、b 之后，为迅速求出满足连轧常数要求的轧件断面面积，按式(12-24)进行计算。

将 $D=D_g+S-\frac{F}{b}$ 代入式(12-24)中，经简化得：

$$F^2-b(D+S)F+\frac{bC}{n}=0 \tag{12-28}$$

式中 F——椭圆轧件断面面积；

D_g——轧辊辊环直径；

C——连轧常数；

b——椭圆轧件宽度；

S——辊缝；

n——轧辊转速。

在按式(12-28)求得 F 值后，再按图 12-12 所示的椭圆的构成及已知的 h、b、F 求得构成椭圆孔型的半径 R。R 的计算是先设定 R' 值，再按椭圆面积的构成 $F=F_1+F_2+F_3$ 的关系求解。当用 R' 计算出的 F_1、F_2、F_3 之和等于 F 时，则 R' 即为所求的 R。椭圆半径 R 的计算框图见图 12-14。

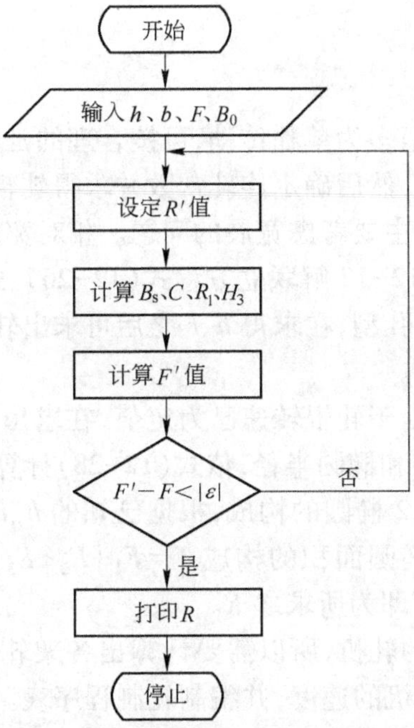

图 12-14 椭圆半径 R 的计算框图

12.2.9 高速线材轧机工艺计算程序

高速线材轧机工艺计算的内容包括：从成品孔开始按逆轧制顺序设计；按逆轧制顺序分配拉钢系数；设计各圆孔尺寸；设计椭圆轧件和孔型尺寸；编制轧制程序表。

成品孔型按常规方法设计。圆孔型槽口扩张部位的构成有两种不同形式，即切线扩张与圆弧扩张，一般多采用切线扩张。完成成品孔型尺寸设计后计算轧件尺寸，并根据产品的终轧速度推算出成品孔的连轧常数。

按逆轧制顺序分配各架之间的拉钢系数，计算连轧常数，设计孔型和轧件尺寸时，先确定精轧机组之间的拉钢系数，其值为 1.001～1.003，然后计算各架的连轧常数，设计各架的轧件和孔型尺寸。

精轧第一架和中轧机组或预精轧机组末架的孔型和轧件尺寸按连轧常数相等设计。再以中轧机组或预精轧机组末架的连轧常数为基准，按逆轧制顺序分配粗、中轧机组的拉钢系数（其值为1～1.005，最大不超过1.01），确定各架连轧常数，设计各架轧件尺寸和孔型尺寸。

集体传动的精轧机组，各圆孔型的轧件断面面积和半径不是按延伸系数分配法计算的，而是按设计的连轧常数值求得的。

连轧常数表达式为$C=FDn$。经推导，圆形轧件的半径可用式(12-29)求得。

$$\pi^2 r^3-2\pi(D_h+S)r^2+\frac{2C}{n}=0 \tag{12-29}$$

式中 r——圆形轧件的半径；

S——辊缝；

D_h——轧辊辊环直径；

C——连轧常数；

n——轧辊转速。

粗、中轧机组和预精轧机组多为单独传动，可按合理的延伸系数分配计算圆孔型轧件断面面积和半径，即按常规计算。然后确定连轧常数并求得轧辊转速。

椭圆轧件及其孔型的设计主要考虑宽展的问题。相对宽展系数用式(12-15)计算。

椭圆轧件尺寸设计，按图12-13解联立方程式(12-26)、式(12-27)求得。

对单独电动机传动的轧辊孔型，在求得h、b之后可求出轧件断面面积，然后根据设定的连轧常数值求得轧辊转速即可。

对集体传动的轧辊孔型，由于轧辊转速已为定值，在求出h、b之后，为迅速求出满足连轧常数要求的轧件断面面积F和椭圆半径，依式(12-28)计算。

求得F值后，再按图12-12椭圆的构成，根据已知的h、b、F求得构成椭圆孔型的半径R。计算R时先设定R'值，按椭圆面积的构成$F=F_1+F_2+F_3$进行计算。当用R'计算出的F_1、F_2、F_3之和等于F时，则R'即为所求之R。

由于粗、中轧为单独传动的轧机，所以需要计算出各架轧机的轧件断面面积，从而根据秒流量相等的原则设定各架轧机的速度，并编制轧制程序表。

13 管材加工工艺计算

13.1 热轧无缝钢管轧制表的编制

13.1.1 轧制表及其编制原则

轧制表是钢管生产中计算各变形工序主要参数的表格(见表13-1)。轧制表是轧管工艺的基础,是组织生产的主要技术依据。轧制表含有三类参数计算:轧件的尺寸及变形参数、工具参数和调整参数。

轧制表编制的具体内容有:

(1)根据产品技术条件和规格确定生产工艺流程;

(2)分配、计算各轧机轧后的毛管或荒管尺寸,校验各轧机的变形量;

(3)选定各轧机的工具尺寸和计算调整参数;

(4)必要时校验轧辊强度和电动机的能力。

编制轧制表的原则为:

(1)各轧机的变形量和调整参数应在允许范围内,以保证钢管质量和轧管过程正常进行;

(2)结合机组设备条件,使各轧机(特别是穿孔和轧管机)的能力和轧制负荷均衡,以充分发挥机组的生产能力;

(3)以最少的管坯和工具规格生产多品种规格的钢管(连轧管机组用1~2种规格的管坯来生产全部规格的产品),以减少更换工具的时间和便于生产管理;

(4)充分考虑管材的力学性能、物理性能和工艺性能对成品性能的影响;

(5)降低能耗。

轧制表编制方法有:

(1)逆轧制程序计算;

(2)顺轧制程序计算;

(3)从轧管工序开始,分别向前、后工序计算。

不论哪种方法,其计算内容和对工艺问题的考虑方法相同。这里介绍逆轧制程序计算方法。

13.1.2 轧制表编制步骤和使用公式

轧制表编制步骤为:

(1)根据成品外径 D_c、壁厚 S_c、内径 d_c和长度 L_c、确定钢管的热尺寸,即计算定径或减径后钢管尺寸;

(2)计算均整后钢管尺寸、均整机工具尺寸和调整参数(有的机组无均整机);

(3)计算轧管机的变形量、荒管尺寸和工具尺寸;

(4)计算穿孔机变形量、毛管尺寸、工具尺寸及调整参数;

(5)选定管坯尺寸;

(6)校验各轧机的变形量和咬入条件等。必要时校核各轧机的主要零件及电动机容量。

各机组变形量分配和工具选择,目前常按经验公式计算。配有二辊斜轧穿孔机的钢管热轧机组所用计算公式和轧机调整参数计算公式见表13-1。

表13-1 轧制表计算公式

<table>
<tr><th rowspan="2" colspan="2">参 数</th><th rowspan="2">符号</th><th colspan="3">计算公式</th><th rowspan="2">说 明</th></tr>
<tr><th>自动轧管机组</th><th>连轧管机组</th><th>三辊轧管机组</th></tr>
<tr><td rowspan="4">热成品管尺寸</td><td>外 径</td><td>D'_c</td><td colspan="3">$D'_c=(1+\alpha t)\dfrac{D_{cmax}+D_{cmin}}{2}$</td><td rowspan="4">$D_{cmax},D_{cmin}$——成品允许最大和最小外径, mm;
S_{cmax},S_{cmin}——成品允许最大和最小壁厚, mm;
n_c——成品倍尺支数;
L_c——成品定尺长度, mm;
Δl——切头、尾长度, mm;
D'_c,S'_c,d'_c,L'_c——成品管冷尺寸</td></tr>
<tr><td>壁 厚</td><td>S'_c</td><td colspan="3">$S'_c=(1+\alpha t)\dfrac{S_{cmax}+S_{cmin}}{2}$
$t=800\sim900℃$, $(1+\alpha t)=1.01\sim1.013$
$t=900\sim1000℃$, $(1+\alpha t)=1.013\sim1.015$</td></tr>
<tr><td>内 径</td><td>d'_c</td><td colspan="3">$d'_c=D'_c-2S'_c$</td></tr>
<tr><td>长 度</td><td>L'_c</td><td colspan="3">$L'_c=n_cL_c+\Delta l$</td></tr>
<tr><td rowspan="4">定减径或张力减径</td><td>轧后外径</td><td>D_d</td><td colspan="3">$D_d=D'_c$</td><td rowspan="4">自动轧管机组:$D_1=D_j,S_1=S_j$
连轧或三辊机组:$D_1=D_z,S_1=S_z$</td></tr>
<tr><td>轧后壁厚</td><td>S_d</td><td>$S_d=S'_c$</td><td colspan="2">$\Delta D_d=\dfrac{D_d}{7\sqrt{S_d}}$</td></tr>
<tr><td>轧后内径</td><td>d_d</td><td colspan="3">$d_d=D_d-2S_d=d'_c$</td></tr>
<tr><td>延伸系数</td><td>μ_d</td><td colspan="3">$\mu_d=\dfrac{(D_1-S_1)S_1}{(D_d-S_d)S_d}$</td></tr>
<tr><td rowspan="13">均整轧管</td><td>轧后外径</td><td>D_j</td><td colspan="3">$D_j=D_d+\Delta D_d$</td><td>ΔD_d——定、减径时的减径量, mm</td></tr>
<tr><td>轧后壁厚</td><td>S_j</td><td colspan="3">$S_j=S_d\pm\Delta S_d$</td><td>ΔS_d——定、减径时的壁厚变化,增厚(-),减薄(+)</td></tr>
<tr><td>延伸系数</td><td>μ_j</td><td colspan="3">$\mu_j=\dfrac{(D_z-S_z)S_z}{(D_j-S_j)S_j}$</td><td></td></tr>
<tr><td>顶头直径</td><td>D_{tj}</td><td colspan="3">$D_{tj}=d_z+\dfrac{d_z}{10\sqrt{S_z}}$</td><td></td></tr>
<tr><td>辊 距</td><td>B_j</td><td colspan="3">$B_j=D_{tj}+2S_j$</td><td rowspan="2">B_j,L_j——计算式只适用于二辊均整机</td></tr>
<tr><td>导板距离</td><td>L_j</td><td colspan="3">$L_j=2D_j-B_j$</td></tr>
<tr><td>轧后外径</td><td>D_z</td><td>$D_z=a=D_j-\Delta D_j$</td><td colspan="2">$D_z=D_d+\Delta D_d$</td><td>二辊均整 $\Delta D_j=\dfrac{D_j}{7\sqrt{S_j}}$</td></tr>
<tr><td>轧后壁厚</td><td>S_z</td><td>$S_z=S_{z2}=S_j+\Delta S_j$</td><td colspan="2">$S_z=S_d\pm\Delta S_d$</td><td>$\Delta S_j\approx0$</td></tr>
<tr><td>轧后内径</td><td>d_z</td><td>$D_z=d_{z2}=a-2S_z$</td><td colspan="2">$d_z=D_z-2S_z$</td><td></td></tr>
<tr><td>第一道顶头直径</td><td>D_{tz1}</td><td>$D_{tz1}=D_{tz2}-(0\sim2)$</td><td colspan="2">—</td><td></td></tr>
<tr><td>第二道顶头直径</td><td>D_{tz2}</td><td>$D_{tz2}=d_z$</td><td colspan="2">—</td><td></td></tr>
<tr><td>第一道轧后壁厚</td><td>S_{z1}</td><td>$S_{z1}=0.5(D_z-D_{tz1})$</td><td colspan="2">—</td><td></td></tr>
<tr><td>芯棒直径</td><td>D_{tz}</td><td></td><td colspan="2">$D_{tz}=d_z-\Delta$</td><td>连轧管:$\Delta=1\sim3$ mm
三辊轧管机:
$D_z/S_z<12,\Delta=0.03(d_z-S_z)$</td></tr>
</table>

续表 13-1

参数		符号	计算公式			说明
			自动轧管机组	连轧管机组	三辊轧管机组	
均整轧管	第一道延伸系数	μ_{z1}	$\mu_{z1}=\frac{(D_m-S_m)S_m}{(D_{z1}-S_{z1})S_{z1}}$	—	—	
均整轧管	第二道延伸系数	μ_{z2}	$\mu_{z2}=\frac{(D_{z1}-S_{z1})S_{z1}}{(D_z-S_z)S_z}$	—	—	
均整轧管	轧管机延伸系数	μ_z	$\mu_z=\frac{(D_m-S_m)S_m}{(D_z-S_z)S_z}$	$\mu_z=\frac{(D_m-S_m)S_m}{(D_z-S_z)S_z}$		
二次穿孔（延伸）	穿后毛管外径	D_{m2}	$D_m=D_{m2}=d_m+2S_m$			
二次穿孔（延伸）	穿后毛管壁厚	S_{m2}	$S_m=S_{m2}=S_z+\Delta S_z$ $=S_z+2\sqrt[3]{S_z}$			
二次穿孔（延伸）	穿后毛管内径	d_{m2}	$d_m=d_{m2}=d_{z2}+\Delta_m$ $\Delta_m=0.58(\sqrt[3]{d_{z1}}+\sqrt[3]{S_z})$			
二次穿孔（延伸）	顶头直径	D_{tz}	$D_{tz}=d_{m2}-\Delta d_{k2}$ $\Delta d_{k2}=\frac{D_{m2}}{3\sqrt{S_{m2}}}$ $\Delta d_{k2}=0.84\Delta D_{k2}$ $\Delta D_{k2}=\frac{D_{m2}}{2.5\sqrt{S_{m2}}}$			
二次穿孔（延伸）	延伸系数	μ_{ck2}	$\mu_{ck2}=\frac{(D_{m1}-S_{m1})S_{m1}}{(D_{m2}-S_{m2})S_{m2}}$			自动轧管机组： $\mu_{ck2}=1.25\sim2.7$
一次穿孔 有二次穿孔时	穿后毛管外径	D_{m1}	$D_{m1}=D_m-\frac{D_m}{2.5\sqrt{S_m}}$			
一次穿孔 有二次穿孔时	穿后毛管内径	d_{m1}	$d_{m1}=D_{t2}/1.2$			连轧管机组： $\mu_{ck}=1.8\sim4.5$ $\Delta_m=5\sim12$ mm $\Delta=1\sim3$ mm $\Delta S_z=8\sim14$ mm
一次穿孔 有二次穿孔时	穿后毛管壁厚	S_{m1}	$S_{m1}=0.5(D_{m1}-d_{m1})$			
一次穿孔 有二次穿孔时	顶头直径	D_{t1}	$D_{t1}=d_{m1}-\frac{D_{m1}}{3\sqrt{S_{m1}}}$			三辊轧管机组： $\mu_{ck}=1.5\sim3.5$
一次穿孔 有二次穿孔时	延伸系数	μ_{ck1}	$\mu_{ck1}=\frac{D_p^2}{4(D_{m1}-S_{m1})S_{m1}}$			$\Delta_m=8\sim12$ mm　$\Delta S_z=3\sim20$ mm
一次穿孔 仅一次穿孔时	穿后毛管外径	D_m	$D_m=d_m+2S_m$	$D_m=d_m+2S_m$		
一次穿孔 仅一次穿孔时	穿后毛管壁厚	S_m	$S_m=S_z+\Delta S_z=S_z+2\sqrt[3]{S_z}$	$S_m=S_z+\Delta S_z$		自动轧管机组： $\mu_{ck1}=1.5\sim2.0$ $\mu_{ck2}=1.3\sim4.5$
一次穿孔 仅一次穿孔时	穿后毛管内径	d_m	$d_m=d_{z1}+\Delta_m=d_{z1}+\frac{\sqrt[3]{d_{z1}}+\sqrt[3]{S_z}}{1.7}$	$d_m=D_{tz}+\Delta_m=d_z-\Delta+\Delta_m$		三辊和连轧管机组： $D_t=d_m-\frac{D_m}{5\sqrt{S_m}}$
一次穿孔 仅一次穿孔时	延伸系数	μ_{ck}	$\mu_{ck}=\frac{D_p^2}{4(D_m-S_m)S_m}$			
管坯	有二次穿孔时直径	D_p	$D_p=D_{m1}-\frac{D_{m1}}{1.5\sqrt{S_{m1}}}$	$D_p=(0.9\sim1.10)D_m$ 或 $D_p=D_m-\frac{D_m}{10\sqrt{S_m}}$		厚壁管取 1.00~1.05 薄壁管取 0.9~1.00
管坯	仅一次穿孔时直径	D_p	$D_p=D_m-\frac{D_m}{10\sqrt{S_m}}$			

13.1.3 轧制表编制方法

自动轧管机组轧制表编制

轧制表编制时的计算符号如图13-1所示。根据产品规格大小,自动轧管机组可在均整机上轧出厚壁成品管(一般 $S_c=15\sim20$ mm);可在定径机组上出大口径成品管,而小口径管(一般 $D_c\leqslant60$ mm)须采用减径或张力减径出成品管。轧制表编制方法如下。

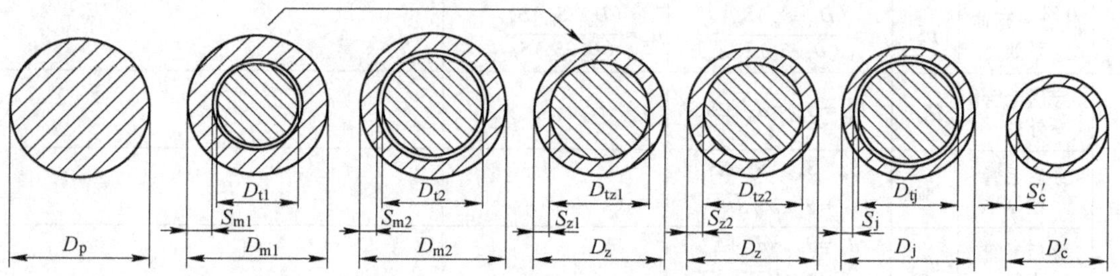

图13-1 轧制过程中管子断面尺寸的变化

(1)成品管热尺寸计算。

$$D'_c=D_d=\frac{D_{cmax}+D_{cmin}}{2}(1+\alpha t)$$
$$S'_c=S_d=\frac{S_{cmax}+S_{cmin}}{2}(1+\alpha t) \tag{13-1}$$

式中 D_{cmax},D_{cmin}——成品钢管允许的最大和最小外径,mm;

S_{cmax},S_{cmin}——成品钢管允许的最大和最小壁厚,mm;

$(1+\alpha t)$ ——钢管材质的线膨胀系数。终轧温度800~900℃,$(1+\alpha t)=1.01\sim1.013$;终轧温度900~1000℃,$(1+\alpha t)=1.013\sim1.015$。

(2)定、减径前荒管尺寸确定。进入定、减径的荒管即为均整后荒管(对于其他机组则为轧管后的荒管),其尺寸根据定、减径机组上的变形量确定。对于定径管可按式(13-2)确定。

$$D_j=D_d+\Delta D_d \tag{13-2}$$

式中 ΔD_d——定径总减径量,mm,按表13-1中公式计算,也可按经验确定:三架定径 $\Delta D_d=2\sim5$ mm,五架定径 $\Delta D_d=5\sim10$ mm,七架定径 $\Delta D_d=7\sim19$ mm(大规格取大值)。

由于一般钢管在定径过程中增壁,而在均整时存在减壁,因此对定径管可认为两者相抵,从而可简化轧制表的编制,即

$$S_j=S_d=S_z \tag{13-3}$$

式中 S_d,S_j,S_z——定径后、均整后、轧管后管子壁厚,mm。

对于减径管

$$D_j=D_d\left(\frac{1}{1-\varepsilon_{D\Sigma}}\right)$$
$$S_j=S\mu\Delta S_d \tag{13-4}$$

式中 $\varepsilon_{D\Sigma}$——减径时的总减径率,%;

ΔS_d——减径时的总壁厚变化量，mm。增壁时用“-”；减壁时用“+”。

由于轧制厚壁管与薄壁管时的终轧温度不同，引起热轧成品管的外径收缩不同，为减少孔型套数和换辊次数，定径机孔型一般按轧制薄壁管设计。新孔型用于轧制薄壁管，旧孔型用于轧制厚壁管。

(3)均整前荒管尺寸确定。

$$D_z = D_j - \Delta D_j \qquad S_z = S_j - \Delta S_j \tag{13-5}$$

式中 D_j——均整机上荒管的外径扩径量，mm，ΔD_j值取大时均整效果增加，但过大将产生内螺旋缺陷，一般可按表13-1中经验式确定，也可在表13-2中选定；

ΔS_j——均整机上的减壁量，mm。一般 $\Delta S_j = 0.1 \sim 1$ mm(壁厚大者取大值)。

均整机顶头直径 D_{tj}确定：

$$D_{tj} = d_z - \Delta d_j = D_z - 2S_z - \Delta d_j \tag{13-6}$$

式中 d_z——轧管机轧后荒管内径，mm；

Δd_j ——均整机上荒管的内扩径量，mm，一般取 $\Delta d_j = (0.3 \sim 0.5)\ \Delta D_j$。

(4)轧管机上各道荒管尺寸确定。在轧管机上所有道次均在同一孔型中轧制，为了满足均整后荒管尺寸要求，其孔型高 a 为

$$a = D_{z1} = D_{z2} = D_z = D_j - \Delta D_j \tag{13-7}$$

由表13-2可见，相同外径不同壁厚的荒管在均整机上的扩径量 ΔD_j不同，薄壁管大而厚壁管小，为满足进入定径机的荒管外径一致，这就要求轧管后荒管外径薄壁管小、厚壁管大。因此，当同一外径不同壁厚的钢管共用轧管机孔型时，应按薄壁管来设计轧管机孔型(孔型高度小)。当轧制厚壁时可通过抬高辊缝的方法来解决，因此时由于毛管的 S_m/D_m 值大，不会带来轧折缺陷。

表13-2 均整机上的 ΔD_j经验值 mm

S_j \ D_j	≤φ114	φ121~146	φ152~219	φ245~325
≤8	7.0~4.0	8.0~5.0	9.0~6.0	—
8~15	6.0~3.0	6.0~4.0	7.0~5.0	13~10
15~25	3.0~1.0	4.0~2.0	5.0~3.0	11~18
≥25	—	2.0~0	3.0~0	6.0~3.0

轧管机上最后一道顶头直径 D_{tz2}(轧制三道时 $D_{tz2} = D_{tz3}$)为

$$D_{tz2} = D_{tz3} = d_z = D_z - 2S_z \qquad D_{tz1} = D_{tz2} - (0 \sim 2) \tag{13-8}$$

式中，(0~2)为轧管机上轧制两道的顶头直径差值，单位为 mm，其含义实际上是分配两道轧管的延伸系数 μ_{z1}、μ_{z2}的大小，也就是分配两道轧管的轧制负荷的大小。

(5)毛管尺寸确定。毛管壁厚 S_m根据轧管机上的总减壁量 ΔS_z确定。轧管机上为了消除毛管在穿孔时产生的螺旋状分布的纵向壁厚不均，需要有足够的减壁量，但 ΔS_z过大会带来横向壁厚不均过大；此外，ΔS_z的合理选取，实际上又起到了分配穿孔与轧管两个变形工

序的变形量μ_{ck}和μ_z大小的作用，影响机组的生产率和钢管的质量。自动轧管机上减壁量ΔS_z的曲线如图13-2所示。对于小型机组ΔS_z可参考表13-3来确定。在轧管机能力和顶杆刚度允许的条件下ΔS_z可参考表13-4确定，此时毛管尺寸按下式确定。

$$S_m = S_z + \Delta S_z$$
$$d_m = D_{tz1} + \Delta_m \tag{13-9}$$
$$D_m = d_m + 2S_m$$

式中 Δ_m——毛管内径d_m与轧管第一道顶头直径D_{tz1}的差值，这是为保证实现轧管咬入条件的需要，一般$\Delta_m = 2 \sim 5$ mm。

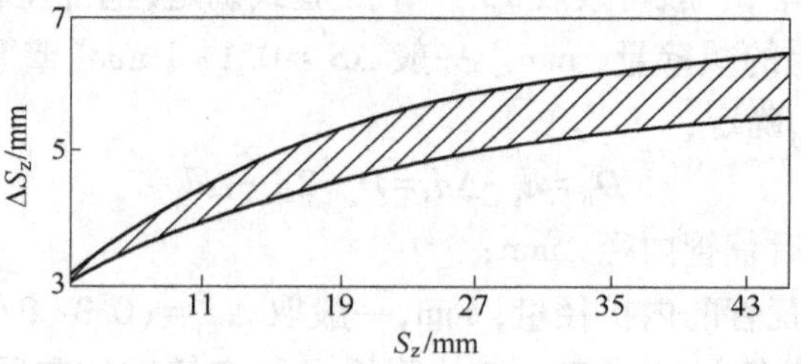

图13-2 确定自动轧管机上减壁量ΔS_z的曲线

表13-3 小型机组上的ΔS_z经验值

机组名称	ΔS_z
76机组	1.5~3.5
114机组	2~4.5
140机组	3~5

表13-4 轧管机上的ΔS_z经验值

S_z	<10	10~15	>15
ΔS_z	3~4	4~5	5~6

（6）管坯尺寸确定。通过穿孔机调整参数可将不同直径的管坯穿制成相同尺寸的毛管，当钢管规格范围确定后，希望选用较少的管坯规格。一般管坯直径按式（13-10）确定。

$$D_p = (0.9 \sim 1.10) D_m \tag{13-10}$$

穿孔机顶头直径D_t按式（13-11）计算：

$$D_t = d_m - \Delta d_k \tag{13-11}$$

式中 Δd_k——穿孔时顶头内扩径量，mm，按表13-1或按经验式

$\Delta d_k = (0.075 \sim 0.00135) S_m D_p$确定；

S_m——毛管壁厚，mm；

D_p——管坯直径，mm。

（7）参数校核。

1）穿孔机延伸系数μ_{ck}。

$$\mu_{ck} = \frac{D_p^2}{4(D_m - S_m)S_m} = 1.5 \sim 5.3$$

2)穿孔毛管外径校验。

薄壁管：$$D_m \leqslant b$$

厚壁管：$$D_m \leqslant b+2 \tag{13-12}$$

式中 b——轧管机孔型槽口宽度，mm。

3)轧管机延伸系数μ_z。

$$\mu_z = \frac{(D_m - S_m)S_m}{(D_z - S_z)S_z} \leqslant 2.1$$

$$\mu_{z1} = \frac{(D_m - S_m)S_m}{(D_{z1} - S_{z1})S_{z1}} = 1.3 \sim 1.8$$

$$\mu_{z2} = \frac{(D_{z1} - S_{z1})S_{z1}}{(D_z - S_z)S_z} = 1.05 \sim 1.25$$

4)均整后荒管直径校验。

$$a_1 < D_j < b_1 \tag{13-13}$$

式中 a_1, b_1——定径(或减径)第一架孔型的高度与宽度，mm。

通过以上各式校验后，如有不符，应进行调整。

连轧管机组轧制表编制

A 荒管直径的确定

a 张力升起机架的减径量

张减机组一般由18~28架组成，为了得到所需要的成品管壁厚，荒管进入张减机时，先设定能形成轴向张力的几个机架，称为张力升起机架。

张力的大小可用张力系数表示，张力系数X_1可用下列公式表示：

$$X_1 = \frac{\sigma_1}{K_f} \tag{13-14}$$

式中 σ_1——轴向应力，N/mm^2；

K_f——变形应力，N/mm^2。

应力分析指出：张力升起机架的减径量，与要达到的张力值的大小和参与张力升起的机架数有关。也就是在同样总减径量的前提下，张力升起机架数越多，实际平均单机架减径量就越小，在张力升起机架里允许达到的轴向张力就越大。

ϕ140 mm连轧管机组的张力减径机为28架，其张力升起机架为3架，其对数减径量γ_{tz}分配见表13-5。

表13-5 对数减径量γ_{tz}

序 号	机架编号	对数减径量γ_{tz}/%
1	1号	2
2	2号	3
3	3号	4

b 成品机架的减径量

为了获得较圆整的钢管，张减机的最后几架的单机架减径量就必须逐步减小，这最后的几架称为成品机架，其余的机架称为工作机架。

(1)进入成品机架的钢管理想直径。当机架的减径量增加时,椭圆度亦应增大;在成品机架中,随着减径量的减小,椭圆度也相应减小。为了取得规圆的作用,可将倒数第二架和倒数第一架的长短半径轴之差取为0.1 mm,所需成品机架的数量可按d_{ia}/d_{arw}决定,见表13-6。d_{ia}为进入第一个成品机架前的钢管理想直径,由工作机架的孔型设计数据求得;d_{arw}为成品机架最后一架的热轧钢管外径,其值可按式(13-15)确定:

$$d_{arw}=1.01\times d_r \tag{13-15}$$

式中,1.01为钢管的热膨胀系数;d_r为冷态钢管外径。

表13-6 成品机架数目

d_{ia}/d_{arw}	<1.03	1.03~1.06	1.06~1.10
成品机架数目	2~3	4	5

(2)成品机架总对数减径量γ_{tf}。成品机架总对数减径量γ_{tf}按式(13-16)确定:

$$\gamma_{tf}=\ln\frac{d_{ia}}{d_{arw}} \tag{13-16}$$

对于4个(或5个)成品机架,单架对数减径量γ_t与总的对数减径量γ_{tf}关系见表13-7。

表13-7 单架对数减径量γ_t与总的总对数减径量γ_{tf}关系

机 架	1号	2号	3号	4号	5号
4机架	$\gamma_{t1}=0.6\gamma_{tf}$	$\gamma_{t2}=0.3\gamma_{tf}$	$\gamma_{t3}=0.1\gamma_{tf}$	0	0
5机架	$\gamma_{t1}=0.45\gamma_{tf}$	$\gamma_{t2}=0.3\gamma_{tf}$	$\gamma_{t3}=0.2\gamma_{tf}$	$\gamma_{t4}=0.05\gamma_{tf}$	0

有了每个成品机架的对数减径量γ_t和最后一架出口管子理想直径即成品机架最后一架的热轧钢管外径d_{arw},就可用式(13-17)逐一求出每个成品机架的进口管子理想直径d_{io}和出口管子理想直径d_{ie}。

$$\gamma_t=\ln\frac{d_{io}}{d_{ie}} \tag{13-17}$$

(3)工作机架的减径量。张减机组除了张力升起机架和成品机架外,其余中间机架成为工作机架。由于轧制壁厚范围很宽,一般采用2~3个减径系列。

1)Ⅰ系列:工作机架单机架平均对数减径量$\gamma_{tam}\leqslant 0.08$,而荒管壁厚小于8 mm。此系列通常用于小直径和较薄壁厚的成品管。

2)Ⅱ系列:工作机架中单机架平均对数减径量$\gamma_{tam}\leqslant 0.055$,而荒管壁厚大于6.5 mm。此系列通常用于壁厚大于Ⅰ系列的成品管。

3)Ⅲ系列:用于轧制荒管壁厚大于12 mm的钢管。

c 进入张减机荒管直径的确定

进入张减机荒管直径取决于所生产的成品管直径和张减机允许的总减径量。张减机的总对数减径量由式(13-18)确定。

$$\gamma_{tg}=\gamma_{tz}+\gamma_{ta}+\gamma_{tf} \tag{13-18}$$

式中 γ_{tg}——张减机的总对数减径量;

γ_{tz}——张力升起机架总的对数减径量;

γ_{ta}——工作机架总的对数减径量;

γ_{tf}——成品机架总的对数减径量。

可按张减机初步设定的工作机架数 n、成品管壁厚和设备能力，大致确定单机架的平均对数减径量 γ_{tam}。

工作机架总的对数减径量 γ_{ta} 可按式(13-19)计算。

$$\gamma_{ta}=\gamma_{tam}\times n \tag{13-19}$$

式中 γ_{tam}——工作机架的单机架平均对数减径量；

n——工作机架数。

按照已求出的张力升起机架的 γ_{tz}、工作机架的 γ_{ta} 和成品机架的 γ_{tf}，可得出张减机组的总对数减径量 γ_{tg}。

张减机的总的对数减径量 γ_{tg} 与荒管外径 d_k、成品管外径 d_k 有下列关系：

$$\gamma_{tg}=\ln\frac{d_k}{d_R} \tag{13-20}$$

如已知 γ_{tg} 和 d_R，可求出 d_k。

将式(13-18)代入式(13-20)，可得：

$$\ln=\frac{d_k}{d_R}=\gamma_{tz}+\gamma_{ta}+\gamma_{tf} \tag{13-21}$$

每个减径系列可设置两种形状不同的孔型，即用于薄壁管的椭圆孔型和用于厚壁管的圆孔型。如果用圆孔型生产薄壁管，则减径量较大，辊缝处的“摩擦”严重，辊缝磨损较快；如果用椭圆孔型生产厚壁管，则减径量较小，钢管圆周上易出现不均匀的变形，成品管容易形成“内六角形”。

椭圆孔型与圆孔型的分界线可按成品管的壁厚 S 与直径 D 的比值来确定，即 $S/D=0.125$。

其值大于 0.125 时用圆孔型，小于 0.125 时用椭圆孔型。这个界限随着成品管直径的增大而向较小的方向移动，这是因为在较大直径和壁厚的情况下，张力减径机轧辊的磨损不再如此突出。

【例 13-1】 已知张力减径机机架数为 20 架，前 3 架为张力升起机架，后 5 架为成品机架，中间机架为 12 架，生产成品管直径为 21.3 mm，求进入张力减径机的荒管直径 d_k。

解：(1) 设定在 3 架张力升起机架对数减径量分别为 2%、3%、4%(见表 13-5)，所以张力升起机架总对数减径量为：

$$\gamma_{tz}=\ln(1.02\times1.03\times1.04)=0.0886$$

设定在 5 架成品机架中，d_{ia}/d_{arw} 的最大值为 1.10(见表 13-6)，所以成品机架总对数减径量为 $\gamma_{tf}=\ln1.10=0.095$

(2) 由式(13-18)求出张减机总的对数减径量 γ_{tg} 为：

$$\begin{aligned}\gamma_{tg}&=\gamma_{tz}+\gamma_{ta}+\gamma_{tf}\\&=0.0886+\gamma_{ta}+0.095\\&=\gamma_{taw}\times20+0.18\end{aligned}$$

因生产直径 $\phi21.3$ mm 的成品管，采用Ⅰ系列时，γ_{tam} 取 0.077，带入上式：

$$\begin{aligned}\gamma_{tg}&=\gamma_{taw}\times20+0.18\\&=0.077\times20+0.18\end{aligned}$$

$$=1.72$$

(3)由式(13-20)求 d_k。

$$\gamma_{tg}=\ln\frac{d_k}{d_R}=1.72$$

$$\frac{d_k}{d_R}=e^{1.72}$$

$$d_k=e^{1.72}\times d_R$$

$$=5.5845\times 21.3$$

$$=119\ \text{mm}$$

B　荒管壁厚的确定

在张力减径机组中，要获得成品管需要的壁厚，必须建立轴向张力，使进入张力减径机的荒管直径在通过每一机架的孔型时，产生切向变形 φ_t(平均直径的对数减径量)、径向变形 φ_R(对数减壁量)和轴向变形(平均轴向张力系数 X_{lm})。这三者之间的关系可用式(13-22)表示。

$$X_{lm}=\frac{\frac{\varphi_R}{\varphi_t}(2-\varepsilon_m)+(1+2\varepsilon_m)}{\frac{\varphi_R}{\varphi_t}(1-\varepsilon_m)-2(\varepsilon_m-1)} \tag{13-22}$$

$$\varphi_t=\ln\frac{d_{mk}}{d_{mR}}\quad(\text{切向变形})$$

$$\varphi_R=\ln\frac{S_k}{S_R}\quad(\text{径向变形})$$

$$\varepsilon_m=\frac{1}{2}\left(\frac{S_k}{d_{mk}}+\frac{S_R}{d_{mR}}\right)\quad(\text{平均壁径比})$$

$$d_{mk}=d_{Ak}-S_k$$

$$d_{mR}=d_{AR}-S_R$$

式中　d_{mk}, d_{mR}——荒管和成品管的平均直径；

S_k, S_R——荒管和成品管的壁厚；

d_{Ak}, d_{AR}——荒管和成品管的外径。

按照式(13-22)求得的平均轴向张力系数 X_{lm} 不能大于0.65(单机架的张力系数 X_1 必须不大于0.84，防止减径时拉断管子)；同时，平均张力系数也必须大于零，以防止机架间产生轴向压力而出现堆钢现象。因此平均张力系数应在0和0.65之间，即 $0\leqslant X_{lm}\leqslant 0.65$。

一般轧制薄壁管时采用较大的轴向张力，轧制厚壁管时采用较小的轴向张力。再配上正确的孔型形状，就可以生产出内孔相当圆的钢管。

按照上述关系可选择出与每一个成品管壁厚相适应的荒管壁厚。

穿孔毛管外径和壁厚的确定

为了确定毛管的外径和壁厚，首先必须确定芯棒与荒管之间的间隙、芯棒与毛管之间的间隙和毛管在连轧机中的最大延伸率。

(1)芯棒与荒管之间的间隙。芯棒与荒管之间的间隙由经验选定，一般取1~3 mm。

(2)芯棒与毛管之间的间隙。芯棒与毛管之间的间隙,主要是为了使芯棒能顺利地穿过毛管,穿棒间隙不能太小,一般为 7~15 mm。壁厚大取小值,壁厚小取大值。

(3)毛管在连轧机中的最大延伸率。对于同一种直径的毛管,最大延伸率是指用该孔型生产最小壁厚的荒管的延伸率。在遵循不小于最小间隙的前提下,对不同的荒管壁厚选择不同的毛管壁厚。连轧机的最大延伸率和可达到的最小荒管壁厚是由设备性能决定的。

管直径和壁厚确定以后,可根据选定的荒管与芯棒的间隙,按式(13-23)求出每个规格的芯棒直径 d_D:

$$d_D = d_K - (2S_K + a) \tag{13-23}$$

式中 d_K——荒管外径, mm;

S_K——荒管壁厚, mm;

a——荒管与芯棒的间隙, mm。

按式(13-24)可求出毛管的断面积 F_H:

$$F_H = \mu_{max} \times F_k \tag{13-24}$$

式中 μ_{max}——连轧机的最大延伸率;

F_k——荒管断面积,mm^2。

根据芯棒直径 d_D 和毛管断面积 F_H,可求出毛管外径 D_H:

$$D_H = \sqrt{\frac{4\mu_{max} \times F_H}{\pi} + (d_D + a)^2} \tag{13-25}$$

毛管的壁厚按下式确定:

$$S_H = S_k + \Delta S$$

式中 S_k——荒管壁厚, mm;

ΔS——毛管壁厚与荒管的壁厚差, mm。

管坯直径的确定

管坯直径可按下式确定:

$$D_P = \sqrt{\frac{4\mu_{max}(D_H - S_{Hmin})S_{Hmin}}{1.01}} \tag{13-26}$$

式中 D_H——毛管直径, mm;

μ_{max}——连轧机最大延伸率;

S_{Hmin}——所轧制的毛管的最小壁厚, mm;

1.01——热膨胀系数。

轧制表编制实例

在 100 自动轧管机组中生产 ϕ76 mm×5 mm 的 20 号钢管,执行 GB3639—2000。已知该机组有二辊斜轧穿孔机一台,自动轧管机一台,二辊式均整机两台,七机架定径机一组。穿孔机和轧管机的技术性能分别见表 13-8、表 13-9。均整机轧辊尺寸为 ϕ500/400 mm×400 mm,送进角 $\alpha=6°$,轧辊转速为 80~150r/min,主电动机为 400 kW,400~750 r/min;定径机轧辊尺寸为 ϕ400 mm×250 mm,轧辊转速为 20~50 r/min,主电动机功率每架为40 kW,500~1000 r/min。试用表 13-1 所列计算式编制轧制表。

表 13-8 ϕ100 自动轧管机组的二辊斜轧穿孔机性能

机 组	产量/万吨·a^{-1}	管坯种类和直径/mm	穿孔机				穿孔机主电动机		
			形式	轧辊尺寸 $D_g\times L_g$/mm×mm	前进角 α/(°)	轧辊转速 n_g/r·min^{-1}	形式	功率/kW	转速/r·min^{-1}
100 自动轧管机组	5.0	轧坯 ϕ80/100/120	二辊卧式	ϕ650×370	3~13	60~230	DC	1000	130~250

表 13-9 ϕ100 自动轧管机组的主要性能

机 组	穿孔方式	轧管机主要性能				设计年产量/万吨	备 注
		轧辊尺寸/mm	轧辊转速/r·min^{-1}	轧制速度/m·s^{-1}	主电动机		
100 机组	二辊斜轧	ϕ550×1200	100	3.0	AC525kW	5	多槽

(1)成品热尺寸(定径)。终轧温度 $t=800\sim760$℃,成品公差 $D_{c-1.0\%}^{+1.25\%}$、$S_{c-1.5\%}^{+12.5\%}$。

$D_d=D'_c=0.5(1+\alpha t)(D_{cmax}+D_{cmin})=0.5\times1.01\times(76\times1.0125+76\times0.99)\approx76.86$ mm

$S_d=S'_c=0.5(1+\alpha t)(S_{cmax}+S_{cmin})=0.5\times1.01\times(5\times1.125+5\times0.985)\approx5.33$ mm

$d_d=D_d-2S_d=76.86-2\times5.33\approx66.2$ mm

(2)均整。由表 13-1 中 ΔD_d的计算式 $\Delta D_d=\dfrac{D_d}{7\sqrt{S_d}}$可得:

$$\Delta D_d=\left(1+\frac{D_d}{7\sqrt{S_d}}\right)=5.76\ \text{mm}$$

因采用定径机,由表 13-1 中的公式得:

$$S_j=S_d=S_z=5.33\ \text{mm}$$

$$D_j=D_d+\Delta D_d=76.86+5.76=82.62\ \text{mm}$$

$$d_j=D_j-2S_j=83.62-2\times5.33=71.96\ \text{mm}$$

(3)轧管。

$$D_z=a=D_j-\Delta D_j=D_j\left(1-\frac{1}{7\sqrt{S_j}}\right)=82.62\left(1-\frac{1}{7\sqrt{5.33}}\right)=77.51\ \text{mm}$$

现场孔型 a 有 76 mm、80 mm 两种,取 76 mm。

$$D_{tz2}=d_z=D_z-2S_z=76-2\times5.33=65.34\ \text{mm}$$

$$D_{tz1}=D_{tz2}-(0\sim2)=65.34-1=64.34\ \text{mm}$$

$$S_{z1}=0.5(D_z-d_{z1})=0.5(76-64.34)=5.83\ \text{mm}$$

因此有:

$$D_{tj}=d_z+\frac{d_z}{10\sqrt{S_z}}=65.34+\frac{65.34}{10\sqrt{5.33}}=68.17\ \text{mm}$$

(4)穿孔。

$S_m=S_z+\Delta S_z=S_z+2\sqrt[3]{S_z}=5.33+2\sqrt[3]{5.33}=8.82$ mm

$d_m=D_{tz1}+\Delta_m=D_{tz1}+0.58(\sqrt[3]{D_{tz1}}+\sqrt[3]{S_z})=64.34+0.58(\sqrt[3]{64.34}+\sqrt[3]{5.33})=67.68$ mm

$D_m=d_m+2S_m=67.68+2\times8.82=85.32$ mm

$$D_t=d_m-\frac{D_m}{5\sqrt{S_m}}=67.68-\frac{85.32}{5\sqrt{8.82}}=62\ \text{mm}$$

(5)管坯直径。

$$D_p = D_m - \frac{D_m}{10\sqrt{S_m}} = 85.32\left(1 - \frac{1}{10\sqrt{8.82}}\right) = 82.45\ \text{mm}$$

按现有管坯规格取 ϕ80 mm。

(6)各轧机的延伸系数。

定径：$\mu_d = \dfrac{(D_j - S_j)S_j}{(D_d - S_d)S_d} = \dfrac{(82.62-5.33)\times 5.33}{(76.86-5.33)\times 5.33} = 1.08$

均整：$\mu_j = \dfrac{(D_z - S_z)S_z}{(D_j - S_j)S_j} = \dfrac{(76-5.33)\times 5.33}{(82.62-5.33)\times 5.33} = 0.914$

轧管：

$$\mu_z = \frac{(D_m - S_m)S_m}{(D_z - S_z)S_z} = \frac{(85.32-8.82)\times 8.82}{(76-5.33)\times 5.33} = 1.79$$

$$\mu_{z1} = \frac{(D_m - S_m)S_m}{(D_{z1} - S_{z1})S_{z1}} = \frac{(85.32-8.82)\times 8.82}{(76-5.83)\times 5.83} = 1.65$$

$$\mu_{z2} = \frac{(D_{z1} - S_{z1})S_{z1}}{(D_z - S_z)S_z} = \frac{(76-5.83)\times 5.83}{(76-5.33)\times 5.33} = 1.09$$

穿孔：$\mu_{ck} = \dfrac{D_p^2}{4(D_m - S_m)S_m} = \dfrac{80^2}{4\times(85.32-8.82)\times 8.82} = 2.37$

总延伸系数：$\mu_\Sigma = \dfrac{D_p^2}{4(D_d - S_d)S_d} = \dfrac{80^2}{4\times(76.86-5.33)\times 5.33} = 4.2$

穿孔、轧管(μ_z、μ_{z1}、μ_{z2})的延伸系数均在允许范围内。

表 13-10、表 13-11 为 100 自动轧管机组和 140 连轧管机组的轧制表示例。

表 13-10　100 自动轧管机组轧制表(定径管举例)

序号	1	2	3	4	5	6	7	8	9	10	11	12	13
成品规格/mm×mm	83×4	83×7.5	83×8	83×10	95×4	95×7	95×8	95×12	95×20	108×7	108×15	121×4	121×10
管坯直径/mm	90	90	100	100	100	100	110	110	110	115	120	120	120
穿孔机 毛管尺寸/mm 外径	94	94	99	99	106	106	109	109	109	119	121	125	126
穿孔机 毛管尺寸/mm 内径	80	73	76	72	91	85	85	77	61	98	83	110	98
穿孔机 毛管尺寸/mm 壁厚	7	10.5	11.5	13.5	7.5	10.5	12	16	24	10.5	19	7.5	14
穿孔机 延伸系数	3.22	2.23	2.41	2.10	3.28	2.42	2.52	1.97	1.44	2.82	1.80	3.97	2.23
穿孔机 压缩量 %	14.5	14.5	15	15	15	15	14.5	14.5	14.5	13.9	14.5	13.3	13.3
穿孔机 压缩量 mm	13	13	15	15	15	15	16	16	16	16	17	16	16
穿孔机 距离/mm 轧辊	77	77	85	85	85	85	94	94	94	99	103	104	104
穿孔机 距离/mm 导板	88	88	94	94	100	100	105	105	105	114	116	119	120
穿孔机 顶头直径/mm	73	66	70	66	82	76	78	70	55	89	75	100	88
穿孔机 顶前压下/%	5.22	7.3	5.75	6.7	7.68	8.66	5.18	6.08	7.9	5.52	7.23	4.15	6.4
穿孔机 顶头位置/mm	68	52	76	68	60	52	84	76	60	76	68	92	68
穿孔机 顶杆位置/mm	83	88	104	104	72	72	104	104	104	80	88	80	72
穿孔机 顶杆直径/mm	67	63	63	60	76	73	73	67	51	83	70	95	83
穿孔机 导板宽度/mm	76	76	84	84	84	84	92	92	92	96	100	104	104
穿孔机 导板垫厚/mm	36	36	34	34	30	30	28	28	28	24	22	22	21

续表 13-10

序号			1	2	3	4	5	6	7	8	9	10	11	12	13
轧管机	钢管尺寸/mm	孔型高	88	88	92	92	100	100	102	102	102	112	114	118	118
		内径	80	73	76	72	92	86	86	78	62	98	84	110	98
		壁厚	4	7.5	8	10	4	7.0	8.0	12	20	7.0	15	4	10
	延伸系数		5.84	3.24	3.62	2.95	6.32	3.72	3.92	2.72	1.79	4.34	2.35	7.66	3.23
	顶头直径/mm	一道	78	71	74	70	90	83	83	75	59	96	81	108	96
		二道	80	73	76	72	92	86	86	78	62	98	84	110	98
	顶杆直径/mm		70	63	63	60	76	73	73	87	51	83	73	89	83
均整机	钢管尺寸/mm	外径	94	94	96	96	107	107	107	107	107	119	119	126	124
		内径	86	79	80	76	99	93	91	83	66	105	89	118	104
		壁厚	4	7.5	8	10	4	7.0	8.0	12	20	7.0	15	4	10
	距离/mm	轧辊	90	90	94	95	102	102	105	105	105	114	117	120	121
		导板	98	98	98	97	112	112	109	109	109	124	121	132	127
	顶头直径/mm		82	75	78	75	94	88	89	81	65	100	87	112	101
	顶杆直径/mm		73	67	67	63	83	76	76	73	57	89	76	95	89
	导板宽度/mm		92	92	92	92	104	104	104	104	104	116	116	122	122
定径机	第一架孔宽/mm		97.3	97.3	97.3	97.3	109.2	109.2	109.2	109.2	109.2	121.3	121.3	129.5	129.5
	热态管径/mm		83.9	83.9	83.9	83.9	96	96	96	96	96	109.3	109.3	122.2	122.2
总延伸系数			6.23	3.46	4.05	3.32	6.65	3.94	4.21	2.94	1.95	4.54	2.5	7.46	3.15

表 13-11 140 连轧管机组轧制表(普通管举例)

序号	规格范围 /mm×mm×mm×mm	代表规格 /mm×mm	孔型系列/mm	热轧管 直径/mm	热轧管 壁厚/mm	热轧管 管长/m	热轧管 延伸系数	荒管 直径/mm	荒管 壁厚/mm	荒管 管长/m	荒管 延伸系数
1	(21.3~31.8)×(2.0~2.6)	26.9×2.6	119	26.9	2.6	160.1	6.40	119	3.50	26.11	3.84
	×(2.9~3.6)	30.0×2.9	119	30.0	2.9	159.9	5.50	119	3.75	30.00	3.66
	×(4.0~7.1)	30.0×5.0	119	30.0	5.0	159.9	5.21	119	5.75	31.13	2.78
2	(33.7~51.0)×(2.6~3.2)	38.0×2.9	152.5	38.0	2.9	159.9	5.48	152.5	3.75	30.22	3.31
	×(3.6~5.0)	38.0×4.5	152.5	38.0	4.5	160.1	5.36	152.5	5.50	30.48	3.04
	×(5.6~12.5)	44.5×6.3	119/152.5	44.5	6.3	126.5	4.23	152.5	7.00	30.26	2.67
3	(54.0~70.0)×(2.6~4.0)	60.3×3.2	152.5	60.3	3.2	97.6	3.05	152.5	3.75	33.00	3.31
	×(4.5~7.1)	63.5×5.0	152.5	63.5	5.0	89.8	2.76	152.5	5.50	33.00	3.04
	×(8.0~17.5)	63.5×11.0	119/152.5	63.5	11.0	57.3	2.06	119	11.00	28.01	2.00
4	(73.0~101.6)×(2.9~5.0)	76.1×4.0	152.5	76.1	4.0	74.8	2.31	152.5	4.50	33.00	3.30
	×(5.6~10.0)	82.5×7.1	152.5	82.5	7.1	58.7	2.03	152.5	7.50	29.08	2.57
	×(11.0~25.0)	88.9×12.5	119/152.5	88.9	12.5	35.5	1.80	152.5	12.25	19.86	2.03
5	(108.0~139.7)×(3.6~6.3)	114.3×4.5	152.5	114.3	4.5	43.8	1.35	152.5	4.50	33.00	3.30
	×(7.1~11.0)	121.0×17.5	152.5	121.0	17.5	18.8	1.03	152.5	17.50	14.44	1.78
	×(12.5~25.0)	127.0×8.8	119/152.5	127.0	8.8	31.8	1.18	152.5	8.50	27.18	2.40

序号	减径空心坯 直径/mm	减径空心坯 壁厚/mm	减径空心坯 管长/m	减径空心坯 延伸	空心坯 直径/mm	空心坯 壁厚/mm	空心坯 管长/m	空心坯 延伸	管坯 直径/mm	管坯 长度/m	管坯 重量/kg
1	141.5	12.00	6.79	1.25	184	11.25	5.43	1.68	175	1.39	262
	141.5	12.25	8.19	1.25	184	11.50	6.53	1.65	175	1.71	323
	141.5	14.25	11.18	1.25	184	13.25	8.96	1.45	175	2.67	504

续表 13-11

序号	减径空心坯				空心坯				管坯		
	直径/mm	壁厚/mm	管长/m	延伸	直径/mm	壁厚/mm	管长/m	延伸	直径/mm	长度/m	重量/kg
2	179	11.00	9.12	1.03	184	11.00	8.86	1.72	175	2.22	419
	179	15.00	10.02	1.03	184	15.00	9.72	1.29	175	3.25	614
	179	16.75	11.34	1.03	184	16.75	11.00	1.17	175	4.07	768
3	179	11.00	9.97	1.03	184	11.00	9.68	2.84	175	2.43	459
	179	15.00	10.85	1.03	184	15.00	10.53	1.29	175	3.52	665
	141.5	19.50	13.99	1.27	184	18.25	11.00	1.13	175	4.39	829
4	179	13.25	10.01	1.03	184	13.25	9.72	1.45	175	2.90	548
	179	17.25	11.33	1.03	184	17.25	11.00	1.25	175	4.17	787
	179	22.25	9.78	1.03	184	22.25	9.48	0.91	175	4.50	850
5	179	13.25	10.01	1.03	184	13.25	9.72	1.45	175	2.90	548
	179	27.75	8.13	1.03	184	27.75	7.87	0.76	175	4.50	850
	179	18.25	11.34	1.03	184	18.25	11.00	1.08	175	4.39	829

13.2 轧、拔制表编制

由于钢管冷加工的生产特点是多工序循环性生产，车间所生产的钢管品种很多，而且同一时间内所周转生产的钢管品种规格亦是多种多样的，为了使生产组织管理有序进行，必须事先编好轧、拔制表。

13.2.1 轧、拔制表

轧、拔制表是指不同用途、不同尺寸、不同钢号的钢管在其冷加工过程中的变形尺寸、加工方法、模具类型、中间工序和技术经济指标等参数所汇总而成的工艺表格。

轧、拔制表所包含的内容是：生产该种钢管所用管料尺寸；所要经过的变形道次；每道次的变形方法、道次变形量以及变形后钢管的尺寸；每道次的力能参数及选用的设备和模具类型；每道次钢管所要进行的中间操作工序；另外还要计算生产一吨钢管应投料的数量和轧、拔制的支次或支次米数即总拔制量。

13.2.2 轧、拔制表编制原则

从轧、拔制表所包含的内容可以看出，编制的轧、拔制表合理与否，对生产组织、质量控制、设备管理和各项消耗等经济技术指标具有重要意义。因此制定轧、拔制表必须从优质、高产、低耗的前提出发来考虑，其编制原则是：

(1)轧、拔制表要根据所生产钢管钢种的特点及钢管的具体技术要求来编制，同时还应考虑具体的生产条件，如轧管机、拔管机及各种辅助设备的配置和它们的技术性能，各工序的操作情况等；

(2)合理选择加工方法和工艺流程，充分发挥设备特点，力求减少工序，缩短生产周期。

(3)合理选择变形参数，充分利用金属塑性，采用较大变形量，尽可能采用连拔。

(4)合理选用管料尺寸。保证变形量的前提下，管料尺寸尽可能接近成品尺寸；选用长管料以减少金属消耗；考虑设备能力平衡。

13.2.3　轧、拔制表编制步骤与方法

(1)管料选择。

$$D_0 = D_n + (5 \sim 30)\ \text{mm}$$
$$S_0 = S_n + (0.5 \sim 1.5)\ \text{mm}$$

(2)确定总延伸系数。

$$\mu_\Sigma = \frac{F_0}{F_n} \tag{13-27}$$

式中　F_0——来料横截面积，mm^2；

F_n——成品管横截面积，mm^2。

(3)确定拔制道次。

$$n = \frac{\lg \mu_\Sigma}{\lg \mu_{cp}} \tag{13-28}$$

式中　μ_{cp}——平均延伸系数，一般为1.30～1.60。

(4)选定各道次加工方法和所用工具形式，按塑性加工变形量规律分配各道次延伸系数，并满足：

$$\mu_1 \mu_2 \cdots \mu_{n-1} \mu_n = \mu_\Sigma \tag{13-29}$$

(5)确定各道次钢管尺寸。

1)按上述初定的μ_i计算各道次钢管断面积：$F_i = F_{i-1}/\mu_i$，$i=1,2,\cdots,n$；

2)确定道次减壁量：$S_i = S_{i-1} - \Delta S_i$；

3)计算道次管径：$D_i = S_i + F_i/(\pi S_i)$；

4)按模具系列圆整D_i；

5)修正F_i和μ_i，并使满足式(13-29)；

6)确定各道次钢管长度：$L_i = \mu_i L_{i-1}$。

(6)计算拔制力，选择冷拔机，校核工艺可行性。

(7)确定中间工序。根据需要选择连拔、切断、锤头、热处理、酸洗、润滑、中间矫直等工序。

(8)其他工艺计算(技术经济指标)，内容包括道次拔后管长、根数和重量；每一中间工序金属消耗和总金属消耗；吨钢投料量等。这些参数可用于核算产品成本和物料平衡。

表13-12、表13-13为轧、拔制表示例。

表13-12　20A ϕ7 mm×2.5 mm锅炉管的轧、拔制表

道次	钢管尺寸		延伸系数	拔制方法	模具类型	拔制力/kN	中间工序
	$D \times S$/mm×mm	F/mm²					
0	76×6	1320					打头、酸洗、润滑
1	66×4.7	905	1.46	短	普	48	连　拔
2	57×4.0	665	1.36	短	普	28	改头、退火、酸洗、润滑
3	42×4.2	498	1.33	空	中	19.4	退火、切头、切断、打头、酸洗、润滑
4	38×3.5	380	1.31	短	中	13.6	连　拔

续表 13-12

道次	钢管尺寸		延伸系数	拔制方法	模具类型	拔制力/kN	中间工序
	$D\times S$/mm×mm	F/mm²					
5	29×3.6	288	1.32	空	中	10.6	同道次 3
6	26×3.2	230	1.25	短	中	6.7	连　拔
7	17×3.4	145	1.63	空	中	10.5	退火、切头、切三、轧头、酸洗、润滑
8	12×3.2	88.3	1.64	空	中	6.4	冷打头
9	9×2.9	55.6	1.59	空	中	3.8	退火、切头、切二、通气、酸洗、钝化、烘干、冷打头
10	7×2.6	35.9	1.55	空	中	2.27	成品热处理、精整、入库

表 13-13　20A ϕ6 mm×1 mm 钢管的轧、拔制表

道次	钢管尺寸/mm×mm	面积/mm²	延伸系数	轧拔制方法	中间工序
0	89×7	1085			
1	57×4	665	2.72	LG-75	热处理、切断
2	40×2	239	2.78	LG-55	热处理
3	25×0.85	64.5	3.54	LG-32	热处理、锤头、润滑
4	18×0.9	48.5	1.33	空拔	润　滑
5	13×0.95	36.0	1.34	空拔	连拔、热处理、切断、锤头、润滑
6	10×1	28.4	1.28	空拔	润　滑
7	8×1	22.1	1.28	空拔	连拔、润滑
8	6×1	15.4	1.4	空拔	连拔、成品热处理

第 4 篇　轧钢厂公用辅助设施设计

14　轧钢厂能源动力设施设计

14.1　轧钢厂燃气设计

燃气设施是冶金工厂能源供配的支柱设施。我国冶金工厂燃气设施包括各种贮存、处理燃气介质的燃气设备、各种燃气介质的站房、化学灭火设施以及各种燃气介质的管道工程。其中处理燃气介质的燃气设备包括各种燃气介质的气柜及贮罐（包括煤气柜、氧氮氢等贮罐和油罐等）、煤气燃烧放散塔、电除尘器、煤气清洗设施、煤气压力回收发电设备（TRT）等；各种燃气介质的站房包括煤气净化站、煤气加压站、煤气混合站、氧气站、制氢站、保护气体站、气体调压站、油站等。

由烧结、焦化、炼铁、炼钢与多个轧钢车间为主要生产车间和相应的辅助生产车间组成的钢铁联合企业中，煤气发生量与消耗量都很大，副产煤气的能量约占吨钢能耗的三分之一。

高炉每炼 1 t 生铁，副产热值为 3140~3560 kJ/m^3的高炉煤气 1500~1600 m^3；焦炉每产 1 t 焦炭，副产热值为 16740~18840 kJ/m^3的焦炉煤气 400~440 m^3；氧气转炉每生产 1 t 钢，副产热值为 7530~8780 kJ/m^3的转炉煤气 60~110 m^3。

冶金工厂燃气设施设计应根据工艺要求，结合建厂地区的燃料条件与气象条件，对燃气介质供应和通用动力设备、冶炼中回收的副产煤气、天然气、燃油、氧气、氮气及氢气等设施的工程设计，力求安全可靠、能源节省与经济合理。

随着冶金工艺设备的技术进步和世界能源结构的变化，燃气技术也在不断发展中。我国冶金工厂的能源利用率，也经历了煤气放散、部分利用到充分利用的过程。补充燃料也由 20 世纪 50 年代初期建设大型煤气发生站，发展到使用燃油、天然气、液化石油气等多种燃料。纯氧顶吹炼钢技术的发展，已逐步淘汰了平炉炼钢，同时促进了空气分离设备朝着大型化方向发展，单位氧气制氧电耗（不包括压氧）已降到 0.5 kW · h/m^3以下。

其他方面，如高炉煤气干法除尘和高炉煤气余压发电装置（TRT）的逐步推广，转炉煤气回收技术的提高，以及在冶金工厂使用不同容积的干式煤气柜等新技术的开发和新设备的采用，在推动冶金工业的发展中起了很大的促进作用。近年来我国钢铁及有色金属产量持续快速增长，但能源的消耗没有同步增加，单位产品的综合能耗大为下降。

燃气设施的设计，一般需先编制燃气平衡表，列出全厂煤气的产量和消耗量，确定各用户的燃气种类、热值和数量，由此来确定补充燃料的品种和数量。

煤气平衡是冶金企业能量平衡的基本组成部分。在编制煤气平衡时，要充分合理地使用各种煤气，特别要考虑用好高炉煤气。由于高炉煤气的热值低，燃烧温度也较低，各企业普遍存在高炉煤气放散量比较多的问题。

其次，要考虑煤气发生量和煤气用户生产的波动性，冶金企业应设置煤气柜，用来减少煤气供应的波动。当煤气有富裕时，依靠气柜将富裕部分煤气储存起来；当煤气不足时，把气柜中的煤气吐出来，维持企业的正常生产。同时，设立煤气柜之后，可以减少高炉热风换炉和焦炉加热煤气换向时的煤气的放散损失。

另外，还要考虑企业有分期建设时，应分别编制分期建设和最终规模的煤气平衡表，必要时还需进行多方案比较。

煤气平衡表如表14-1所示。

表14-1 煤气平衡表

序号	项目	年工作小时/h	发热量/kJ·m^{-3}	小时出入热量/MJ						年出入热量/GJ			
				合计	高炉	焦炉	转炉	其他①	合计	高炉	焦炉	转炉	其他①

① 指燃料，如发生炉煤气、重油、天然气、液化石油气等。

煤气平衡表具体编制步骤如下：

(1) 计算出高炉煤气、焦炉煤气、转炉煤气和发生炉煤气的小时产量、年产量、小时损失量和年损失量。

(2) 选取先进的、经过努力能达到的消耗指标，分别计算出各煤气用户的小时耗热量和年耗热量。

(3) 根据各煤气用户对煤气的要求及煤气供应设施经济合理等因素，综合考虑和确定供给各用户的煤气热值，按热量配比计算出低热值煤气和高热值煤气的小时耗热量和年耗热量。

(4) 根据以上计算，编制企业小时和年的煤气平衡表。小时平衡表一般按平均量编制。

(5) 如平衡的结果出现赤字，则需引入补充燃料来弥补煤气平衡赤字。

(6) 编制结果的检验。煤气平衡表编制完毕后，要检验平衡结果是否稳定。我国一般以年热备用量（年总缓冲量与年总消耗量之比）来衡量煤气平衡的稳定性。大、中型钢铁联合企业年热备用量一般要在8%以上。

轧钢车间燃气设计涉及的燃气专业的主要规范、规程及标准见附录2。

14.2 轧钢厂电力设计

企业电气系统设计内容包括：

(1) 企业供电。一是电源部分，包括企业引自地区电力网（站）的外部电源及其接入系统的架空（或）电缆线路和企业的自备电站；二是企业供配电系统，包括企业供配电系统的主接线方案的合理选择、企业电力负荷计算及系统主要参数计算；三是企业总变(配)电所系统，包括总变(配)电所及企业内部配电所(站)的方案设计和主要设备选择及配电线路工程。企业供配电系统还包括车间变电所、电气室、控制室的设置以及相应的配电线路工程。

(2) 电力传动。电力传动设计应满足工艺要求，与工艺装备水平相适应，注意提高主要生产设备和主要生产工艺环节的装备水平和控制水平，做到安全、可靠、高效、节能，采用先进实用的低压配电系统和控制技术装置。

(3) 自动控制系统。自动控制系统按功能通常分为基础自动化控制系统、过程控制级及生产控制级系统。

(4) 信号与通信工程设计。

电气系统设计的原则如下：

(1) 企业总供电系统设计与地区电源网络必须上下结合，即企业外部的上级电源系统与企业内部的下级供配电系统在可靠性方面宜协调一致，合理地确定企业主接线系统方案。

(2) 企业总供电系统必须考虑与毗邻企业供电系统的协作条件，以提高企业供电的可靠性，降低建设投资。

(3) 电力传动设计应与工艺装备水平相适应，注意提高主要生产设备和主要生产工艺环节的装备水平和控制水平，做到安全可靠、高效和节能，采用先进实用的低压配电系统和控制技术装置。

(4) 自动控制系统设计，必须认真贯彻执行国家有关方针、政策，认真吸收国内外先进、实用的技术经验，努力提高我国冶金工业自动化装备和控制水平。

(5) 由于电子技术的飞速发展，信息产业的发展极为迅速，设计通信方案时应有超前意识，使设计方案先进、合理和适用。

电力负荷的分级，主要是按照中断供电后在政治和经济上造成的损失或影响程度按国标《供配电系统设计规范》(GB50052—2009)做出的原则性规定来划分。

轧钢生产系统用电动机为设备运行提供动力，其电动机的类型如下：

- 电动机
  - 直流电动机
    - 励磁直流电动机
      - 他励电动机
      - 串励电动机
      - 复励电动机
    - 永磁直流电动机(小功率)
  - 交流电动机
    - 异步电动机
      - 鼠笼型电动机
      - 绕线型电动机
    - 同步电动机
      - 普通同步电动机
      - 无换向器电动机
        - 励磁式
        - 永磁式
      - 磁阻电动机

在技术经济合理的原则下，正确选择电动机，应满足以下要求：

(1) 电动机的全部电气和机械参数，包括工作制、额定功率、最大转矩、最小转矩、堵转转矩、转动惯量、同步机的牵入转矩、转速(直流电动机分基速和高速)和调速范围等，应满足工艺设备在启动、制动和运行等各种运行方式的要求。

(2) 电动机的类型和额定电压，应满足电网的要求。如电动机启动时要保持电网的电压维持在一定水平，运行中保持功率因数在合理的范围内等。

(3) 电动机的结构形式、冷却方式、绝缘等级和允许的海拔高度等,应符合工作环境要求。

(4) 电动机的额定容量要留有适当裕量,负荷率一般在0.8~0.9范围内。但为改善功率因数,同步电动机的容量不受此限。对于异步电动机,选择过大的容量不仅增加造价而且降低电动机效益,导致功率因数降低。

14.3 轧钢厂热力设计

热力设计包括供热系统、工业锅炉房、自备热电站、余热利用、高炉鼓风机站、高炉喷煤粉制备站、压缩空气站和热力管网设计等。

供热系统设计包括全厂热平衡、供热方案选择及凝结水设计等。

全厂热平衡是统计各用户的最大、平均用热量及供热使用制度,制定出热介质的消耗量表,根据企业分期建设的阶段和季节负荷的变化分别计算出综合最大消耗量,即考虑了同时使用系数、漏损、未预计用户以及适当富裕系数后的最大消耗量,并计算出全年消耗量,对消耗量的数量及特性进行分析,研究确定供热系统方案,编制出供需平衡即热平衡表。

如蒸汽平衡表的编制应以国家和地区的现行能源利用政策及规定为依据,结合实际生产和使用情况。蒸汽平衡应包括下列蒸汽消耗量和发生量:

(1) 年蒸汽量;

(2) 日历小时平均蒸汽量;

(3) 小时最大蒸汽量;

(4) 作业时间小时平均蒸汽量;

(5) 对生产车间中有生活、采暖的用户,还应分别提出采暖季节小时最大蒸汽量和最冷月平均蒸汽量;

(6) 对炼钢间断余热产汽和真空间断用汽的情况,应设置蓄热器缓冲,在此工况平衡中不能用设备的小时最大蒸汽量,而是用蓄热器送出和充热的最大量。

在冶金工厂内,供热方案选择时,首先考虑余热利用供热,向用户提供生产、生活及采暖所需的蒸汽、热水等,所余部分再采用其他供热设施供热。

供热设施一般有自备热电站、工业锅炉房、热力站、真空精炼专用锅炉房和余热利用设施等。

工业锅炉房一般用于工业生产和采暖用户,蒸汽锅炉单台蒸发量为1~65 t/h,工作压力不大于3.81 MPa,一般为0.78~1.27 MPa,蒸汽温度不大于450℃,热水锅炉供水温度不大于180℃。

锅炉房设计要根据企业的总体规划,并考虑厂址所在地区的集中供热规划,做到远近期结合,以近期为主,并宜留有扩建的可能。专供采暖的锅炉房,要优先采用热水锅炉。对于扩建工程,要充分利用现有设施。热负荷是确定锅炉房规模、选择机组型号和设计锅炉房热力系统的重要依据,需统计和核实不同季节(采暖期、非采暖期和非制冷期)、不同参数(压力和温度)的最大限度、平均和最小供热量,用热工制度绘制热负荷曲线,以确定锅炉房的供热量。

锅炉房工艺系统工程包括鼓风与引风系统、烟气除尘与脱硫系统、锅炉给水处理系统、锅炉汽水系统及运煤与除灰系统。

锅炉房布置宜为独立的建筑物。当与其他建筑物相连或设置在其内部时,应符合现行的《蒸汽锅炉安全技术监察规程》、《热水锅炉安全技术监察规程》及《建筑设计防火规划》(GB 50016—2006)等相关规定。

冶金生产过程中产生可回收的大量余热,如高炉、电炉、轧钢加热炉等被工艺设备冷却水带走的热量,轧钢加热炉、转炉等工业炉窑高温烟气显热以及固体物料的显热和热辐射,均可用于余热利用设施来产生蒸汽和热水。

对于较大型的、常年运行的余热利用设施如干式熄焦余热锅炉主、转炉汽化冷却装置,轧钢加热炉汽化冷却装置等的蒸汽可用于供热和发电;对于小型、低温余热可考虑用于供应热水。

蒸汽用户(包括蒸汽采暖)的凝结水要尽量回收。在满足质量要求的条件下,首先考虑送至对水质要求严格的热源处。凝结水尽可能采用自流方式回收;采用加压方式回收站时,设置凝结水泵站,并尽可能充分利用产生的二次蒸汽。

轧钢车间热力设计涉及热力专业的主要规范、规程及标准见附录 2。

14.4 轧钢厂暖通空调设计

轧钢厂暖通空调设计包括采暖、通风、空调与除尘设计。

14.4.1 采暖

采暖也称供暖,是用人为的方法保持一定的室内温度,以创造适宜的生活条件或工作条件的技术。采暖系统由热煤制备(热源)、热煤输送(管道)与热煤利用(散热设备)三个主要部分组成。热源和散热设备分别设置,热源通过管道向各个房间或各个建筑物供给热量的采暖系统称为集中采暖。当热源和散热设备组合在一起,成为一个整体式供热设备时,可以直接置于被采暖房间进行供热,如电热采暖等。

采暖设计室外空气温度采用历年平均不保证 5 天的日平均温度。对于采暖设计冬季室内温度,根据建筑物的用途、工业建筑物的主要工作场所与辅助工作场所选取。采暖温度见表 14-2。

表 14-2 工业建筑物冬季主要工作场所与辅助工作场所采暖温度

劳动强度分级 (按工业企业设计卫生标准分)	采暖温度/℃	辅助用室名称	采暖温度/℃
Ⅰ	18~21	卫生间	12
Ⅱ	16~18	食　堂	18
Ⅲ	14~16	办公室、休息室	18
Ⅳ	12~14	技术资料室	20
		存衣室	18
		浴　室	25
		更衣室	25

14.4.2 通风

通风是为了改善生活与生产环境,创造安全、卫生的适宜条件而进行换气的技术。通风中有关进气处理的内容在“空调”中叙述。对生产过程中的余热、余湿、有害物质和粉尘等进行控制和治理而进行的通风称为工业通风,工业通风中对粉尘进行控制和治理的内容,在“除尘”中叙述。

通风技术是为了防止大量热或有害物质向人员活动区散发,防止有害物质对环境造成污染,必须从工艺、总图、建筑和通风等方面采取有效的措施进行综合预防和治理。

(1) 对于放散热或有害物质的生产过程和设备,宜采用机械化和自动化的工艺流程,并采取密闭、隔离和负压操作等措施。

(2) 对于放散热或有害物质的生产设备的布置,应合理放置在相应位置,在建筑内考虑放置在自然通风的下风侧或设置排风罩。

(3) 在确定建筑物方位和朝向时,应满足冬季获得最多日照、避开冬季主导风向、夏季能形成穿堂风等要求。

通风设计室外空气温度时,冬季采用累年最冷月平均温度;夏季室外温度采用历年最热月14时的月平均温度的平均值。通风设计室内空气温度,按工作车间内外温度差限值考虑,车间内工作地点的夏季空气温度规定见表14-3。

表14-3　工作车间夏季空气温度内外温度差

夏季通风室外计算温度/℃	≤22	23	24	25	26	27	28	29~32	≥33
工作地点与室外温度差/℃	10	9	8	7	6	5	4	3	2

14.4.3 空调

空调是空气调节的简称,是为满足生产和生活要求,改善劳动卫生条件,用人工的方法使室内空气温度、湿度、洁净度和气流速度等达到一定要求的技术。

空调系统一般由以下几部分组成:冷热源、空气处理设备、空气的输送和分配设备以及自动调节设备等。制冷系统、空气处理设备及风机等均集中置于空调机房内进行空气处理,并将处理过的空气通过风管分别送到各个空调房间的空气调节系统称为集中式空调系统。空气处理设备主要用于处理室外新鲜空气,室内的热湿负荷主要通过末端装置(如风机盘管)的冷(热)水来负担的空气调节系统称为半集中式空调系统。

空调室内空气质量要求应满足舒适性。空调室内计算参数见表14-4。

表14-4　舒适性空调室内计算参数

参　数	冬　季	夏　季
温度/℃	18~24	22~28
风速/$m \cdot s^{-1}$	0.2	0.3
相对湿度/%	30~60	40~65

14.4.4 除尘

除尘是捕集、分离含尘气流中的粉尘等固体粒子的技术。除尘系统一般指由排风罩、风管、风机和除尘器等组成,用以捕集、输送和净化含尘气体(烟气)的机械排风系统。当含尘气体(烟气)温度高于设备材料和结构对温度的限制时,应配有烟气冷却设备。

除尘技术的要求对于产生粉尘的生产工艺过程，宜采用湿式作业。运输含尘物料时，宜采用不扬尘的机械输送、气力输送或水力输送。对于放散粉尘的工艺流程和设备，采取密闭措施。

除尘设计对于工作场所空气中粉尘容许浓度应符合《工作场所有害因素职业接触限值》中的有关规定；非工业炉窑尘源含尘气体排放及冶金工业炉窑大气污染排放应分别符合《大气污染物综合排放标准》与《工业炉窑大气污染物排放标准》中的规定。

轧钢厂暖通空调设计涉及的采暖通风与空调专业的主要规范、规程及标准见附录2。

15 轧钢厂废水处理与环境保护设计

15.1 概 述

环境保护是关系到子孙后代的万年大计。因此,工业发达国家把环境保护和综合利用放在非常重要的位置,在这方面的投资日益增加。一个工厂能不能建设与生产,首先要有环保措施,否则就不能建厂与生产。

目前,我国也非常重视环保问题,设有专门的环保机构,建立了环保监测系统来负责环保管理工作。因此,近几年来,我国新建和筹建的大型钢铁企业对环境保护给予了应有的重视。从1983年以来,我国重点钢铁企业更改资金中的环保比例已达到7.6%;年产100万吨的钢铁联合企业中,环保投资占总投资的6.3%;轧钢厂的环保投资占轧钢厂总投资的6%以上。轧钢厂既是钢铁产品生产的三大工序(炼铁、炼钢和轧钢)中最后一道成材工序实施的场所,又是大量有害物质和声音,如各种废气、废液、灰尘、氧化铁皮、废油、炉渣以及噪声等产生地。当这些污染物质进入大气、水体和土壤并超过正常范围时,就会对人体的健康造成危害。因此,在合理组织钢铁生产的同时,应对生产过程中产生的各种有毒、有害物质采取措施,加以控制和利用。将有毒、有害物质控制在规定的标准范围内,以保护好环境卫生,有利于生产,保证人民的身心健康。

轧钢厂(车间)废水处理与环境保护设计涉及给排水专业规范、规程及标准专业的主要规范、规程及标准见附录2。

15.2 轧钢厂主要生产工序污染物分析和对环境的影响

轧钢厂的产品种类繁多,不同产品的生产工艺不同,因此不同产品生产过程中产生的污染物也各有差异。轧钢产品生产工序主要污染物见表15-1。

表15-1 轧钢工序主要大气污染物

废气种类	主要污染物	备 注
燃烧废气	烟尘、SO_2、NO_x	
粉 尘	氧化铁粉尘、焊接粉尘	无组织排放
油 雾	乳化液、油类	
酸 雾	酸液、酸性氧化物和水汽等,有时还含有$Cr_2O_7^{2-}$	常见的酸雾包括:盐酸雾、硫酸雾、铬酸雾(硅钢生产)等
碱 雾	碱、水汽	

轧钢厂的主要污染有大气污染、水污染、固体废弃物污染及噪声污染四类，每一类污染的具体污染物及产生的生产环节介绍如下。

（1）大气污染物。轧钢工序主要的大气污染源包括：

1）钢锭、钢坯加热过程中，各种燃料在加热炉内燃烧产生的废气；

2）红热钢坯在轧制过程中，产生的氧化铁皮、铁屑以及喷水冷却时产生的水汽；

3）冷轧板轧制过程中，冷却、润滑轧辊和轧件产生的乳化液废气；

4）钢材酸洗过程中，酸槽加热、酸液蒸发、散出的大量酸雾；

5）火焰清理钢坯表面氧化铁层时，产生的氧化铁烟尘；

6）成品轧件表面镀层时，产生的各种金属氧化物烟气等。

各类大气污染源中含有的主要污染物情况见表15-2。

（2）水污染物。轧钢工序产生的废水可以分为热轧废水与冷轧废水两大类。

表15-2 轧钢产品生产工序主要污染物一览表

工序		废气						废水													固体废物					噪声
		燃烧废气	烟气粉尘	油雾	酸雾	碱雾	有机废气	直接冷却废水	间接冷却废水	层流冷却废水	含酸废水	含碱废水	含油废水	含磷酸盐脱脂剂废水	含乳化液废水	含光整液废水	石墨废水	含重金属废水			含铁尘泥	废酸	废油	废钢及废工件	废耐火材料	
																		Cr	Zn	Sn						
板材带材	热连轧机组	●	●	●				●	●	●			●								●		●	●	●	●
	酸洗-轧机联合机组		●	●	●	●					●	●	●		●						●	●	●	●		●
	酸洗机组				●						●		●		●							●	●			●
	连续退火机组	●	●	●		●						●	●	●	●						●		●	●	●	●
	热镀锌机组	●	●			●						●	●	●		●		●	●				●	●	●	●
	电镀锌机组				●	●					●	●	●	●				●	●			●	●	●		●
	连续电镀锡机组				●	●					●	●	●					●		●		●	●	●		●
	硅钢生产机组	●	●	●	●	●	●				●	●	●		●			●			●	●	●	●	●	●
	彩涂板机组			●		●	●					●	●	●				●					●	●		●
	中厚板轧制机组	●	●	●				●	●	●			●								●		●	●	●	●
棒材线材	棒、线材生产	●	●	●				●	●						●						●		●	●	●	●
型材	型材生产	●	●	●				●	●						●						●		●	●	●	●
管材	热轧无缝钢管	●	●	●				●	●	●					●		●				●		●	●	●	●
	冷轧/冷拔无缝钢管	●	●	●	●			●	●		●		●		●						●	●	●	●	●	●
	焊缝钢管	●	●	●	●			●	●		●		●		●						●	●	●	●	●	●

1）热轧废水。热轧废水主要是轧制过程中的直接冷却废水。热轧生产是对加热到1000℃以上的钢锭或钢坯进行轧制，有关设备及轧件均需直接冷却。冷却后的废水中主要污染物为粒度分布很广的氧化铁皮及润滑油类。此外，热轧废水的温度较高，大量废水直接排出时，还将造成一定的热污染。

2）冷轧废水。冷轧生产以酸洗后的热轧产品为原料，冷轧过程中需要用乳化液或棕榈油作润滑或冷却剂，会产生酸性废水及含油、乳化液的废水；冷轧带钢在松卷退火及表面处理时，会产生碱性含油废水，在表面处理过程中还会产生含酸、碱、油及铬的废水。冷轧废水对环境的污染主要是化学污染，主要污染物是酸、碱、乳化液及有毒重金属。

轧钢工序各类废水中主要的水污染物情况见表15-3。

表15-3　轧钢工序主要废水污染物

废水种类	主要污染物	备　注
直接冷却废水	SS（含大量氧化铁皮）和油，水温较高	含中厚板、热轧带钢、热轧大型材、热轧中小型材、热轧棒材、热轧钢筋、热轧高线材、热轧无缝管
间接冷却废水	SS（含大量氧化铁皮）和油，水温较高	
层流冷却废水	SS（含大量氧化铁皮）和油，水温较高	
含酸、碱废水	酸类、碱类	
含油及乳化液废水	油类、乳化液	
含重金属废水	Cr（Ⅵ）、Cr^{3+}、Zn、Sn	

（3）固体废弃物。轧钢厂主要的固体废弃物包括：冷轧清除钢材氧化表皮时产生的硫酸、盐酸、氢氟酸、硝酸酸洗废液，热轧生产过程中产生的大量氧化铁皮等。轧钢工序各类固体废弃物中主要的污染物情况见表15-4。

表15-4　轧钢工序主要固体废弃物

固废种类	主要污染物	备　注
除尘灰	氧化铁等	一般工业固体废物
普通含铁尘泥	氧化铁、油类等	一般工业固体废物
含铬污泥	油类、Cr^{3+}等	危险废物
废钢及废工件	废钢等	一般工业固体废物
耐火材料	耐火砖等	一般工业固体废物
废　油	废机油、润滑油和乳化油等	危险废物
废　酸	酸　液	危险废物
锌　渣	锌　渣	危险废物

（4）噪声。轧钢工艺产生的噪声为机械的撞击、摩擦、转动等运动引起的机械噪声以及气流的起伏运动或气动力引起的空气动力性噪声。主要噪声源有：各类轧机、剪切机、卷取机、冷却机、矫直机、冷/热锯和鼓风机等。一般情况下，在采取噪声控制措施前，各主要噪声源源强均大于85 dB（A）。

15.3　轧钢厂主要污染控制措施

如上节所述，轧钢厂的污染物主要有废气污染物、废水污染物、固体废弃物污染和噪声。因此，轧钢厂的污染物控制应当从与之对应的四个方面来着手，具体的治理和控制措施如下面详述。

15.3.1 废气的治理和控制

燃烧废气治理技术

燃烧废气主要来自加热炉和热处理炉的燃料燃烧。废气中的主要污染物为烟尘、SO_2和NO_x。目前国内钢铁企业主要通过采用“蓄热式燃烧+低NO_x烧嘴+二次燃烧技术”、燃用清洁混合煤气等清洁生产技术控制废气污染。产生的燃烧废气最终经由高烟囱向外排放,排放口处污染物浓度可控制在$\rho(SO_2) \leqslant 100\ mg/m^3$,$\rho(NO_x) \leqslant 150\ mg/m^3$。

轧机粉尘治理技术

轧机粉尘主要在精轧机轧制及焊机、平整机、拉矫机等机组的生产过程中产生。目前国内钢铁企业主要通过塑烧板除尘技术、布袋除尘技术、湿式电除尘技术或湿式除尘技术进行轧机粉尘的处理。

(1) 塑烧板除尘技术。塑烧板除尘技术主要利用塑烧板内部的多微孔结构,阻留含尘废气中的粉尘,实现废气的净化;净化后阻留下来的粉尘再通过压缩空气的反吹,落入料斗内得到收集。

塑烧板除尘技术对2 μm左右粒径的细粉尘捕集率为99.99%~99.999%,净化后外排气体中烟(粉)尘浓度一般可控制在10~20 mg/m^{3}以下。

(2) 布袋除尘技术。袋式除尘器也称过滤式除尘器,它利用纤维编织物制作的袋式过滤元件来捕集含尘气体中固体颗粒物,是一种干式高效除尘器。其作用原理是尘粒在绕过滤布纤维时因惯性力作用与纤维碰撞而被拦截。滤袋上收集到的粉尘定期地被清灰装置清除并落入灰斗,再通过出灰系统排出。清灰的方式主要有烟气反吹、机械抖动和脉冲反吹三种,其中最常见的是脉冲反吹方式。

布袋除尘技术对于粒径大于0.1 μm的微粒,去除效率可达99%以上,净化后外排气体中烟(粉)尘浓度可控制在30 mg/m^{3}以下。

(3) 湿式电除尘技术。湿式电除尘器以放电极和集尘极构成静电场,含尘空气进入后被电离,尘粒带电荷,在电场力作用下向集尘极运动并被集尘极所捕集,释放电荷;随后在除尘器内部喷嘴水雾作用下,集尘极上的尘粒被冲入灰头,排入循环水池,达到净化目的。

湿式电除尘技术的净化效率可达98%以上,净化后外排气体中烟(粉)尘浓度可控制在30 mg/m^{3}以下。

(4) 湿法除尘技术。湿式除尘器是利用水洗的原理除去含尘气体中的颗粒物。该技术对粒径在1 μm以上的颗粒,去除效率可达98%左右,净化后外排气体中烟(粉)尘浓度可控制在20 mg/m^{3}以下。

酸雾 碱雾治理技术

酸雾、碱雾主要由冷轧车间酸洗和碱洗槽以及酸再生系统产生。目前国内钢铁企业对于此类废气,主要是用填料吸收塔、填料洗涤塔、静电除雾等技术进行处理。

(1) 填料吸收塔技术。填料吸收塔主要应用在酸再生系统中,用于对再生酸液的回收处理。该技术利用酸液的溶解特性,使含酸气体充分与水接触,溶于水中,得以净化。吸收塔中含酸气体由塔体下部入口进入,经过填料层与喷淋的水发生气、液两相接触,经过充分的热、质交换后,酸类物质被水吸收流入塔底得到收集;气体则经去雾器去除水雾、液滴分离器去除水滴后，排至室外大气。

以盐酸酸雾为例，吸收塔一般可吸收废气中95%的氯化氢气体，净化后外排气体中氯化氢浓度可控制在30 mg/m^{3}以下。

（2）填料洗涤塔技术。填料洗涤塔本质上也是一种吸收塔，是利用酸液（或碱液）的溶解特性，通过使含酸（碱）气体与水充分接触、溶于水中，从而达到净化气体的目的。由于填料洗涤塔仅进行废气的净化处理，并不回收其中的酸类、碱类物质，因此其结构较填料吸收塔略有简化。通过合理地设置洗涤塔内填料层的厚度以及喷水强度，可使净化后外排气体中酸、碱的浓度控制在10 mg/m^{3}以下。

（3）静电除雾技术。静电除雾器与静电除尘相仿，也是通过静电控制装置和直流高压发生装置，将交流电变成直流电送至除雾装置中，在电晕线（阴极）和酸雾捕集极板（阳极）之间形成强大的电场，使空气分子被电离，瞬间产生大量的电子和正、负离子。这些电子及正、负离子在电场力的作用下，由阴极向阳极做定向运动，构成了捕集酸雾的媒介，同时使酸雾微粒荷电。这些荷电的酸雾粒子在电场力的作用下，做定向运动，抵达捕集酸雾的阳极板上。荷电粒子在极板上释放电子，酸雾被集聚，在重力作用下流到除酸雾器的储酸槽中，达到净化酸雾的目的。静电除雾器的除雾效率可达95%以上。

油雾 乳化液油雾 治理技术

冷轧轧机在生产时，需往轧辊上喷淋润滑冷却剂（如乳化液或棕榈油），由于工作温度较高而产生乳化液烟雾。目前国内钢铁企业对于此类废气，主要通过喷雾洗涤塔、丝网式油雾净化器等技术进行治理。

（1）喷雾洗涤技术。喷雾洗涤塔是利用水洗作用净化气体中的乳化液油雾。进入洗涤塔的乳化液油雾与由喷嘴喷出来的雾状水滴相接触并被分离出来，靠自重与水一道落入洗涤喷雾装置下部水槽内。为防止小部分液滴被气流带走，在洗涤喷雾装置的末端设有挡水板；而为了有效地捕集乳化液油雾，需尽可能将轧机做成密闭式，轧机操作侧各机架间做卷帘门，传动侧用钢板封闭，油雾由轧机进出口端的上部烟罩和机架间的上、下部吸气口吸入主风道，然后送入洗涤塔洗涤（洗涤塔为有填料的填充塔），并经液滴分离器进行气水分离。含油废水进入废水站集中处理。经处理后，废气中的油类物质浓度可达到20 mg/m^{3}以下。

（2）干法净化技术（丝网式油雾净化器）。丝网式油雾净化器主要利用丝网的阻留作用进行含油废气的净化处理。处理时油雾经过滤网板，与不锈钢丝发生撞击，油滴附着在钢丝上从而实现了油气的分离。经处理后，废气中的油类物质含量可控制在10 mg/m^{3}以下。

挥发性有机物　　治理技术

彩涂机组初涂和精涂后烘烤固化工序采用热空气烘烤，产生含挥发性有机溶剂的废气；此外，涂层室也会产生一些挥发性有机物（VOCs）。VOCs主要含苯、二甲苯等有毒有害化合物。目前国内钢铁企业通常采用热力燃烧的方法处理含VOCs的废气。

热力燃烧技术是利用辅助燃料燃烧产生的热量，将有机废气中的可燃有害化合物加热至可发生氧化分解反应的温度，生成CO_2和H_2O，以达到净化目的。在适当的温度和停留时间条件下，高浓度有机废气的处理效率可达到95%以上。

15.3.2　废水污染物治理和控制

轧钢厂的废水主要包括热轧废水和冷轧废水两类。随着生产量和产品品种的日益增加，废品量以及废水中的污染物也越来越多。在这种情况下，废水治理的着眼点是不要等到废水排放了再去治理，而是采取积极办法消除污染源，减少废水排放量。下面针对轧钢厂产生的各类废水分别介绍对应的技术方法。

热轧废水治理技术

A 直接冷却废水的处理

直接冷却废水是直接冷却轧辊、轧辊轴承等设备及轧件时产生的废水，其特点是水量大、水温较高，且含有大量氧化铁皮和油。目前，国内钢铁企业对于此类废水的处理，主要采用传统的三段式、化学除油器、气浮、稀土磁盘等方法。

(1) 传统三段式处理技术。该技术是通过旋流（一次沉淀）→平流（二次沉淀兼隔油池）→机械过滤（机械除油）组合的方式进行直接冷却废水的处理。三段式的处理方法，首先对铁皮沟收集的废水，进行初沉淀，去除其中大颗粒的悬浮物质，然后泵送至二次沉淀池，进行二次沉淀及气浮除油等处理。处理后浮油用刮油刮渣机集中、布拖式撇油机收集；废水则加压送过滤器过滤后利用余压上冷却塔冷却，最后按不同压力分别送用户循环使用。

采用该技术可以去除废水中大部分的氧化铁皮和泥沙，处理后废水中主要污染物的浓度 ρ(SS) ≤20 mg/L、ρ(油) ≤5 mg/L。

(2) 化学除油器技术（两段式处理技术）。化学除油器是一种集除油、沉淀为一体的处理设备。化学除油器技术通过投加化学药剂，使水中的油类、悬浮物等经凝聚、絮凝作用沉降分离出来，达到净化水质的目的。使用中常将化学除油器与一次铁皮沉淀池组合进行废水的处理。

经化学除油器处理后，可保证出水水质 ρ(SS) ≤30 mg/L、ρ(油) ≤5 mg/L。

(3) 溶气气浮法（Dissolved Air Flotation，DAF）。DAF 是传统三段式处理法的一种改进形式，它以“混凝+溶气气浮（DAF 气浮）+曝气”组合的方式替代传统处理方法中的二次沉淀池。DAF 气浮装置是一种用于污水处理的固-液或液-液分离的设备。该装置通过高压回流溶气水减压产生大量的微气泡，与废水中固体或液体微粒黏附，形成密度小于水的气浮体，在浮力的作用下，上浮至水面，实现固-液或液-液分离。

经该方法处理后的废水中主要污染物浓度可控制在：ρ(油类) ≤5 mg/L、ρ(铁) ≤1 mg/L、ρ(SS) ≤10 mg/L，COD 去除率 60%~80%。

(4) 涡凹气浮技术（Charged Air Flotation，CAF）。CAF 也是传统处理方法的一种改进形式。该技术以 CAF 气浮池替代传统工艺中的二次沉淀池，通过特制的曝气机产生微气泡，省去空压机、循环泵、压力溶气罐、释放器或喷嘴以及絮凝剂预反应池等附属设备。整套系统结构简单、占地小、能耗低。

采用 CAF 气浮法进行直接冷轧废水的处理，可以去除废水中 25%以上的油和 70%以上的悬浮物。

(5) 稀土磁盘分离净化加活性氧化铁粉除油技术。该技术是利用活性氧化铁粉的磁性和对油类物质的吸附特性，进行含油废水的处理。活性氧化铁粉是一定比例的泥炭、氧化铁皮粉末和皂类活性剂混在一起，隔绝空气干馏制成的带有烃基和羟基基团的复合物。活性氧化铁粉不仅易被磁化，而且具有亲油的烃基和亲水的羟基，在轧制废水中能迅速吸附不同粒径、不同成分的油类。油类在稀土磁盘的流道内被磁盘吸附，达到除油的目的。

处理后废水中主要污染物的浓度 ρ(SS) ≤30 mg/L、ρ(油) ≤5 mg/L；废水循环率可达

95%以上。

(6) 地埋式稀土磁盘分离净化技术。在热轧浊循环回收总流道-4～-6 m深度处，增加地埋式稀土磁盘分离净化设备，直接将废水中的悬浮物由1000～3000 mg/L降到50 mg/L以内。处理后的水进入热水池，在此除去浮油。除油后的水一部分泵回厂内冲铁皮；另一部分泵入冷却塔冷却后流入冷水池（此部分废水除夏季必须经冷却塔冷却外，其他季节视情况也可直接送入冷水池），最后泵回厂内循环使用。

地埋式稀土磁盘分离技术处理后的废水中，主要污染物浓度ρ(SS)≤70 mg/L，ρ(油)≤10 mg/L。

B 间接冷却废水的处理

间接冷却废水主要包括主电室马达通风设备、冷冻站、空调、液压润滑系统、空压站、磨辊间等设备的间接冷却废水，以及加热炉设备的间接冷却废水。此类废水的特点是仅水温较高，水质并未受到污染。目前国内钢铁企业对于此类废水，主要采用冷却塔冷却后返回用户循环使用的方法进行处理。

为保证回水中悬浮物含量不致增高，通常还需设置旁通过滤系统，对部分回水进行过滤处理；为防止循环水长期循环使用后结垢和管道腐蚀问题，需加入水质稳定药剂，保证循环水的水质稳定，并定期少量外排，控制循环水的盐分平衡。该方法处理后的废水水质可达到回用水要求，循环使用，有利于节约水资源，产生良好的经济效益和环境效益。

C 层流冷却废水的处理

层流冷却废水属于浊环水，是冷却带钢过程中产生的废水。目前国内钢铁企业对此类废水普遍采用部分过滤冷却的技术进行处理。具体方法是将层流冷却排水分为两部分，一部分用于冲氧化铁皮，排水加压送过滤器过滤，经冷却塔冷却后，送回水井；另一部分直接进入回水井与经过过滤、冷却处理的水混合，最后加压送用户循环使用。

冷轧废水治理技术

冷轧废水是轧钢工序中成分复杂、处理难度较大的废水，涉及的废水种类较多，包括含酸碱废水、含油和乳化液废水、含光整液废水、含铬废水及含石墨废水等。目前国内钢铁企业对于此部分废水，主要通过建立相对独立的供排水系统，并区分不同种类的废水进行相应预处理后，再混合进行综合处理，最后回用或达标排放。

A 冷轧废水预处理技术

冷轧废水中需进行预处理的废水主要有含酸碱废水、含油和乳化液废水、含光整液废水、含铬废水及含石墨废水等。

(1) 含酸、含碱废水中和沉淀法处理技术。轧钢厂的含酸废水主要来自酸洗槽及抽风洗涤塔排水；含碱废水主要来自中和槽、脱脂槽及抽风洗涤塔排水。目前国内钢铁企业对于此部分废水，通常将其与各部分预处理后的废水混合，根据废水的pH值，采用中和沉淀的方法进行预处理。

该技术利用酸、碱中和反应的原理，通过向混合后的酸、碱废水中投加碱类或酸类物质，调节废水pH值，将重金属离子转化成金属氢氧化物沉淀，从废水中分离出去，达到净化水质的目的。对于均衡后呈酸性的废水，一般可投加生石灰或石灰乳进行中和处理；对于均衡后呈碱性的废水，可投加废酸中和处理。处理后，可使废水的pH值控制在6～9之间。

(2) 含油和乳化液废水的超滤(Ultra-filtration,UF)处理技术。含油和乳化液废水主要来自于轧钢、冷却及液压设备的渗漏。废水中的油主要以乳化油形式存在,并夹杂有轧制中产生的铁粉。目前国内钢铁企业对此类废水主要通过撇油机去除浮油后,采用超滤的方法进行预处理。

该技术利用超滤膜只透过小分子物质的特性,使含油废水透过超滤膜,将悬浮物、胶体、油类等物质截留,从而达到净化水体的目的。实际应用时,超滤技术通常配合以静置、浓缩和分离等处理,以获得更佳的处理效果。经超滤装置处理后,废水中的含油量可控制在 5~10 mg/L。

(3) 含光整液废水的催化氧化处理技术。光整液废水是普通镀锌钢板产品生产中排放的一类特殊的废水。光整液主要成分为阴离子或非离子表面活性剂,废水 COD 负荷很高。目前国内钢铁企业对于此类废水主要采用催化氧化的方法进行预处理。处理中,含光整液废水先送至废水调节池中混匀,再经过预氧化和混凝气浮等预处理,进入 H_2O_2 氧化装置进行深度氧化,使高分子有机物逐步分解为 CO_2 和 H_2O。

光整液废水经催化氧化预处理后,废水中的主要污染物浓度可控制在 ρ(COD) ≤ 60 mg/L,ρ(油类) ≤4 mg/L,ρ(SS) ≤50 mg/L。

(4) 含铬废水预处理。含铬废水主要来自热镀锌、电镀锌及电工钢等机组的钝化操作,废水中的铬主要以六价铬形式存在,具有很强的毒性,需要经过严格的处理合格后,才能排放。目前国内钢铁企业对于此类废水主要采用化学还原法或阳离子交换法进行预处理。

1) 化学还原法。在酸性条件下向废水中加入还原剂(如氯化亚铁 $FeCl_2$),将有毒的六价铬离子还原成无毒的三价铬离子,然后再加入石灰或氢氧化钠,使三价铬离子在碱性条件下生成氢氧化铬沉淀,从废水中除去。

经化学还原法处理后,废水中的六价铬离子浓度可达到 0.5 mg/L 以下。

2) 阳离子交换法。该法可利用阳离子交换树脂去除铬酸液中所有的阳离子,铬酸循环使用。阳离子交换器出口装一电导率仪。电导率达到某一数值,如 2000 μS/cm 时,开始树脂再生。再生液为浓度 8%~10%(质量分数)硫酸溶液。再生方式为逆流再生。最初流出的再生液并入低浓度含铬废液,后面的流出液循环使用。再生后树脂用脱盐水清洗。

(5) 含石墨废水。含石墨废水是钢管车间的芯棒润滑系统及冲洗排烟系统电除尘器时产生的废水。此类废水主要含大量的悬浮物,目前国内钢铁企业普遍采用“混凝+离心脱水”组合的方法进行预处理,处理后出水中的悬浮物含量可控制在 200 mg/L 以下。

B 冷轧废水综合处理技术

经单独预处理后的各类冷轧废水,废水中的有机污染物或悬浮物质含量仍有可能无法达到回用或排放标准的要求,还需混合后进行统一的综合处理。目前国内钢铁企业对于混合后有机污染物超标的冷轧废水一般采用生物的方法进行处理;对于悬浮物质超标的冷轧废水采用絮凝沉淀的方法处理。

(1) 生物处理法。生物处理法是利用微生物的代谢作用处理废水的一类方法,它通过微生物的新陈代谢作用将复杂的有机物分解为简单物质,从而使废水得到净化。目前常见的生物处理方法主要有接触氧化法、活性污泥法、厌氧氧化法、生物膜法和氧化塘法等,其中以生物膜法的应用最多。

(2) 絮凝沉淀法。该方法是通过向废水中投加高分子絮凝剂,使悬浮于废水中的固体杂物被凝聚沉降下来，从而使废水水质得到净化，达到废水回用或排放要求。

15.3.3 固体废弃物的控制和综合利用

轧钢工序产生的固体废弃物主要是酸洗工段产生的酸洗废液，此外还有各类除尘系统收集到的含铁尘泥和水处理中产生的含铁污泥及含铬污泥，轧机轧制过程中产生的废钢，加热炉和热处理炉生产中产生的废耐火材料，轧钢含油废水处理中产生的废油，冷轧过程产生的废润滑液和乳化液，以及镀锌生产中产生的锌渣等。

酸洗废液

酸洗废液是轧钢工序产生的一类较为特殊的固体废弃物，主要来自冷轧的酸洗工段。因酸洗中使用的酸液不同，酸洗废液主要有：盐酸废液、硫酸废液和硝酸-氢氟酸废液（由不锈钢酸洗产生）之分。目前国内钢铁企业对于冷轧盐酸废液，主要采用喷雾焙烧法（鲁兹纳法）或流化床法（鲁奇法）回收盐酸和氧化铁；硫酸废液主要采用蒸汽喷射真空结晶法、真空浓缩冷冻结晶法或浸没燃烧法回收硫酸和硫酸亚铁；硝酸-氢氟酸废液主要采用喷雾焙烧法、离子交换法或减压蒸发法进行回收处理。

（1）盐酸废液。

1）喷雾焙烧法（鲁兹纳法）回收盐酸和氧化铁。该方法主要是通过分离酸洗废液中的溶解铁盐 $FeCl_2$，并将氯化亚铁（$FeCl_2$）进行焙烧，最终生成氧化铁和氯化氢气体。氯化氢气体被水吸收制成盐酸，返回酸洗机组继续使用；氧化铁粉则经收集后进行综合利用。采用喷雾焙烧法，可生产浓度18%（m/m）的再生盐酸，废酸的回收率可达99%；回收的氧化铁粉还可用作生产磁性材料等。

2）流化床法（鲁奇法）回收盐酸和氧化铁。其工作原理与喷雾焙烧法相似。处理时，首先利用泵将废酸送到废酸储罐，并打到预浓缩器中，在预浓缩器中一部分废酸液被汽化，剩下的酸液继续被浓缩并使氧化铁得到富集。此后从预浓缩器流出的酸液，导入焙烧炉中的流化床，水被蒸发，氯化铁受热分解为氧化铁和氯化氢。较细的氧化铁粉被焙烧炉废气带出，进入旋风除尘器中。从除尘器分离出来的细小氧化铁粉再回到流化床中，被酸液湿润并逐渐变粗。含氯化氢的焙烧炉气，经预浓缩器后进入吸收塔，与从塔上喷洒下来的冲洗水接触，氯化氢被水吸收形成再生酸。经流化床法处理后，酸洗废液中酸的回收率可达93%。

（2）硫酸废液。

1）蒸汽喷射真空结晶法回收硫酸和硫酸亚铁。该方法是一种物理方法，主要利用 $FeSO_4$ 溶解度会随酸浓度增加和温度的降低而降低的特性，通过提高酸的浓度和降低酸溶液温度，使硫酸亚铁结晶并从废液中分离出来。处理中，将废酸罐中的废酸与含有98%的硫酸罐中的硫酸，按一定比例，借助于蒸发器的真空吸入蒸发器中，由于蒸发器和依次排列的三个结晶罐的真空度是逐次增大的（亦即压力逐次减少），故溶液从蒸发器顺次流入各自的结晶罐内；在蒸发器中的溶液水分靠加入硫酸放出的热量和真空度而蒸发、浓缩；蒸发器和各结晶罐蒸发出来的气体，通过蒸汽喷射器连续地排入主冷凝器和双联式辅助冷凝器中，保持蒸发器、结晶罐的高度真空；溶液达到饱和，硫酸亚铁（$FeSO_4 \cdot 7H_2O$）逐渐结晶出来；母液通过滤布经管道流入母液贮罐，经泵打入酸洗车间重复使用。

2）真空浓缩冷冻结晶法回收硫酸和硫酸亚铁。该方法的原理基本上与蒸汽喷射真空结晶法相同，两者仅在回收工艺上略有差别。处理中废酸液流入废液贮槽，借助蒸汽喷射器所产生的真空，吸入中间槽，再借助水力喷射器所产生的真空吸入蒸发器中，在恒温条件下进行浓缩。浓缩液间断进入结晶器中，由冷冻机冷却，使硫酸亚铁结晶析出。结晶液流入翻斗过滤器，借助蒸汽喷射器产生的真空，进行真空吸滤，母液经气水分离器，进入母液贮罐，再用泵打入酸洗槽重复使用。

3）浸没燃烧法回收硫酸和硫酸亚铁。该方法的基本原理是将煤气等可燃气体与空气混合后，通过速度管进入燃烧器进行无焰燃烧。燃烧后的气流，从位于蒸发器内的烧嘴的下面喷出（呈小气泡状）与废液进行剧烈的热交换，使废液升温而蒸发、浓缩，再冷却结晶，得到硫酸亚铁和较高浓度的酸液，酸液返回酸洗工序继续使用。

（3）硝酸、氢氟酸废液。

1）喷雾焙烧法回收。该方法的基本原理与喷雾焙烧法回收盐酸和氧化铁的原理相同。处理中，进入喷雾焙烧炉中的混合废酸，会分别产生含 HNO_3、HF 及 NO_x 的酸性气体和金属氧化物粉粒。其中，酸性气体从炉顶排出后，利用酸洗线排出的最终漂洗废水经两级喷淋洗涤和吸收浓缩，变为可回收利用的再生酸，返回供酸洗工艺循环使用；而金属氧化物则从焙烧炉底部排出，经造球机变为含 Ni、Cr、Fe 的金属氧化球团，返回炼钢或进一步提纯，回收贵重金属。

2）离子交换法回收。该方法的基本原理是废酸液经过滤和离子交换树脂处理，将铁、镍和铬等金属离子从酸洗液中分离出来，得到再生酸。废酸再利用，可降低生产成本，改善环境。处理后，金属离子的去除率可达 80%以上，游离酸回收率可达 95%。

3）减压蒸发法回收。该方法是在真空状态下，通过低温蒸发冷凝回收酸液，再用硫酸置换金属盐中的硝酸与氢氟酸并将其回收。浓缩液经分离后回收硫酸亚铁，硫酸母液循环使用。该方法对于硝酸和氢氟酸的回收率均在 95%以上，同时还可回收硫酸亚铁。

其他固体废弃物

目前国内钢铁企业对于各类含铁尘泥的处置方式主要是用作炼钢冷却剂、还原铁原料、烧结配料及氧化铁颜料或磁性材料的原料等；废钢主要用作电炉炼钢原料或炼钢冷却剂；废耐火材料主要用于铺路或用作生产造渣剂及耐火材料的原料；含铬污泥、废油及废锌渣主要利用密闭容器进行分别收集，并外送有资质的单位或部门进行相应的再生、填埋或焚烧处理等。

15.3.4　噪声治理和控制

钢铁企业轧钢部分的噪声污染主要可从声源、传播途径和受体防护三个方面进行防治。在声源控制上，可尽可能选用低噪声设备，采取设备消声、隔振和减振等措施；在传播途径上可采取隔声、吸声和绿化等降噪措施。噪声治理和控制的具体措施包括：

（1）确保烟气通过风机与排气筒时顺利排出，不反复折叠和产生湍流；

（2）除尘风机与排气筒之间设置为软连接；

（3）在各类风机进、出口处加装管道消声器；

（4）煤气鼓风机和空气压缩机内衬泡沫吸声材料，外罩钢板采用封闭结构；

（5）鼓风机、离心机、泵类设置单独基础或减振措施，设备与管道间采用金属软管柔性连接。

15. 3. 5 各类有害物质的控制标准

轧钢车间产生的各类污染物会造成环境污染并给人体带来危害。为此国家对钢铁工业废气、粉尘排放、车间空气中的有害物质的含量均有明确规定,详细规定见表 15-5~表 15-11。

表 15-5 钢铁工业水污染物排放标准(轧钢部分)(GB 13456—92①)

生产工艺	分类	分级	排水量 $/m^3 \cdot t^{-1}$(产品)		pH值	悬浮物 $/mg \cdot L^{-1}$	挥发酚 $/mg \cdot L^{-1}$	氰化物 $/mg \cdot L^{-1}$	化学需氧量(COD_{Cr}) $/mg \cdot L^{-1}$	油类 $/mg \cdot L^{-1}$	六价铬 $/mg \cdot L^{-1}$	氨氮 $/mg \cdot L^{-1}$	锌 $/mg \cdot L^{-1}$
			缺水区	丰水区									
轧钢	钢坯	一级	1.5	3.0	6~9	70				8			
		二级				150				10			
		三级				400				30			
	型钢	一级	3.0	6.0	6~9	70				8			
		二级				150				10			
		三级				400				30			
	线材	一级	2.5	4.5	6~9	70				8			
		二级				150				10			
		三级				400				30			
	热轧板带	一级	4.0	8.0	6~9	70				8			
		二级				150				10			
		三级				400				30			
	冷轧板带	一级	3.0	6.8	6~9	70				8			
		二级				150				10			
		三级				400				30			
	钢管	一级	4.0	10.0	6~9	70				8			
		二级				150				10			
		三级				400				30			
联合企业	钢铁联合企业	一级	10.0	20.0	6~9	70	0.5	0.5	100	8	0.5	10	2.0
		二级				150	0.5	0.5	150	10	0.5	25	4.0
		三级				400	2.0	1.0	500	30	1.0	40	5.0

①请参考 GB/T 13456—2012。

表 15-6 大气污染物综合排放标准(GB 16297—96①)

污染物	最高允许排放浓度 $/mg \cdot m^{-3}$	最高允许排放速率 $/kg \cdot h^{-1}$						无组织排放监控浓度限值			
		排气筒/m	一级	二级		三级		监控点		浓度 $/mg \cdot m^{-3}$	
				现有	新建	现有	新建	现有	新建	现有	新建
二氧化硫	1200(硫、二氧化硫、硫酸和其他含硫化合物生产)	15	1.6	3.0	2.6	4.1	3.5	②无组织排放源上风向设参照点,下风向设监控点	③周界外浓度最高点	0.50(监控点与参照点浓度差值)	0.40
		20	2.6	5.1	4.3	7.7	6.6				
		30	8.8	17	15	26	22				
		40	15	30	25	45	38				
		50	23	45	39	69	58				
		60	33	64	55	98	83				
	700(硫、二氧化硫、硫酸和其他含硫化合物使用)	70	47	91	77	140	120				
		80	63	120	110	190	160				
		90	82	160	130	240	200				
		100	100	200	170	310	270				

续表 15-6

污染物	最高允许排放浓度/mg·m⁻³	最高允许排放速率/kg·h⁻¹						无组织排放监控浓度限值			
		排气筒/m	一级	二级		三级		监控点		浓度/mg·m⁻³	
				现有	新建	现有	新建	现有	新建	现有	新建
氟化物	100（普钙工业）	15	禁排	0.12	0.10	0.18	0.15	无组织排放源上风向设参照点，下风向设监控点	周界外浓度最高点	20μg/m³（监控点与参照点浓度差值）	20 μg/m³
		20		0.20	0.17	0.31	0.26				
		30		0.69	0.59	1.0	0.88				
	11（其他）	40		1.2	1.0	1.8	1.5				
		50		1.8	1.5	2.7	2.3				
		60		2.6	2.2	3.9	3.3				
		70		3.6	3.1	5.5	4.7				
		80		4.9	4.2	7.5	6.3				
氯气④	85	25	禁排	0.60	0.52	0.90	0.78	周界外浓度最高点	周界外浓度最高点	0.50	0.4
		30		1.0	0.87	1.5	1.3				
		40		3.4	2.9	5.2	4.4				
		50		5.9	5.0	9.0	7.6				
		60		9.1	7.7	14	12				
		70		13	11	20	17				
		80		18	15	28	23				
铅及其化合物	0.90	15	禁排	0.005	0.004	0.007	0.006	周界外浓度最高点	周界外浓度最高点	0.0075	0.0060
		20		0.007	0.006	0.011	0.009				
		30		0.031	0.027	0.048	0.041				
		40		0.055	0.047	0.083	0.071				
		50		0.085	0.072	0.13	0.11				
		60		0.12	0.10	0.18	0.15				
		70		0.17	0.15	0.26	0.22				
		80		0.23	0.20	0.35	0.30				
		90		0.31	0.26	0.47	0.40				
		100		0.39	0.33	0.60	0.51				
氯化氢⑤	2.3	25	禁排	0.18	0.15	0.28	0.24	周界外浓度最高点	周界外浓度最高点	0.030	0.024
		30		0.31	0.26	0.46	0.39				
		40		1.0	0.88	1.6	1.3				
		50		1.8	1.5	2.7	2.3				
		60		2.7	2.3	4.1	3.5				
		70		3.9	3.3	5.9	5.0				
		80		5.5	4.6	8.3	7.0				

① 请参考 GB 16297—2004。
② 一般应于无组织排放源上风向 20~50 m 范围内设参照点，排放源下风向 2~50 m 范围内设监控点。
③ 周界外浓度最高点一般应设于放射源的单位周界外 10 mm 范围内。
④ 排放氯气的排放筒不得低于 25 m。
⑤ 排放氯化氢的排放筒不得低于 25 m。

表 15-7 车间空气中含有害物质的最高允许浓度(TJ 36—97①)

物质名称	最高允许浓度 /mg·m^{-3}	物质名称	最高允许浓度 /mg·m^{-3}
一氧化碳	30	铅烟	0.03
二氧化碳	15	铅尘	0.05
二硫化碳(皮)	10	硫化铅	0.5
三氧化铬	0.05	锰及其化合物	0.2
五氧化二磷	1	氯	1
汞及其化合物	17	氯化氢及盐酸	15
苛性碱(换算成NaOH)	0.5	四氯化碳	25
氟化氢及氟化物(换算成F)	1	含有10%以上游离二氧化硅的粉尘	2
氨	30	含有10%以下游离二氧化硅的滑石粉尘	4
臭氧	0.3	含有10%以下游离二氧化硅的水泥粉尘	6
氧化氮	5	含有10%以下游离二氧化硅的煤尘	10
氧化锌	5	硫化氢	10
其他粉尘	10	硫酸及三氧化硫	2
氰化氢及氢氰酸盐类	0.3	玻璃棉及其矿渣棉粉尘	5

①请参考 GBZ 1—2010。

表 15-8 污水中第一类污染物排放浓度(GB 8978—1996①) mg/L

污染物	总汞	烷基汞	总镉	总铬	六价铬	总砷	总铅	总镍
最高允许排放标准	0.05	不允许排	0.1	1.5	0.5	0.5	1.0	1.0

①请参考 GB 8978—2002。

表 15-9 污水中第二类污染物最高允许排放浓度标准(GB 8978—1996①) mg/L

序号	污染物	一级标准	二级标准	三级标准
1	pH	6~9	6~9	6~9
2	色度(稀释倍数)	50	80	—
3	悬浮物(SS)	70	200	400
4	五日生化需氧量(BOD_5)	30	60	300
5	石油类	100	150	500
6	动植物油类	10	10	30
7	挥发酚	0.5	0.5	2.0
8	总氰化物	0.5	0.5	2.0
9	硫化物	0.5	0.5	1.0
10	氨氮	15	25	—
11	氟化物	10	10	20
12	磷酸盐(以P计)	0.5	1.0	—
13	苯胺类	1.0	2.0	5.0
14	硝基苯类	2.0	3.0	5.0
15	总铜	0.5	1.0	2.0
16	总锌	2.0	5.0	5.0
17	总锰	2.0	2.0	5.0

①请参考 GB 8978—2002。

表 15-10　工业企业内各类地点噪声标准(GBJ 87—85)

序号	地点类别	噪声限制值/dB
1	生产车间及作业场所(工人每天连续接触噪声 8 h)	90
2	高噪声车间设置的办公室、观察室、休息室:无电话	75
	有电话	70
3	精密装配线、精密加工车间的工作地点、计算机房	70
4	车间所属办公室、实验室、设计室	70
5	主控制室、集中控制室、通讯室、电话总机、消防值班室	60
6	厂部所属办公室、会议室、设计室、中心实验室(包括试验、化验、计量室)	60
7	医务室、教室、哺乳室、托儿所、工人值班宿舍	55

表 15-11　我国工业企业噪声标准(GBJ 87—85)

接触噪声时间 $/h \cdot d^{-1}$	新建企业允许噪声标准/dB(A)	现有企业允许噪声标准/dB(A)	接触噪声时间 $/h \cdot d^{-1}$	新建企业允许噪声标准/dB(A)	现有企业允许噪声标准/dB(A)
8	85	90	1/2	97	102
4	88	93	1/4	100	105
2	91	96	1/8	103	108
1	94	99	1/16	106	111

15.4　轧钢厂清洁生产技术与低碳经济

全球气候变暖已是不争的事实。钢铁工业是温室气体排放的主要行业之一,在世界性碳减排压力下,欧盟、日本、韩国等主要钢铁产地,都制订了相应的中长期规划与技术措施。中国因处于工业化、城镇化的中期,钢铁产销量大,故钢铁工业的碳排放已达到全国总排放的15%左右。在2020年前各国钢铁工业的主要对策是长流程节能减排,扩大电炉炼钢为核心的短流程。中国钢铁工业的燃料比与国际先进水平相比尚有15%~20%的差距,有较大减排空间。

清洁生产是对产品全生命周期和对产品生产全过程实施整体污染预防,它兼顾经济效益和环境效益,是将环境保护贯穿于生产全过程。清洁生产采取的主要措施有:改造传统工艺,开发研制新的工艺技术,加强资源综合利用,最大限度地减少原材料和能源的消耗,降低成本,提高效益;变有毒有害的原材料或产品为无毒无害,使其对环境和人类危害最小;对生产全过程进行科学改革和严格的管理,使生产过程中产生的污染降至最小量;鼓励对环境无害化产品的需求和以环境无害化方式使用产品,使对环境的危害大大减轻。

目前在我国钢铁企业内部,轧钢工序可采用的节约能源、减少污染物产生的清洁生产技术主要有:连铸坯热送热装技术、低温轧制技术、加热炉/热处理炉的节能减排技术、串级用水技术、浅槽紊流酸洗技术、无铬钝化技术和水基涂镀技术等。

(1) 热送热装技术。连铸坯热送热装技术是指在冶金企业连铸车间与轧钢车间之间,利用连铸坯输送辊道或输送火车(汽车),通过增加保温装置,将原有的冷坯输送改为热连铸坯输送,进行热装轧制的技术。连铸坯热送热装分为热送装炉轧制和直接装炉轧制两种,现阶段以前者为主。该工艺技术的应用已成为衡量钢铁企业生产技术管理水平的重要标志，推动了转炉（电炉）—炉外精炼—连铸—连轧生产的一体化管理，使钢的生产向连续化、低成本、高质量、高效益的方向发展。

该技术的应用充分利用连铸坯的显热，实现了节约能源消耗、降低生产成本、提高成材率、缩短生产周期和优化产品性能。

（2）低温轧制技术。低温轧制是指在低于常规热轧温度下的轧制，国外也称中温轧制或温轧。其目的是为了大幅度降低坯料加热所消耗的燃料，减少金属烧损，而把开轧温度从1000~1150℃降低至850~950℃。虽然低温轧制会加大粗、中轧部分的轧制压力，从而需要提高粗、中轧机的强度，增大粗、中轧部分的能耗，但综合考虑加热炉加热温度的降低而节约的燃料，综合平衡后仍可节能20%左右。

与常规轧制相比，低温轧制突出的优点在于：

1）可减少加热能耗；

2）减少氧化烧损、提高成材率；

3）提高轧钢加热炉的加热产量、延长加热炉的寿命；

4）减少轧辊的热应力疲劳裂纹和断辊以及氧化皮引起的磨损；

5）降低脱碳层深度；

6）提高产品的表面质量；

7）细化晶粒、改善产品性能。

缺点是：

1）加大了轧材的变形抗力，从而加大了轧制力和轧制功率；

2）降低了轧制时轧材的塑性，从而影响轧材的咬入；

3）有时需降低道次压下量，增加道次。

（3）加热炉/热处理炉节能减排技术。

1）蓄热式燃烧技术。蓄热式燃烧技术是一种余热回收技术，它以高风温燃烧技术（亦称无焰燃烧技术）为核心，利用烟气或废气余热对助燃空气进行预热，从而达到节能的目的。

蓄热式燃烧系统通常由成对的蓄热式烧嘴、换向装置、管路、调节阀门和排烟装置等组成。正常工作时，系统中两只燃烧器交替处于燃烧或蓄热两种工作状态。当一只烧嘴处于燃烧工作状态时，此燃烧通路开通，冷空气通过炽热的蓄热体，被加热为热空气用于助燃；另一只烧嘴则处于蓄热状态，燃烧产物在引风机的作用下经燃烧通道到蓄热体，将热量传递给蓄热体后，经烟道由烟囱排出。

蓄热式燃烧技术在应用中，当以液体、高热值煤气为燃料时，一般只对空气进行预热；而当以低热值煤气为燃料时，需对空气与煤气同时预热。

2）低氮氧化物烧嘴技术。低氮氧化物燃烧器（烧嘴）技术是利用空气分级供应、浓淡燃烧和烟气再循环等方式，降低 NO_x 产生量的一种技术。该技术主要是在设计阶段，通过对加热炉/热处理炉烧嘴的合理设计，达到减少 NO_x 产生与排放的目的。

3）二次燃烧技术。二次燃烧技术是指在排气时往排气管注入新鲜空气，使未完全燃烧的高温尾气在排气管中再次燃烧，从而减少有毒有害物质排放。

（4）串级用水技术。串级用水是指根据用户对水温、水质的不同要求，将上一工序的废水转送到可以接受的生产过程或系统中使用的技术。采用串级用水技术可以减少水处理设施构筑物、减少占地、节约能源、减少或消除污染,是水处理中最简洁、最经济、最科学的一种技术。

(5) 浅槽紊流(喷流)酸洗技术。浅槽紊流酸洗技术是指在浅槽酸洗的基础上,应用紊流技术,加强紊流、热导率和物质传动,从而减少反应时间、减少酸雾的排放。与传统的浅槽酸洗相比,紊流酸洗具有酸洗时间短、酸洗效率高、酸循环快、酸雾排放量小、酸耗少、带钢表面质量高、节能等优点。

(6) 无铬钝化技术。无铬钝化技术是指利用钛盐、硅酸盐、钼盐等替代铬酸盐进行钝化的一种工艺。该技术在获得良好抗腐蚀性的同时,也减少了六价铬对环境的污染影响。从钝化后膜层的耐蚀性看,目前的无铬钝化技术已接近甚至在某些方面超过了铬酸盐钝化,很有发展前途;只是由于成本高、不适应大规模工业化生产等原因,限制了其进一步的推广与普及。

(7) 水基涂镀技术。水基涂镀技术是指在冷轧板带涂镀处理中,以水基涂料替代常规有机溶剂涂料,达到减少有毒有害废气排放的目的。

附　录

附录1　高阶段部分设计的内容与格式

一、项目建议书章节内容和格式

1　项目建设的目的和意义

1.1　编制依据

1.2　背景及建设的必要性

2　市场分析

3　厂址及建设条件

3.1　厂址选择

3.2　工程地质及水文条件

3.3　主要原材料条件

3.4　交通运输条件

3.5　供电条件

3.6　供水条件

4　建设方案

4.1　建设规模

4.2　生产工艺

4.3　电力

4.4　给排水

4.5　自动化仪表

4.6　通风除尘

4.7　总图运输

4.8　机修、检验

4.9　土建

4.10　能源分析

5　环境保护

5.1　废气

5.2　废渣

5.3　废水

6　工程概要(简述工厂车间组成)

7　项目实施进度

8　投资估算与资金筹措

9　主要技术经济

9.1　产品成本和费用估算

9.2　财务分析(投资回收期、贷款偿还年限)

10　经济评价

附图　全厂总平面布置图(必要时附)

附表　设计主要技术经济指标表

二、可行性研究章节内容和格式

1　总论

1.1　提出的背景、投资的必要性和经济意义

1.2　编制的依据和原则

1.3　产品方案及生产规模

1.4　建厂条件

1.5　原料、辅料及燃料的供应

1.6　主要技术经济指标表

1.7　结论(简要综合结论存在的问题和建议)

2　市场预测

2.1　需求预测

2.2　产品价格分析

3　轧钢工艺

3.1　主要原材料及成品

3.2　生产方案选择

3.3　生产工艺流程

3.4　物料平衡

3.5　主要设备的选择
3.6　车间组成及配置说明
3.7　主要技术经济指标
4　供电
4.1　电力负荷
4.2　电源及供电方案
4.3　主要车间的电力传动及控制
4.4　其他
5　总图运输
5.1　地理位置、经济及交通
5.2　自然条件
5.3　总平面布置原则
5.4　工厂运输
5.5　竖向布置
5.6　厂区绿化、消防及警卫
6　给排水
6.1　给水系统
6.2　循环水系统
6.3　排水系统
6.4　消防系统
7　自动控制
7.1　概述
7.2　各车间主要检测内容
7.3　仪表选择
7.4　控制室设置
7.5　仪表维修室
8　热力
8.1　燃气设施
8.2　锅炉房
8.3　厂区热力管网
9　机修及检验
9.1　概述
9.2　机修车间
9.3　化验车间
10　土建
10.1　设计依据
10.2　设计原则
10.3　建筑结构形式
10.4　建筑设计
11　通风除尘
11.1　气象资料
11.2　通风除尘设计
11.3　空调设计
12　环境保护
12.1　环境概况
12.2　工程概况
12.3　环境保护
12.4　职业安全卫生
13　节能与消防
13.1　能源分析
13.2　消防
14　工程总估算
14.1　概况
14.2　编制依据及原则
15　技术经济
15.1　组织机构与劳动定员
15.2　实施进度
15.3　建设工期
15.4　投资总额与资金筹措
15.5　成本费用计算
15.6　损益计算
15.7　经济效益指标计算
15.8　财务状况分析
15.9　不确定性分析
15.10　国民经济评价
15.11　综合评价
附图　图纸目录(另袋)
附图1　区域位置图
附图2　全厂总平面布置图
附图3　工艺流程图
附图4　主要车间工艺平、断面配置图
附图5　供电系统图
附图6　水量平衡图
附件　各种协议及有关文件

三、初步设计章节内容和格式

1　总论
1.1　概述(企业现状)
1.2　设计指导思想
1.3　设计依据
1.4　设计范围与分工
1.5　主要技术经济指标
1.6　经济分析
1.7　建议
2　生产工艺
2.1　生产现状
2.2　生产规模、产品方案及工作制度
2.3　原、燃料条件
2.4　物料平衡
2.5　车间组成
2.6　生产工艺过程
2.7　工厂设计特点
2.8　车间主要技术经济指标
2.9　主要设备验算
3　总图运输
3.1　概述
3.2　总图布置及特点
3.3　竖向布置及场地排水
3.4　运输
3.5　绿化
3.6　消防
3.7　主要技术经济指标
3.8　需说明的问题
4　热力设施
4.1　鼓风机站、锅炉房及空压站
4.2　厂区管网
5　燃气设施
5.1　概述
5.2　煤气净化
5.3　加压站
6　给排水设施
6.1　概述
6.2　水量及水质要求
6.3　水源
6.4　给排水系统
6.5　主要建(构)筑物及设备
6.6　水质稳定
7　供配电设施
7.1　现状
7.2　新增负荷
7.3　供电方案
7.4　控制保护
8　自动化控制系统
8.1　概述
8.2　设计方案
8.3　设备选型
8.4　功能描述
8.5　系统构成
8.6　电气传动
8.7　自动化仪表
8.8　工厂设计
9　电讯设施
9.1　行政电话
9.2　生产高度电话
9.3　煤气高度电话
9.4　工业电视
9.5　火灾自动报警系统
10　安全和工业卫生
10.1　安全和工业卫生
10.2　消防
11　工厂组织和劳动定员
11.1　工厂体制及组织机构
11.2　生产班制及定员
11.3　人员的来源和培训
12　通风除尘设施
12.1　设计范围及原则
12.2　设计依据及气象资料
12.3　除尘设施
12.4　通风与空调
12.5　除尘维护与管理

13　土建
13.1　概述
13.2　厂区自然条件
13.3　主要建筑设计
13.4　主要结构设计
14　环境保护
14.1　设计依据
14.2　工程概况
14.3　主要污染源、污染物及治理措施
14.4　绿化
14.5　环境保护管理机构及环境监测
14.6　环境保护设施投资估算
14.7　建议
15　职业安全卫生
15.1　设计依据
15.2　设计中采用的规程、规范、标准及法规
15.3　工程概况
15.4　工程不安全因素及职业危害分析
15.5　设计中采取的主要防范措施
15.6　生活福利设施
15.7　厂区绿化
15.8　安全卫生机构的建设
15.9　预期效果
16　消防设施
16.1　设计依据
16.2　工程概况
16.3　工程的火灾、爆炸因素分析
16.4　消防措施
16.5　预期效果
16.6　预防措施
17　投资概算
17.1　概述
17.2　概算项目内容
17.3　投资分析
17.4　编制依据
17.5　环保投资
17.6　铺底流动资金
17.7　有关问题说明
18　经济分析
18.1　经济评价方法及范围
18.2　经济测算主要参数选择
18.3　投资总额与资金筹措
18.4　产品成本计算
18.5　销售收入
18.6　税金
18.7　利润及所得税
18.8　财务现金流量分析
18.9　财务资金平衡分析
18.10　不确定性分析
18.11　经济评价
附图　图纸目录(另袋)
附图1　区域位置图
附图2　全厂总平面布置图
附图3　工艺流程图
附图4　各车间工艺平、断面配置图
附图5　必要的新工艺、新设备总图
附图6　供电系统图
附图7　地区电网地理结线图
附图8　锅炉房配置图
附图9　压缩空气站配置图
附图10　燃气设施工艺流程图
附图11　烟气净化设施及处理系统图
附图12　水量平衡图
附图13　水泵站配置图
附图14　供排水平面布置图
附图15　建、构筑物特征一览表
附表　设备表(单独成册)
附件　各种协议及有关文件

附录2　各专业主要规范、规程及标准

一、燃气专业主要规范、规程及标准

（1）建筑设计防火规范 GB 50016—2006
（2）城镇燃气设计规范 GB 50028—2006
（3）工业企业煤气安全规程 GB 6222—2005
（4）钢铁冶金企业设计防火规范 GB 50414—2007
（5）深度冷冻法生产气氧气及相关气体安全技术规程 GB 16912—2008
（6）氧气站设计规范 GB 50030—91
（7）氢气站设计规范 GB 50177—2005
（8）氢气使用安全技术规程 GB 4962—2008
（9）乙炔站设计规程 GB 50031—91
（10）输气管道工程设计规范 GB 50251—2003
（11）石油天然气工程设计防火规范 GB 50183—2004
（12）石油化工企业设计防火规范 GB 50160—2008
（13）石油库设计规范 GB 50074—2002
（14）输油管道工程设计规范 GB 50253—2003
（15）工业金属管道设计规范 GB 50316—2000
（16）钢铁企业节能设计规范
（17）中华人民共和国节约能源法
（18）钢铁产业发展政策
（19）中华人民共和国环境污染防治法
（20）中华人民共和国清洁生产促进法
（21）工业企业厂界环境噪声排放标准 GB 12348—2008
（22）职业性接触毒物危害程度分级 GB 5044—1985
（23）爆炸和火灾危险环境电力装置设计规范 GB 50058—1992
（24）可燃粉尘用环境用电气设备 GB 12476. 1—2000
（25）建筑物防雷设计规范 GB 50057—94(2000 年修订)
（26）工业金属管道工程施工及验收规范 GB 50235—97
（27）现场设备、工业管道焊接工程施工及验收规范 GB 50236—98
（28）工业设备及管道绝热工程设计规范 GB 50264—97
（29）室外给排水和燃气热力工程抗震设计规范 GB 50032—2003
（30）设备及管道绝热技术通则 GB/T 4272—2008
（31）压缩机、风机、泵安装工程施工及验收规范 GB 50275—1998
（32）钢制压力容器 GB 150—1998
（33）钢制球形储罐 GB 12337—1998
（34）球形储罐施工及验收规范 GB 50094—98

(35) 高炉喷吹烟煤系统防爆安全规程 GB 16543—2008
(36) 室外给排水和燃气热力工程抗震设计规范 GB 50032—2003
(37) 工业企业设计卫生标准 GBZ 1—2010
(38) 钢铁工业环境保护设计规范 GB 50406—2007
(39) 钢铁工业资源综合利用设计规范 GB 50405—2007
(40) 清洁生产标准　钢铁行业(炼钢)HJ/T 428—2008
(41) 钢结构、管道涂装技术规程 YB/T 9256—96
(42) 脱脂工程施工及验收规范 HG 20202—2000
(43) 压力容器压力管道设计许可规则 TSG R1001—2008
(44) 建筑安装工程金属熔化焊焊缝射线照相检测标准 CECS 70:94
(45) 压力管道安全管理与监察规定

二、热力专业主要设计规范、规程及标准

(1) 建筑设计防火规范 GB 50016—2006
(2) 室外给排水和煤气热力工程抗震设计规范 GB 50032—2003
(3) 建筑物防雷设计规范 GB 50057—1994(2000 年修订)
(4) 室外给排水和燃气热力工程抗震设施规范 GB 50032—2003
(5) 工程建设标准强制性条文
(6) 冶金企业安全卫生设计规定
(7) 爆炸和火灾环境电力装置设计规范 GB 50058—1992
(8) 高炉喷吹烟煤系统防爆安全规程 GB 16543—2008
(9) 职业性接触毒物危害程度分级 GB 5044—1985
(10) 钢铁工业环境保护设计规范 GB 50406—2007
(11) 能源管理办法
(12) 能源申请使用管理办法
(13) 低压流体输送用焊接钢管 GB/T 3091—2008
(14) 低中压锅炉用无缝钢管 GB 3087—2008
(15) 输送流体用无缝钢管 GB/T 8163—2008
(16) 钢制对焊无缝管件 GB/T 12459—2005
(17) 钢结构、管道涂装技术规程 YB/T 9256—1996
(18) 现场设备、工业管道焊接工程施工及验收规范 GB 50236—98
(19) 建筑安装工程金属熔化焊焊缝射线照相检测标准 CECS 70:94
(20) 工业金属管道工程施工及验收规范 GB 50235—97
(21) 工业金属管道设计规范 GB 50316—2000(2008 年版)
(22) 设备及管道绝热技术通则 GB/T 4272—2008
(23) 工业设备及管道绝热工程设计规范 GB 50264—97
(24) 钢铁厂工业炉设计规范 GB 50486—2009
(25) 压力管道安全管理与监察规定
(26) 压缩机、风机、泵安装工程施工及验收规范 GB 50275—1998

(27) 压缩空气站设计规范 GB 50029—2003
(28) 压缩空气　第 1 部分:污染物净化等级 GB/T 13277.1—2008
(29) 锅炉房设计规范 GB 50041—2008
(30) 蒸汽锅炉安全技术监察规程
(31) 关于进口锅炉压力容器检验工作中有关问题的通知
(32) 锅炉安装工程施工及验收规范 GB 50273—2009
(33) 余热利用设备设计管理规定 YB 9071—1992
(34) 锅炉压力容器安全监察暂行条例及实施细则
(35) 特种设备安全监察条例
(36) 小型火力发电厂设计规范 GB 50049—94
(37) 火力发电厂汽水管道设计规定 DL/T 5054—1996
(38) 火力发电厂烟风煤粉管道设计技术规程 DL/T 5121—2000
(39) 固定式压力容器 GB 150—2010
(40) 固定式压力容器安全技术监察规程 TSG R0004—2009
(41) 压力容器压力管道设计许可规则 TSG R1001—2008
(42) 钢制压力容器设计技术规定 YB 9073—1994(2006 年确认)
(43) 工业企业厂界环境噪声排放标准 GB 12348—2008
(44) 工业企业设计卫生标准 GBZ 1—2010

三、采暖通风与空调专业规范、规程及标准

(1) 采暖通风与空气调节设计规范 GB 50019—2003
(2) 通风与空调工程施工质量验收规范 GB 50243—2002
(3) 煤炭工业污染物排放标准 GB 20426—2006
(4) 钢铁工业除尘工程技术规范 HJ 435—2008
(5) 火电厂大气污染物排放标准 GB 13223—2003
(6) 恶臭污染物排放标准 GB 14554—93
(7) 锅炉大气污染物排放标准 GB 13271—2001
(8) 公共建筑节能设计标准 GB 50189—2005
(9) 钢铁企业设计节能技术规定 YB 9051—98
(10) 工作场所有害因素职业接触限值　化学有害因素 GBZ 2.1—2007
(11) 工业企业厂界环境噪声排放标准 GB 12348—2008
(12) 工业企业噪声控制设计规范 GBJ 87—85
(13) 工业企业设计卫生标准 GBZ 1—2010
(14) 工业金属管道设计规范 GB 50316—2000
(15) 现场设备、工业管道焊接工程施工及验收规范 GB 50236—98
(16) 工业金属管道工程施工及验收规范 GB 50235—97
(17) 工业企业煤气安全规程 GB 6222—2005
(18) 钢铁冶金企业设计防火规范 GB 50414—2007
(19) 粉尘防爆安全规程 GB 15577—2007

(20) 火灾自动报警系统设计规范 GB 50116—2008
(21) 建筑设计防火规范 GB 50016—2006
(22) 高层民用建筑设计防火规范 GB 50045—95(2005 年版)
(23) 钢结构、管道涂装工程技术规程 YB/T 9256—1996
(24) 固定污染源排气中颗粒物测定与气态污染物采样方法 GB/T 16157—1996

四、给排水专业规范、规程及标准

(1) 室外给水设计规范 GB 50013—2006
(2) 室外排水设计规范 GB 50014—2006
(3) 钢铁企业节水设计规范 GB 50506—2009
(4) 建筑给水排水设计规范 GB 50015—2003
(5) 供水水文地质勘察规范 GB 50027—2001
(6) 工业循环冷却水处理设计规范 GB 50050—2007
(7) 城市给水工程规划规范 GB 50282—1998
(8) 给水排水工程管道结构设计规范 GB 50332—2002
(9) 污水再生利用工程设计规范 GB 50335—2002
(10) 建筑中水设计规范 GB 50336—2002
(11) 生活饮用水卫生标准 GB 5749—2006
(12) 污水综合排放排放标准 GB 8978—1996
(13) 二次供水设施卫生规范 GB 17051—1997
(14) 泵站设计规范 GB/T 50265—97
(15) 城市污水再生利用　分类 GB/T 18919—2002
(16) 水处理设备性能试验过滤设备 GB/T 13922.3—92
(17) 工业循环水冷却设计规范 GB/T 50102—2003
(18) 给水排水制图标准 GB/T 50106—2001
(19) 工业用水软化除盐设计规范 GB/T 50109—2006
(20) 城市居民生活用水量标准 GB/T 50331—2002
(21) 室外给水排水工程设施抗震鉴定标准 GBJ 43—82
(22) 给水排水设计基本术语标准 GBJ 125—89
(23) 给水排水工程构筑物结构设计规范 GB 50069—2002
(24) 游泳池和水上游乐池给水排水设计规范 CECS 14:2002
(25) 深井曝气设计规范 CECS 42:92
(26) 居民小区给水排水设计规范 CECS 57:94
(27) 重金属污水化学法处理设计规范 CECS 92:97
(28) 建筑排水用硬聚氯乙烯内螺旋管管道工程技术规程 CECS 94:2002
(29) 公共浴室给水排水设计规程 CECS 108:2000
(30) 建筑给水减压阀应用设计规程 CECS 109:2000
(31) 低温低浊水给水处理设计规程 CECS 110:2000
(32) 地表水环境质量标准 GB 3838—2002

(33) 钢结构、管道涂装技术规程 YB/T 9256—1996

(34) 城市污水再利用城市杂用水水质 GB/T 18920—2002

(35) 城市防洪工程设计规范 CJJ 50—92

(36) 公路排水设计规范 JTJ 018—97

附录3 各类轧钢产品工艺设计规范

一、小型型钢轧钢工艺设计规范(GB 50410—2007)

1 总则

1.1 为在小型型钢轧钢工程建设中贯彻执行国家有关法律法规、方针政策,提高小型型钢轧钢工艺设计质量,推进我国小型型钢轧钢生产技术进步,促进钢筋、小型棒材、小型型材生产的健康发展,特制定本规范。

1.2 本规范适用于新建和技术改造的小型型钢轧钢车间的工艺设计。

1.3 小型型钢轧钢工艺设计必须执行国家的方针、政策和法律法规,体现国家的有关产业技术政策,设计文件的深度和质量应达到国家规定的要求。

1.4 小型型钢轧钢工艺设计除应符合本规范外,尚应符合国家现行有关标准的规定。

2 术语

2.1 型钢 hot-rolled section steels

泛指具有特定的断面形状尺寸的长条热轧钢材,是区别于板带、钢管的主要钢材品种。

2.2 小型型钢 hot-rolled small section steels and bars

小规格的型钢,包括3类产品:小型棒材、钢筋、小型型材。

2.3 小型棒材 hot-rolled steel bars

小规格圆钢、方钢、六角钢、八角钢等简单断面型钢的总称,通常以直条状态交货。

2.4 钢筋 reinforced bar

钢筋混凝土配筋用钢材,分为热轧带肋钢筋、热轧光圆钢筋和余热处理钢筋。

2.5 小型型材 small section steels

异形断面的小型型钢。

2.6 大盘卷 bar in coil

热轧成卷的板材和钢筋。

2.7 连续式轧机 continuous straightway mill

无可逆和往返轧制道次、机架以顺列式布置为基本特征并且轧件在两个或者两个以上机架间可能同时轧制的轧机。连续式轧机可分为全连续式轧机和跟踪连续式轧机(或脱头连续式轧机),前者机架布置紧凑、相邻机架间具备连轧关系;后者机架或机组间距较大,部分机架或机组之间不具备连轧关系。

2.8 半连续式轧机 semi-continuous straightway mill

粗轧或开坯采用可逆式或往返轧制方式,中、精轧机组为连续式轧机。

2.9 热装率 billet hot charging ratio

单位时间内加热炉热装坯料的重量占装炉总重量的比例,通常以年或月为时间计量单位。

3　基本原则

3.1　针对不同特征的小型型钢轧机，轧钢工艺设计中应积极采用先进可靠的新技术、新工艺、新设备。

小型型钢轧钢工艺设计应采用连铸坯为坯料，采用连轧工艺和连铸坯热送热装工艺，部分特殊钢种除外。

3.2　小型型钢轧钢工艺设计严禁采用横列式生产工艺。

3.3　小型型钢轧钢工艺设计严禁采用国内外淘汰的落后二手小型型钢设备。

3.4　新建小型型钢轧机应符合下列规定：

(1) 以合金为主要钢种的小型型钢轧机，设计年产量不应小于20万吨。

(2) 以普通质量非合金钢和普通质量低合金钢为主要钢种的其余小型型钢轧机，设计年产量不应低于30万吨。

4　产品

4.1　小型型钢轧钢工艺适用的钢材品种，宜符合下列要求：

(1) 小型型材，即小规格角钢、槽钢、工字钢、T字钢等复杂断面型钢。

(2) 小型棒材，即小规格圆钢、方钢、扁钢、六角钢、八角钢等简单断面型钢。

(3) 钢筋，通常指带肋钢筋。

4.2　小型型钢轧机主要品种的规格范围，宜按下列要求选用：

(1) 棒材：ϕ10~50 mm圆钢及相应的方钢、六角钢、八角钢等，(5~20) mm×(30~120) mm扁钢。

(2) 带肋钢筋：ϕ10~50 mm。

(3) 角钢：No. 2.5~6.3。

(4) 槽钢：No. 5~8。

4.3　小型型钢产品质量必须达到国家现行标准的有关要求。

5　坯料

5.1　坯料断面应符合下列规定：

(1) 坯料断面的确定应考虑产品的钢种、规格、用途、轧制速度及坯料来源等因素。

(2) 非合金钢、低合金钢坯料断面尺寸宜为：130 mm×130 mm~160 mm×160 mm。

(3) 合金钢坯料断面宜为：160 mm×160 mm~240 mm×240 mm。

5.2　坯料长度应符合下列规定：

(1) 连续小型型钢轧机坯料长度宜为6~16m。

(2) 半连续小型型钢轧机坯料长度宜为3~6m。

5.3　坯料质量应符合下列规定：

(1) 坯料质量应符合国家现行标准《连续铸钢方坯和矩形坯》YB/T 2011的要求。

(2) 优质质量钢、特殊质量钢坯料必要的检查清理，应在轧前工序完成。

6　生产工艺

6.1　小型型钢车间应根据生产规模和投资规模选择连续式或半连续式轧制工艺。

当选用大断面坯料生产合金钢小型型钢时，宜采用跟踪连续式轧制工艺。

6.2 小型型钢车间应采用连铸坯作为坯料，一火轧制成材；对于连铸机尚难以实现质量保证和稳定生产的部分合金钢种，可采用轧制坯或锻造坯作为原料。

6.3 应采用连铸坯热送热装工艺，连铸车间与轧钢车间宜采用紧凑型布置。

6.4 应根据不同的钢种设定相应的开轧温度，开轧温度宜为950~1150℃，应控制合适的终轧温度。

6.5 小型型钢轧机末机架精轧机最大轧制速度不宜低于15 m/s，设计时应根据车间生产的产品品种、规格和产量制定末机架精轧机的最大轧制速度。

6.6 连续式小型型钢轧机，轧件在粗、中轧区宜采用微张力轧制，在精轧机组（包括部分中轧机组，单根轧制时）宜采用无扭、无张力（活套）轧制工艺。

6.7 生产小规格钢筋时，宜采用切分轧制技术。

6.8 合金钢小型棒材轧机宜设置减定径机组。

6.9 合金钢小型棒材轧机宜设置在线测径仪。

6.10 不采用切分轧制技术时，非合金钢、低合金钢小型型钢轧机的平均延伸系数宜为1.30~1.33，合金钢小型型钢轧机的平均延伸系数宜为1.25~1.28。

6.11 小型型钢轧机宜推广采用控温轧制技术。

6.12 按产品用途，应对于不同钢种的轧机采用不同的控制冷却工艺。

6.13 小型型钢轧机精整工艺应符合以下规定：

（1）直条棒材、钢筋的精整应设置冷却、取样、切定尺、检查、短尺剔除、计数、打捆、称重、标记等设施。

（2）成卷棒材、钢筋的精整应设置卷起、冷却、检查、取样、打捆、称重、标记等设施。

（3）小型型材精整除上述工序外，还应设置矫直、码垛等设施。

（4）合金钢小型型钢轧机，应充分考虑热处理及精整设施。精整热处理工序通常包括缓冷、热处理、矫直、抛丸、倒棱、剥皮、探伤、检查、修磨、打捆等工序。

（5）产品包装应符合现行国家标准《型钢验收、包装、标志及质量保证书的一般规定》GB 2101的有关规定。

6.14 小型型钢车间应设置原料和成品的称重设施，称重精度应符合国家现行标准《数字指示秤检定规程》JJG 539的要求。

7 工艺操作设备

7.1 工艺操作设备能力应互相匹配，满足产品大纲全部产品的生产要求；应保证产品质量符合标准要求；应保证生产工艺顺畅、稳定。

7.2 小型型钢轧机加热炉的主要形式有步进式和推钢式，可根据具体情况选择不同炉型。

合金钢车间应配置步进式加热炉。加热炉进出料方式宜采用侧进侧出。

7.3 轧机组成及机型应根据钢种的规格和产量、坯料尺寸、备件的互换性等因素确定，并应符合下列要求：

（1）连续式小型型钢轧机宜有粗轧机组、中轧机组和精轧机组组成。合金钢轧机可增设预精轧机组和减定径机组。

（2）粗轧机组的规格应根据钢坯的钢种、断面尺寸确定。中轧、精轧机组的规格应考虑轧制负荷和机型的共用性。全线轧机规格宜为3~5种。

(3) 轧机形式宜采用二辊轧机,减定径机组也可采用三辊 Y 型轧机。

(4) 轧机布置形式宜采用全线平/立交替布置的形式。根据产品品种,可设置适当数量的平/立可转换机架。

(5) 半连续式小型棒材轧机宜采用粗轧机组、中轧机组和精轧机组组成。粗轧机组宜采用一架三辊式轧机,中轧、精轧机组形式同连续式小型型钢轧机。

7.4 粗轧机入口可设夹送辊和事故卡断剪,合金钢轧机应设置高压水除鳞装置,优质非合金钢和低合金钢车间宜设高压水除鳞装置。

7.5 粗轧机组、中轧机组后均应设置飞剪,精轧机组后应设置成品倍尺飞剪。设有预精轧机组的车间,宜在该机组后设一台飞剪。

当生产需缓冷的合金钢时,根据工艺要求,倍尺飞剪可用于定尺剪切。

7.6 生产钢筋的小型型钢轧机宜在精轧机组出口设置控制冷却装置,合金钢小型型钢轧机宜在精轧机组和减定径机前、后设置水冷装置。

7.7 冷床应采用步进齿条式。

7.8 定尺剪切可采用上刀刃下切式固定剪,也可采用冷飞剪;特殊要求的钢材可采用冷锯。

7.9 以型材为主的车间,宜采用平辊矫直机进行多根长尺同时在线矫直,也可定尺离线矫直。

合金钢车间宜设置离线的斜辊矫直机、平辊矫直机。

7.10 棒材、钢筋轧机,宜设置成品技术装置。

7.11 坯料应采用在线的辊道电子秤或升降称重装置逐根称重。成品应逐捆称重。

8 自动化准备

8.1 小型型钢轧机的自动化控制系统应采用以计算机、微处理器为基础的数字化控制系统。

8.2 供电系统应设置无功功率因数补偿,当谐波超过国际限制值时,应装配高次谐波滤波兼无功补偿装置进行电网污染治理,指标应符合国家现行标准的有关规定。

8.3 加热炉应具备炉温、炉压、炉子燃烧等热工参数准确的自动检测和控制功能。加热炉机械设备和助燃空气管道系统应具备运行控制功能。

8.4 自动化控制系统应具备轧机速度设定功能、粗轧机组和中轧机组(无活套机架)微张力控制功能、活套位置控制、速度级联控制和动态速降补偿功能。

8.5 轧线设置轧件温度在线监测仪表,宜采用自动水压、水量调节装置,实现控温轧制、控制轧制。

8.6 精轧后成品分段飞剪宜采用自动优化剪切系统。

8.7 冷床输入设备应实现热倍尺钢材分钢、制动的自动控制。

8.8 小型型钢轧机宜建立物料跟踪系统。

8.9 合金钢小型棒材轧机宜设置在线测径仪,进行在线产品形状数据采集和监视。

8.10 小型型钢轧机可采用过程计算机进行坯料、轧辊、导卫管理和质量数据分析。

8.11 小型型钢轧机宜采用过程计算机进行轧制规程优化及轧制参数预设定计算。

8.12 自动化控制系统应具有事故紧急停车控制功能,应符合现行国家标准《机械安全急停设计原则》GB 16754 的有关规定。

9　工作制度、工作时间及负荷率

9.1　小型型钢车间宜采用连续工作制度。

9.2　车间年规定工作时间宜为7600~7900 h/a。

车间年额定工作时间宜为6200~6500 h/a,以合金钢为主的小型型钢车间宜取下限;以普通质量非合金钢和普通质量低合金钢为主要钢种的小型型钢车间宜取上限;型材车间宜取下限;钢筋、棒材车间宜取上限。

9.3　轧机负荷率不应低于85%。

10　车间平面布置

10.1　总图布置应考虑轧钢车间与上游连铸车间的衔接,宜紧凑布置。

10.2　车间工艺布置应满足生产工艺要求,流程畅通,布局合理,操作方便;对预留发展的车间,应考虑预留设备、设施的布置场地。

10.3　在满足工艺要求的前提下,设备布置宜紧凑,应按照有关规定,留有足够的设备安装、操作、检修空间和安全通道等。

10.4　小型型钢轧机主轧线设备宜采用高架平台布置,相对于车间±0.0 m地坪,平台标高宜为+5.0 m。

10.5　小型型钢车间主轧跨跨度宜为24~30 m;小型棒材车间宜取下限,小型型材和棒卷复合车间宜取上限。

10.6　主厂房起重机的轨面标高应考虑设备高度、设备检修要求、坯料成品的堆放能力和运输条件等。采用高架平台布置的轧机,主轧跨起重机轨面标高宜为+13.5~+15.0 m;采用地坪布置的轧机主轧跨起重机轨面标高宜为+8.5~+10.0 m。

10.7　轧制中心线距车间±0.0 m地面或高架平台地面高度宜为+800 mm。

10.8　主电室宜布置在轧机传动侧,生产线较长或设施分散时,可分区就近布置若干电气室。

需要设置轧辊机修车间时,轧辊机修间应靠近主轧跨,宜布置在轧机操作侧。

10.9　坯料库、中间仓库和成品库的面积应保证正常生产需要。

10.10　车间应设置必需的起重运输设备。

11　技术经济指标

11.1　以普通质量非合金钢和普通质量低合金钢为主要钢种的小型型钢车间,每吨产品主要消耗指标不应高于附表1中的指标值。合金钢小型棒材车间,消耗指标可高于附表1中的指标值。

附表1　主要技术经济指标

指标名称	指标值
坯料/t	1.053
电力/kW·h	110
燃料(热装)/GJ	1.23
燃料(冷装)/GJ	1.05
补充水/m^3	1.5
轧辊及辊环(棒材轧机)/kg	0.35

二、线材轧钢工艺设计规范（GB 50436—2007）

1　总则

1.1　为在线材工艺设计中贯彻执行国家相关法律、法规、方针、政策，做到技术先进，切合实际、节约资源、安全环保、经济实用，提高设计质量，从建设的策划上促进线材生产的发展，制定本规范。

1.2　本规范适用于新建、改建和扩建的线材轧钢车间的设计。

1.3　不得建设独立的外购钢坯或来坯加工的线材轧钢车间。线材轧钢车间设计严禁利用国外二手线材轧机，严禁采用横列式及复二重轧机为主要设备。

1.4　线材轧钢车间必须建在具有炼钢及钢坯生产能力并能保证供应线材生产所需钢坯的企业中。

1.5　线材轧钢工艺设计除应执行本规范的规定外，尚应执行国家现行有关标准、规范的规定。

2　产量规模、原料及产品

2.1　产量规模

2.1.1　非合金钢和低合金钢线材轧钢车间设计中，成品最高轧制速度不应低于85 m/s，设计产量规模不应小于40万吨/年。

2.1.2　合金钢线材轧钢车间设计的产量规模不应低于20万吨/年。

2.2　原料

2.2.1　线材轧钢车间应以符合国家标准的连铸坯为原料，连铸坯断面不宜小于135 mm×135 mm，连铸坯定尺长度应根据断面尺寸和盘重要求确定。

2.2.2　有特殊质量要求的合金钢种可采用轧制坯或锻造坯为原料。

2.3　产品

2.3.1　线材轧钢车间的产品规格范围应为ϕ5～25 mm的光面盘条及ϕ6～16 mm的螺纹盘条。

2.3.2　非合金钢和低合金钢线材盘重不宜小于1500 kg，合金钢线材盘重不宜小于500 kg。

2.3.3　产品的尺寸、外形及允许偏差必须符合现行国家标准《热轧盘条尺寸、外形、重量及允许偏差》GB/T 14981或《钢筋混凝土用热轧带肋钢筋》GB 1499的有关规定。表面及内在质量、化学成分、机械性能和金相组织等必须符合产品的现行国家标准的有关要求。

3　生产工艺

3.1　连铸坯加热应采用热送热装工艺，热装温度不应低于400℃，装炉前应对钢坯逐根称重、测长。

3.2　非合金钢和低合金钢线材生产应采用低温轧制技术，开轧温度不应大于1000℃。

3.3　钢坯在加热后开轧前，应设置高压水清除表面氧化铁皮的工序。

3.4　线材生产应采用单线无扭连续轧制工艺，对于高产线材车间可采用双线轧制。粗轧机组机架间及粗轧机组和中轧机组间应采用微张力轧制。中轧机组、预精轧机组、精轧机组间应采用无张力轧制，精轧机组、预精轧机组机架间可采用微张力或无张力轧制，精轧机组、减定径机组间及机架间应采用微张力轧制。

3.5 轧制线材宜采用椭圆-圆孔型系统。

3.6 预精轧机组前每轧制6~8个道次以及精轧机组前应设置轧件的切头切尾工序。

3.7 线材轧钢车间宜设置减定径工序。

3.8 线材轧钢车间应采用控温轧制工艺。

3.9 线材轧钢车间必须采用轧后控冷工艺。

3.10 线材在转成成品断面后，在盘卷打捆前必须设置切头切尾工序。

3.11 线材成品盘卷必须在压紧状态下打捆。

3.12 线材成品盘卷必须逐盘称重、标识。

4 工艺操作设备

4.1 钢坯热送设备

钢坯热送设备宜采用运输辊道或无轨道车辆。

4.2 钢坯加热炉

4.2.1 钢坯加热宜采用侧进侧出步进式加热炉。

4.2.2 加热炉必须具备余热回收装置，宜采用汽化冷却。

4.2.3 加热炉应满足冷钢坯和热钢坯的装炉及加热要求。

4.2.4 加热炉小时加热能力应和轧机小时产量相匹配。

4.2.5 加热炉装、出炉设备宜采用炉内单独传动悬臂辊道，炉内辊道应采用内水冷，并应具有调速和可逆功能。

4.3 粗轧前设备

4.3.1 出炉钢坯运输宜采用单独传动辊道，辊道长度应满足在此段辊通上设置高压水除鳞设备和热钢坯剔除及收集设备的要求，辊道应具有调速和可逆功能。

4.3.2 高压水除鳞设备工作水压不应小于18 MPa，并应有完备的安全防护装置。

4.3.3 粗轧机前应设置钢坯卡断剪，并应设置喂料夹送辊。

4.4 轧机

4.4.1 各架轧机工作机座整体的刚度系数不应小于2000 kN/mm。

4.4.2 粗中轧机应采用单独传动，预精轧机可采用单独传动或两架成组传动，精轧机组应采用集体传动，减定径机应采用通过可变速比齿轮箱的集体或分组集体传动。

4.4.3 精轧机及减定径机均应采用顶交45°悬臂式轧机。

4.4.4 传送椭圆断面轧件应采用油-气润滑的滚动入口导卫装置。

4.5 飞剪

4.5.1 粗轧机组后飞剪应采用启停工作制的曲柄式飞剪，并应具有事故碎断功能。

4.5.2 中轧机组飞剪应采用启停工作制的回转式飞剪，并应具有事故碎断功能。

4.5.3 精轧机组前飞剪可采用启停工作制的同转式飞剪和连续运转的转鼓式碎断剪组成的剪组，也可采用连续运转的回转式飞剪。

4.6 活套

4.6.1 机组间活套宜采用侧活套，机组内机架间宜采用立活套。

4.7 控制冷却设备

4.7.1 精轧机组前、后以及减定径机组后应分别设置水冷箱。水冷箱宜采用温度闭环控制技术。

4.7.2 线材散卷冷却应采用延迟型辊道式冷却设备，莱氏体和奥氏体钢线材应采用带有可变换中间集卷的延迟型辊道式散卷冷却设备。

4.7.3 延迟型辊道式散卷冷却设备冷却速度在0.2~20℃/s。

4.8 集卷设备

集卷设备应采用双芯轴集卷站。

4.9 盘卷运输设备

盘卷运输设备应采用P-F钩式运输机。

4.10 压紧打捆设备

成品捆扎应采用自动压紧打捆机或半自动打捆机。

4.11 其他设备

4.11.1 循环稀油润滑的轧线设备必须采取严密可靠的密封。

4.11.2 调速的轧线设备宜采用变频交流电动机传动。

4.11.3 轧线设备自动化应具备基础级控制和过程级控制。

4.11.4 轧线上应设置在线测径仪，吐丝机应设置在线动平衡监测仪。

4.11.5 在吐丝机前可设置在线涡流探伤仪。

5 工作制度、工作时间及轧机负荷率

5.1 轧机应采用连续工作制。

5.2 轧机可轧制时间不应低于6500 h/a。

5.3 设计的轧机负荷率不宜低于85%。

6 工艺布置

6.1 工艺布置必须紧凑，合理占地，轧线设备宜用高架平台布置，平台下应设置辅助设施。

6.2 车间主轧跨跨度宜为24 m，成品跨跨度宜为33 m。

6.3 车间电气室、轧辊装配及导卫修配间应同主轧跨毗邻，电气室应靠近传动负荷重心，并应采用多层布置。

6.4 车间宜设置3d生产用量的冷钢坯存放区，有效单位面积存放量不应小于20 t/m²。

6.5 车间成品存放量不应大于7d的年平均日产量，存放区有效单位面积堆存量不应小于5 t/m²。

7 其他设施

7.1 车间应设置轧辊及辊环加工设施、辊环及辊箱预装设施、轧辊滚动轴承清洗检查和维护设施，以及导卫装置清洗检查和修配预装设施。

7.2 车间应配备理化检验设施。

7.3 车间加热炉鼓风机和散卷冷却线下的鼓风机必须采取隔音消噪措施。

7.4 散卷冷却集卷站应设置氧化铁皮除尘装置。

7.5 车间应设置外露转动件的防护罩、安全过桥、防护栏杆等安全措施。

7.6 线材车间应设有相应专用的水处理系统，水的重复利用率不应小于95%，排放水的水质必须符合相应的环保标准。

7.7 线材车间设计每吨产品的钢坯、燃料、电力、新水消耗不应大于下列值：

(1) 钢坯：1.014 t；

(2) 燃料：1.17 GJ(冷装炉)，0.87 GJ(热装炉)；

(3) 电力：115kW·h；

(4) 新水：2 m^3。

三、无缝钢管工艺设计规范(GB 50398—2006)

1 总则

1.1 为了在无缝钢管工程建设中，推进无缝钢管生产技术升级和结构调整，提高无缝钢管工艺设计质量和设计规范化，制定本规定。

1.2 规范适用于新建、改建和扩建无缝钢管车间的工艺设计。

1.3 规范适用于项目核准报告、可行性研究报告、初步设计和施工图设计文件的编制。

1.4 无缝钢管工艺设计应体现加快淘汰并禁止新建外径76 mm的热轧无缝隙钢管机组的原则。

1.5 无缝钢管工艺设计除应符合本规范外，尚应符合国家现行有关标准的规定。

2 系列选择

2.1 热轧无缝钢管机组系列选择

2.1.1 在编制高阶段设计文件时，应根据产品方案、原料条件和综合建厂条件选择热轧无缝机组的类型和规格。

2.1.2 热轧无缝钢管机组系列的选择见附表2。

附表2 热轧无缝管机组系列

机组类型及规格		特点	生产规格范围		设计能力($\times10^4$)/$t \cdot a^{-1}$
			外径/mm	壁厚/mm	
连轧管机组	ϕ114	生产能力高，表面质量好，尺寸精度高，轧出荒管长，金属收得率高，自动化程度高，一次投资大，适合大批量生产油井、高压锅炉、管线、低中压锅炉等专用管材	22~114	2.0~25.0	15~25
	ϕ159		48(22)~159	3.5(2.5)~25.0(32.0)	20~50
	ϕ168		48(32)~168	3.5(2.5)~22.0	
	ϕ180		48(32)~180	3.5(2.5)~30.0	
	ϕ273		114~273	4.5~40.0	30~60
	ϕ340		168~340	5.0~40.0	50~70
	ϕ426		168~426	5.0~40.0	
三辊斜轧管机组	ϕ90	表面质量好，壁厚精度高，生产灵活，可小批量生产，荒管较短，金属收得率低，产量较小，投资少，适合生产结构管、轴承管、液压支柱管、精密机械管，也可部分生产油井管、输送管及锅炉管等	54(25)~90	3.5(3.0)~10.0	4~8
	ϕ114		54(33)~114	3.5(3.0)~25.0	
	ϕ159		54(22)~159	3.5(2.5)~25.0	
	ϕ180		54(38)~180	4.0(3.5)~45.0	8~12
	ϕ219		58(38)~219	5.0(4.0)~55.0	10~15

续附表2

机组类型及规格		特点	生产规格范围		设计能力 $(\times10^4)/t\cdot a^{-1}$
			外径/mm	壁厚/mm	
带导盘二辊斜轧管机组	ϕ90	本机组与三辊斜轧管机组相比，其特点在产品质量、金属收得率、一次性投资、生产灵活性等指标基本相同，本机组不同特点是易操作、产量较高	54(25)~90	3.5(3.0)~10.0	5~7
	ϕ114		60(25)~114	4.0(2.5)~15.0	7~10
	ϕ159		89(33)~159	4.0(3.0)~15.0	10~15
	ϕ180		102(48)~180	5.0(3.5)~20.0	15~20
	ϕ273		102(48)~273	5.0(4.0)~20.0	20~25
自动轧管机组	ϕ219	生产灵活，易掌握，投资较少，产量较高，内表面易划伤，荒管长度较短，金属收得率较低。主要生产输送管、油井管、锅炉管和一般管等	57~219	4.0~30.0	15~20
	ϕ426		168~426	6.0~40.0	40~60
顶管机组	ϕ114	表面质量好，轧出荒管较长，工艺和设备较简单，金属收得率较高。适合生产中小口径薄壁管，如冷轧冷拔管料、油套管、锅炉管和输送管等	60(22)~114	3.5(2.5)~10.0	10~15
	ϕ159		60(22)~159	3.5(2.5)~12.0	15~20
	ϕ180		60(22)~180	3.5(2.5)~15.0	20~25
周期轧管机组	ϕ508	主要生产外径300~711 mm大口径中厚壁管，工具消耗大，金属收得率低。适于多品种、多钢种和小批量生产。如结构管、大口径高压锅炉管等	219~508	12~80	12~20
	ϕ711		300~711	14~100	15~25
大顶管机组	ϕ711	生产灵活，规格范围大，表面质量好，产量低，金属收得率最低。用于生产特殊用途管，如大口径厚壁高压锅炉管和高压容器用管等	203~711	25~150	2.5
	ϕ1400		273~1400	20~250	3.0
钢管热挤压机组	1600t机组	表面质量好，尺寸精度高，产量低。适于生产低塑性钢和异型断面材	38~114	3.0~10	1.0~2.0
	2500t机组		42~185	3.5~15	1.5~3.0
	3150t机组		57~219	5.0~20	3.0~5.0
	5500t机组		89~245	5.0~25	4.0~8.0
辊式热扩管机组	ϕ660	尺寸精度高，产品缺陷少，成材率较高。用于生产外径400~711 mm大口径中等壁厚管	400~660	15~50	10
	ϕ711		400~700	15~50	15

注："荒管"指轧管后的钢管。

2.2 冷轧管机和冷拔管机系列选择

2.2.1 生产的产品规格多，以碳素钢、低合金钢、合金钢钢管为主时，宜选择冷拔管机。

2.2.2 生产规模较大，产品品种多、多规格，并以合金钢、高合金钢、不锈钢和精密钢管、航空用小规格精密钢管、薄壁钢管、高机械性能钢管为主时，应采用冷轧与冷拔联合工艺，选择冷轧钢管机和冷拔钢管机。

2.3 热处理/精整/管加工系列选择

2.3.1 以油套管为主的热处理生产线系列的选择见附表3。

附表3　以油套管为主的热处理线系列

序号	热处理产品规格及产品			淬(正)火炉、回火炉炉型	淬火方式	设计能力 $(\times10^4)/t\cdot a^{-1}$
	外径/mm	壁厚/mm	代表品种			
1	60.3~153.7	4.24~15.00	油管管体、套管管体、钻杆、接箍料、管线管	步进梁式炉	水淬、油淬	10~15
2	48.3~177.8	3.68~22.00	油管管体、套管管体、钻杆、接箍料、管线管	步进梁式炉	水淬、油淬	10~15
3	60.3~194.5	4.24~22.00	油管管体、套管管体、钻杆、接箍料、管线管	步进梁式炉	水淬、油淬	10~15
4	114.3~273.0	4.50~30.00	套管管体、接箍料、管线管	步进梁式炉	水淬、油淬	10~20
5	139.7~426.0	5.00~40.00	套管管体、接箍料、管线管	步进梁式炉	水淬、油淬	25

2.3.2　精整线应与热轧无缝钢管机组(含预精整)类型和系列相配套。

2.3.3　油管、套管加工线系列的选择见附表4。

附表4　油管、套管加工线系列

序号	系列规格	品种及规格			设计能力 $(\times10^4)/t\cdot a^{-1}$
		主要品种	外径/mm	壁厚/mm	
1	114.3	油　管	26.67~114.3	2.87~16.00	3~7
2	177.8	油　管	48.26~114.3	3.18~16.00	5~15
		套　管	114.3~117.8	5.21~22.22	
3	273.0	套　管	114.3~273.05	5.21~22.22	10~20
4	339.7	套　管	114.3~339.7	5.21~22.22	15~20
5	406.4	套　管	114.3~406.4	5.21~22.22	15~20

注:1. 管体车丝加工线以一组(两台)车丝能力为准,前后设备应配套;
2. 接箍车丝加工能力与管体车丝加工能力匹配;
3. 系列规格以加工最大油套管外径命名;
4. 表中外径、壁厚均指油套管管体尺寸。

3　原料

3.1　热轧无缝钢管机组用管坯

3.1.1　热轧无缝钢管机组应优先选用连铸管坯做原料。生产特殊钢种或采用特殊生产工艺时,可采用其他供坯方式。

3.2　冷轧冷拔无缝钢管生产用管料

3.2.1　冷轧冷拔无缝钢管生产用管料宜选用热轧无缝钢管机组生产的合格管料。

3.2.2　管料尺寸应尽可能地接近冷轧、冷拔成品钢管的尺寸。

3.3　热处理/精整/管加工线用管料

3.3.1　热处理线宜根据产品品种要求,由热轧无缝钢管机组提供合格管材。热轧无缝钢管机组后预精整线时,应提供经预精整的合格管料。

3.3.2 精整线及管加工线所用管料可由热轧无缝钢管机组(含预精整)提供,也可由热处理线提供。

3.3.3 管加工接箍料宜采用热轧无缝钢管,也可采用热模锻钢管。钻杆工具接头用原料可采用厚壁无缝钢管,也可采用热锻件制成管。

4 生产工艺

4.1 热轧无缝钢管生产工艺

4.1.1 热轧无缝钢管生产工艺

(1) 连轧管机组和带导盘二辊斜轧管机组应采用限动芯棒轧管工艺。三辊斜轧管机组可采用限动芯棒轧管工艺和全浮动芯棒轧管工艺两种方式。

(2) 顶管机组应采用斜轧穿孔、延伸、毛管前部缩口和顶管工艺。

(注:顶管机组的主要特征是斜轧穿孔;大顶管机组的主要特征是液压冲孔。)

(3) 周期轧管机组应采用斜轧穿孔工艺。

4.1.2 热轧无缝钢管生产工序应符合下列规定:

(1) 连轧管机组:管坯切断、管坯加热、(热定心)、(高压水除鳞)、穿孔、抗氧化、(芯棒预穿)、高压水除鳞、轧管、脱管、(切头尾)、再加热、高压水除鳞、定减径和冷却等。

(2) 三辊斜轧管机组:管坯切断、管坯加热、(热定心)、(高压水除鳞)、穿孔、(抗氧化)、(芯棒预穿)、轧管、(脱棒)、(切头尾)、再加热、高压水除鳞、(回转定径)、定(减)径和冷却等。

(3) 带导盘二辊斜轧机组,除应符合跟规范第4.1.2条第2款外,可省去脱棒工序。

(4) 自动轧管机组:管坯切断、管坯加热、(热定心)、(高压水除鳞)、穿孔、(抗氧化)、轧管、均整、(再加热)、高压水除鳞、定(减)径和冷却等。

(5) 预管机组:管坯加热、(热定心)、(高压水除鳞)、穿孔、(延伸)、缩口、(芯棒预穿)、顶管、(脱棒)、切缩口、再加热、高压水除鳞、(定)减径和冷却等。

(6) 周期轧管机组:(管坯切断)、管坯(或钢锭)加热、(热定心)、(高压水除鳞)、穿孔、(芯棒预穿)、(预打头)、轧管、切头尾、再加热、高压水除鳞、(均整)、定径和冷却。

(7) 大顶管机组:钢锭加热、(高压水除鳞)、液压冲孔、再加热、(高压水除鳞)、液压顶管、(再加热)、(二次液压顶管)和冷却等。

(8) 辊式热扩管机组:管料加热、高压水除鳞、扩径、均整、再加热、定径和冷却等。

(9) 钢管热挤压机组:管坯准备、管坯预热及加热、液压冲孔、再加热、卧式或立式挤压和冷却等。

(10) 热轧无缝钢管在冷却后的预精整配置,宜根据设计方案灵活确定。

4.2 冷轧冷拔无缝钢管生产工艺

4.2.1 冷轧、冷拔无缝钢管生产工序应包括:管料准备、表面清理、表面润滑、冷轧或冷拔、精整(含中间精整和成品精整)等。

4.2.2 冷轧冷拔的管料准备宜包括:管料检查、修磨、切断等工序,冷拔管料准备应有缩头工序。

4.2.3 不锈钢、合金钢冷轧冷拔管料在检查前,宜先酸洗处理。根据产品要求,不锈钢、合金钢冷轧冷拔的管料准备可增设剥皮等工序。

4.2.4 冷轧、冷拔无缝钢管的表面清洁宜采用酸洗工艺。酸洗工艺应有钢管打捆、酸洗、清洗、冲洗、中和、清洗等工序。不锈钢、合金钢等在酸洗之后可增设白化工序。

4.2.5 碳素钢和低合金钢的表面润滑宜采用磷化和皂化润滑工艺。合金钢、不锈钢的表面润滑宜采用喷涂润滑工艺,也可采用其他表面润滑工艺。

4.2.6 冷拔宜采用无芯棒拔制或短芯棒拔制。生产薄壁管和小直径钢管时可采用长芯棒和游动芯棒拔制。

4.2.7 冷轧一般钢管宜采用二辊长行程轧机轧制。冷轧精密钢管、薄壁钢管、极薄壁钢管时宜采用多辊轧机轧制。

4.2.8 冷轧冷拔的精整(包括中间精整和成品精整)应设置热处理、切断、矫直等工序。成品精整还应设置检查、称重、包装等工序。不锈钢、合金钢应另设置内外表面处理工序。

4.2.9 在冷轧、冷拔过程中还应增设其他的处理工序。

4.2.10 冷轧冷拔无缝钢管车间必须考虑废酸、废液回收和处理。

4.3 热处理/精整/管加工生产工艺

4.3.1 热处理可分别采用正火、光亮退火、正火+回火及淬火+回火等。

4.3.2 热处理生产线生产工序应包括:加热、高压水除鳞、淬火、回火、(定径)、热矫直、冷却矫直、管体探伤和检查等。

4.3.3 光管精整线生产工序应包括:钢级鉴别、管端探伤、切断、(矫直)、水压试验、管体探伤、平端面倒棱、测长、称重、喷印、涂油、包装等。还可采用上述工艺中的部分工序。

4.3.4 管加工线生产工序应包括:油/套管管体车丝、油/套管接箍车丝、管端加厚、钻杆工具接头和对焊钻杆管体加工等。各条加工线生产工序应符合下列规定:

(1) 油/套管管体车丝加工线:管端探伤、管端丝扣加工、丝扣检查、拧接箍、水压试验、通径检查、拧保护环、测长、称重、喷印、涂油、烘干、包装等。车丝宜增加丝扣喷丸工序。油/套管特殊扣车丝宜增加丝扣磷化和管端收缩口工序。

(2) 油/套管接箍车丝加工线:接箍料定尺切断、车丝、丝扣检查、磁粉探伤、表面处理、涂漆、标记等。

(3) 管端加厚线:管端检查、管端加厚、检查、(探伤)、修磨、加厚端平整等。油管及直连型套管管端加厚只采用外加厚形式,钻杆管端加厚可选择外加厚、内加厚和内外加厚形式。

(4) 钻杆工具接头加工线:切断、粗车、镗锥孔、热处理、车丝、丝扣检查、探伤、标记、磷化等。

(5) 钻杆对焊加工线:管端加工、摩擦对焊、焊缝热处理、焊缝探伤、焊缝检查、测长、称重、喷印、包装等。

5 设备选择

5.1 热轧无缝钢管设备选择

5.1.1 长管坯切断宜采用锯切方式,也可采用火焰切割方式。部分合金钢和高合金钢不宜采用火焰切割。

5.1.2 管坯加热应选择环形炉或步进炉,也可采用均热炉和感应炉。

5.1.3 热定心机宜采用液压传动具有夹紧功能的设备。除鳞装置应保证高压水工作压力在 18~20 MPa。

5.1.4　穿孔机宜采用导板式或导盘式的立式锥形辊形式，并配置顶杆循环或顶头自动更换装置，也可采用液压（或水压）机穿孔。

5.1.5　轧管设备选择应符合下列规定：

（1）连轧管机宜采用5~6架二辊或三辊式机架并配置液压压下装置，宜在连轧管机前设置空减机架。

（2）三辊斜轧管机宜采用三辊单独传动和轧辊液压快开快闭技术。

（3）带导盘的二辊斜轧管机宜采用锥形辊形式，也可采用桶形辊形式。

（4）自动轧管机宜采用上辊液压平衡和辊缝可调整技术。

（5）顶管机宜采用辊式模和下传动机构。

5.1.6　荒管再加热宜采用步进炉，也可采用电感应装置。

5.1.7　张力减径机或定径机应根据工艺要求合理选择。三辊斜轧管机可设置回转定径机。

5.1.8　钢管冷却宜采用步进式冷床，也可采用链式冷床。钢管外径在200 mm以下时，还可采用多根同时布料的宽冷床。选用链式冷床时，宜在高温段采用反向链的双链冷床。

5.1.9　当热轧线与预精整线相连时，其预精整线设备选择应符合本规范第5.3.2条的有关规定。

5.2　冷轧冷拔无缝钢管设备选择

5.2.1　缩头设备的选择应符合下列规定：

（1）钢管外径不大于16 mm时缩头宜选用轧尖机。

（2）钢管外径不大于30 mm薄壁管的缩头宜采用回转锻造机。

（3）较大外径或壁厚较厚钢管，宜采用空气锤或压力机。

（4）中小外径钢管缩头宜采用挤头机或缩口机。

5.2.2　冷轧管设备选择应符合下列规定：

（1）冷轧一般钢管时冷轧管机宜选用二辊、单排和长行程形式。

（2）冷轧精密钢管、薄壁钢管时冷轧管机宜选用多辊、单排和长行程形式。

（3）还可选择其他类型的冷轧管机。

5.2.3　冷拔管机设备选择应符合下列规定：

（1）冷拔管机宜选用间歇、链式冷拔管机。

（2）小口径钢管的冷拔可选用半连续式或连续式冷拔管机。

（3）大口径精密钢管、薄壁钢管的冷拔宜选用液压冷拔管机。

（4）还可选用其他类型的冷拔管机。

5.2.4　酸洗设备的选择应符合下列规定：

（1）酸洗宜采用酸洗槽。

（2）除氢氟酸外的其他酸洗槽应配有蒸汽加热设施。

5.2.5　钢管润滑装置选择应符合以下规定：

（1）磷化和皂化润滑工艺的润滑装置宜采用润滑槽，包括磷化槽、皂化槽等。

（2）喷涂润滑剂工艺应设润滑剂喷涂装置。

5.2.6　热处理炉选择应符合下列规定：

（1）碳素钢和合金钢钢管热处理（包括中间热处理和成品热处理）宜选用辊底式连续

光亮炉。

(2) 小口径、薄壁不锈钢钢管的热处理宜选用马弗管式光亮处理炉或网带式光亮处理炉。

5.2.7 在冷轧、冷拔车间必须配备废酸、废液回收和处理设施。

5.3 热处理设备/精整/管加工设备选择

5.3.1 热处理设备选择应符合下列规定:

(1) 热处理炉可在步进式、辊底式、车底式和感应式加热炉中选取。油井管和管线管生产宜采用步进式炉;高压锅炉管、轴承管及不锈钢管生产可选用带保护气氛的辊底式炉;大口径、厚径钢管生产宜选用车底式炉;钻杆对焊后焊缝热处理宜采用感应式加热炉。

(2) 步进式加热炉后宜设置高压水除鳞装置。

(3) 水淬工艺宜采用内喷外淋或内喷槽式淬火装置。

(4) 钢管矫直可采用辊式矫直机和压力矫直机。油井管生产时可同时设热矫直机和冷矫直机。

(5) 管体探伤应采用超声波探伤设备。

(6) 钢管冷却可采用带反向链的双链冷床或步进式冷床。

5.3.2 精整线设备选择应符合以下规定:

(1) 管料在热轧机组和热处理中未经矫直,精整线应设辊式矫直机。

(2) 钢管切断可采用圆盘锯机或切管机。

(3) 探伤设备可在涡流、超声波、漏磁、磁粉和组合探伤中选择。

(4) 根据工艺要求,可采用双管或单管水压试验机。

5.3.3 管加工线设备选择应符合以下规定:

(1) 管端加厚前的加热设备宜选用中频或高频感应加热炉,而不宜采用火焰式缝式炉。

(2) 管端加厚机宜选用液压式加厚机,也可选用机械式加厚机。

(3) 车丝机可选择钢管固定、刀盘旋转并移动式车丝机或钢管旋转、刀盘移动式车丝机。

(4) 接箍车丝机可选用单工位车丝机和多工位车丝机。

(5) 钻杆管体与工具接头的对焊可采用电阻焊、闪光焊及摩擦焊,宜使用惯性摩擦焊技术。

6 装备水平

6.1 无缝钢管车间工艺设计装备水平,应符合国情且使用可靠。

6.2 各类热轧无缝钢管机组的自动化水平应符合下列规定:

(1) 适于大批量生产且设备装备水平高的热轧无缝钢管机组,如连轧管机组,应采用基础自动化级和过程自动化级二级自动控制系统,可预留三级接口。

同时,宜设置在线测温、测壁厚、测外径、测长度的检测系统,以及辊缝或者张力自动控制系统等。

(2) 生产灵活,适于小批量是对热轧无缝钢管机组,如三辊斜轧管机组,宜采用一级基础自动化系统,包括顺序控制、工艺参数设定等功能。

(3) 适于多品种、多钢种和小批量生产的热轧无缝钢管机组,如周期轧管机组,可采用手动和半自动为主要功能的一级基础自动化系统。

6.3 冷轧、冷拔机宜设机电一体化控制系统，具备单机或单线基础自动化控制功能，可实现冷轧、冷拔机（包括冷轧、冷拔前供料喂料装置、冷轧冷拔机主机、冷轧冷拔后装置）的自动化或半自动化控制。

6.4 热轧/精整/管加工车间的每条加工线应采用一级基础自动化，包括顺序控制、工艺参数设定和物料跟踪等功能。同时，可设置用于生产管理、仓库管理、（物料跟踪）为主要功能的二级自动化系统。

6.5 无氧化热处理与设备应积极采用。

6.6 在线热处理工艺和技术应积极采用。

6.7 轧机的主传动电动机宜采用交流电动机传动和交流变频控制装置供电（交流调速控制技术）。

6.8 加热炉、再加热炉和热处理炉的节能技术应优先采用。

7 工作制度和年工作时间

7.1 热轧无缝管车间宜采用四班三运转工作制，年工作时间应为5000~6500 h。

7.2 冷轧、冷拔车间宜采用三班工作制，年工作时间应为6000~6800 h。

7.3 热处理/精整管加工车间宜采用四班三运转工作制，年工作时间应为5500~7000 h。

8 生产能力

8.1 生产能力包括小时生产能力计算和轧机（或作业线）符合率计算。

8.2 热轧无缝钢管车间、冷轧冷拔车间和热处理/精整/管加工车间均需编制代表规格产品大纲，包括钢管品种、分项代表规格（外径、壁厚和长度）、代表钢种或钢级、分项年产量和采用标准等。

8.3 热轧无缝钢管机组和冷拔车间要编制相应代表规格轧制或轧拔表。

8.4 小时生产能力计算程序和内容宜符合以下规定：

（1）热轧无缝钢管机组确定机组薄弱环节、确定轧制速度和辅助时间，计算机组轧制周期时间。根据轧制表（管坯单重、分工序金属消耗系数和钢管单重）和机组轧制周期时间计算管坯及钢管的理论和时间小时产量。

（2）冷轧机和冷拔机根据轧拔表（管料规格、分工序金属消耗系数和钢管单重等）和轧拔周期时间计算钢管的小时产量。

（3）热处理线的钢管小时产量取决于热处理炉生产能力。精整/管加工线首先编制各线生产工艺流程和各线金属消耗系数，之后计算各主要工序生产周期和小时根数并确定各作业线的工序薄弱环节，最终计算各作业线的平均小时产量。

8.5 轧机（或作业线）负荷率计算程序和内容宜符合下列规定：

（1）依据编制的代表规格产品大纲和代表规格小时生产能力，计算轧机（或作业线）的年占用工时。

（2）依据轧机（或作业线）的年占用工时和规定年工作时间（见第7条）计算轧机（或作业线）的负荷率。

8.6 热轧机组负荷率和热处理/精整/管加作业线负荷率宜大于75%；冷轧机和冷拔机负荷率宜不大于85%。

9 车间布置

9.1 热轧无缝钢管车间布置应符合下列规定：

(1) 热轧无缝钢管机组由多个生产工序构成，其生产流程线多为阶梯型或直线横移布置。

(2) 新建连轧管机组宜设置高架平台。

(3) 提供部分机组的主轧跨间厂房主要设计参数（包括厂房跨度、轨面标高和吊车最大起重量）供设计时参考，详见附表5。

附表5 部分机组的主轧跨间厂房主要设计参数

机组类型及规格		主轧跨间设计参数		
		厂房跨度/m	轨面标高/m	吊车最大起重量/t
连轧管机组	某厂 ϕ89 机组	33	14.5(平台5)	30/5
	某厂 ϕ159 机组	33*	7.5	16/3.2
	某厂 ϕ168 机组	39	15.0(平台5)	40/5
	某厂 ϕ245 机组	36*	10.0	40/10
	某厂 ϕ250 机组	36	16.8(平台5)	50/10
	某厂 ϕ340 机组	42	18.0(平台6)	50/10
三辊斜轧管机组	某厂 ϕ140 机组	24*	7.0	10
	某厂 ϕ170 机组	30	9.0	32/5
	某厂 ϕ219 机组	30	8.1	16/3.2
二辊斜轧管车间	某厂 ϕ140 机组	30*	9.0	20/5
	某厂 ϕ250 机组	30	8.5	32/5
自动轧管机组	某厂 ϕ400 机组	穿孔机跨 27 自动轧管机跨 30	10.0 10.0	穿孔机跨 75/20 自动轧管机跨 50/10
周期轧管机组	某厂 ϕ500 机组	30 (穿孔机/周期轧管机跨)	10.0	50/20
大顶管车间	某厂 ϕ1400 机组	24	13.0	80/30

注：* 为利旧厂房。

9.2 冷轧冷拔无缝钢管车间布置应符合以下规定：

(1) 冷轧冷拔无缝钢管车间宜采用混合布置。

(2) 当车间品种较多时，专用钢管、精密钢管生产宜单独建立作业线。

(3) 酸洗间应布置在主车间下风向，宜与主厂房脱开。

(4) 冷轧冷拔车间酸洗、脱脂、喷丸、抛光等污染源在平面布置时应统一考虑，合理布置。所有污染物的排放必须满足国家安全环保相关规定的要求。

9.3 热处理/精整/管加工车间布置应符合下列规定：

(1) 生产流程多为直线横移布置，可在一个车间内布置一种设备，也可在一个车间布置多个设备或多条加工线。

(2) 在同一个车间布置多条加工线时，要考虑各设备间物料的合理流动；新建车间应与热轧机组综合考虑，通过设置中间库来衔接两个车间。

(3) 热处理/精整/管加工车间跨度宜根据加工线与设备布置情况确定。

9.4 无缝钢管车间设备布置宜紧凑，但应满足设备检修、冷热工具堆放、设备安全操作空间和人行通道等要求。

9.5 无缝钢管车间生产用起重机一般采用挠性挂梁式。同时，也可选择小车可回转的起重机。

9.6 无缝钢管车间的原料仓库、中间仓库和成品仓库应保证生产需要。本厂供料的原料仓库存放天数为7~10 d;外厂供料的原料仓库存放天数为15~30 d;热轧与精整/管加工分开布置时的中间仓库应根据计算确定。车间内部各工序间的中间仓库存放天数为3~5 d,成品仓库的存放天数为7~15 d。

10 生产工具

10.1 在初步设计的“轧钢工艺”章节中应包含“生产工具”相关内容。

10.2 生产工具设计内容应包括工具种类、规格、钢种、加工与修复方法和基本技术要求等。同时,应明确本厂制作或外部协作等加工渠道。

11 车间主要技术经济指标

11.1 无缝钢管车间主要技术经济指标应包括设计能力、产品规格范围(外径×壁厚)、轧机(或作业线)组成及形式、车间设备总重量、车间电气设备总容量、车间职工总人数、车间主厂房面积、车间货物周转量、车间年工作小时轧机(或作业线)负荷率和每吨产品消耗指标等内容。

11.2 每吨产品工序能耗值(MJ/t)应低于《钢铁企业节能设计规范》的有关规定。

11.3 部分热轧无缝钢管车间每吨产品能耗指标见附表6,可作为设计时参考。

附表6 部分热轧无缝钢管车间每吨产品消耗指标

序号	指标名称	单位	连轧管机组	三辊斜轧管机组	带导盘二辊斜轧管机组	周期轧管机组	自动轧管机组	大顶管机组
1	管坯	t	1.100	1.125	1.125	1.235	1.110	1.590
2	燃料	GJ	2.5~3.0	2.5~3.0	2.5~3.0	2.5~3.0	2.5~3.0	16
3	电	kW·h	110~150	150~200	150~200	150	150	250
4	水	m^3	30~50	30~50	30~50	40	40	40
5	压缩空气	Nm^3	15~30	70~100	70~100	20	200	400
6	轧辊及工具	kg	2.0~3.5	2.5~4.0	2.5~4.0	13.0	8.0	12.0

11.4 冷轧、拉拔钢管车间每吨产品消耗指标如下,可作为设计时参考:碳素钢和合金钢管料1.2~1.5 t,不锈钢管料1.25~1.35 t,燃料3.5~10.5 GJ,电力100~350 kW·h。

当原料规格与冷轧、拉拔成品规格接近时,宜采用较低指标。

11.5 热处理/精整/管加工车间每吨产品消耗指标见附表7,可作为设计时参考。

附表7 热处理/精整/管加工车间每吨产品消耗指标

序号	指标名称	单位	加工线产品规格:钢管外径/mm		
			48~177.8	114.3~273	141.3~365
1	作业线组成	条	热处理线(1) 油套管管体车丝加工线(1) 光管精整线(1) 接箍车丝加工线(1)	热处理线(1) 油套管管体车丝加工线(2) 光管精整线(1) 接箍车丝加工线(1)	热处理线(1) 油套管管体车丝加工线(2) 光管精整线(1) 接箍车丝加工线(1)
2	管料	t	1.0396	1.0355	1.043
3	燃料	GJ	1.79	1.09	2.58
4	电力	kW·h	82	90	133
5	水	m^3	1.74	0.8	1.18
6	压缩空气	Nm^3	35.4	78.2	89.3

附录4 各类轧钢车间平面布置图

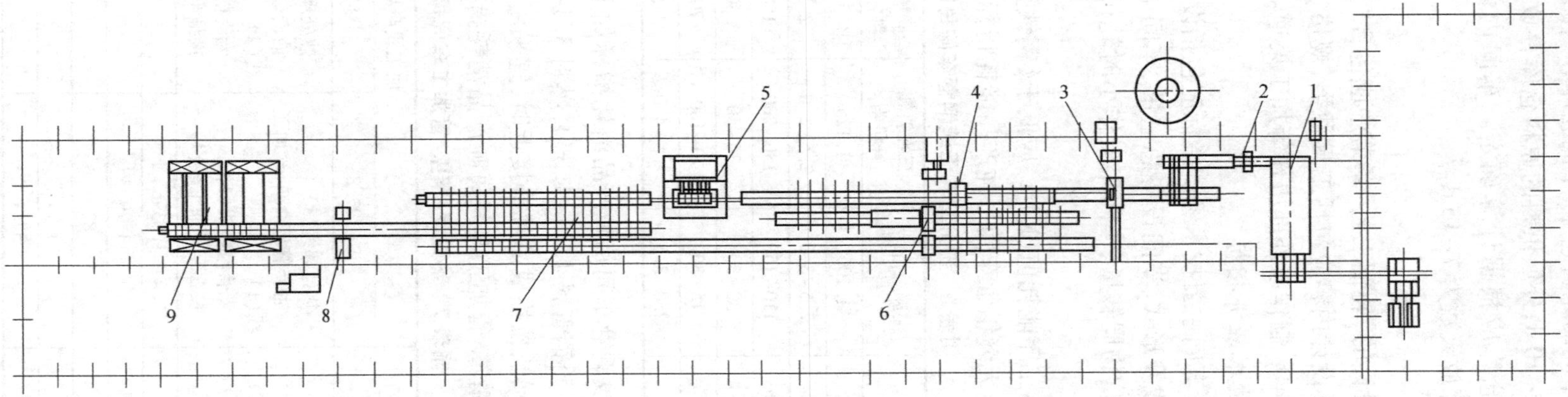

附图1 某特殊钢公司高精度方扁钢轧机平面布置图

1—步进式加热炉;2—高压水除鳞装置;3—650 三辊式轧机;4—摆式飞剪;
5—5 机架可逆式方扁钢轧机; 6—2 机架 500;7—移钢台架;8—摩擦锯;9—冷床

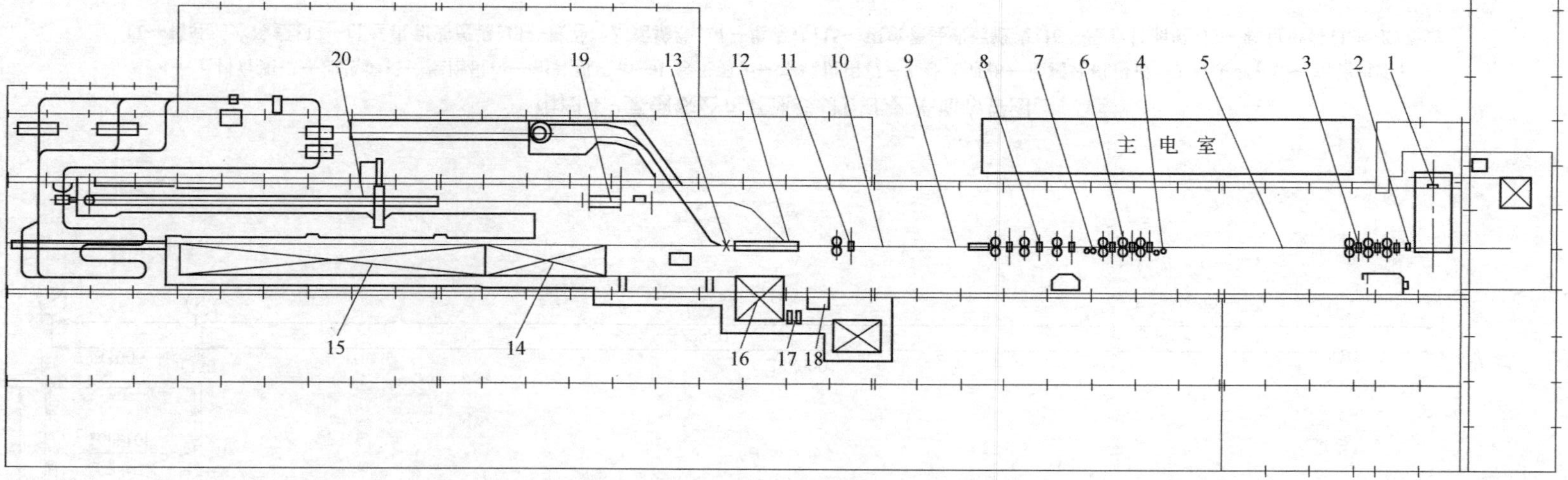

附图 2　某钢厂合金棒线材复合轧机平面布置图

1— 步进梁式加热炉;2—高压水除鳞装置;3—6 机架粗轧机组;4—S6 切头飞剪;5—保温辊道;6—6 机架第一中轧机组;7—S12 切头飞剪;8—6 机架第二中轧机组;9—水冷装置;10—S18 飞剪;11—2 机架棒材精轧机组;12—水冷装置;13—S20 分段剪;14—热床;15—冷床;16—移钢机;17—打捆机;18—缓冷收集坑;19—无扭精轧机;20—控制冷却线

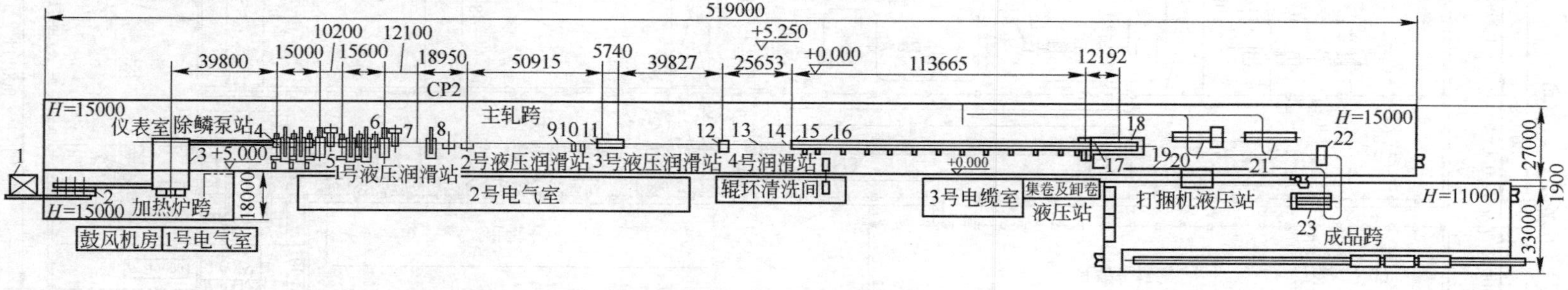

附图 3　某钢铁公司高速线材轧机平面布置图

1—冷坯上料及热坯缓冲台架;2—钢坯提升机;3—蓄热式步进梁式加热炉;4—粗轧机组;5—粗轧机组后飞剪;6—中轧机组; 7—中轧机组后飞剪;
8—预精轧机组;9—精轧机组前飞剪夹送辊;10—粗轧机组前飞剪及碎断剪;11—精轧机组;12—减定径机组; 13—测径仪;14—吐丝机前夹送辊;
15—吐丝机;16—风冷辊道;17—集卷筒;18—盘卷运输机;19—P－F 钩式运输系统;20—线材打捆机;21—带钢打捆机;22—盘卷称重装置;23—卸卷站

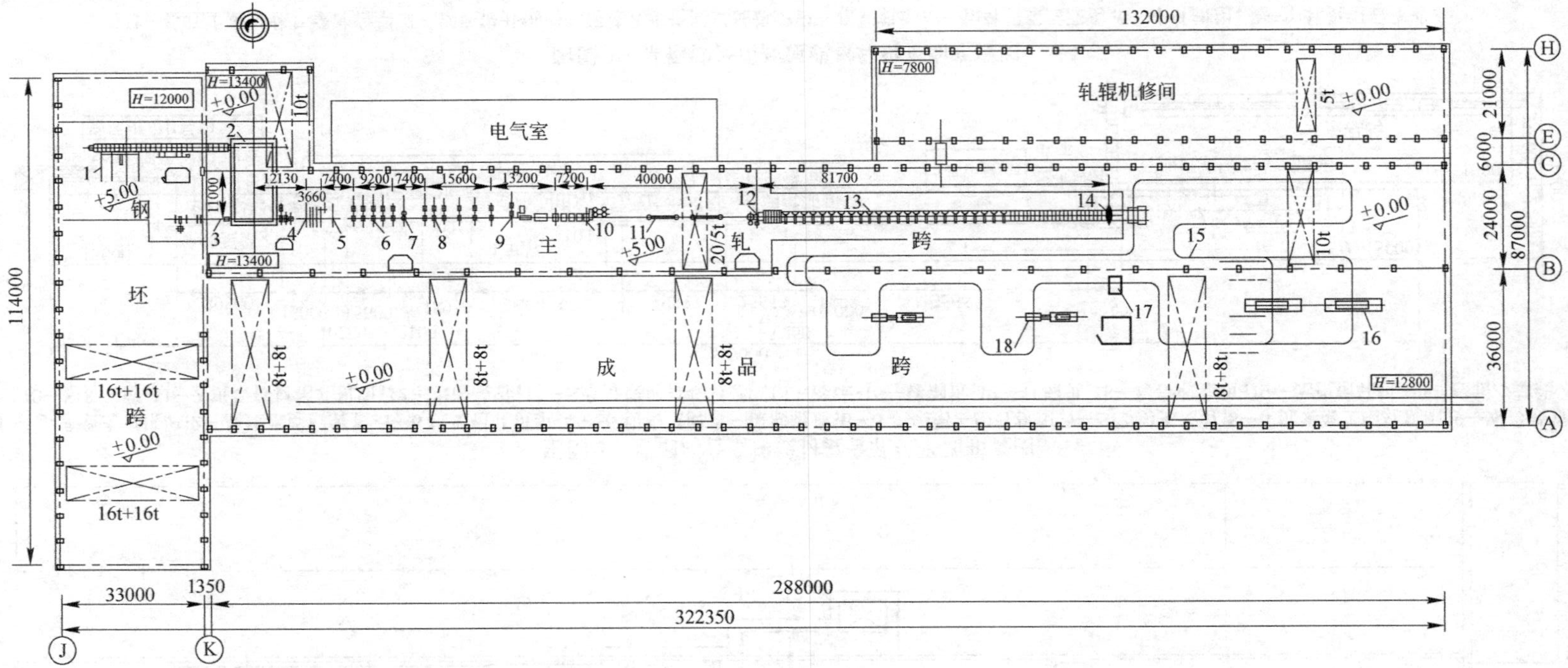

附图4　某钢铁公司高速线材厂工艺平面布置图

1—上料台架；2—加热炉；3—推出机；4—粗轧机组；5—1 号飞剪；6—中轧机组；7—2 号飞剪；8—预精轧机组；9—3 号飞剪；10—精轧机组；11—精轧后水冷段；12—吐丝机和夹送辊；13—散卷冷却运输线；14—集卷站；15—积放悬挂式运输线；16—压紧打捆机；17—称重设备；18—卸卷站

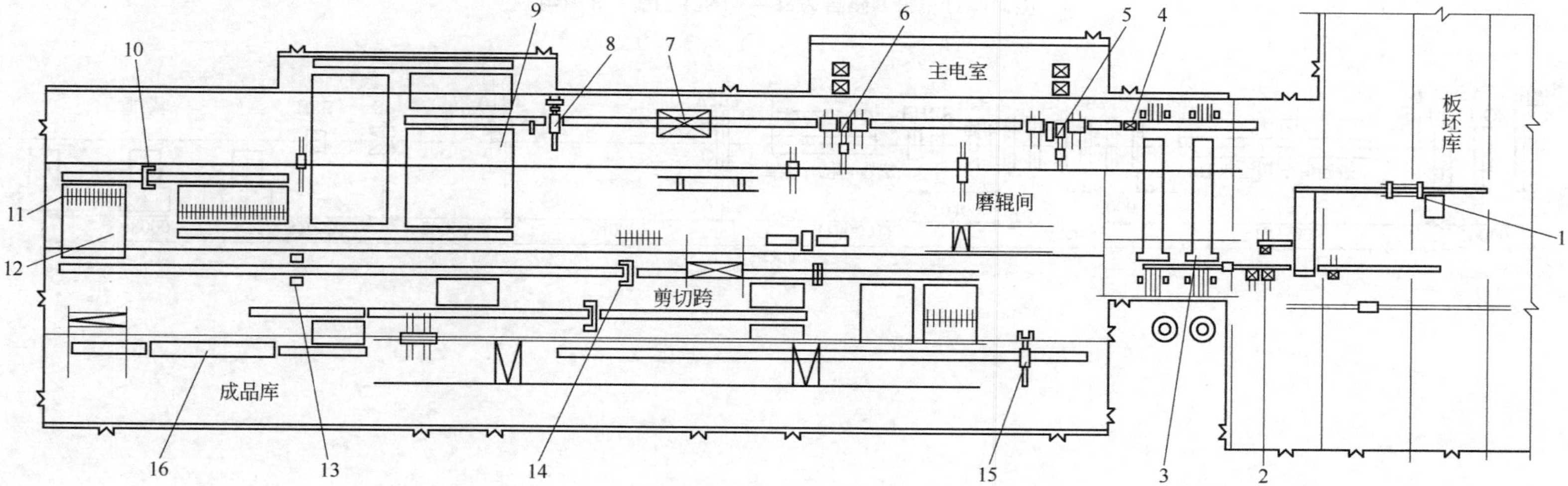

附图5 某宽厚板厂(4300 mm)平面布置图

1—板坯二次切割机;2—板坯称重装置;3—加热炉;4—除鳞箱;5—粗轧机及立辊轧机;6—精轧机;7—加速冷却装置;8—热矫直机;9—冷床;10—切头分段剪;11—翻板机;12—检查修磨台架;13—双边剪;14—定尺剪;15—冷矫直机;16—热处理炉

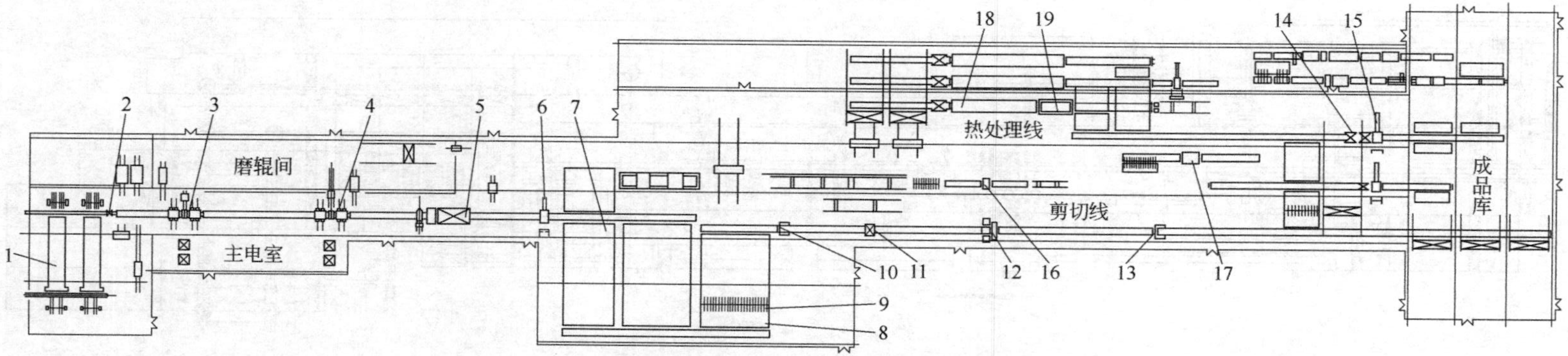

附图6 某宽厚板厂(5500 mm)平面布置图

1—加热炉;2—除鳞箱;3—粗轧机;4—精轧机;5—加速冷却装置;6—热矫直机;7—冷床;8—横移台架;9—翻板机;10—切头剪;11—在线超声波探伤装置;12—双边剪;13—定尺剪;14—预堆垛机;15—冷矫直机;16—压平机;17—抛丸机;18—热处理炉;19—淬火机

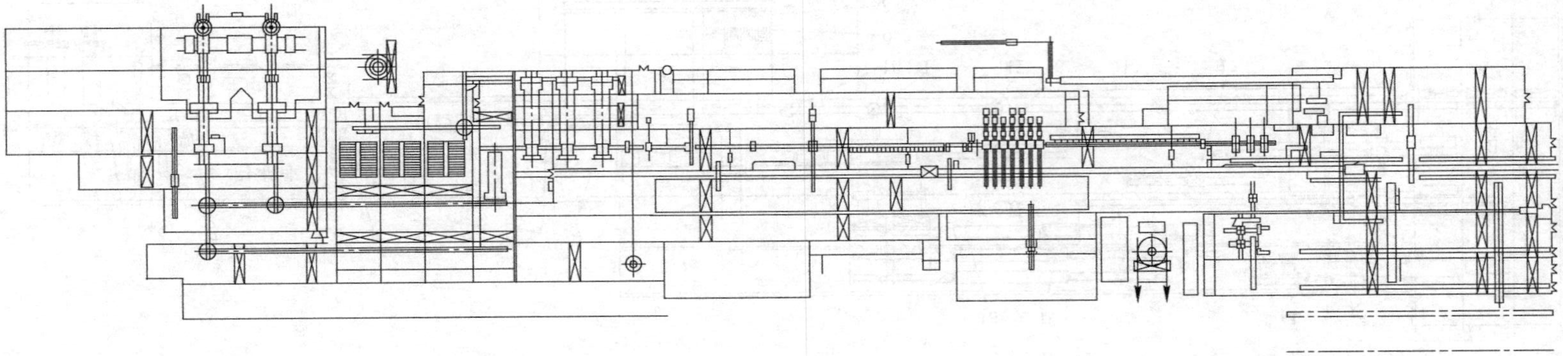

附图7 某厂1780 mm热轧带钢车间平面布置图

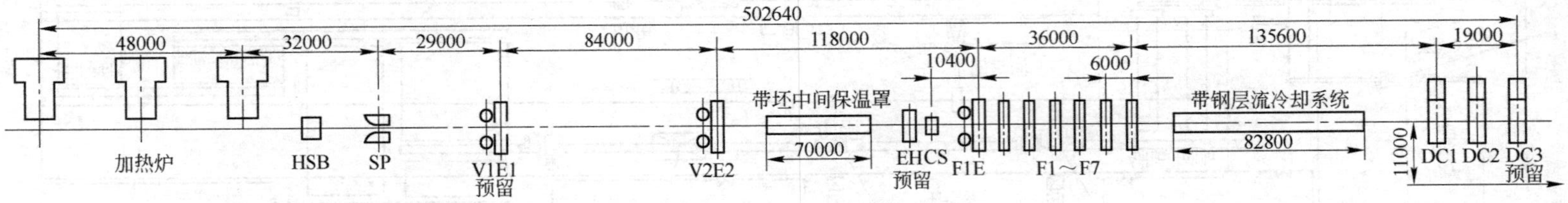

附图8 某厂1780 mm热轧带钢轧机设备配置图

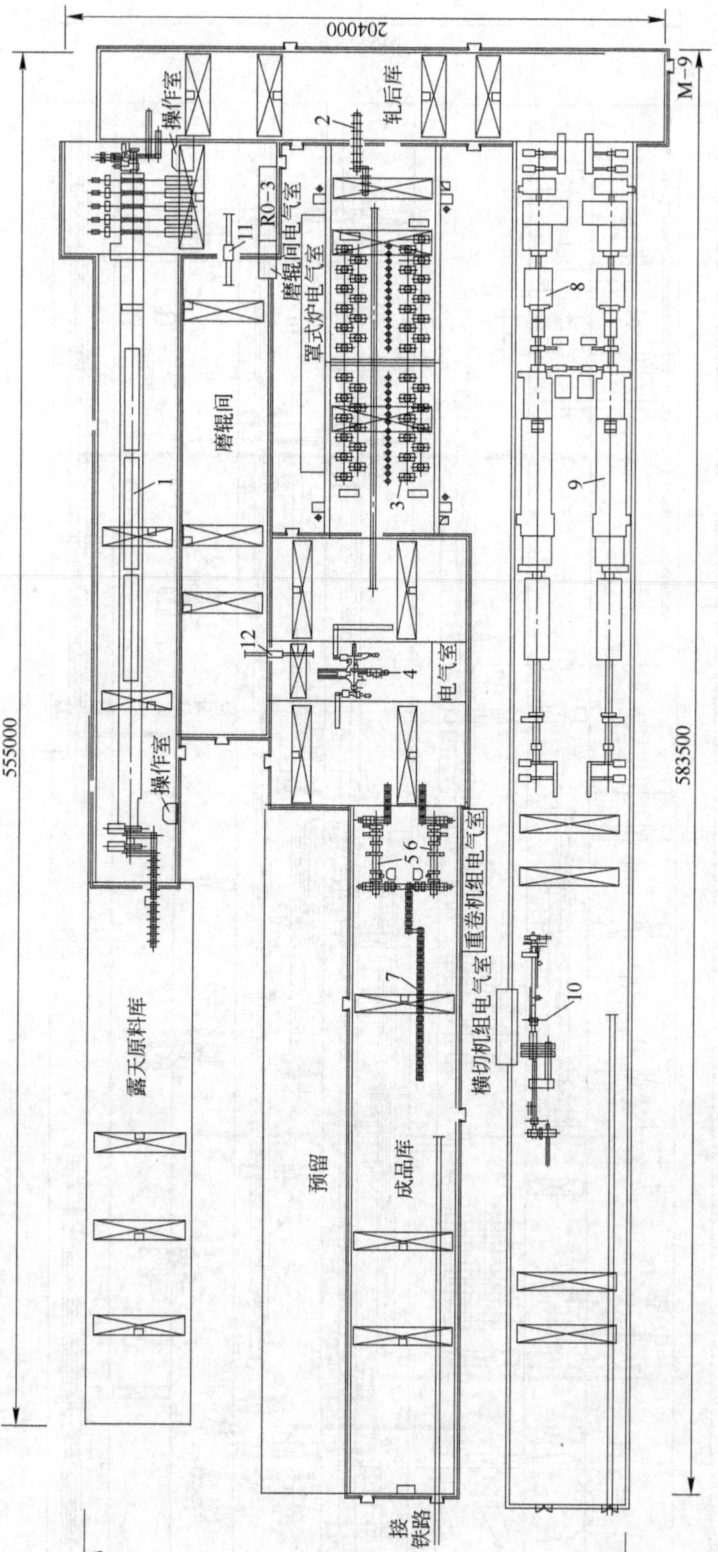

附图9　某厂冷轧带钢车间平面布置图

1—酸洗轧机联合机组；2—过跨翻卷机；3—全氢罩式退火炉；4—单机架平整机；5—1号重卷机组；6—2号重卷机组；7—钢卷包装机组；8—1号连续镀锌机组；9—2号连续镀锌机组；10—横切机组；11—1号过跨轧辊运输车；12—2号过跨轧辊运输车

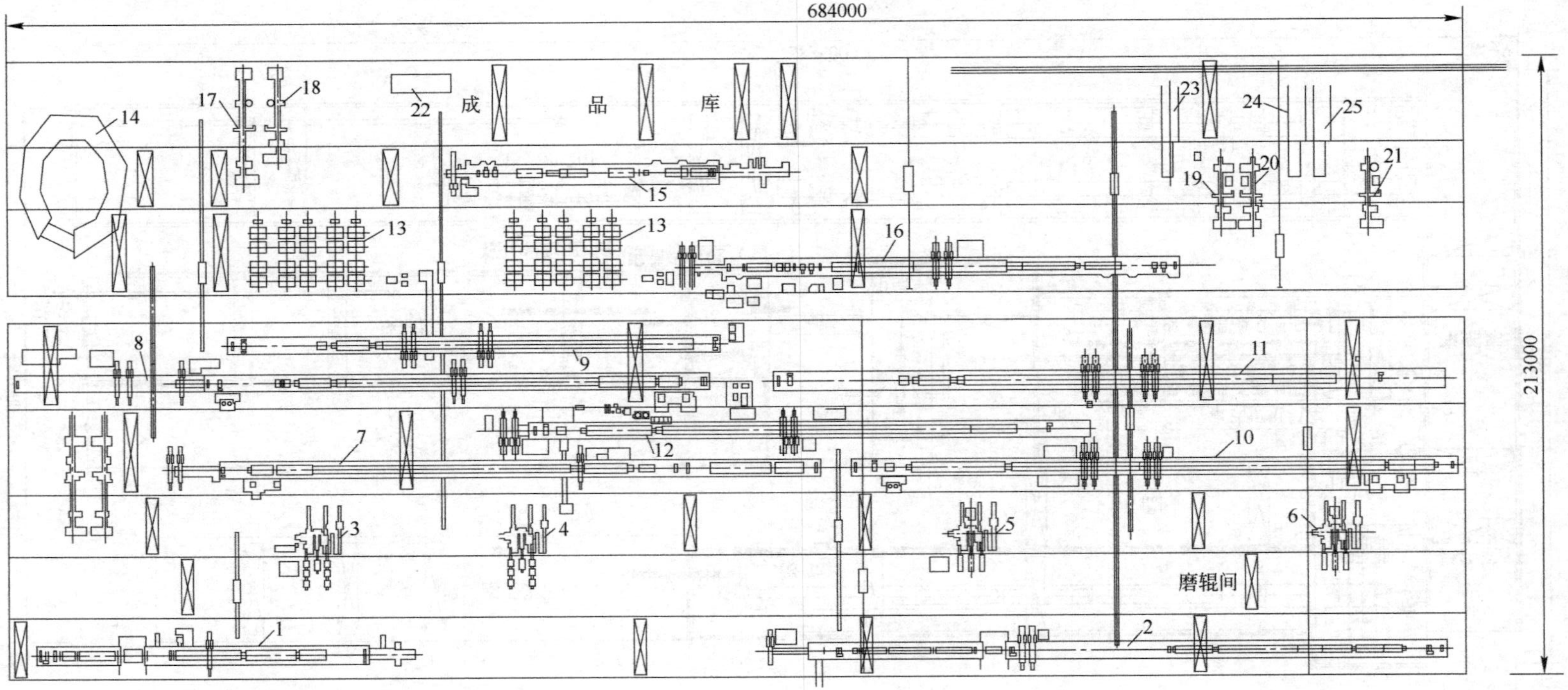

附图10 某厂冷轧硅钢片车间平面布置图

1—1 号连续酸洗机组；2—2 号连续酸洗机组；3—1 号森吉米尔轧机；4—2 号森吉米尔轧机；5—3 号森吉米尔轧机；6—4 号森吉米尔轧机；7—1 号连续退火机组；8—2 号连续退火机组；9—3 号连续退火机组；10—4 号连续退火机组；11—5 号连续退火机组；12—6 号连续退火机组；13—罩式退火炉；14—高温环形退火炉；15—1 号热拉伸平整机组；16—2 号热拉伸平整机组；17—1 号剪切机组；18—2 号剪切机组；19—3 号剪切机组；20—4 号剪切机组；21—5 号剪切机组；22—1 号包装机组；23—2 号包装机组；24—3 号包装机组；25—4 号包装机组

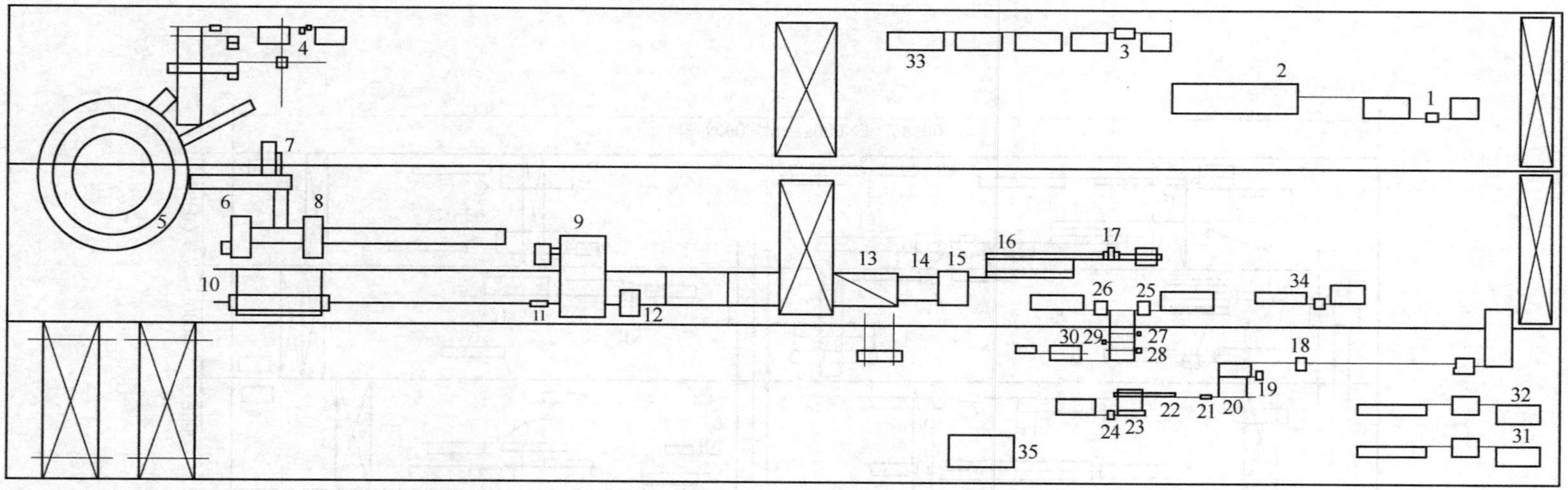

附图11 某热轧无缝钢管车间平面布置图

1—管坯矫直设备;2—管坯探伤机组;3—管坯扒皮机组;4—管坯锯切机组;5—环形加热炉;6—环形炉装出料机;7—管坯热定心机组;
8—穿孔机组;9—三辊轧管机组;10—轧管机芯棒循环系统;11—脱棒机;12—热锯机;13—再加热炉;14—高压水除鳞装置;
15—张力减径机组; 16—步进式冷床;17—钢管分段冷锯;18—V6T-89 钢管矫直机;19—铣头倒棱机;20,28—吹灰装置;21,29—涡流探伤装置;
22—分切砂轮锯; 23—测长称重打印装置; 24—涂油装置;25—VBM-120AS 钢管矫直机; 26—V6T127 钢管矫直机;27—切管机;
30—测长称重装置;31—超声波探伤装置; 32—改尺切管机;33—缺陷管坯修磨台架;34—分段切管机;35—通径台架

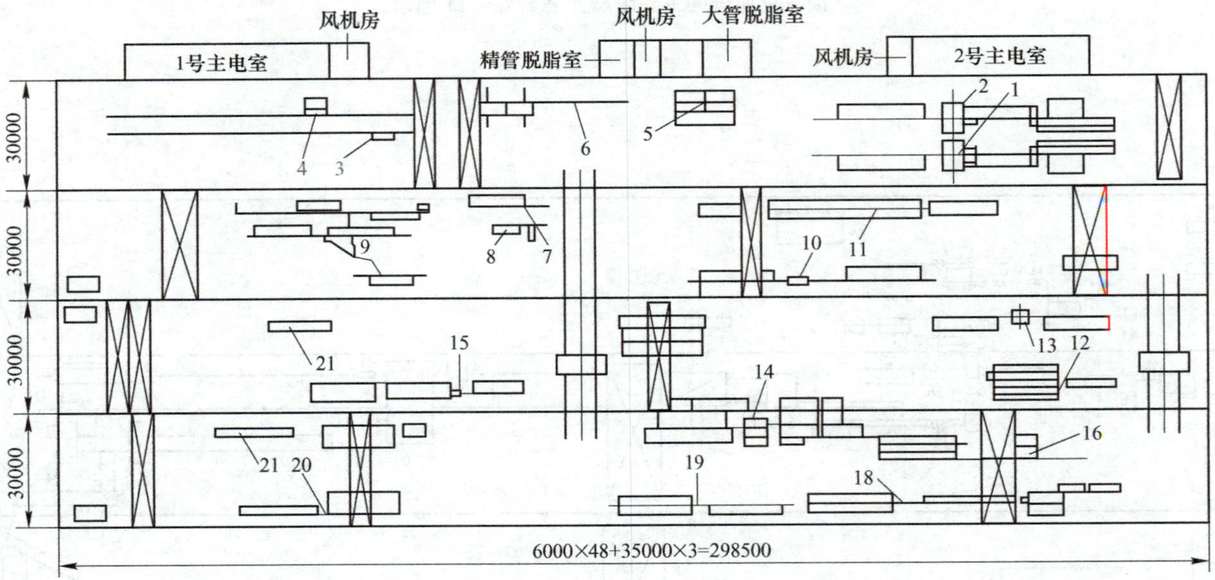

附图 12 某冷轧无缝钢管车间平面布置图

1—HPT－160 冷轧管机及辅机；2—HPT－250 冷轧管机及辅机；3—SKW75VMR 冷轧管机组；4—XPW25VMR 冷轧管机组；5—大管脱棒装置；6—精管脱棒装置；7—$\phi18 \sim 75$ mm 冷态缩口机组；8—$\phi6 \sim 20$ mm 冷态缩口机组；9—200 kN、100 kN、50 kN 冷拔管机；10—马弗管式光亮退火炉；11—辊底式光亮热处理炉；12—$\phi60 \sim 220$ mm 成对切管机组；13—$\phi60 \sim 220$ mm 钢管矫直机；14—涡流/超声波探伤机组；15—$\phi60 \sim 220$ mm 成品钢管标记－包装机组；16—$\phi6 \sim 16$ mm 钢管矫直切管机组；17—$\phi10 \sim 60$ mm 钢管切管矫直机组；18—八头带式抛光机组；19—$\phi6 \sim 60$ mm 中间切断机组；20—精管成品标记－包装机组；21—成品电子称重装置

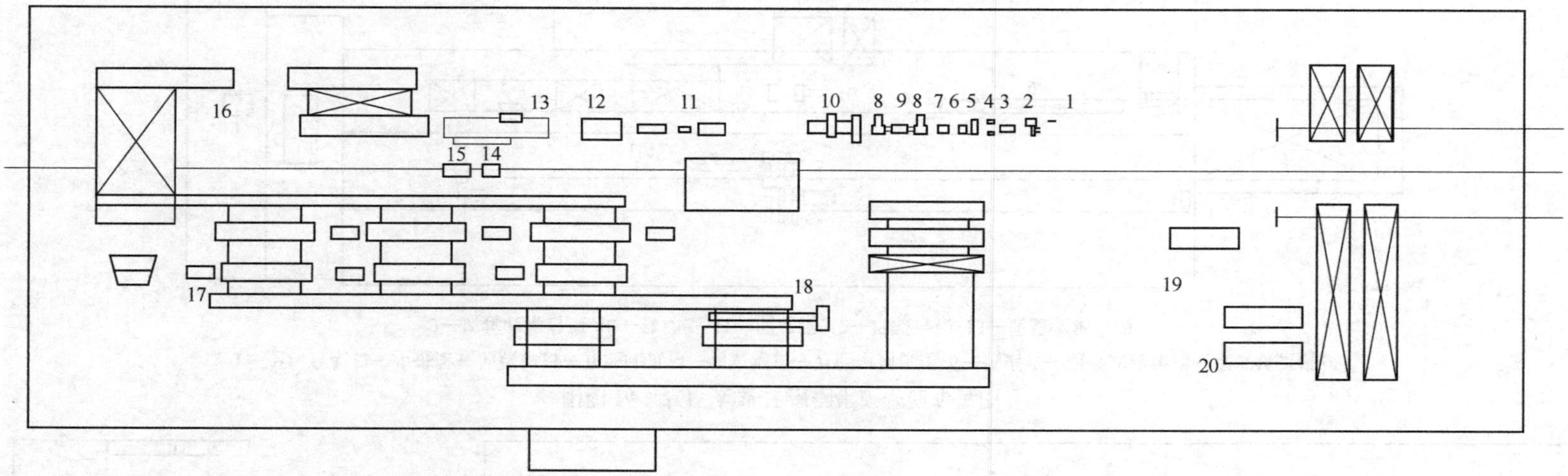

附图13　$\phi48\sim114$焊管机组通用设计平面布置图

1—磅秤;2—悬臂吊;3—拆卷进矫平机;4—下切剪;5—料箱;6—MS－100对焊机;7—毛刺清除机;8—递送辊;9—活套圈;10—圆盘剪;11—成型、焊接、冷却与定径机组;12—飞剪机;13—输出辊道;14—干油站;15—砂轮机;16—矫直机;17—切管机;18—水压试验机;19—成品磅秤;20—涂油设备

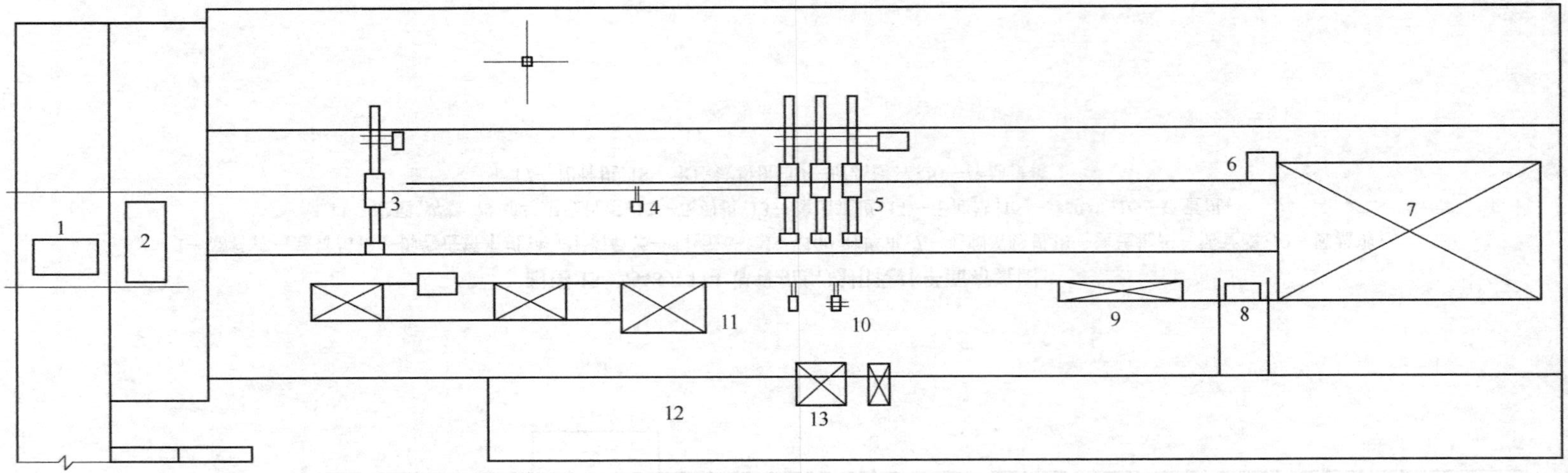

附图14　某厂大型H型钢生产平面布置图

1—上料台架;2—步进梁式加热炉;3—开坯轧机;4—切头锯;5—万能串列机组;6—热锯;7—组合式冷床;8—辊式矫直机;
9—成排收集台架;10—移动锯;11—固定锯;12—堆垛台架;13—成品收集台架

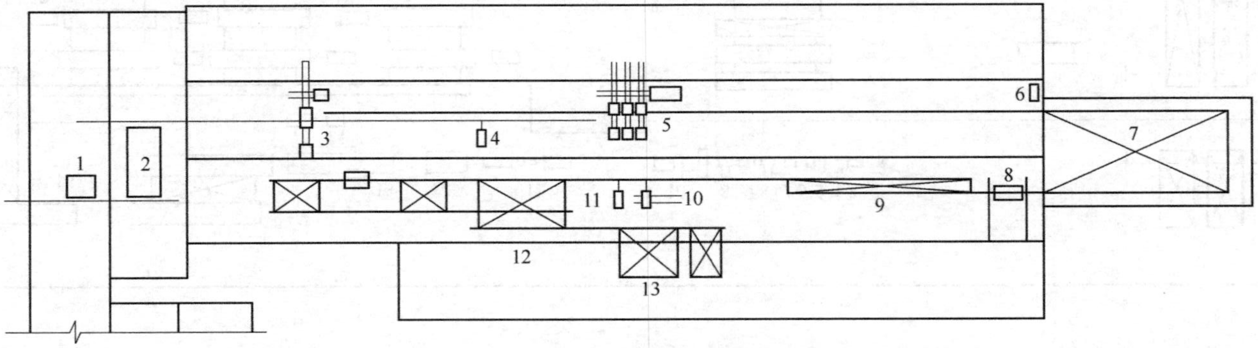

附图15　某厂大型H型钢生产平面布置图

1—上料台架;2—步进梁式加热炉;3—开坯轧机;4—切头锯;5—万能串列机组;6—热锯;7—组合式冷床;8—辊式矫直机;
9—成排收集台架;10—移动锯;11—固定锯;12—堆垛台架;13—成品收集台架

参考文献

[1] 袁康．轧钢车间设计基础[M]．北京:冶金工业出版社,1986.
[2] 温景林．金属压力加工车间设计[M]．北京:冶金工业出版社,1992.
[3] 翁正中．轧钢车间设计[M]．北京:冶金工业出版社,1994.
[4] 郭鸿发．冶金工程设计(第1册)设计基础[M]．北京:冶金工业出版社,2006.
[5] 云正宽．冶金工程设计(第2册)工艺设计[M]．北京:冶金工业出版社,2006.
[6] 黄庆学．轧钢机械设计[M]．北京:冶金工业出版社,2007.
[7] 周家林．材料成型设备[M]．北京:冶金工业出版社,2008.
[8] 邹家祥．轧钢机械(第3版)[M]．北京:冶金工业出版社,2000.
[9] 熊及滋．压力加工设备[M]．北京:冶金工业出版社,1995.
[10] 蔡乔方．加热炉(第3版)[M]．北京:冶金工业出版社,2007.
[11] 张向英．冷连轧带钢机组工艺设计[M]．北京:冶金工业出版社,2009.
[12] 刘宝珩．轧钢机械设备[M]．北京:冶金工业出版社,1984.
[13] 邓娟,许万忠．五种常规的无损检测方法[J]．航空维修与工程,2004,(3):62.
[14] 任吉林．涡流检测技术近20年的发展[J]．无损检测,1998,20(5):121~125.
[15] 强天鹏．射线检测(第2版)[M]．北京:中国劳动社会保障出版社,2007.
[16] 郑晖,林树青．超声检测(第2版)[M]．北京:中国劳动社会保障出版社,2008.
[17] 胡学知．渗透检测(第2版)[M]．北京:中国劳动社会保障出版社,2007.
[18] 宋志哲．磁粉检测(第2版)[M]．北京:中国劳动社会保障出版社,2007.
[19] 徐宝亮．新编热处理设备选型设计实用手册[M]．北京:中国知识出版社,2005.
[20] 中国金属学会轧钢分会中厚板学术委员会．中国中厚板轧制技术与装备[M]．北京:冶金工业出版社,2009.
[21] 中国金属学会热轧板带学术委员会．中国热轧宽带钢轧机及生产技术[M]．北京:冶金工业出版社,2002.
[22] 强士涌,乔德庸,等．高速轧机线材生产(第2版)[M]．北京:冶金工业出版社,2009.
[23] 中国金属学会轧钢分会冷轧板带学术委员会．中国冷轧板带大全[M]．北京:冶金工业出版社,2005.
[24] 任蜀焱,齐淑娥,阳辉．轧钢工理论培训教程[M]．北京:冶金工业出版社,2010.
[25]《小型型钢连轧生产工艺与设备》编写组．小型型钢连轧生产工艺与设备[M]．北京:冶金工业出版社,1999.
[26] 何国松．最新钢管铸铁管制造工艺技术、标准及管材、管件应用技术手册(第一卷)[M]．吉林:吉林电子出版社,2004.
[27] 田莉．我国中厚板生产状况及发展趋势[J]．中国钢铁业,2007(1):30~33.
[28] 周建男．我国中厚板生产工艺装备技术的进步[J]．山东冶金,2009,31(3):4~6.
[29] 孙蓟泉,战波．热轧带钢生产新技术及其特点[J]．山东冶金,2006,28(1):4~7.
[30] 曲家庆．热轧宽带钢生产工艺比较[J]．冶金经济与管理,2007(2):38~41.
[31] 李祖齐,邢长虎,翟启杰．双辊薄带连铸技术的研究与发展[J]．铸造,2001,50(9):518~521.
[32] 王义海,邹强,等．双辊薄带连铸工艺的研究现状与展望[J]．铸造,2002,51(12):733~736.
[33] 季晨曦,张炯明,等．双辊连铸不锈钢薄带凝固组织特点[J]．钢铁研究学报,2008,20(2):40~43.
[34] 季晨曦,王新华,等．双辊连铸不锈钢薄带内部质量缺陷的研究[J]．铸造技术,2008,29(10):1327~1330.
[35] 朱铮．带钢连铸技术的发展和现状[J]．上海金属,2000,22(5):3~8.

[36] 于杰栋,姚忠卯．冷轧带钢生产新技术探讨[J]．河南冶金,2008,16(6):12~16.
[37] 李杰．浅谈大中型型钢轧制技术的新发展[J]．科学与管理,2003(5):51~52.
[38] 秦军军．浅谈 H 型钢生产技术及应用[J]．山西冶金,2009(121):72~73.
[39] 张利鹏,周宏宇,等．冷弯型钢特点及其生产发展[J]．锻压装备与制造技术,2005(2):26~28.
[40] 黄传清,张文学．宝钢热轧带钢生产技术进步与展望[J]．宝钢技术,2008(3):1~11.
[41] 崔艳．国内棒材生产线生产工艺及设备综述[J]．重型机械科技,2004(1):36~50.
[42] 许宏安, 杜忠泽．高强度减量化棒材生产技术的开发及应用[J]．轧钢,2007, 24(1):66~67.
[43] 梁元成．连轧棒材生产技术、装备和工艺[J]．市场分析预测,2004, 24(1):66~67.
[44] 周伟春,郭钟宁,等．微细扁线材生产工艺及其装备开发[J]．机电工程技术,2008, 37(12):46~49.
[45] Chris R. Killmore, Andrew Phillips, Harold Kaul. 铸轧技术生产超薄带钢工艺的发展[J]．鞍钢技术, 2009(2):57~62.
[46] 吴毅平．轧制节奏的软件设计[J]．宝钢技术,2003(3):62~64.
[47] 矫志杰,胡贤磊．首钢中厚板轧机轧制节奏的控制[J]．钢铁研究学报,2005,17(1):72~75.